国家出版基金资助项目
现代数学中的著名定理纵横谈丛书
丛书主编　王梓坤

MINKOWSKI THEOREM

Minkowski定理

朱尧辰　刘培杰数学工作室　编著

哈爾濱工業大學出版社
HARBIN INSTITUTE OF TECHNOLOGY PRESS

内容简介

本书从一道华约自主招生试题谈起，详细地介绍了Minkowski定理的概念、证明以及Minkowski定理与其他定理的联系和在其他学科中的应用.

本书适合高等学校数学及相关专业师生使用，也适合于数学爱好者参考阅读.

图书在版编目(CIP)数据

Minkowski定理/朱尧辰，刘培杰数学工作室编著.—哈尔滨：哈尔滨工业大学出版社，2018.1

(现代数学中的著名定理纵横谈丛书)

ISBN 978-7-5603-6496-4

Ⅰ.①M… Ⅱ.①朱… ②刘… Ⅲ.①闵可夫斯基问题 Ⅳ.①O156

中国版本图书馆CIP数据核字(2017)第042292号

策划编辑 刘培杰 张永芹

责任编辑 甄淼淼 刘家琳

封面设计 孙茵艾

出版发行 哈尔滨工业大学出版社

社 址 哈尔滨市南岗区复华四道街10号 邮编150006

传 真 0451-86414749

网 址 http://hitpress.hit.edu.cn

印 刷 牡丹江邮电印务有限公司

开 本 787mm×960mm 1/16 印张24 字数247千字

版 次 2018年1月第1版 2018年1月第1次印刷

书 号 ISBN 978-7-5603-6496-4

定 价 158.00元

代序

读书的乐趣

你最喜爱什么——书籍.

你经常去哪里——书店.

你最大的乐趣是什么——读书.

这是友人提出的问题和我的回答.真的,我这一辈子算是和书籍,特别是好书结下了不解之缘.有人说,读书要费那么大的劲,又发不了财,读它做什么?我却至今不悔,不仅不悔,反而情趣越来越浓.想当年,我也曾爱打球,也曾爱下棋,对操琴也有兴趣,还登台伴奏过.但后来却都一一断交,“终身不复鼓琴”.那原因便是怕花费时间,玩物丧志,误了我的大事——求学.这当然过激了一些.剩下来唯有读书一事,自幼至今,无日少废,谓之书痴也可,谓之书橱也可,管它呢,人各有志,不可相强.我的一生大志,便是教书,而当教师,不多读书是不行的.

读好书是一种乐趣,一种情操;一种向全世界古往今来的伟人和名人求教的方法，一种和他们展开讨论的方式；一封出席各种活动、体验各种生活、结识各种人物的邀请信；一张迈进科学宫殿和未知世界的入场券；一股改造自己、丰富自己的强大力量. 书籍是全人类有史以来共同创造的财富，是永不枯竭的智慧的源泉. 失意时读书，可以使人重整旗鼓；得意时读书，可以使人头脑清醒；疑难时读书，可以得到解答或启示；年轻人读书，可明奋进之道；年老人读书，能知健神之理. 浩浩乎！洋洋乎！如临大海，或波涛汹涌，或清风微拂，取之不尽，用之不竭. 吾于读书，无疑义矣，三日不读，则头脑麻木，心摇摇无主.

潜能需要激发

我和书籍结缘，开始于一次非常偶然的机会. 大概是八九岁吧，家里穷得揭不开锅，我每天从早到晚都要去田园里帮工. 一天，偶然从旧木柜阴湿的角落里，找到一本蜡光纸的小书，自然很破了. 屋内光线暗淡，又是黄昏时分，只好拿到大门外去看. 封面已经脱落，扉页上写的是《薛仁贵征东》. 管它呢，且往下看. 第一回的标题已忘记，只是那首开卷诗不知为什么至今仍记忆犹新：

日出遥遥一点红，飘飘四海影无踪.

三岁孩童千两价，保主跨海去征东.

第一句指山东，二、三两句分别点出薛仁贵(雪、人贵). 那时识字很少，半看半猜，居然引起了我极大的兴趣，同时也教我认识了许多生字. 这是我有生以来独立看的第一本书. 尝到甜头以后，我便千方百计去找书，向小朋友借，到亲友家找，居然断断续续看了《薛丁山征西》《彭公案》《二度梅》等，樊梨花便成了我心中的女英雄.我真入迷了.从此,放牛也罢,车水也罢,我总要带一本书,还练出了边走田间小路边读书的本领,读得津津有味,不知人间别有他事.

当我们安静下来回想往事时,往往会发现一些偶然的小事却影响了自己的一生.如果不是找到那本《薛仁贵征东》,我的好学心也许激发不起来.我这一生,也许会走另一条路.人的潜能,好比一座汽油库,星星之火,可以使它雷声隆隆、光照天地;但若少了这粒火星,它便会成为一潭死水,永归沉寂.

抄,总抄得起

好不容易上了中学,做完功课还有点时间,便常光顾图书馆.好书借了实在舍不得还,但买不到也买不起,便下决心动手抄书.抄,总抄得起.我抄过林语堂写的《高级英文法》,抄过英文的《英文典大全》,还抄过《孙子兵法》,这本书实在爱得狠了,竟一口气抄了两份.人们虽知抄书之苦,未知抄书之益,抄完毫末俱见,一览无余,胜读十遍.

始于精于一,返于精于博

关于康有为的教学法,他的弟子梁启超说:"康先生之教,专标专精、涉猎二条,无专精则不能成,无涉猎则不能通也."可见康有为强烈要求学生把专精和广博(即"涉猎")相结合.

在先后次序上,我认为要从精于一开始.首先应集中精力学好专业,并在专业的科研中做出成绩,然后逐步扩大领域,力求多方面的精.年轻时,我曾精读杜布(J. L. Doob)的《随机过程论》,哈尔莫斯(P. R. Halmos)的《测度论》等世界数学名著,使我终身受益.简言之,即"始于精于一,返于精于博".正如中国革命一样,必须先有一块根据地,站稳后再开创几块,最后连成一片.

丰富我文采,澡雪我精神

辛苦了一周,人相当疲劳了,每到星期六,我便到旧书店走走,这已成为生活中的一部分,多年如此.一次,偶然看到一套《纲鉴易知录》,编者之一便是选编《古文观止》的吴楚材.这部书提纲挈领地讲中国历史,上自盘古氏,直到明末,记事简明,文字古雅,又富于故事性,便把这部书从头到尾读了一遍.从此启发了我读史书的兴趣.

我爱读中国的古典小说,例如《三国演义》和《东周列国志》.我常对人说,这两部书简直是世界上政治阴谋诡计大全.即以近年来极时髦的人质问题(伊朗人质、劫机人质等),这些书中早就有了,秦始皇的父亲便是受害者,堪称"人质之父".

《庄子》超尘绝俗,不屑于名利.其中"秋水""解牛"诸篇,诚绝唱也.《论语》束身严谨,勇于面世,"己所不欲,勿施于人",有长者之风.司马迁的《报任少卿书》,读之我心两伤,既伤少卿,又伤司马;我不知道少卿是否收到这封信,希望有人做点研究.我也爱读鲁迅的杂文,果戈理、梅里美的小说.我非常敬重文天祥、秋瑾的人品,常记他们的诗句:"人生自古谁无死,留取丹心照汗青""休言女子非英物,夜夜龙泉壁上鸣".唐诗、宋词、《西厢记》《牡丹亭》,丰富我文采,澡雪我精神,其中精粹,实是人间神品.

读了邓拓的《燕山夜话》,既叹服其广博,也使我动了写《科学发现纵横谈》的心.不料这本小册子竟给我招来了上千封鼓励信.以后人们便写出了许许多多的“纵横谈”.

从学生时代起,我就喜读方法论方面的论著.我想,做什么事情都要讲究方法,追求效率、效果和效益,方法好能事半而功倍.我很留心一些著名科学家、文学家写的心得体会和经验.我曾惊讶为什么巴尔扎克在51年短短的一生中能写出上百本书,并从他的传记中去寻找答案.文史哲和科学的海洋无边无际,先哲们的明智之光沐浴着人们的心灵,我衷心感谢他们的恩惠.

读书的另一面

以上我谈了读书的好处,现在要回过头来说说事情的另一面.

读书要选择.世上有各种各样的书:有的不值一看,有的只值看20分钟,有的可看5年,有的可保存一辈子,有的将永远不朽.即使是不朽的超级名著,由于我们的精力与时间有限,也必须加以选择.决不要看坏书,对一般书,要学会速读.

读书要多思考.应该想想,作者说得对吗?完全吗?适合今天的情况吗?从书本中迅速获得效果的好办法是有的放矢地读书,带着问题去读,或偏重某一方面去读.这时我们的思维处于主动寻找的地位,就像猎人追找猎物一样主动,很快就能找到答案,或者发现书中的问题.

有的书浏览即止,有的要读出声来,有的要心头记住,有的要笔头记录.对重要的专业书或名著,要勤做笔记,“不动笔墨不读书”.动脑加动手,手脑并用,既可加深理解,又可避忘备查,特别是自己的灵感,更要及时抓住.清代章学诚在《文史通义》中说:“札记之功必不可少,如不札记,则无穷妙绪如雨珠落大海矣.”

许多大事业、大作品，都是长期积累和短期突击相结合的产物．涓涓不息，将成江河；无此涓涓，何来江河？

爱好读书是许多伟人的共同特性，不仅学者专家如此，一些大政治家、大军事家也如此．曹操、康熙、拿破仑、毛泽东都是手不释卷，嗜书如命的人．他们的巨大成就与毕生刻苦自学密切相关．

王梓坤

目录

第一编　小试题引出的大定理

第1章　一道华约自主招生题//3

第2章　一道 Putnam 赛题和一道苏联大学生数学竞赛试题//8

第3章　数的几何//11

第4章　Blichfeldt 引理//21

第5章　一道 IMO 试题的格点证法//32

第6章　一组练习题//35

第7章　通过 Minkowski 定理证明 Pick 定理//42

第8章　椭圆中的格点//49

第9章　平面凸区域//56

第10章　圆、正方形和格子点//61

§1　引言//61

§2　Schinzel 定理//63

§3　Browkin 定理//66

§4　三维空间中的球面//71

§5　关于 n 维马步问题//73

第二编 Minkowski 凸体定理

第 11 章 Minkowski 凸体定理(n 维整点情形)//85
§1 凸体//85
§2 Blichfeldt 定理//90
§3 Minkowski 凸体定理//92
§4 Minkowski 线性型定理//93
§5 例题//94
第 12 章 Minkowski 凸体定理(一般形式)//104
§1 格和格点//104
§2 Blichfeldt 定理的一般形式//111
§3 Minkowski 凸体定理的一般形式//114
§4 例题//116
§5 临界格//125
第 13 章 一些应用//129
§1 非齐次逼近//129
§2 无理数的附条件的有理逼近//135
§3 二平方和及四平方和定理//137

第三编 应用与进展

第 14 章 Minkowski-Hlawka 定理//154
§1 覆盖与填装//154
§2 空间中的稠密格填装//161
§3 格填装与码//164
第 15 章 二维格的覆盖半径//172
§1 引言//172
§2 最近格点//174

§3 覆盖平行四边形//178
§4 算法//180
第 16 章 新椭球的一些性质//183
§1 引言//183
§2 概念和预备知识//185
§3 多胞形的一个性质//187
§4 算子 Γ_{-2} 的单调性//189
第 17 章 对偶 Brunn-Minkowski-Firey 定理//193
§1 引言//193
§2 对偶混合均质积分//196
§3 对偶混合 p 均质积分//197
第 18 章 凸体 Minkowski 不等式的改进//203
§1 引言//203
§2 准备工作//207
§3 主要结果//209
第 19 章 仿射诸群//214
§1 仿射变换诸群//214
§2 对于特殊齐次仿射群的线性空间密度//219
§3 对于特殊非齐次仿射群的线性子空间密度//224
§4 注记与练习//227
第 20 章 关于多胞形一个新仿射不变量的应用//237
§1 引言//237
§2 关于 $\mathscr{H}_n$ 多胞形 $U(P)$的解析表达式//239
§3 $U(P)$对 L_p-Minkowski 问题的一个应用//243

第 21 章　相关链接//248
§1　平面点格//248
§2　在数论中的平面点格//255
第 22 章　空间群//265
§1　欧几里得群//266
§2　格群//270
§3　空间群//271
§4　空点阵点群 F 及晶系//274
§5　布拉菲格子//276
§6　空间群的算符//281
§7　倒格矢//285
§8　格群的不可约表示//286
§9　布里渊区//288
§10　周期场中的电子态//289
§11　空间群的表示空间//290
§12　波矢群//291
§13　表象群 G'_k 和 G_k 及规范变换//295
§14　表象群 G'_k 的不可约表示//297
§15　空间群的不可约表示和不可约基//302
§16　求波矢群 IR 基的步骤//306
§17　构造波矢群 IR 的特征标方法//311
附录　数学奥林匹克中有关整点的试题//313
编辑手记//361

第一编

小试题引出的大定理

第1章 一道华约自主招生题

在2008年清华大学等高校(简称华约)的自主招生考试中出现如下试题:

试题 定义横、纵坐标都是整数的点为格点.在平面直角坐标系中,有对称中心是原点的矩形,证明:面积大于4的该类矩形至少包含除原点以外的两个格点.

证法一 如图1,将平面划分成以$(2m,2n)$为中心,边长为2且四边平行于坐标轴的正方形的并集,每两个正方形最多只在一条边外相交.

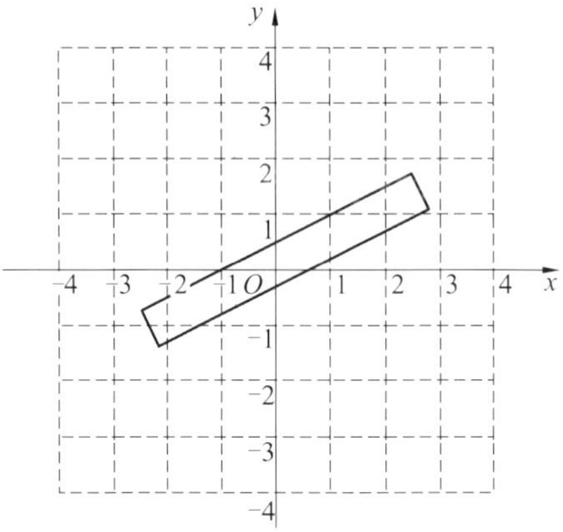

图 1

对于面积大于 4 的矩形 R，若某个正方形与 R 的交的面积大于 0(注意，线面积为 0)，令这样的正方形集合为 S，则将该正方形平移至与以原点为中心的正方形 Q 重合，由于 R 的面积大于 4，必存在 Q 内部的一点是 S 中两个正方形平移后的公共点.

设该点坐标为 (x,y)，则存在 $(m,n)\neq(i,j)$，使 $A(x+2m,y+2n)$，$B(x+2i,y+2j)$ 都在 R 中.

由于 R 的对称性，知 $A'=(-x-2m,-y-2n)$ 也在 R 中，于是线段 $A'B$ 的中点 $M(i-m,j-n)\neq(0,0)$ 在 R 中，相应的其关于原点的对称点 M' 也在 R 中.

证法二　设矩形 $ABCD$ 内部除原点外无格点(由对称性，有一个格点，必还有一个与它对称的格点).

(1) 先考虑 4 个顶点分布在 4 个象限的情况.

令 AB 与 y 轴的交点为 $M(0,b)$，AD 与 x 轴的交点为 $N(a,0)$，由于矩形内部无格点，故 $0<a,b<1$. 注意到 A,M,O,N 四点共圆，由图 2(a)，只能是 $A(1,1)$，

$M(0,1)$，$N(1,0) \Rightarrow S_{\text{四边形}ABCD}=4$，矛盾！

(2) 再考虑 4 个顶点分布在两个象限的情况，不妨设分布在第一、三象限，如图 2(b)．设 $A(x_1,y_1)$，$B(x_2,y_2)$，$x_1,x_2,y_1,y_2 \in \mathbf{Z}$ 且 $x_1 < x_2$，$y_1 > y_2$，则 $C(-x_1,-y_1)$，$D(-x_2,-y_2)$，直线 BC：$y=\dfrac{y_1+y_2}{x_1+x_2}(x-x_2)+y_2$．

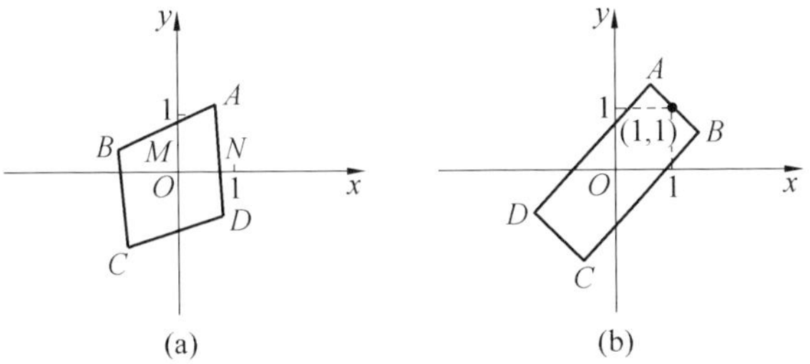

图 2

再设 $x_2=x_1+\alpha$，$y_1=y_2+\beta$，令 $y=0$，则 $x=\dfrac{x_2y_1-x_1y_2}{y_1+y_2}=\dfrac{\alpha y_2+\beta x_1+\alpha\beta}{2y_2+\beta} \leqslant 1 \Rightarrow (2-\alpha)y_2 \geqslant (x_1-1)\beta+\alpha\beta > 0 \Rightarrow \alpha=1$．

类似地，令 $x=0$，可得 $\beta=1$．

此时，$k_{AB}=-1 \Rightarrow k_{BC}=\dfrac{2y_2+1}{2x_1+1}=1 \Rightarrow x_1=y_2$．

从而，点 A 与 B 关于 $y=x$ 对称，故明显有点 $(1,1)$ 在矩形 $ABCD$ 中，矛盾！

综上，矩形 $ABCD$ 内除原点外还有 2 个格点．

证法三　首先我们引入同余这个概念，若 A，B 两点是“同余”的，是指 A，B 两点的横坐标之差和纵坐标之差都是整数．

记矩形构成的点集为 S，对任意 $(x,y) \in S$，定义

映射

$$f: S \mapsto T = \{(u,v) \mid 0 \leqslant u < 2, 0 \leqslant v < 2\}$$
$$(x,y) \mapsto (x \bmod 2, y \bmod 2)$$

由于矩形 S 的面积大于 4，T 的面积等于 4，显然 f 不是单射，从而存在两点 P,Q，使得 $f(P)=f(Q)$，即 P,Q 两点 mod 2 同余，P,Q 的横坐标之差和纵坐标之差都是偶数. 因矩形 S 关于原点对称，点 Q 关于原点的对称点 Q' 也在 S 中，故 P,Q' 的中点 E 也在 S 中，点 E 是一个不同于坐标原点的格点，而点 E 关于原点的对称点也是格点. 从而命题得证.

这是一道有背景的试题，体现了大学教师对现代数学的了解和鉴赏，对破除目前高考趋于“八股化”的倾向是一个有益的尝试，在许多辅导书中都出现了其背景介绍.

Minkowski(闵可夫斯基)定理 如果一个面积大于 4 的凸区域关于原点对称，那么该区域除原点外，一定还

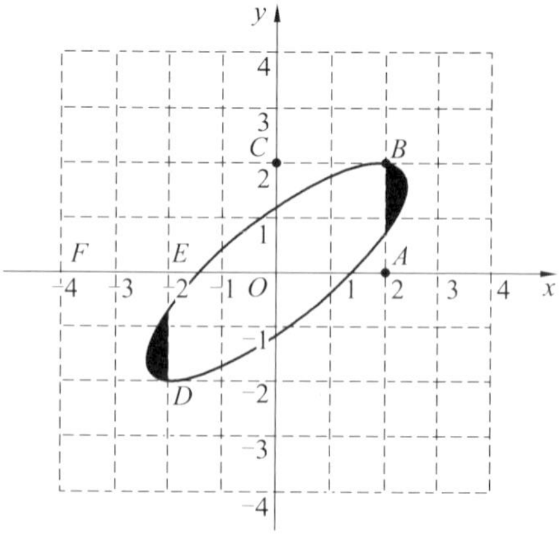

图 3

证明　如图3，作与坐标轴距离是偶数的两组平行线. $OABC$ 是位于第一象限且离原点最近的 2×2 方格，这些不重叠的 2×2 方格把这个凸区域分成若干块，将这些小块连同其所在的 2×2 方格一起平移，使其与 $OABC$ 完全重叠. 由于此凸区域的面积大于4，$OABC$ 的面积等于4，故由重叠原则，知至少有两块有公共点.

因此原来的凸区域内有两个点 P 和 Q（两者不一定都是 $OABC$ 内的点），它们的横坐标的差与纵坐标的差都是偶数.

设 P 的坐标为 (x_1, y_1)，Q 的坐标为 (x_2, y_2)，则由凸区域的对称性，知点 P 关于原点 O 的对称点 $P'(-x_1, -y_1)$ 也在此凸区域内. 由区域的凸性，知线段 $P'Q$ 也在此区域内. 因此其中点 $M\left(\frac{x_2-x_1}{2}, \frac{y_2-y_1}{2}\right)$ 也在此区域内. 而由上述平移规则，知 x_2-x_1 与 y_2-y_1 都是偶数，故 $\frac{x_2-x_1}{2}$ 与 $\frac{y_2-y_1}{2}$ 都是整数，从而 M 是格点. 进而格点 M 关于原点 O 的对称格点 M' 也在此区域内.

本题是 Minkowski 定理的特例（那个定理说，对于平面单位正方形点格阵，以某个格点为对称中心面积大于4的平面凸区域，其内部至少包含3个格点），希尔伯特在他的《直观几何学》一书里给出了特殊情形：以某个格点为中心，边长为2的正方形，其内部或边上还有一个格点（由对称性，有一个就肯定还有另一个）.

第2章 一道 Putnam 赛题和一道苏联大学生数学竞赛试题

1979 年 12 月 1 日第四十届 The William Lowell Putnam Mathematical Competition 试题 B－5.

试题 1 设 C 是平面上的闭凸集，C 除了包含 $(0,0)$ 外不包含其他坐标为整数的点；又设 C 分布在四个象限中的面积相等，试证 C 之面积 $A(C)\leqslant 4$.

试题 2 设 $f(x,y)=ax^2+2bxy+cy^2$，式中 a,b,c 是实数，且 $D=ac-b^2>0$，证明：存在不同时为零的整数 u,v，使 $|f(u,v)|\leqslant(\frac{4D}{3})^{\frac{1}{2}}$.

这是苏联大学生 1977 年数学奥林匹克的一道试题.

这两个试题都是“数的几何”中 Minkowski 定理的特例.“数的几何”是 Minkowski 开创的一个独立的数论分支.

Minkowski(1864—1909),德国数学家.生于俄国的阿列克萨塔斯(Alexotas,今在俄罗斯考纳斯(Kayhac)),卒于哥廷根.8 岁时随全家迁回德国,曾在柏林大学学习.后入柯尼斯堡(Konigsberg)大学,在那里与数学家希尔伯特结为挚友.1885 年获数学博士学位.经过短期服役后,相继在波恩、柯尼斯堡(1895)、苏黎世(1896)和哥廷根(1903)等大学任数学教授.在哥廷根时与希尔伯特①一起领导过数学讨论班.1881 年,巴黎科学院悬赏征求下述问题的解:将一个数表成五个平方数的和.年仅 17 岁的 Minkowski 提交出大大超过原问题结果的论文,给出了更一般的答案,终于在 1883 年与当时英国著名的数学家亨利·史密斯②同获这项数学大奖.从此,Minkowski 与数论结下不解之缘,在代数数论,特别是有理系数的二次型理论方面做出了突出贡献.他开创了用几何方法去研究数论,其目的是用几何图形来表达有理数的代数猜想,结果常常使证明变得更加简捷.1896 年他出版了有关的系统论

---

① 希尔伯特(Hilbert,David,1862—1943),德国数学家,生于普鲁士柯尼斯堡的韦洛,卒于哥廷根.他发展了早期几何基础的工作,形成了数学基础中“形式主义”这一流派,创立了证明论(或元数学),成为数理逻辑五大主要部门之一.

② 史密斯(Smith,Henry John Stanley,1826—1883),英国数学家,生于爱尔兰都柏林,卒于牛津.他研究过数学的许多问题,其中主要贡献在数论方面.他在以后的十几年中不断补充完善数论理论,并因此获得了法国科学院的奖金.

著《数的几何》(*Geometrie der Zahlen*),将数论中型的理论提升到一个新的高度. Minkowski 应用几何方法对连分数理论和 n 维空间的凸性理论做了探索,他还由对应几何原理引进空间距离的新定义,为 20 世纪 20 年代建立赋范空间铺平了道路. Minkowski 的另一贡献是与著名物理学家爱因斯坦同时奠定了相对论的基础. 他曾在 1908 年的科学年会上提出若干有关电动力学的新结果. 他的演讲以"空间和时间"(Raum and Zeit,1907)为主题,引进了极为简单的数学空、时观. 根据这种思想,某些现象可以用简单的数学方式表出,使三维几何学变成了四维物理学. 他的工作为相对论提供了数学工具. 1909 年,Minkowski 因急性阑尾炎引起的并发症早逝于哥廷根. Minkowski 的接班人是朗道①.

---

① 朗道(Landau,Edmund Georg Herman,1877—1938),德国数学家,生于柏林,卒于同地. 他在解析数论、单变量解析函数论、算术的公理化等方面皆有重要贡献.

数的几何

第3章

前伦敦数学会主席、国际数学联盟副主席卡斯尔斯(Cassels，John William Scott)在他1959年写的《数的几何引论》(*An Introduction to the Geometry of Numbers*)的序言中写道：

数的几何中一个基本并典型的问题如下：

设 $f(x_1,\cdots,x_n)$ 是实变量 $x_1,\cdots,x_n$ 的一个实值函数，适当地选择整数 $u_1,\cdots,u_n$ 能使 $|f(u_1,\cdots,u_n)|$ 小到什么程度？可能有一个平凡解 $f(0,\cdots,0)=0$，例如当 $f(x_1,\cdots,x_n)$ 是一个齐次型，此时要排除 $u_1=u_2=\cdots=u_n=0$ 的情形(齐次问题).

一般地,估计要求不仅对个别函数而是对整个一类函数都有效.一个典型的结果如下:如果

$$f(x_1,x_2)=a_{11}x_1^2+2a_{12}x_1x_2+a_{22}x_2^2 \tag{1}$$

是一个正定二次型,则存在不全为零的整数 u_1,u_2 使得

$$f(u_1,u_2)\leqslant\left(\frac{4D}{3}\right)^{\frac{1}{2}} \tag{2}$$

其中

$$D=a_{11}a_{22}-a_{12}^2$$

是此二次型的判别式.由于任何一对不全为零的整数 u_1,u_2 都有 $u_1^2+u_1u_2+u_2^2\geqslant 1$,此处 $D=\frac{3}{4}$.因此,如果结果正确,则它是最佳的.

当然正定二元二次型是一个特别简单的情形,上面的结果在数的几何产生前就已经知道.而且我们还可以给出一个实质上不依赖数的几何的证明.但是对正定二元二次型的论证展示了一些特别简单的方法,我们将继续用它作为例子.

上述结果可以用图像来表达.一个形为

$$f(x_1,x_2)\leqslant\kappa$$

的不等式表示(x_1,x_2)平面上的一个椭圆形有界区域 $\mathscr{R}$,如果 $f(x_1,x_2)$ 由式(1)给出且 κ 是一些正数,那么只要 $\kappa\geqslant(\frac{4}{3}D)^{\frac{1}{2}}$,前面的结果表明 $\mathscr{R}$ 就包含一个原点以外的整数坐标点(u_1,u_2).

从 Minkowski 基本定理立即可得类似的结果,但没有如此精确.在二维的情形下此结果可表述为,一个区域 $\mathscr{R}$ 只要满足以下三个条件,总是包含一个原点以外的整数点(u_1,u_2):

i)$\mathscr{R}$ 关于原点对称，即若(x_1,x_2)在 $\mathscr{R}$ 内，则$(-x_1,-x_2)$也在 $\mathscr{R}$ 内.

ii)$\mathscr{R}$ 是凸的，即如果(x_1,x_2)与(y_1,y_2)是 $\mathscr{R}$ 的两个点，则联结它们的全部线段$\{\lambda x_1+(1-\lambda)y_1,\lambda x_2+(1-\lambda)y_2\}(0\leqslant\lambda\leqslant 1)$也都在 $\mathscr{R}$ 内.

iii)$\mathscr{R}$ 的面积大于 4.

任何椭圆 $f(x_1,x_2)\leqslant\kappa$ 满足 i) 和 ii)，因为它的面积是

$$\frac{\kappa\pi}{(a_{11}a_{22}-a_{12}^2)^{\frac{1}{2}}}=\frac{\kappa\pi}{D^{\frac{1}{2}}}$$

只要 $\kappa\pi>4D^{\frac{1}{2}}$ 也满足 iii). 这样我们有一个与式(2)相类似的结果，只要常数$\left(\frac{4}{3}\right)^{\frac{1}{2}}$被任何比$\frac{4}{\pi}$大的数所代替.

简单地考虑 Minkowski 定理证明背后的基本想法是有益的，因为在后面的正式证明中，由于需要得出尽可能广泛适用的强有力的定理，证明思想反而变得模糊了. Minkowski 的工作是用点$\left(\frac{1}{2}x_1,\frac{1}{2}x_2\right)$构成的区域 $\mathscr{S}=\frac{1}{2}\mathscr{R}$ 代替 $\mathscr{R}$，其中(x_1,x_2)在 $\mathscr{R}$ 内. 这样 $\mathscr{S}$ 关于原点对称并且是凸的，它的面积是 $\mathscr{R}$ 的$\frac{1}{4}$，因而大于 1. 更一般地，Minkowski 考虑相似于 $\mathscr{S}$ 但中心在整点(u_1,u_2)的全体相似的 $\mathscr{S}(u_1,u_2)$.

首先我们指出，如果 $\mathscr{S}$ 和 $\mathscr{S}(u_1,u_2)$ 叠交[①]，则$(u_1,$

---

① 逆命题真是显然的. 若(u_1,u_2)在 $\mathscr{R}$ 中，$\left(\frac{1}{2}u_1,\frac{1}{2}u_2\right)$在 $\mathscr{S}$ 和 $\mathscr{S}(u_1,u_2)$ 中.

u_2）在 $\mathscr{R}$ 内（图 1）. 因为设重叠部分的一个点为（ξ_1，ξ_2），因（ξ_1，ξ_2）在 $\mathscr{S}(u_1, u_2)$ 内，点（$\xi_1 - u_1$，$\xi_2 - u_2$）必须在 $\mathscr{S}$ 内，由对称性点（$u_1 - \xi_1$，$u_2 - \xi_2$）在 $\mathscr{S}$ 内，然后由于 $\mathscr{S}$ 是凸的，（$u_1 - \xi_1$，$u_2 - \xi_2$）与（ξ_1，ξ_2）的中点（$\frac{1}{2}u_1$，$\frac{1}{2}u_2$）在 $\mathscr{S}$ 内，即（u_1，u_2）在 $\mathscr{R}$ 内，正如指出的那样. 显然 $\mathscr{S}(u_1, u_2)$ 与 $\mathscr{S}(u'_1, u'_2)$ 叠交当且仅当 $\mathscr{S}$ 与 $\mathscr{S}(u_1 - u'_1, u_2 - u'_2)$ 叠交.

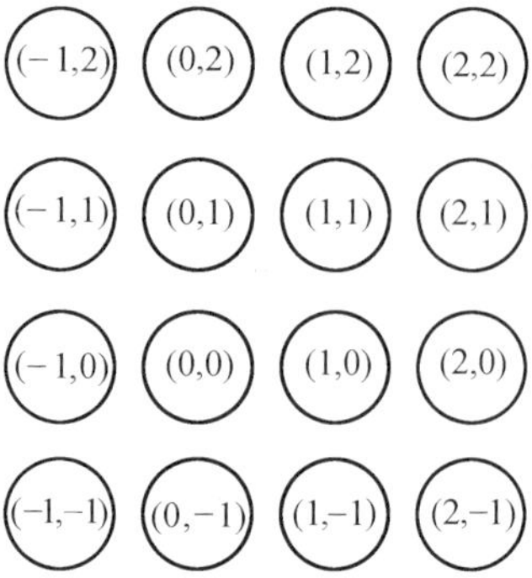

图 1

因此，为证明 Minkowski 定理，只需证明若 $\mathscr{S}(u_1, u_2)$ 互不叠交，则它们每一个的面积不超过 1 就足够了. 略加思考就可确信这是必须如此的. 一个正式的证明在下文给出. 另一个或许更加直观的论证如下. 我们假定 $\mathscr{S}$ 完全包含在一个正方形 $|x_1| \leqslant X$，$|x_2| \leqslant X$ 内. 设 U 是一个大整数，有 $(2U+1)^2$ 个中心在（u_1，u_2）的区域 $\mathscr{S}(u_1, u_2)$ 适合 $|u_1| \leqslant U$，$|u_2| \leqslant U$，所有这些 $\mathscr{S}(u_1, u_2)$ 全都包含在面积为 $4(U+X)^2$ 的正方形 $|x_1| \leqslant U+X$，$|x_2| \leqslant U+X$ 内. 因为假定 $\mathscr{S}(u_1, u_2)$ 都不叠交，我们有 $(2U+1)^2 \leqslant 4(U+X)^2$. 此处 V

是 $\mathscr{S}$ 的，亦是每个 $\mathscr{S}(u_1,u_2)$ 的面积. 令 U 趋于无穷大，我们有 $V\leqslant 1$，即要证的结果.

在正定二元二次型 $f(x_1,x_2)$ 的例子里，坐标系的一个变换导致另外的考虑. 我们可以用两个线性型的平方和来表示 $f(x_1,x_2)$，即

$$f(x_1,x_2)=X_1^2+X_2^2 \tag{3}$$

其中

$$X_1=\alpha x_1+\beta x_2, X_2=\gamma x_1+\delta x_2 \tag{4}$$

并且 $\alpha,\beta,\gamma,\delta$ 是常数，例如取

$$\alpha=a_{11}^{1/2}, \beta=a_{11}^{-1/2}a_{12}$$
$$\gamma=0, \delta=a_{11}^{-1/2}D^{1/2}$$

反之，若 $\alpha,\beta,\gamma,\delta$ 是任意实数且 $\alpha\delta-\beta\gamma\neq 0$，$X_1$，$X_2$ 由式(4) 给出，则 $X_1^2+X_2^2=a_{11}x_1^2+2a_{12}x_1x_2+a_{22}x_2^2$ 是一个正定二次型. 此处

$$\begin{cases}a_{11}=\alpha^2+\gamma^2\\ a_{12}=\alpha\delta+\beta\delta\\ a_{22}=\beta^2+\delta^2\end{cases} \tag{5}$$

$$D=a_{11}a_{22}-a_{12}{}^2=(\alpha\delta-\beta\gamma)^2 \tag{6}$$

现在我们把 X_1,X_2 作为笛卡儿①直角坐标系考虑(图 2). 由式(4)，对应于整数 x_1,x_2 的点(X_1,X_2) 形成一个(二维) 格 Λ. 记号 Λ 在向量中是点

$$(X_1,X_2)=u_1(\alpha,\gamma)+u_2(\beta,\delta) \tag{7}$$

的集合，其中 u_1,u_2 经过所有整数值.

现在我们必须更严密地考察格的性质. 因为我们仅将 Λ 考虑为一个点的集合，它能被多于一个的基所

---

① 笛卡儿(Descartes，René du perron，1596—1650)，法国哲学家、数学家、物理学家和神学家.

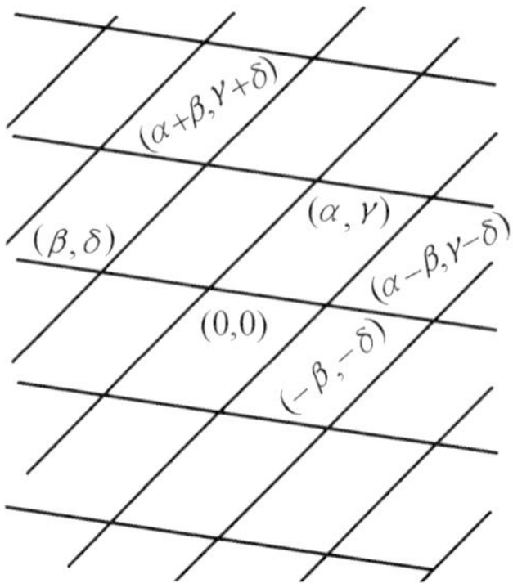

图 2

表示. 例如$(\alpha-\beta,\gamma-\delta)$,$(-\beta,-\delta)$是$\Lambda$的另一个基. Λ的一个给定的基(α,β),(γ,δ)确定平面上两族等距离平行直线的一个划分,在第一族内能表示为形(2),其中u_2是整数而u_1仅由实数的那些点(X_1,X_2)所组成,第二族直线由u_1与u_2角色互换而得. 平面以此方式被划分成为平行四边形,那些顶点恰是Λ的点. 自然,划分平行四边形依赖于基的选择,但我们指出每个平行四边形的面积为$|\alpha\delta-\beta\gamma|$是独立于选定的基的. 只需证明,在一个大正方形

$$\mathscr{L}(X):|X_1|\leqslant X,|X_2|\leqslant X$$

内,Λ的点数$N(X)$满足

$$\frac{N(X)}{4X^2}\rightarrow\frac{1}{|\alpha\delta-\beta\gamma|},X\rightarrow\infty$$

我们就能做到这一点. 沿着上面概述的 Minkowski 凸体定理证明的方向,我们可以证明,Λ在$\mathscr{L}(X)$内的点数约等于包含在$\mathscr{L}(X)$内的平行四边形的个数. 也约等于$\mathscr{L}(X)$的面积除以单个平行四边形的面积$|\alpha\delta-\beta\gamma|$. 严格的正数

$$d(\Lambda)=|\alpha\delta-\beta\gamma| \tag{8}$$

被称为格Λ的行列式. 正如我们所看到的,它独立于基的选择.

借助新概念我们知道,说$f(x_1,x_2)\leqslant\left(\frac{4D}{3}\right)^{\frac{1}{2}}$总是存在一个整数解相当于说每个格$\Lambda$有一个除原点以外的点在下式表示的圆内

$$X_1^2+X_2^2\leqslant\left(\frac{4}{3}\right)^{\frac{1}{2}}d(\Lambda) \tag{9}$$

在齐性的场合这又相当于说开圆域

$$\mathscr{D}: X_1^2+X_2^2<1 \tag{10}$$

含有适合$d(\Lambda)<\left(\frac{3}{4}\right)^{\frac{1}{2}}$的每个格$\Lambda$的一个点,并且在式(2)中实际上必定存在使等号成立的二次型,这相当于存在一个行列式为$d(\Lambda_c)=\left(\frac{3}{4}\right)^{\frac{1}{2}}$,其中格$\Lambda_c$没有$\mathscr{D}$的点. 这样我们关于所有正定二元二次型的问题等价于一个关于区域$\mathscr{D}$和所有格的问题. 相类似,考虑点在$|X_1X_2|<1$内的格为我们提供了关于不定二元二次最小值

$$\inf_{\substack{\text{整数}u_1,u_2\\ \text{不全为}0}} |f(u_1,u_2)|$$

的情况等.

这些思考引出以下定义. 称一个格对于平面(X_1, X_2)内一个区域(点集)$\mathscr{R}$是可容许的,如果它不含有$\mathscr{R}$的原点以外的点,若原点在$\mathscr{R}$中,我们也可以说Λ是$\mathscr{R}$可容许的. 在所有$\mathscr{R}$可容许格中,$d(\Lambda)$的下界$\Delta(\mathscr{R})$是$\mathscr{R}$的格常量;如果不存在$\mathscr{R}$可容许格,我们置$\Delta(\mathscr{R})=\infty$. 于是任何有$d(\Lambda)<\Delta(\mathscr{R})$的格$\Lambda$必定包含$\mathscr{R}$的一

个原点以外的点. 一个 $\mathscr{R}$ 可容许的格 Λ 有 $d(\Lambda)=\Delta(\mathscr{R})$,则称其为临界(对于 $\mathscr{R}$)的;当然一般情形下,临界格不一定存在. 临界格的重要性已经被 Minkowski 所认识. 如果 Λ_c 对 $\mathscr{R}$ 是临界的,Λ 由 Λ_c 经微小变化而得(即对一对基点做小改变),则要不是 Λ 有一个 $\mathscr{R}$ 中除原点以外的点,就是 $d(\Lambda)\geqslant d(\Lambda_c)$(或二者兼具).

作为一个例子,让我们再考虑圆盘形开域

$$\mathscr{D}: X_1^2+X_2^2<1$$

假定 Λ_c 是 $\mathscr{D}$ 的一个临界格. 如果它存在,我们简要证明必定有三对点 $\pm(A_1,A_2)$, $\pm(B_1,B_2)$, $\pm(C_1,C_2)$ 在 $\mathscr{D}$ 的边界 $X_1^2+X_2^2=1$ 上. 若 Λ_c 没有点在 $X_1^2+X_2^2=1$ 上,由 Λ_c 向原点收缩我们能够得到一个行列式较小的 $\mathscr{D}$ 可容许的格,即考虑点 (tz_1,tz_2) 的格 $\Lambda=t\Lambda_c$, $(X_1,X_2)\Lambda_c$ 而 $0<t<1$ 是固定的. 则 $d(\Lambda)=t^2d(\Lambda_c)<d(\Lambda_c)$ 且当 t 充分接近于 1 时显然 Λ 也是 $\mathscr{D}$ 可容许的. 因此,Λ_c 含有 $X_1^2+X_2^2=1$ 上的一对点,经坐标系适当旋转以后,我们可以假定这对点就是 $\pm(1,0)$. 如果 $X_1^2+X_2^2=1$ 上不存在 Λ_c 的其他的点,由 Λ_c 向垂直于 Z_1 轴的方向收缩,我们又能得到一个行列式较小的 $\mathscr{D}$ 可容许的格,即点 (X_1+X_2) 的格 Λ,其中 $(X_1,X_2)\Lambda_c$ 而 t 充分接近 1. 最后若 Λ_c 仅有两对点 $\pm(1,0)$, $\pm(B_1,B_2)$ 在边界上,则不难看出它可以微小扭变,使 $(1,0)$ 保持固定而 (B_1,B_2) 沿 $X_1^2+X_2^2=1$ 转向 X_1 轴(图 3). 可以验证,这样做使得格的行列式减小(可证 $(1,0)$ 与 (B_1,B_2) 为 Λ_c 的一组基),且对此微小的变形,扭变后的格 Λ 仍是 $\mathscr{D}$ 可容许的,因此一个临界格 Λ_c(如果它存在)必定有三对点在 $X_1^2+X_2^2=1$ 上,且容易验证,仅有一个三对点在 $X_1^2+X_1^2=1$ 上,其中的一

对是 $\pm(1,0)$ 的格，就是以 $(1,0)$，$\left(\frac{1}{2},\sqrt{\frac{3}{4}}\right)$ 为基的格 Λ. 此格有在 $X_1^2+X_2^2=1$ 上的正六边形的顶点 $\pm(1,0)$，$\pm\left(\frac{1}{2},\sqrt{\frac{3}{4}}\right)$，$\pm\left(-\frac{1}{2},\sqrt{\frac{3}{4}}\right)$，但没有点在 $X_1^2+X_2^2<1$ 内. 这样我们已证得 $\Delta(\mathscr{D})=d(\Lambda')=\left(\frac{3}{4}\right)^{\frac{1}{2}}$，只要 $\mathscr{D}$ 有一个临界格. Minkowski 曾阐明相当广泛的一类区域 $\mathscr{R}$ 存在临界格，粗略地说，任何 $\mathscr{R}$ 可容许的格 Λ 都能逐渐收缩扭变直至成为临界的.

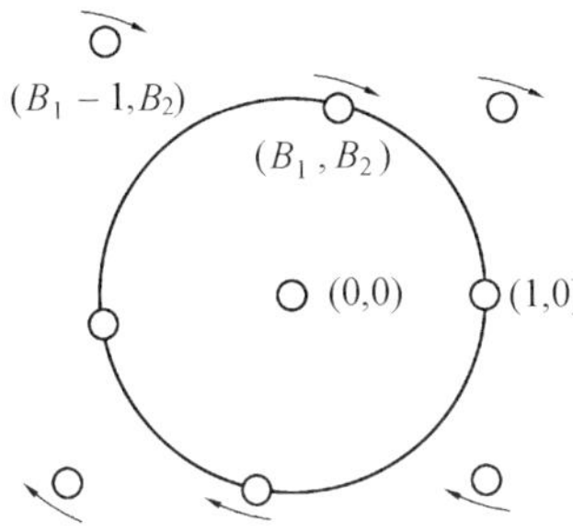

图 3

另一个一般类型的问题是典型的"非齐次问题"：设 $f(x_1,\cdots,x_n)$ 是实变量 $x_1,\cdots,x_n$ 的某个实值函数，要求找到一个具有以下性质的常数 κ：如果 $\xi_1,\cdots,\xi_n$ 是任意实数，存在整数 $u_1,\cdots,u_n$ 使得

$$|f(\xi_1-u_1,\cdots,\xi_n-u_n)|\leqslant\kappa$$

这类问题的提出是很自然的，例如在代数数的理论中就是如此. 这里也有一个简单的几何图像. 为了简单起见，令 $n=2$，说 $\mathscr{R}$ 是二维欧几里得平面上适合

$$|f(x_1,x_2)|\leqslant\kappa$$

的点(x_1,x_2)的集合.$\mathscr{R}(u_1,u_2)$表示类似于$\mathscr{R}$位移至(u_1,u_2)的区域,其中u_1,u_2是任何整数.即$\mathscr{R}(u_1,u_2)$是使

$$|f(x_1-u_1,x_2-u_2)|\leqslant\kappa$$

的点(x_1,x_2)的集合.则非齐次问题显然是要选择κ使区域$\mathscr{R}(u_1,u_2)$覆盖全部平面.一般地讲,总希望对挑选的κ,也影响到$\mathscr{R}$,使它尽可能地小但仍具有这种覆盖的特性.

Blichfeldt 引理

第 4 章

在 1973 年出版的 *Mathematical Gams* 的第四章中美国数学家亨斯贝格(R. Honsberger)介绍了一个利用 Minkowski 定理解决的趣味问题.

果园问题 有一个圆形的果园,圆心在原点,半径是 50 单位(图 1). 在果园的每个格子点处种一棵树(所有的树都被看作是具有同一半径的垂直竖立的圆柱体). 证明:如果树的半径超过 1/50 单位,那么从原点向任何方向看都不能看到果园以外的情景;但是,如果树的半径小于 $1/\sqrt{2\,501}$ 单位,就有一个恰当的方向可以看到外面的情景.

问题的后一半是很容易的. 解决前一半则要靠 Minkowski 的一条有趣的定理. 为了证明这个定理,我们先建立一个结果,叫作 Blichfeldt 引理.

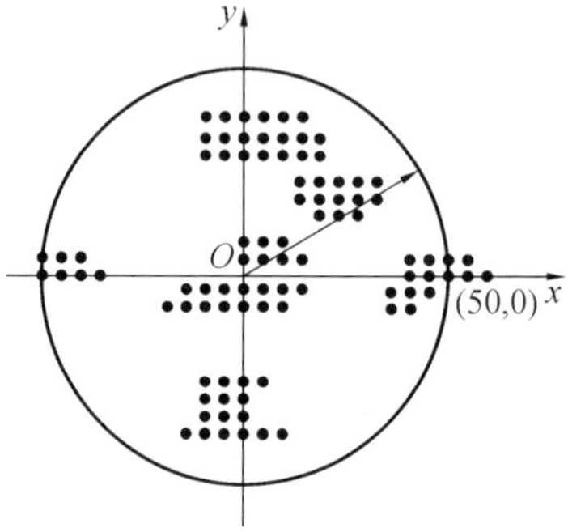

图 1

布利克弗尔特(Blichfeldt, Hans Frederick, 1873—1945),丹麦-美国数学家,生于丹麦伊拉尔(Iller),卒于美国加利福尼亚州帕洛阿尔托(Palo Alto). 15 岁时随全家移居美国,就读于斯坦福大学,后又到德国进入莱比锡大学,在著名数学家李(Lie)① 的指导下以论文《关于三维空间的一类变换群》(*On a Certain Class of Groups of Transformation in Three-dimensional Space*,1900) 获得博士学位,布利克弗尔特专攻群论和数论,对丢番图逼近、线性齐次群的阶、数的几何理论、线性方程组的近似整数解、有限

① 李(Lie,Marius Sophus,1842—1899),挪威数学家,生于努尔菲尤尔埃德,卒于克立斯蒂安尼亚(今奥斯陆). 李于 1892 年当选为法国科学院院士,1895 年又成为英国皇家学会会员. 今天的李群已成为理论物理中的必不可少的工具. 为研究李群而由李本人创立的"李代数"也已成为近代代数学的重要分支.

直射群及特征根等问题颇有研究.他的贡献随着李群的应用愈加显示出其重要性.布利克弗尔特是美国数学会的活跃人物,1912 年曾当选为该学会副主席,著作有《有限直射群》(*Finite Collineution Group*)《有限群理论及其应用》(*Theory and Application of Finite Groups*,合作)等.

Blichfeldt 引理　假设有一个平面区域 R,其面积大于 n 单位,n 是一个正整数,那么不论 R 是在平面上什么位置,总是可以把它平移(即是没有旋转的滑动)到一个位置,至少要盖住 $n+1$ 个格子点.

例如,如果 R 的面积是 $8\frac{1}{4}$ 单位,那么它就可以平移到盖住至少 9 个格子点.

如果 a 和 b 是整数,方程为 $x=a$ 和 $y=b$ 的直线叫作“格子线”,因为它们的交点是格子点.让我们沿着每条格子线把平面剪开,把它分成单位正方形,从而区域 R 也被剪成若干块.假设区域 R 是涂成红色的,而平面的其余部分则未上色.于是,有些单位正方形可能完全是红的,有些可能部分是红色,而另一些则完全未上色.

L. G. Schnirelman(俄国人,1905—1935)还证明了一条闭凸曲线上存在 4 个点,成为一个正方形的顶点.利用这个结果来证明:每一条周长小于 4 的凸曲线都可以安放在坐标平面上,使得它不含有任何格子点.

让我们把凡是带上一点红色的所有正方形不加转动地、一个叠一个地堆在某个远处的正方形 T 处.现在考虑底面 T 的任何一点 K.因为在正方形 T 上是一层一层堆起来的,所以每一层都有一个点盖住点 K,有时

K 出现在该层的红点下，有时在未上色的点下. 在竖立堆在 K 的上方的点柱中，我们关心的是有多少个点是红的(图 2).

我们要证明的是，底面 T 中必定有一点至少被 $n+1$ 个不同的层以红点盖住(注意，这里所说的 n 满足条件：R 的面积大于 n 个单位). 为了证明这点，用反证法. 假设竖立在 T 上任何一点处的那个点柱中，红点都不多于 n 个，即是说，底面上有些点处的点柱可能恰好含有 n 个红点，有些可能含得少些，但没有一个点柱含有 n 个以上的红点.

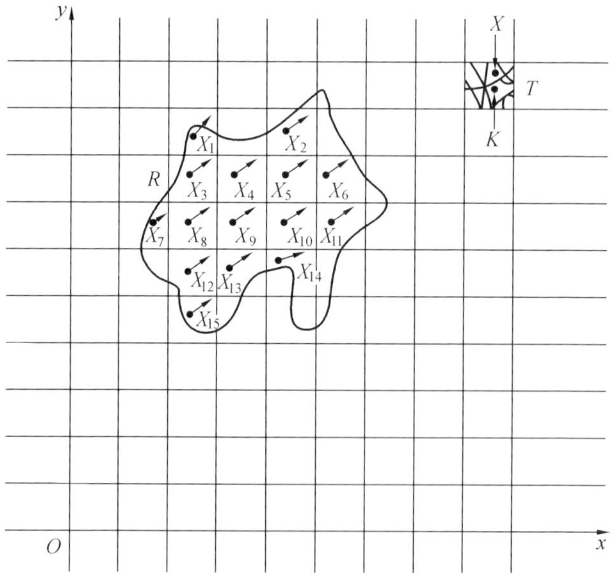

图 2

现在我们来计算那一堆正方形上红色颜料的总量. 底面 T 的面积是单位正方形，即使竖立在 T 的每一点处的点柱都含有最大个数 n 个红点，那也只能有可以把这个正方形涂上 n 层的红色颜料（T 的各点处上方的 n 个红点可以把它涂上 n 层），所以这一堆正方形上至多只能有可以涂 n 个单位面积的颜料. 但是，区域 R 却是全部出现在这堆正方形里，它的面积是大于 n 单位的，所以这一堆正方形上又必定有可以涂 n 个以上的单位面积的颜料，互相矛盾. 因此，T 上必有一点 X，至少被红点盖住 $n+1$ 次.

现在拿一根针垂直扎穿点 X 上所有各层，这就在每一层上标出一个点，由于上述，这种点至少落在 $n+1$ 层的红色部分中. 让我们把这些红点记为 X_1，X_2，…，X_m，这里 m 至少是 $n+1$. 最后，把所有的正方形移回到平面上原来的位置，重新拼成 R.

既然各点 X_i 在其正方形中都出现在同样的相对位置上，所以 R 的任何平移，如果使一个 X_i 移动到一个格子点，也将使任何其他的 X_i 移动到一个格子点. 但是各 X_i 都是红点，因而是 R 的点，它们至少有 $n+1$ 个. 因此，这样的平移就把 R 变到一个至少盖住 $n+1$ 个格子点的位置上（证毕）.

Blichfeldt 引理在我们证明 Minkowski 定理时是很重要的. 可是它不是直接被引用的，我们不过是利用 $n=1$ 时的一个简单的推论.

推论　如果 R 是一个平面区域，其面积大于 1，那么 R 必定有一对不同的点 A 和 B，其横标差与纵标差都是整数（点 (x_1, y_1) 和 (x_2, y_2) 的横标差是 x_2-x_1，纵标差是 y_2-y_1）.

注意，这里并不要求 A 与 B 本身是格子点，并且无论 R 是否含有格子点，这个推论都成立.

由 Blichfeldt 引理知,可以把 R 平移到一个位置,使得它至少有 $n+1=2$ 个点,例如 A 和 B,盖住格子点 A_1 和 B_1. 由于格子点的坐标都是整数,所以任何两个格子点的横标差和纵标差也都是整数. 可是,平移只改变直线的位置而不改变它的方向,所以也不会改变横标差和纵标差. 因此,A 和 B 平移前的横标差和纵标差正好就是平移后的格子点 A_1 和 B_1 的横标差和纵标差,它们都是整数,证毕(图 3).

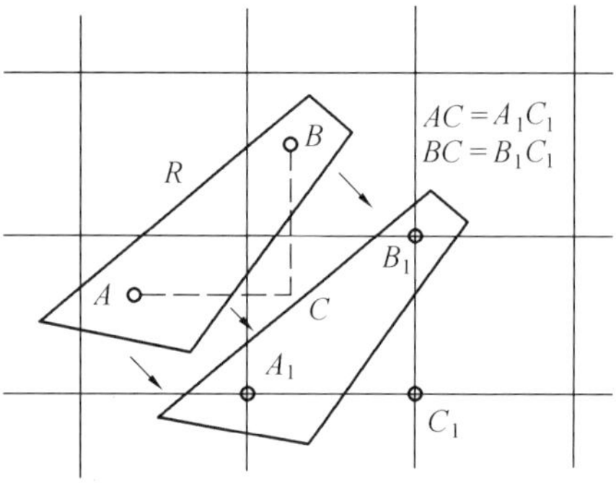

图 3

现在我们可以证明 Minkowski 定理了. 这个定理在直观上显然是成立的,可是逻辑上并不明显. 我们再次回到 Minkowski 定理的另一表述方式:

Minkowski 定理　一个平面凸区域,关于原点对称,如果其面积大于 4,就含有一个异于原点的格子点.

一个凸集含有点 A 和 B,就含有整个线段 AB. 一个区域如果关于原点对称,那么当它含有点 P 时,它也含有由 P 关于原点反射而得的点 P',即是使 P 经过原点在反面走同样距离而得的点. 如果 P 有坐标(x,y),

则 P' 有坐标 $(-x, -y)$. 注意如果这个区域含有除原点以外的一个格子点，它必定也含有关于原点成对称的第二个格子点(图 4).

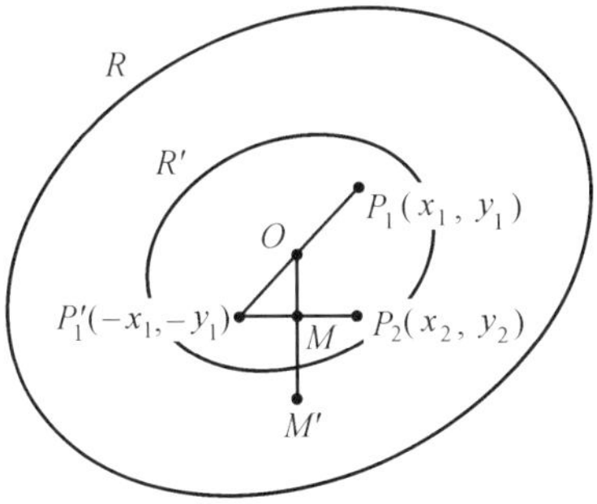

图 4

用 R 表示已知区域，让我们把 R 向原点压缩，直到在每一方向都正好是原来的一半大，即是使 R 的每一点沿着与原点的连线向原点推移，直到与原点相距正好是原来的一半为止. 这个变换叫作中心为 O，比率为 $\frac{1}{2}$ 的膨胀. 假设 R 经过这个膨胀变成区域 R'. 既然膨胀把直线变成与之平行的线(如图 5，让 A'，B' 表示 A，B 的像点，则 $A'B'$ 平行于 AB，线段 AB 的点 C 变成 $A'B'$ 的点 C')，所以膨胀并不改变图形中角的大小，因而也不改变图形的形状. 因此，R' 与 R 有同样的形状，只是小一些. 这就是说，R' 也是一个平面凸区域，关于原点对称. 它之所以关于原点 O 对称，是因为 O 是 R 的对称中心，也是膨胀的中心.

但是 R' 的面积怎样呢？它在每个方向上的宽度正好是原来宽度的一半. 如果 R 是一个矩形，那么 R' 也是一个矩形，长宽均为原有的一半. 不管怎样，在任

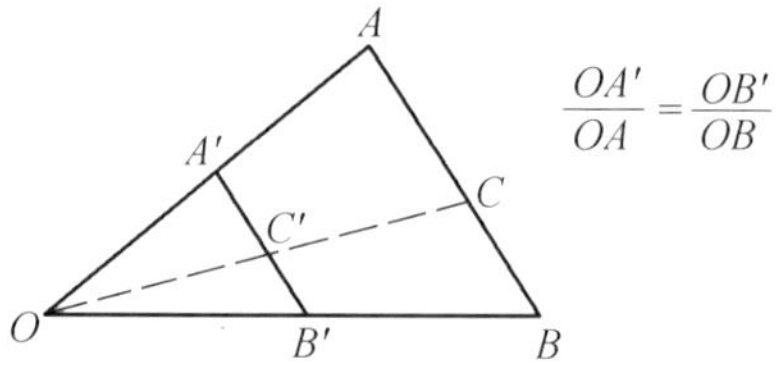

图 5

何情形下，把一个平面图形的线度按比率 1∶2 缩小时，面积就按比率$(1∶2)^2=1∶4$缩小. 由于 R 当初的面积大于 4，所以我们断定 R' 的面积仍然大于 1. 于是我们可以应用 Blichfeldt 引理的推论了.

因此，R' 含有两点 $P_1(x_1,y_1)$ 和 $P_2(x_2,y_2)$，其横标差(x_2-x_1)和纵标差(y_2-y_1)都是整数. 因为原点 O 是 R' 的中心，所以关于原点与 P_1 成对称的点 $P'_1(-x_1,-y_1)$ 也必定在 R' 中. 于是 P'_1 和 P_2 是属于 R' 的两点.

现在利用 R' 是凸集这个事实. 按照定义，这就使我们确定，线段 P'_1P_2 的每一点都属于 R'. 特别是，线段的中点 $M\left(\frac{x_2-x_1}{2},\frac{y_2-y_1}{2}\right)$ 属于 R'.

现在把我们的膨胀变换逆转回去，即对 R' 施以中心为 O、比率为 2∶1 的膨胀. 这就使 R' 伸展到它原来的形态，即伸展为 R. 在这个膨胀下，R' 的每个点移动到与原点相距为原来的两倍的点. 于是点 M 变成点 $M'(x_2-x_1,y_2-y_1)$，因为 M' 是 R 的一点. 但是，据 Blichfeldt 引理的推论，M' 是一个格子点，而且 M' 不是原点，否则 P_1 和 P_2 将会重合，这是和 Blichfeldt 引理的推论矛盾的，因为后者断定它们是不同的两点(证毕).

现在让我们向果园问题的前一半冲击.我们希望证明:如果树的半径 r 超过 $\frac{1}{50}$ 单位,就没有任何途径可以从原点看到果园以外.让 AOB 表示果园的任一直径,假设树的半径是 $\frac{1}{50}+q$.注意,如果 r 大于 $\frac{1}{2}$,那些树就会互相往里长,所以,既然 q 是正数,它就不是一个很大的数.现在让 p 表示任何一个大于 $\frac{1}{50}$ 而小于 r 的数,例如 $\frac{1}{50}+\frac{1}{2}q$.在果园的边界上 A 和 B 处作切线,沿切线在两个方向上截取与 A 和 B 相距为 p 的点 C,D,E,F,这就确定了一个矩形 $EFDC$,其中心是原点 O(图 6 中把这个矩形的尺寸放大了).矩形的长是 $FD=AB=100$,宽是 $2p$,所以面积是 $200p$.因为 p 大于 $\frac{1}{50}$,所以这个面积大于 4.由于 $EFDC$ 是一个平面凸区域,关于原点成对称,所以据 Minkowski 定理,我们的矩形含有一个异于原点的格子点 T.在点 T 种的树具有半径 r,大于 $p=CA$,所以在 T 处的这棵树之大足

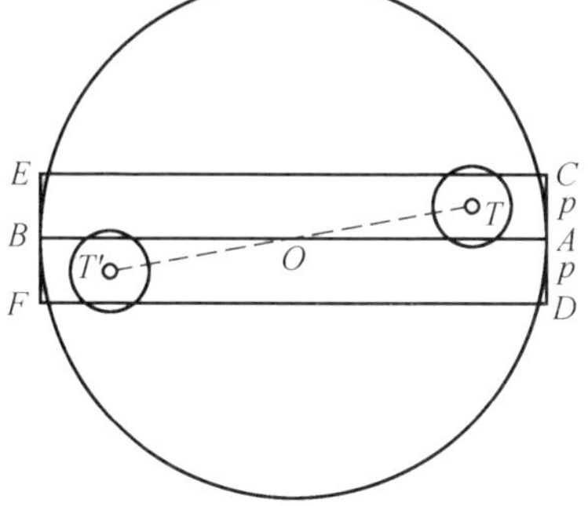

图 6

以和直线 OA 相交，从而挡住在这个方向上的视线．按照对称性，这个矩形也含有一个对称的格子点 T'，在该处所种的树挡住了沿 OB 的视线．这样一来，我们似乎可以断定不可能从原点向外看了．不过，在我们的论证中还有一个难点要解决（你知道是什么吗？）．

这个矩形的每个角上都有很小一部分伸出果园以外．如果格子点 T 恰巧落在矩形的这样一部分里，则在该点处并未种树挡住我们的视线．于是我们需要证明：T 不落在 $EFDC$ 在果园以外的任何一部分中．我们间接进行证明如下：对于矩形的任何一点而言，与原点的最大距离是对角线的一半 $OC=\sqrt{50^2+p^2}$．由于 $p<1$，所以 $OT\leqslant OC<\sqrt{2\,501}$．可是，当 T 在果园以外时，我们有 $OT>50$．因此

$$2\,500<OT^2<2\,501$$

如果 T 是格子点 (x,y)，则 $OT^2=x^2+y^2$，这里 x 和 y 都是整数，所以 OT^2 是整数．但是在 2 500 和 2 501 之间根本没有整数，因而 T 不可能落在果园之外．

下面让我们证明：如果树的半径减小到小于 $1/\sqrt{2\,501}$，则可以沿着把原点连到点 $N(50,1)$ 的直线看到果园以外的情景．线段 ON 的长度是 $\sqrt{2\,501}$．由于格子点是成列地出现的，所以容易看出，果园中最靠近直线 ON 的格子点是点 $M(1,0)$ 以及同样接近的点 $K(49,1)$，用 L 表示点 $(50,0)$（图 7）．

现在 $\triangle OMN$ 的面积可以用两种办法求得．首先，这个面积是 $\frac{1}{2}\cdot OM\cdot LN$，即是 $\frac{1}{2}\times1\times1=\frac{1}{2}$．以 ON 为底、$h=MV$ 为高，我们也得到 $\frac{1}{2}\cdot ON\cdot h$，即

$\frac{1}{2}h\sqrt{2\ 501}$. 从而，我们有 $\frac{1}{2}h\sqrt{2\ 501}=\frac{1}{2}$，即

$$h=\frac{1}{\sqrt{2\ 501}}$$

于是 h 大于树的半径，所以在 M 处所种的树并未大到足以碰到直线 ON 的程度. 同样，在点 K 所种的树亦然. 既然是靠近的树都碰不到 ON，所以在这个方向上没有任何树能挡住我们的视线.

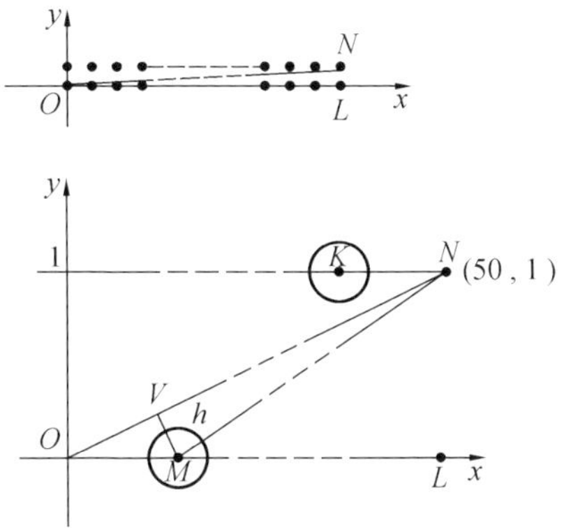

图 7

第 5 章 一道 IMO 试题的格点证法

这一问题是 1988 年 FRG 提出的. 澳大利亚的选题委员会的六人中无人能解出此题. 其中委员会的两位成员 Georges Szekeres 和他的妻子都是有名的解题和编题专家. 因为这是道数论题,委员会将它提供给 4 位澳大利亚最著名的数论专家,要求他们在 6 小时内解出该题,但是在这时段中无人能解出. 选题委员会把这一道题提交给第 29 届 IMO 的主试委员会,并打上了双星号,表示这是特难题. 经长时间讨论之后,主试委员会最终把此题选作为竞赛的最后一题,有 11 名学生给出了完整的解答.

试题　若 a,b 和 $q=\dfrac{a^2+b^2}{ab+1}$ 都是正整数，则 q 是完全平方数.

解　用 x,y 代替 a,b，得到一族双曲线

$$x^2+y^2-qxy-q=0 \tag{1}$$

对每个 q 有一条双曲线，所有双曲线关于 $y=x$ 都是对称的. 固定 q，设有一个格点 (x,y) 在这双曲线 H_q 上，则关于 $y=x$ 对称的点 (y,x) 也在其上，当 $x=y$ 时，易得 $x=y=q=1$. 因此可设 $x<y$，如图 1，如果 (x,y) 是格点，则固定 y 时，关于 x 的二次方程有两个解 x,x_1，其中 $x+x_1=qy$，$x_1=qy-x$. 所以 x_1 也是整数. 即 $B=(qy-x,y)$ 是 H_q 的下支的一个格点. B 关于 $y=x$ 的对称点是格点 $C=(y,qy-x)$. 从 (x,y) 出发，利用变换

$$T:(x,y)\to(y,qy-x)$$

可以产生出 H_q 的上支的无限多个格点.

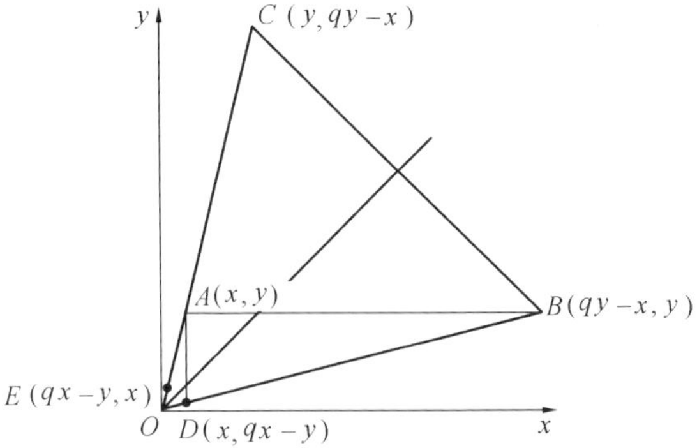

图 1

再从点 A 出发，固定 x，式(1) 是 y 的二次式，有两个解 y 和 y_1，其中 $y+y_1=qx$，$y_1=qx-y$. 因而 y_1 是整数，$D=(x,qx-y)$ 是 H_q 的下支上的格点. D 关于

$y=x$ 的对称点是点 $E=(qx-y,x)$. 从点 $A(x,y)$ 出发,可以由变换

$$S:(x,y)\to(qx-y,x)$$

得到双曲线 H_q 上支中在点 A 下面的点. 但这样的点只有有限个. 实际上,每次用变换 S 后,两个坐标都严格减小,当 y 是正的时,x 会是负的吗? 不会! 这时式(1) 成为

$$x^2+y^2+q\mid xy\mid-q>0$$

所以在最后会要求 $x=0$,而由式(1) 有 $q=y^2$,这就是要证明的.

在图 1 中,可画出 $q=4$ 的双曲线. 事实上,我们是用它的渐近线代替它,因为对大的 x 或 y,双曲线与其渐近线的偏差是可以忽略的.

至此我们并未证明 H_q 上有格点,并不要求证明存在性. 即使在双曲线上没有格点,定理仍有效. 但对于每个完全平方数 q,易证格点的存在性. 点 $(x,y,q)=(c,c^3,c^2)$ 就是一个格点,因为

$$\frac{x^2+y^2}{xy+1}=q$$

可得

$$\frac{c^2+c^6}{c^4+1}=c^2$$

第6章 一组练习题

英国剑桥大学 Homerton 学院的 R. P. Burn 教授在剑桥大学出版社(Cambridge University Press)1982 年出版的他的自学读物《数论入门》(*A pathway into number theory*)中以一系列练习的形式，介绍了 Minkowski 定理.

1. 平面上的开域是指这样的一个区域,它含有它的每个点的一个圆邻域,一个点的圆邻域是指以此点为圆心的一个圆的内部区域.

平面的下列子集中,哪些是开域:

i) 一个点;

ii) 一条线段;

iii) 圆的内部区域,不包括圆周;

iv) 圆的内部区域以及圆周；

v) 区域$\{(x,y)\mid -1<x<1\}$；

vi) 区域$\{(x,y)\mid -1\leqslant x\leqslant 1\}$；

vii) 区域$\{(x,y)\mid -\frac{1}{2}<x<\frac{1}{2},-\frac{1}{2}<y<\frac{1}{2}\}$.

2. 设R是平面上的开域，面积为Δ，含有格点$(0,0)$，且落在正方形$\{(x,y)\mid -r<x<r,-r<y<r\}$内. 在整格$Z^2$的平移$(x,y)\to(x,y)+(a,b)$（它将$(0,0)$映射到$(a,b)$）下，$R$的像用$R_{(a,b)}$表示. 此外假设$R_{(a,b)}$与$R_{(c,d)}$没有公共点，除非$(a,b)=(c,d)$.

i) 求一个包含9个区域$R_{(a,b)}(a,b=0,1,-1)$的正方形；

ii) 求一个包含25个区域$R_{(a,b)}(a,b=0,\pm1,\pm2)$的正方形；

iii) 求一个包含$(2n+1)^2$个区域$R_{(a,b)}(a,b=0,\pm1,\cdots,\pm n)$的正方形；

iv) 证明$\Delta\leqslant 4r^2$；

v) 证明$9\Delta\leqslant(2+2r)^2$；

vi) 证明$25\Delta\leqslant(4+2r)^2$；

vii) 证明对任意的正整数n，$(2n+1)^2\Delta\leqslant(2n+2r)^2$；

viii) 证明对任意的正整数n有

$$\Delta\leqslant\left(1+\frac{r-\frac{1}{2}}{n+\frac{1}{2}}\right)^2$$

ix) 证明$\Delta\leqslant 1$；

x) 举出一个区域 R，它满足问题中的条件，而且 $\Delta=1$.

以下四个问题涉及在线性变换之下内点的像：

3. 设 $0<k<1$，a 和 c 是实数，证明 $ka+(1-k)c$ 在 a 与 c 之间.

4. 对任意实数 k，证明点 $(ak+(1-k)c, bk+(1-k)d)$ 与 (a,b)，(c,d) 共线.

5. 利用问题 3 与问题 4 求证

$$\{k(a,b)+(1-k)(c,d) \mid 0 \leqslant k \leqslant 1\}$$

是联结 (a,b) 与 (c,d) 的线段.

6. 假设在平面 R^2 的线性变换下，$A \to A'$，$B \to B'$，证明线段 $[A,B]$ 被映射成线段 $[A',B']$.

再证明：在平面 R^2 的线性变换下，若 $\triangle ABC$ 的象是 $\triangle A'B'C'$，则在这个变换下 $ABCD$ 的内部区域被映射成 $\triangle A'B'C'$ 的内部区域.

7. 一个区域若含有联结它的任何两个点的线段，则称为凸域. 下面的集合中，哪些是凸的？

i) 一个点；

ii) 一条线段；

iii) 半圆的内部；

iv) 半圆的内部及其边界；

v) 半圆的边界；

vi) 月牙状圆形的内部.

8. 一个平面区域，如果它的任何一点 A 在对点 O 作半周旋转后的象仍在这个区域内，则称它对点 O 对称.

是否存在一点，使：

i) 一个圆；

ii）一个长方形；

iii）一个等边三角形；

iv）两条平行直线间的无限带形；

对它是对称的.

9. 举出英文字母为例，使得它：

i）是凸的且对某一点对称；

ii）是凸的但对任何点都不对称；

iii）对某一点对称但不是凸的；

iv）不是凸的且对任何点都不对称.

10. 设 R 是对点 O 对称的平面凸区域，τ 是将 O 变到 A 的平面平移，R_A 是 R 在平移 τ 下的象. 设 R 与 R_A 相交且 $P \in R \cap R_A$，证明 $\tau^{-1}(P) \in R$. 设 Q 是 $\tau^{-1}(P)$ 在对 O 作半周旋转下的象. 通过考察以 P，$\tau^{-1}(P)$，Q，$\tau(Q)$ 为顶点的平行四边形，证明 OA 的中点属于 R. 设 $2R$ 是区域 R 以 O 为中心放大两倍后的象，证明 $2R$ 包含 A.

11. 设 R 是对 $(0,0)$ 对称的凸区域且面积大于 4. 设 $\frac{1}{2}R$ 是 R 以 $(0,0)$ 为中心缩小 $\frac{1}{2}$ 后的象，求证：

i）对于整格 Z^2 的某个平移 τ，$\frac{1}{2}R$ 与 $\tau(\frac{1}{2}R)$ 相交（利用问题 2）；

ii）$\frac{1}{2}R$ 含有从 $(0,0)$ 到 $\tau(0,0)$ 的线段的中点（利用问题 10）；

iii）R 含有 Z^2 中与 $(0,0)$ 不同的格点.

下面的两个问题是二维 Minkowski 定理的简单但有用的推广.

12. 考虑平面上的任一个平行四边形格，它的每一个基本平行四边形的面积是 A. 将一个基本平行四边形的顶点标为$(0,0)$,$(1,0)$,$(1,1)$,$(0,1)$,进而按照通常定义的矢量加法标出所有的格点. 设R是含有点$(0,0)$的面积为 Δ 的开域,而且它整个地包含在以 $x=\pm r$,$y=\pm r$ 为边的平行四边形中,它在把$(0,0)$变到(a,b)的平行四边形格的平移下的象是 $R_{(a,b)}$. 又设 $R_{(a,b)}$ 与 $R_{(c,d)}$ 不相交,除非$(a,b)=(c,d)$. 求证:

i)$\Delta\leqslant(2r)^2A$;

ii)$9\Delta\leqslant(2+2r)^2A$;

iii)$25\Delta\leqslant(4+2r)^2A$;

iv) 对一切正整数 n,$(2n+1)^2\Delta\leqslant(2n+2r)^2A$;

v)$\Delta\leqslant A\left(1+\dfrac{r-\frac{1}{2}}{n+\frac{1}{2}}\right)^2$;

进而推出 $\Delta\leqslant A$.

13. 对于基本平行四边形面积为 A 的任何平行四边形格,证明:对某个格点对称且面积大于 $4A$ 的凸域至少含有两个格点.

下面的 5 个问题,利用 Minkowski 定理给出了关于用特殊的二次型表示数的一些结果的不同的证明.

14. (1) 在通常的正方形格上,确定格

$$L=\{(x,y)\mid x-12y\equiv 0(\bmod 29)\}$$

的基本平行四边形的面积.

(2) 已知 $12^2\equiv-1(\bmod 29)$,证明对于格 L 的每一点,有 $x^2+y^2\equiv 0(\bmod 29)$.

(3) 证明在圆 $x^2+y^2=\dfrac{4}{3}\times 29$ 内除原点外还含有 L 中的一个点.

(4) 证明存在整数 x,y,使得 $x^2+y^2=29$.

15.(1) 设 p 是素数且 $u\not\equiv 0(\bmod p)$,求格

$$L=\{(x,y)\mid x-yu\equiv 0(\bmod p)\}$$

的基本平行四边形的面积.

(2) 若 $p\equiv 1(\bmod 4)$ 且 $u^2\equiv -1(\bmod p)$,证明对于 L 中的每一点,有$x^2+y^2\equiv 0(\bmod p)$.

(3) 证明在圆 $x^2+y^2=\frac{4}{3}p$ 内除点$(0,0)$外还含有 L 中的一个点.

(4) 证明存在整数 x,y,使得 $x^2+y^2=p$.

16. 设 a 与 b 都不等于零,证明线性变换

$$(x,y)\to(x,y)\begin{pmatrix}a & 0\\ 0 & b\end{pmatrix}$$

将圆 $x^2+y^2=1$ 映成椭圆$\frac{x^2}{a^2}+\frac{y^2}{b^2}=1$,证明这个椭圆的面积是 πab.

17. 在通常的正方形格上,求格

$$L=\{(x,y)\mid x-7y\equiv 0(\bmod 17)\}$$

的基本平行四边形的面积.

已知 $7^2\equiv -2(\bmod 17)$,证明$x^2+2y^2\equiv 0(\bmod 17)$对于$L$的每个点成立. 试证明在椭圆 $x^2+2y^2=(\frac{4}{3}\sqrt{2})17$内,除原点外,还含有 L 的一个点. 进而推出,存在整数 x,y,使得 $x^2+2y^2=17$.

18. 利用问题 14,验证:当 $p\equiv 1,3(\bmod 8)$ 时有$(\frac{-2}{p})=1$.

若 $p\equiv 1,3(\bmod 8)$ 且 $u^2\equiv -2(\bmod p)$,证明格

$$\{(x,y)\mid x-uy\equiv 0(\bmod p)\}$$

中的每一点都满足 $x^2+2y^2\equiv 0(\bmod p)$.

证明在椭圆 $x^2+2y^2=(\frac{4}{3}\sqrt{2})p$ 内,除原点外,至少还含有这个格的一个点,进而推出,存在整数 x,y,使得 $x^2+2y^2=p$.

通过 Minkowski 定理证明 Pick 定理

第 7 章

1899 年 Georg Alexander Pick 发表了他最漂亮的定理之一，这个定理提供了一个易于计算其顶点为整数坐标的平面多边形 P 的面积公式. 这样的多边形被称为格点多边形，因为平面上的具有整数坐标的点有时被称作格点. 实际上，Pick 定理陈述如下：

如果 I 是 P 的内部格点的数目，而 B 是 P 的边界上格点的数目，则 P 的面积 A 可由下面的公式计算

$$A = I + \frac{B}{2} - 1$$

这个公式的漂亮之处在于它的简捷和深度. 它已经被成功地介绍给 12 岁的少年们. 然而今天数学家们仍然在研究它的一些推论.

Pick 于 1859 年 8 月 10 日出生在维也纳的一个犹太人家庭. 他于 1880 年在维也纳大学获博士学位，导师是 Leo Koenigsberger. 他在布拉格大学大部分的时光都是在工作中度过的，那里的同事和学生都称赞他在研究与教学两方面的出色表现. 1910 年，爱因斯坦申请布拉格大学理论物理学的教授，Pick 发现自己在招聘委员会中，就竭力推荐录用爱因斯坦. 爱因斯坦在布拉格工作的那一段短暂的时间里，他和 Pick 是最亲密的朋友. 他们俩都是有天赋的小提琴手，而且常在一起演奏. 1929 年，Pick 退休回到了他的家乡维也纳. 9 年后，奥地利被德国霸占. 为了逃离纳粹的统治，Pick 返回布拉格. 然而，在 1942 年的 7 月 13 日，他被抓并被送到了 Theresienstadt 集中营. 13 天之后，他在那里去世了，享年 82 岁.

1969 年，Pick 的公式在 Steinhaus（在 Pick 发表它 70 年之后）的一本叫《数学简介》（*Mathematical Snapshots*）的书中第一次引起了公众的注意. 从那以后，数学家们利用从 Euler（欧拉）公式到 Weierstrass（魏尔斯特拉斯）$\mathscr{P}$－函数等工具给出了种种不同的证明，我们也看到了这个公式（及其推广）和组合数学、代数几何及复分析的想法之间的重要联系.

在本章中，我们将用 Minkowski 的凸体定理给出 Pick 定理的一个新的证明. 为方便读者，我们首先复习一下 Minkowski 定理或给出 Siegel 的证明. 回忆一下，一个区域 R 是一个连通开集；R 是一个对称区域，如果 x 包含在 R 中，那么 $-x$ 也在 R 中.

定理（Minkowski 凸体定理） $\mathbf{R}^n$ 中的一个体积大于 2^n 的有界、对称的凸区域 C 至少包含一个非零格点.

证明 我们首先如下地在 $\mathbf{R}^n$ 中定义一个函数 φ：$\varphi(x)=1$，若 $x\in\frac{C}{2}=\{\frac{y}{2}\mid y\in C\}$；$\varphi(x)=0$，若 $x\notin\frac{C}{2}$. 然后，我们令

$$\Phi(x)=\sum_{\lambda\in\mathbf{Z}^n}\varphi(x+\lambda)$$

函数 Φ 是有界且可积的，因此

$$\int_{[0,1]^n}\Phi(x)\mathrm{d}x=\int_{[0,1]^n}\sum_{\lambda\in\mathbf{Z}^n}\varphi(x+\lambda)\mathrm{d}x=\int_{\mathbf{R}^n}\varphi(x)\mathrm{d}x$$

$$=\mathrm{vol}\left(\frac{C}{2}\right)=\frac{\mathrm{vol}(C)}{2^n}>1$$

因为 Φ 取整数值，因此对某些 x 一定有 $\Phi(x)\geqslant 2$. 换言之，在 $\frac{C}{2}$ 中有两个不同的点 $P+\lambda_1$ 和 $P+\lambda_2$，它们相差一个格点，称这两个点为 $\frac{P_1}{2}$ 和 $\frac{P_2}{2}$（因此 $\frac{P_1-P_2}{2}$ 是一个格点）. 则 P_1 和 P_2 在 C 内，由 C 的对称性和凸性知 $\frac{P_1-P_2}{2}$ 也在 C 内. 这样，$\frac{P_1-P_2}{2}$ 就是 C 内一个非零格点.

为了避免混淆，此时规定一些定义是恰当的. 所谓平面上的一个多边形，意味着 $\mathbf{R}^2$ 的一个紧子集，其边界由有限条直线段形成一个单个的不自交的圈. 一个凸多边形是一个多边形，使得其中任意两点间的连线都完全位于此多边形内. 如果 P_1 和 P_2 是平面上的两个有部分公共边界但却不相交的多边形，并且如果 $P=P_1\cup P_2$，则我们称 P 能被分解为 P_1 和 P_2，我们前面已经指出了什么是格点多边形.

为了试图证明 Pick 定理，我们需要“三角剖分”凸

的格点多边形. 为此，我们任取一顶点，并且把它与其他所有的顶点用直线段联结起来(其中一些可能已经是多边形的边). 这样，我们就把该多边形分解成一些三角形. 此外，在这样的三角形 T 的内部的任何格点能与这个三角形的顶点相连，而 T 的边上的任何格点都能与 T 的与其相对的顶点联结. 用这样的方式，我们就能把一个格点多边形分解成除了顶点外不包含格点的格点三角形的并. 我们称这样的三角形为基本三角形.

现在只是在基本三角形的情形下，我们使用 Minkowski 定理去证明 Pick 定理. 证明的关键是构造一个在给定的基本三角形的 8 个复制图形之外没有非零格点的有界的、对称的凸图形.

引理　每个基本三角形的面积为$\frac{1}{2}$.

证明　令 $\triangle ABC$ 是一个基本三角形. 围绕顶点 A 把三角形旋转 $180°$，所得的新三角形称为 $\triangle A_1B_1C_1$(这里 B_1 是 B 的象，依此类推). 我们可以平移这个新三角形使边 B_1C_1 粘合到原三角形的边 CB 上. 注意，这种旋转和平移都是从格点映到格点的可逆变换. 由于在 $\triangle ABC$ 内的格点只在顶点上，于是在这个新图形内部没有格点.

如果我们对顶点 B 和 C 重复前面的步骤，我们得到一个三角形(称为 P). 我们注意到在 P 的内部没有格点. 现在，如果我们围绕顶点 B 把 P 旋转 $180°$，并且粘贴此图形到原始的 P 上，则所得的图形是一个有界的、对称的凸图形(图 1).

这个图形内部唯一的格点是 B，我们不妨取它为原点. 由 Minkowski 定理，这个图形的面积不超过 4.

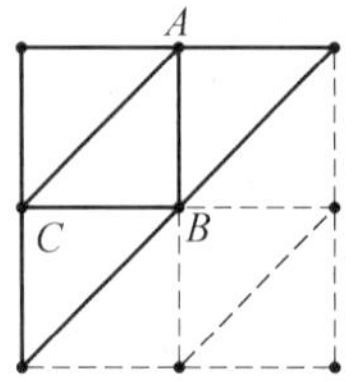

图 1

这个图形的面积是$\triangle ABC$面积的8倍,因此$\triangle ABC$的面积至多为$\frac{1}{2}$.

现在令(x_1,y_1),(x_2,y_2)及(x_3,y_3)分别是A,B及C的坐标,则$\triangle ABC$的面积是下式的绝对值

$$\frac{1}{2}\begin{vmatrix} x_1 & y_1 & 1 \\ x_2 & y_2 & 1 \\ x_3 & y_3 & 1 \end{vmatrix}$$

因为这里的行列式是一个非零整数,因此这个表达式总是至少为$\frac{1}{2}$.

现在在一般的情形下,我们通过证明公式$I+\frac{B}{2}-1$是可加的,并把一般的多边形可分解成基本多边形来证明 Pick 定理.

定理(Pick 定理) 假设P是一个凸格点多边形.如果B是P的边界上(包括顶点)的格点的数目,而I是P的内部的格点的数目,则P的面积由表达式$I+\frac{B}{2}-1$给出.

证明 前面的引理已证明了每个基本三角形满足这个公式.现在假设格点多边形P能被分解成两个满足 Pick 公式的格点多边形P_1和P_2.我们来证明P

一定也满足这个公式. 令 I_X 和 B_X 分别表示一个平面紧集 X 的内部和边界上格点的数目,则

$$I_P = I_{P_1} + I_{P_2} + D - 2$$

这里 D 是 P_1 和 P_2 的公共边界上格点的数目,同时也有

$$B_P = B_{P_1} + B_{P_2} - 2D + 2$$

由此即得

$$\begin{aligned} I_P + \frac{B_P}{2} - 1 &= I_{P_1} + \frac{B_{P_1}}{2} - 1 + I_{P_2} + \frac{B_{P_2}}{2} - 1 \\ &= P_1 \text{ 的面积} + P_2 \text{ 的面积} \\ &= P \text{ 的面积} \end{aligned}$$

由于任何格点多边形都能分解成基本三角形,定理证毕.

Minkowski 定理对任意维的空间都成立,这就使得我们希望能把 Pick 定理推广到更高维. 然而,即使在三维情形 Pick 定理也没有简单的推广. 为了看到这一点,我们注意到对所有的正整数 r,以 $(0,0,0)$, $(1,0,0)$, $(1,1,0)$ 和 $(0,1,r)$ 为顶点的四面体是一个基本四面体,但是其体积为 $r/6$,因此,我们不能通过格点的数目写出一个多面体体积的公式.

J. E. Reeve 借助于辅助格点能够把 Pick 定理推广到三维空间. 一个这样的辅助格点是 $\mathbf{R}^3$ 中的格点 (a, b, c),它使得 $(2a, 2b, 2c)$ 在 $\mathbf{Z}^3$ 中. 通过计算多面体的内部和边界上整数格点和辅助格点的数目,Reeve 能够计算格点多面体的体积.

利用所谓的 Ehrhart 多项式,把 Pick 定理推广到更高维是可能的. 如果 P 是 $\mathbf{R}^d$ 中的一个 d 维多胞式(polytope),则定义 $F_P(n) = \#\{nP \text{ 中的格点}\}$.

Ehrhart 的一个定理说：$F_P(n)=a_dn^d+a_{d-1}n^{d-1}+\cdots+a_0$ 是一个 n 的 d 次多项式，称为 P 的 Ehrhart 多项式.

Ehrhart 也能确定这个多项式的一些系数. 他证明了 $a_d=\mathrm{vol}(P)$ 是 P 的体积，$a_{d-1}=\left(\frac{1}{2}\right)\mathrm{vol}(\delta P)$ 在 P 的每一个表面上的子格点标准化后是 P 的表面积的一半，而 a_0 是 P 的欧拉特征数. 注意，在 $\mathbf{R}^2$ 中的二维多胞体的情形，我们可通过求值 $F_P(1)=\mathrm{vol}(P)+\frac{B}{2}+1$，并用本章中的符号 $F_P(1)=I+B$ 来重新证明 Pick 定理. 这个多项式的其他系数在一段时间以来仍是未知的. 最后，Morelli 和其他人已经能够把全体一些系数与环面簇（toric variety）的 Todd 类联系起来了.

椭圆中的格点

第 8 章

圆内的整点过于简单而一般凸形又过于复杂，椭圆介于两者之间是一个很好的研究素材，美国俄勒冈大学的 Ivan Nieven 和华盛顿大学的 H. S. Zuckerman 在 1967 年《美国数学月刊》(AMM)(pp. 353 ～ 362) 上以“平面图形覆盖的格点”为题彻底解决了这个问题，他们证明了如下定理：

Nieven-Zuckerman 定理 只有当椭圆在标准位置 (der Normallage)(即中心位于坐标原点，两轴平行于坐标轴) 包含点(1/2,1/2) 时，它在任何位置上总包含一个格点.

试证明这一定理.

证明　设给定椭圆的方程为 $b^2x^2+a^2y^2=a^2b^2$. 这个椭圆包含点(1/2,1/2) 的条件是

$$\frac{1}{4}b^2+\frac{1}{4}a^2\leqslant a^2b^2$$

或

$$a^2+b^2\leqslant 4a^2b^2$$

因而,这个定理则是说,只要满足关系式

$$a^2+b^2\leqslant 4a^2b^2$$

这个椭圆就一定至少包含一个格点.

(a) 充分性

假设 $a^2+b^2\leqslant 4a^2b^2$ 成立.我们通过格点(u,v)来研究点阵L(由单位正方形构成的).格点(u,v)由给定的u轴和v轴坐标确定.现在,我们的椭圆E可以任意地位于这个点阵L内(图1).我们针对椭圆的两轴x轴和y轴的坐标系,来分析这个事实.相对于这个xOy坐标系而言,$x^2+a^2y^2=a^2b^2$ 成立.点阵L的点阵线(die Gitterlinien)可以任何倾角通过xOy平面.因为互相垂直的轴u和v指向四个方向,所以,这两个轴之一在xOy坐标系中必定有一个斜率m,满足$-1<m\leqslant 1$.我们假设,u轴的斜率为m,L中的点线$v=n$(n为整数)在xOy坐标系内组成了一系列斜率为m的平行直线,它们之间距离相等.这些点阵线交y轴于点B_n,而且点B_n之间的距离相等.首先,我们来确定点阵线与y轴的两个相邻交点之间的距离B_nB_{n+1}.

在通过坐标原点O的直线OT(斜率为m)上,确定一点P,其x轴坐标为1(图2).点P的纵坐标为PN.斜率m由PN/ON给出.这表明,$PN=m$,$OP=$

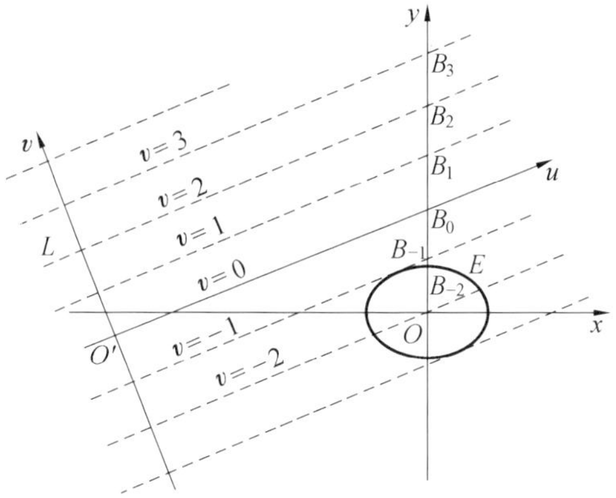

图 1

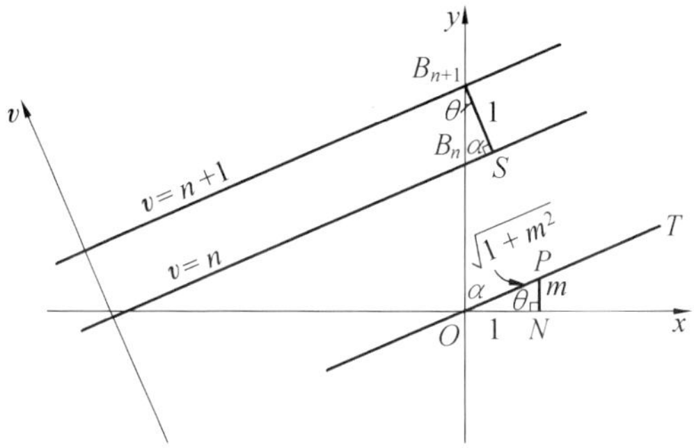

图 2

$\sqrt{1+m^2}$. 现在，我们来研究直线 $v=n$ 上的垂线 $B_{n+1}S$. 因为同位角 $\angle B_{n+1}B_nS=\angle B_nOP$，因此，相应的余角 $\angle SB_{n+1}B_n$ 和 $\angle PON$ 相等. 这就是说，$\triangle B_{n+1}B_nS$ 和 $\triangle PON$ 全等($B_{n+1}S=ON=1$). 从而

$$B_{n+1}B_n=OP=\sqrt{1+m^2}$$

因此，点 B_n 在 y 轴上排成一列，步幅为$\sqrt{1+m^2}$. 所以存在一点 $B_n(0,y)$，$-\frac{1}{2}\sqrt{1+m^2}<y\leqslant\frac{1}{2}\sqrt{1+m^2}$.

从原点开始，上、下截取半个步幅，就得到了这个点所在的区间(这个区间很大，必定包含点 B_n)(图 3). 如果 B_n 的坐标为$(0,k)$，那么，对通过点 B_n 的线 L_n 而言，其方程为

$$y = mx + k, -\frac{1}{2}\sqrt{1+m^2} < k \leqslant \frac{1}{2}\sqrt{1+m^2}$$

(L_n 是 L 中 $v = n$ 的那条点阵线)

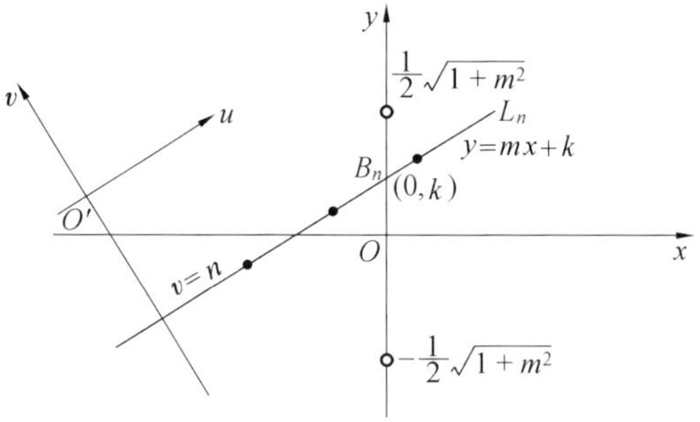

图 3

现在，我们还不能说 L_n 与椭圆 E 相交，但是，通过确定 L_n 与 E 之交点，可以看出

$$y = mx + k, b^2x^2 + a^2y^2 = a^2b^2$$

从而

$$b^2x^2 + a^2(mx + k)^2 = a^2b^2$$

由此得出

$$x = \frac{-mka^2 \pm ab\sqrt{b^2 + a^2m^2 - k^2}}{b^2 + a^2m^2}$$

由于点$(1/2,1/2)$ 位于 E 内，因而 $a^2 + b^2 \leqslant 4a^2b^2$，从而 $(1/b^2) + (1/a^2) \leqslant 4$. 这又说明 $1/b^2 < 4, 1/a^2 < 1/4$，而且

$$k^2 \leqslant \left(\frac{1}{2}\sqrt{1+m^2}\right)^2 = \frac{1}{4} + \frac{m^2}{4} < b^2 + a^2m^2$$

所以，根号下的表达式 $b^2 + a^2m^2 - k^2$ 是正的，因此，L_n 确与椭圆 E 相交.

现在，我们来研究 L_n 在 E 内的部分的长度 d. 可以证明，d 不小于 1，从而，位于 L_n 上的格点中有一个位于 E 内，因此这些格点相互之间距离为 1.

以 x_1 和 x_2 表示 E 与 L_n 的交点的 x 坐标. 因为 L_n 在 xOy 坐标系内的方程为 $y=mx+k$，所以，该交点由 (x_1, mx_1+k) 和 (x_2, mx_2+k) 确定. 这表明

$$d^2=(x_2-x_1)^2+(mx_2-mx_1)^2=(x_2-x_1)^2(1+m^2)$$

如同前面已经计算出的那样，x_1 和 x_2 的值为

$$\frac{-mka^2\pm ab\sqrt{b^2+a^2m^2-k^2}}{b^2+a^2m^2}$$

从而得到这两个值的差的平方的表达式

$$\left(\frac{2ab\sqrt{b^2+a^2m^2-k^2}}{b^2+a^2m^2}\right)^2=\frac{4a^2b^2(b^2+a^2m^2-k^2)}{(b^2+a^2m^2)^2}$$

d 的表达式为

$$d^2=\frac{4a^2b^2(b^2+a^2m^2-k^2)(1+m^2)}{(b^2+a^2m^2)^2}$$

因此

$$d^2(b^2+a^2m^2)^2=4a^2b^2(b^2+a^2m^2-k^2)(1+m^2)$$

两边减去 $(b^2+a^2m^2)^2$ 得

$$(d^2-1)(b^2+a^2m^2)^2=4a^2b^2(b^2+a^2m^2-k^2)(1+m^2)-(b^2+a^2m^2)^2$$

可以证明，上式右边非负. 这就表明，$d^2-1\geqslant 0$，$d\geqslant 1$. 这正如所预料的那样.

由 $0\leqslant(a-b)^2$ 得 $2ab\leqslant a^2+b^2$. 因此，由条件 $a^2+b^2\leqslant 4a^2b^2$，得知 $2ab\leqslant 4a^2b^2$，从而 $1\leqslant 2ab$. 这就表明，$1\leqslant 2ab\leqslant a^2+b^2$，从而有

$$a^2+b^2-1\geqslant 0$$

此外，由于 $k^2\leqslant(1+m^2)/4$，有

$$4a^2b^2(b^2+a^2m^2-k^2)(1+m^2)-(b^2+a^2m^2)^2$$
$$\geqslant 4a^2b^2\left(b^2+a^2m^2-\frac{1+m^2}{4}\right)(1+m^2)-(b^2+a^2m^2)^2$$
$$=(m^4a^2+b^2)(4a^2b^2-a^2-b^2)+4m^2a^2b^2(a^2+b^2-1)$$

得出最后这个等式是有益的，为得到这个公式可把两边的括号全去掉.

上面得出的等式说明

$$4a^2b^2-a^2-b^2\geqslant 0$$
$$a^2+b^2-1\geqslant 0$$

因此，结果非负，从而充分性得证.

(b) 必要性

现在，我们从另一方面假设 E 在任何位置上都至少包含一个格点，则很容易证明，在标准位置上的 E 包含点(1/2,1/2).

假设事情正好相反. 把轴向外移，从而把坐标原点移到点(1/2,1/2) 上. 此时，格点被移动到点阵中的正方形的中心点上(图 4).

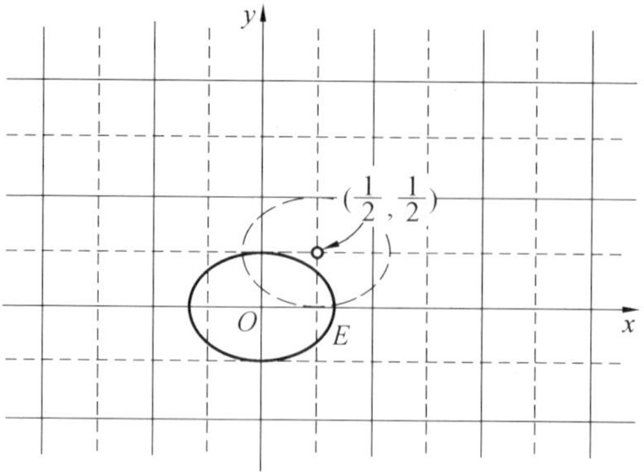

图 4

如果某个区域包含了格点(x,y),那么,它在移动之后覆盖了一个中心点,反之亦然.如果E没有包含中心点(1/2,1/2),则根据对称原理,这个椭圆也不可能包含其他的中心点.所以,E在移动之后,不包含格点,这与E在任何位置上均包含一个格点(由正方形组成的点阵之一点)的假设矛盾(在我们现在的情形下,点阵是正方形中点点阵).故E包含点(1/2,1/2),从而定理得证.

第9章 平面凸区域①

试题 试证明平面上面积为 π(或大于 π)的每个闭凸区域包含两个距离为 2 的点(图 1).

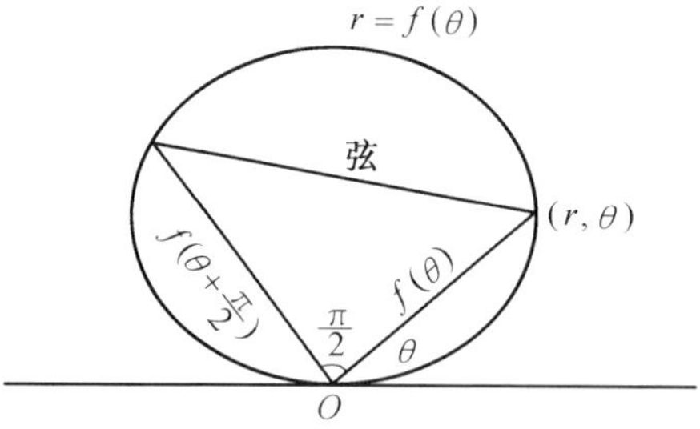

图 1

① 《π,μ,ε》(Pi Mu Epsilon),1956 年,185 页,问题 74. 此题由阿尔伯塔大学(University of Alberta)的 H. 赫尔芬斯坦(H. Helfenstein)提出并解答.

证明　引入极坐标. 选择坐标轴,使这个凸区域在坐标原点与该轴相切. 假设区域边界的方程为 $r=f(\theta)$,则由众所周知的面积公式得知

$$A=\int_0^{\pi}\frac{1}{2}r^2\,\mathrm{d}\theta=\frac{1}{2}\int_0^{\pi}f^2(\theta)\,\mathrm{d}\theta$$
$$=\frac{1}{2}\int_0^{\frac{\pi}{2}}f^2(\theta)\,\mathrm{d}\theta+\frac{1}{2}\int_{\frac{\pi}{2}}^{\pi}f^2(\theta)\,\mathrm{d}\theta$$

如果在最后这个表达式的第二个积分中,以 $\theta+\frac{\pi}{2}$ 代替 θ,则它等于积分

$$\frac{1}{2}\int_0^{\frac{\pi}{2}}f^2\left(\theta+\frac{\pi}{2}\right)\mathrm{d}\left(\theta+\frac{\pi}{2}\right)=\frac{1}{2}\int_0^{\frac{\pi}{2}}f^2\left(\theta+\frac{\pi}{2}\right)\mathrm{d}\theta$$

对这个凸区域而言

$$A=\frac{1}{2}\int_0^{\frac{\pi}{2}}\left[f^2(\theta)+f^2\left(\theta+\frac{\pi}{2}\right)\right]\mathrm{d}\theta$$

可见,被积函数是所研究区域的一条弦长之平方.

如果该区域中任何两个点之间的距离小于 2,则这些弦长均小于 2. 由此可知

$$A<\frac{1}{2}\int_0^{\frac{\pi}{2}}4\,\mathrm{d}\theta=2\int_0^{\frac{\pi}{2}}\mathrm{d}\theta=\pi$$

这与题设矛盾,故得证.

从这个证明也可推知,如果所有的弦均不大于 2,则面积 π 不可能再增加. 因此,如果面积大于 π,则存在一条大于 2 的弦. 证毕.

这一工作对组合几何这一现代领域引出了一些有益的结果,在 Minkowski 去世后,后人于 1911 年发表了他的工作,引出了关于平面闭凸集的一系列惊人的结果. 这一工作提出了非常著名的定理:

如果将一个面积大于 4 的中心对称的闭凸区域的中心点置于某个格点上,那么,这个区域至少要包含两

个格点.(一个图形是中心的,如果它包括一个点 O,使之绕此点旋转半周时,图形又变成原样.)

在罗斯·洪斯伯格(Ross Honsberger)所著的《数学宝石》一书的第 48 页曾提到这一定理,在这里我们不想论述其证明.但是,我们可以研究下述由西德尼大学(Sidney University)的约瑟夫·哈默(Joseph Hammer)提出的定理(《美国数学月刊》(AMM),1968 年,157 页,数学简报):

如果把一个面积大于 π 的中心对称的闭凸区域 R 的中心置于某一格点上,则可把这个区域绕其中心旋转,使其在旋转之后,至少包含另外两个格点.

证明 由于 O 是 R 的中心点,所以,这一点是 R 的通过该点的每条弦的中点.因此,如果某条通过点 O 的弦 AB 的长至少为 2,则点 O 两侧的弦长至少为 1.绕点 O 进行适当的旋转,这条弦就变成了一条通过点 O 的格点线,其上有两个与点 O 相邻属于 R 的格点(C 和 D,或 E 和 F)(图 2).

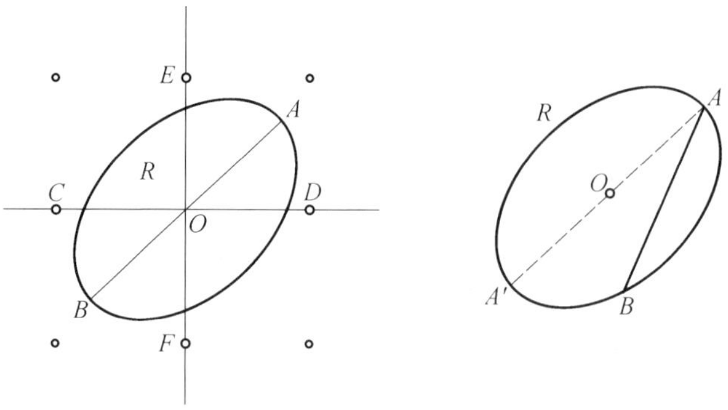

图 2

因为 R 的面积大于 π,所以,正如我们已知的那样，R 的某弦 AB 必大于 2. 如果 AB 通过点 O，则如上述证明的那样. 如果 AB 不通过点 O，则点 O 离弦的一个端点（例如 A）大于 $AB/2$. 由于 R 中心对称，因此，在这种情形下，弦 AOA' 必定大于 AB，从而得证.

以同样的方法，可以证明哈默文章中的另一条定理：

如果把一个面积大于 $\pi/2$ 的闭凸区域 R 围绕该区域的任一点 P 旋转，则存在一个位置，在这个位置上，被旋转的区域至少含有一个格点.

证明　如果使 R 经受拉伸 $P(\sqrt{2})$（即以 P 为中心点，拉伸系数为 $\sqrt{2}$ 的拉伸），则 R 的线性尺寸增大到原来的 $\sqrt{2}$ 倍，其面积扩大 1 倍，因此新区域的面积大于 π. 所以，这个新区域内含有一条弦，其长大于 2. R 中与之相应的弦则大于 $2/\sqrt{2}=\sqrt{2}$. 如前所述，P 或者是这条弦的中点，或者从 P 到 A 和从 P 到 B 这两个距离中有一个大于 $AB/2$. 总之，PA 或 PB 大于 $\sqrt{2}/2$. 假设 PA 大于 $\sqrt{2}/2$. 该平面上的每个点距离某个格点至多为 $\sqrt{2}/2$（以四个格点为顶点的正方形点阵的中心 C 距离每个顶点恰好是 $\sqrt{2}/2$）（图 3）. 所以，绕点 P 进行适当地旋转，可使 PA 位于这样的位置上，在这个位置，线段 PA 包含点 D，且点 D 位于最近的格点上.

Minkowski 定理和哈默第一个定理中的区域，必须是中心对称的. 在中心对称图形上，对称中心与重心重合. 因此，对重心位于格点上的区域也可以提出这些定理. 现在，如果放弃中心对称这一假设，则这些定理是错误的. 可以采用特殊的方式，对此加以补救，这就是把给定的面积增加 1/8.

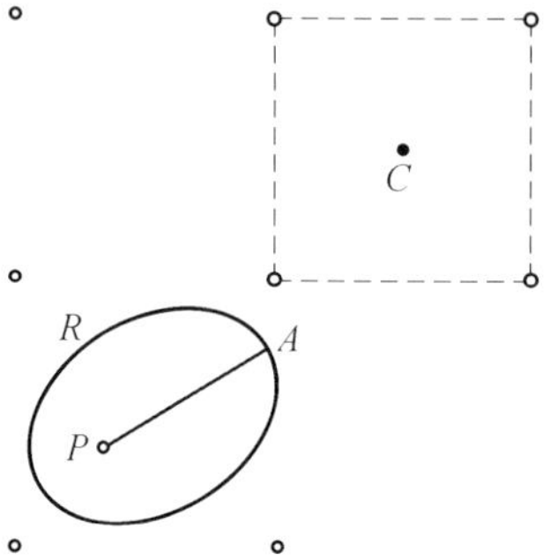

图 3

一个重心在格点上、面积大于 $4\frac{1}{2}(=4+\frac{1}{8}\times 4)$ 的闭凸区域，至少包含另外两个格点[E. 埃哈德(E. Ehrhart)].

可以使一个重心在格点上、面积大于 $9\pi/8$ 的闭凸区域，绕其重心旋转，使其在旋转后的位置上，至少含有另外两个格点[见前面提到的哈默的文章(AMM, 1968)].

P. R. 斯考特(P. R. Scott)的非常简短的文章，或许会引起读者的兴趣.

圆、正方形和格子点

第10章

§1 引　言

我们知道，坐标平面上的格子点 (x,y) 的坐标 x 和 y 都是整数，这些点行列均匀地分布在诸单位正方形的顶点处．显然，围绕任何一个格子点可以画出一个小圆，把所有其余的格子点隔在外面．稍微试验一下就会发现，不难确定一些小圆，其内部刚好含有两个、三个或四个格子点．可是，如果事先指定了一个较大的数目，要确定一个圆把那样多的格子点包含在内，就并不总是很容易了．本章首先建立下面的定理：

对于每个自然数 n，平面上存在一个圆，其内部刚好含有 n 个格子点（图 1）．

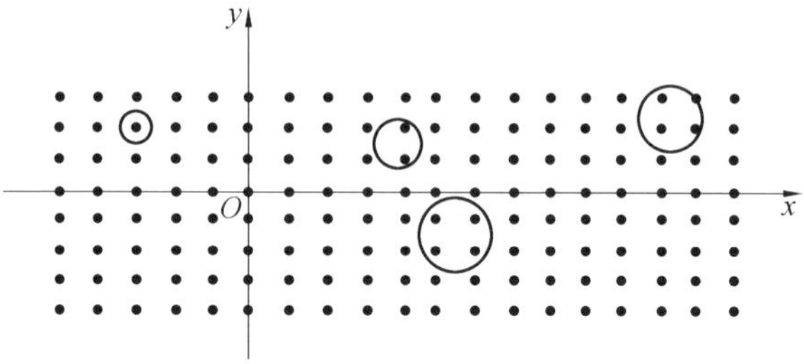

图 1

这个定理是下述事实的简单推论:任何两个格子点到点$(\sqrt{2},\frac{1}{3})$的距离都不相同(我们过一会儿就来证明这个事实).因此,所有的格子点可以按照它们与$(\sqrt{2},\frac{1}{3})$的距离排成一个序列 $p_1,p_2,p_3,\cdots,p_n$. p_1 离得最近,p_2 是第二个最近的,等等.于是,以$(\sqrt{2},\frac{1}{3})$为圆心并且通过 p_{n+1} 的圆,其内部正好含有 n 个格子点 $p_1,p_2,\cdots,p_n$.

我们用反证法来证明上述事实.假设两个格子点(a,b)和(c,d)到点$(\sqrt{2},\frac{1}{3})$的距离相同,那么

$$(a-\sqrt{2})^2+(b-\frac{1}{3})^2=(c-\sqrt{2})^2+(d-\frac{1}{3})^2$$

把有理部分和无理部分分开,我们得到

$$2(c-a)\sqrt{2}=c^2+d^2-a^2-b^2+\frac{2}{3}(b-d)$$

左端是无理数或零,而右端是有理数.要相等,两端都得是零,所以

$$c=a,c^2+d^2-a^2-b^2+\frac{2}{3}(b-d)=0$$

由于 $c=a$，后一等式给出 $d^2-b^2-\frac{2}{3}(d-b)=0$，所以

$$(d-b)(d+b-\frac{2}{3})=0$$

由于 d 和 b 都是整数，因子 $d+b-\frac{2}{3}$ 不可能是零，所以必定有

$$d-b=0, d=b$$

由于 $c=a$，这两个格子点 (a,b) 和 (c,d) 必须相同，矛盾.

Hugo Steinhaus 甚至证明了：对每个自然数 n，存在一个面积为 n 的圆，其内部刚好含有 n 个格子点.

§2　Schinzel 定理

现在来考虑这样一种圆，其圆界上刚好含有 n 个格子点. $n=1$ 和 $n=2$ 的情形是简单的. 可是，即使 $n=3$ 这个最初的情形也颇费踌躇. 1958 年，华沙的一位波兰数学家 André Schinzel 对下述定理发表了一个赏心悦目的证明：对每个自然数 n，平面上有一个圆，其周界上刚好有 n 个格子点. 他的证明还有一个特点，就是用方程定出了所要的圆，论证如下.

分别考虑 n 是偶数和奇数的情形，Schinzel 证明了：

(1) 如果 $n=2k$，则以 $(\frac{1}{2},0)$ 为心，以 $\frac{1}{2}\cdot 5^{\frac{k-1}{2}}$ 为半径的圆刚好通过 n 个格子点.

(2) 如果 $n=2k+1$，则以 $(\frac{1}{3},0)$ 为心，以 $\frac{1}{3}\cdot 5^k$ 为

半径的圆刚好通过 n 个格子点.

他使用了数论里一个著名的公式:方程 $x^2+y^2=n$ 的整数解 (x,y) 的个数 $r(n)$ 是

$$r(n)=4(d_1-d_2)$$

其中 d_1 是 n 的因子中形如 $4k+1$ 的个数,d_2 是形如 $4k+3$ 的因子的个数.这个公式的推导是初等数论的知识,写起来太长,这里不讲了,我们就不加证明地放心使用好了.不过,注意,这里要把 (x,y) 和 (y,x) 算成两个不同的解,例如,$r(1)=4(1-0)=4$,这些解是 $(1,0)$,$(0,1)$,$(-1,0)$,$(0,-1)$.

当 n 是偶数 $2k$ 时,我们考虑方程 $x^2+y^2=5^{k-1}$ 的整数解.5^{k-1} 的所有因子都是 5 的方幂,所以每个因子都有 $4k+1$ 的形式,由于到 5^{k-1} 为止 5 的方幂共有 k 个,所以整数解的个数是 $4(k-0)=4k$.这些解总共有 $2k$ 对互相倒换的解 (x,y) 和 (y,x).既然 5^{k-1} 是奇数,所以 x 和 y 中一个是奇数,另一个是偶数,从而这 $2k$ 对解中每一对解都刚好有一个解,第一项是奇数,第二项是偶数.这个结果下面将要用到.

以 $(\frac{1}{2},0)$ 为心,以 $\frac{1}{2}\cdot 5^{\frac{k-1}{2}}$ 为半径的圆周上的每个格子点 (p,q),都是方程 $(p-\frac{1}{2})^2+(q-0)^2=\frac{5^{k-1}}{4}$ 的一个有序整数解,反之亦然.这里我们强调“有序”,是因为关系

$$(p-\frac{1}{2})^2+(q-0)^2=\frac{5^{k-1}}{4}$$

并不自动蕴涵 $(q-\frac{1}{2})^2+(p-0)=\frac{5^{k-1}}{4}$.因此,这个方程的有序整数解的个数就是我们的圆周所经过的格子

点的个数. 可是,把方程两端乘以 4,我们看出,每个有序解(p,q)也是方程$(2p-1)^2+(2q)^2=5^{k-1}$的有序解,反之亦然. 但是后者是$x^2+y^2=5^{k-1}$这种形式的方程,我们要找的解是$x=2p-1, y=2q$,即x是奇数,y是偶数. 我们找到的每一个这样的解都产生我们的圆周上的一个格子点(p,q). 我们已经指出,$x^2+y^2=5^{k-1}$正好有$2k$个解(x,y),其中x是奇数而y是偶数,所以我们的圆周必定正好通过$2k=n$个格子点.

当n是奇数$2k+1$时,我们考虑$x^2+y^2=5^{2k}$的整数解. 这个方程的有序整数解的个数是

$$r(5^{2k})=4[(2k+1)-0]=4(2k+1)=8k+4$$

一般说来,这些解总起来可以分为若干组,每一组有八个解

$$(x,y),(x,-y),(-x,y),(-x,-y)$$

$$(y,x),(y,-x),(-y,x),(-y,-x)$$

如果出现零,例如$x=0$,那么$x=-x$,这一组就只有四个解. 还有,如果$x=y$,这一组中也只有四个解.

就我们讨论的情形而言,5^{2k}是奇数,所以x和y中一个是奇数,另一个是偶数,因而不可能有$x=y$. 不过,零是可以出现的,得到下面这一组解

$$(0,5^k),(0,-5^k),(5^k,0),(-5^k,0)$$

因此,我们的$8k+4$个解(x,y)可以分为k组,每组有八个解,另外还有一组四个解.

现在以$(\frac{1}{3},0)$为心,以$\frac{1}{3}\cdot 5^k$为半径的圆周上的每个格子点(p,q)正好就是方程

$$(p-\frac{1}{3})^2+(q-0)^2=\frac{5^{2k}}{9}$$

或

$$(3p-1)^2+(3q)^2=5^{2k}$$

的一个有序整数解，后者是 $x^2+y^2=5^{2k}$ 这种形式的方程. 这一次我们要找的解是 $x=3p-1,y=3q$，即是第一项模 3 同余于 -1，第二项被 3 整除. 我们将证明，上述方程的 k 组解的每一组八个解中正好含有两个这样的解，而单独的那组四个解中正好有一个这样的解，所以总起来有 $n=2k+1$ 个这样的解，这就是说，我们的圆周上也正好有这样多个格子点.

注意

$$5^{2k}=25^k\equiv 1^k\equiv 1(\bmod 3)$$

由于一个平方数是模 3 同余于 0 或 1 的，所以必定是 x^2 和 y^2 中有一个模 3 同余于 1，而另一个模 3 同余于 0. 让 x 和 $-x$ 表示一组八个解中被 3 整除的那些项(我们可以把这组中的一个解记为 (x,y)，其余的记号则由此确定为 $(-x,y)$ 等). 这时 y 和 $-y$ 中恰好有一个模 3 同余于 -1. 为确定起见，假定这是 y. 于是，只有 (y,x) 和 $(y,-x)$ 这两个解才是第一项模 3 同余于 -1 而第二项模 3 同余于 0 的. 在单独的那组四个解中，$(-5^k,0)$ 和 $(5^k,0)$ 中恰好有一个是所要的那种解.

§3 Browkin 定理

前面所考虑的那些问题，如果把圆换成正方形，就会呈现出完全不同的面貌. 1957 年 George Browkin 证明了：对于每个自然数 n，平面上有一个正方形，其内部刚好含有 n 个格子点. 这里给出的 Browkin 的证明是经过 Sierpinski 和 Schinzel 修改的.

我们仍然把格子点排成一个序列 $p_1, p_2, p_3, \cdots, p_n$. 为此,我们利用函数

$$f(x,y)=\left|x+y\sqrt{3}-\frac{1}{3}\right|+\left|x\sqrt{3}-y-\frac{1}{\sqrt{3}}\right|$$

来证明,任何两个格子点的 f 值都不相同.

由反证法,假设有两个不同的格子点 (a,b) 和 (c,d) 使得 $f(a,b)=f(c,d)$. 由于 $|z|$ 或者是 $+z$,或者是 $-z$,所以可以记为 $|z|=pz$,这里 p 是 $+1$ 或 -1. 因此,从方程 $f(a,b)=f(c,d)$ 中去掉绝对值符号,我们得到

$$p\left(a+b\sqrt{3}-\frac{1}{3}\right)+q\left(a\sqrt{3}-b-\frac{1}{\sqrt{3}}\right)$$
$$=r\left(c+d\sqrt{3}-\frac{1}{3}\right)+s\left(c\sqrt{3}-d-\frac{1}{\sqrt{3}}\right)$$

其中 p,q,r,s 是1或-1. 把有理项和无理项分开,注意 $\frac{s}{\sqrt{3}}=\frac{\sqrt{3}s}{3}$,我们得到

$$pa-\frac{p}{3}-qb-rc+\frac{r}{3}+sd$$
$$=\sqrt{3}\left(rd+sc-\frac{s}{3}-pb-qa+\frac{q}{3}\right)$$

两边要相等,每一边都得是零,所以

$$pa-qb-rc+sd+\frac{r-p}{3}=0$$

$$rd+sc-pb-qa+\frac{q-s}{3}=0$$

由于所有的参数都是整数,所以分数 $\frac{r-p}{3}$ 和 $\frac{q-s}{3}$ 也必定化为整数. 但是两个分子中每一个都是 2,0 或 -2,所以两个分子都只能是 0,从而 $p=r, q=s$,方程

化为

$$p(a-c)+q(d-b)=0$$

$$p(d-b)+q(c-a)=0$$

把这些方程分别乘以 p 和 q 得到

$$p^2(a-c)+pq(d-b)=0$$

$$pq(d-b)+q^2(c-a)=0$$

相减得到

$$p^2(a-c)-q^2(c-a)=0$$

或

$$(a-c)(p^2+q^2)=0$$

但是，不论 p 和 q 是 1 还是 -1，p^2 和 q^2 都是 1. 所以

$$2(a-c)=0$$

即

$$a=3$$

接着又给出 $b=d$，这就说明格子点 (a,b) 和 (c,d) 是相同的，矛盾. 因此，任何两个格子点的 f 值都不相同.

f 有一个简单的几何解释. 从格子点 $P(x,y)$ 到方程为 $x+y\sqrt{3}-\frac{1}{3}=0$ 的直线 L 所作垂线 d_1 的长度是

$$|d_1|=\left|\frac{x+y\sqrt{3}-\frac{1}{3}}{\sqrt{1+3}}\right|$$

所以 $|x+y\sqrt{3}-\frac{1}{3}|=2|d_1|$. 同样，$|x\sqrt{3}-y-\frac{1}{\sqrt{3}}|=2|d_2|$，这里 d_2 表示从 $P(x,y)$ 到方程为 $x\sqrt{3}-y-\frac{1}{\sqrt{3}}=0$ 的直线 M 所作的垂线(图 2).

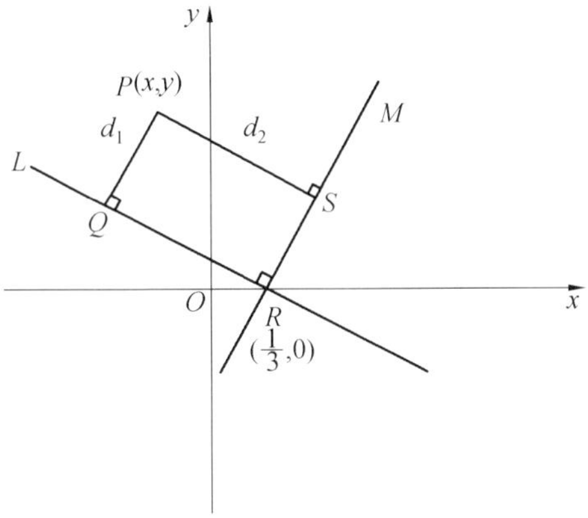

图 2

注意，直线 L 和 M 在点 $R(\frac{1}{3},0)$ 处相交成直角，所以 $f(x,y)=2\mid d_1\mid+2\mid d_2\mid$ 代表从 P 到 L 和 M 作垂线而得的矩形 $PQRS$ 的周长. 一般说来，f 的值随着 $P(x,y)$ 远离交点 R 而增加，所以我们看出，R 附近有一个格子点 p_1 使相应矩形的周长最小，并且由于任何两个格子点的 f 值都不相同，所以按照 f 值增加的顺序就把这些格子点排成序列 $p_1,p_2,p_3,\cdots,p_n$.

让我们用记号 a_n 来表示格子点 p_n 相应的 f 值，再令

$$h(x,y)=x(1+\sqrt{3})+y(\sqrt{3}-1)-\frac{1}{3}+\frac{1}{\sqrt{3}}$$

$$g(x,y)=x(1-\sqrt{3})+y(1+\sqrt{3})-\frac{1}{3}+\frac{1}{\sqrt{3}}$$

考虑四条直线(图 3)

$$h(x,y)=\pm a_{n+1},g(x,y)=\pm a_{n+1}$$

显然，与 $h(x,y)$ 有关的两条直线彼此平行，另外两条

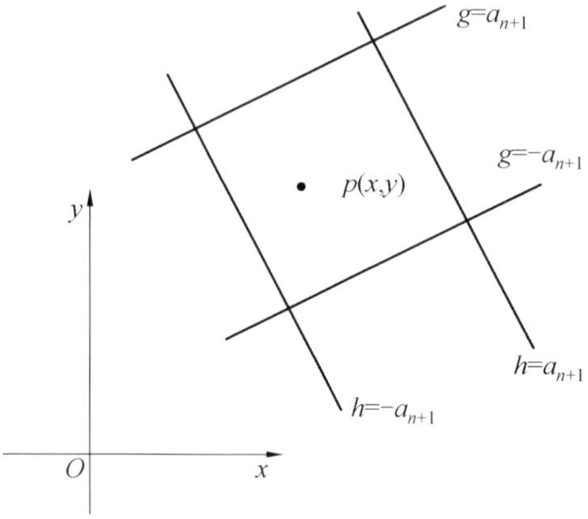

图 3

直线也彼此平行.由这些直线的方程比较它们的斜率,我们看出,这两对平行直线是互相垂直的,所以构成一个矩形,实际上是一个正方形.这个事实请读者自行验证,只需比较这两对平行线在两坐标轴上的截距即可.

现在如果格子点(x,y)相应的值$h(x,y)$满足

$$-a_{n+1}<h(x,y)<a_{n+1}$$

即$|h(x,y)|<a_{n+1}$,则点(x,y)落在平行线$h(x,y)=a_{n+1}$和$h(x,y)=-a_{n+1}$之间的条状区域内,反之亦然.注意$g(x,y)$中x的系数是负的,我们同样看出,格子点(x,y)落在平行线$g(x,y)=a_{n+1}$和$g(x,y)=-a_{n+1}$之间的充要条件是:$-a_{n+1}<g(x,y)<a_{n+1}$,即$|g(x,y)|<a_{n+1}$.于是,点(x,y)落在上述正方形内的充要条件是:$|h(x,y)|<a_{n+1}$且$|g(x,y)|<a_{n+1}$.

既然对任何实数a,b,c,不等式组$|a|<c$和$|b|<c$等价于一个不等式

$$\left|\frac{a+b}{2}\right|+\left|\frac{a-b}{2}\right|<c$$

(见练习 1),所以我们上面的两个不等式

$$|h(x,y)|<a_{n+1} \text{ 和 } |g(x,y)|<a_{n+1}$$

等价于

$$\left|\frac{h(x,y)+g(x,y)}{2}\right|+\left|\frac{h(x,y)-g(x,y)}{2}\right|<a_{n+1}$$

把 $h(x,y)$ 和 $g(x,y)$ 的表达式代入并加以简化,容易看出,上式正好化为

$$f(x,y)<a_{n+1}$$

这就是说,格子点 (x,y) 落在上述正方形内的充要条件是:$f(x,y)<a_{n+1}$. 按照格子点排列的次序,满足上述要求的格子点正好就是

$$p_1,p_2,p_3,\cdots,p_n$$

所以我们的正方形刚好含有 n 个格子点.

上述定理不仅对正方形成立,对于三角形、正五边形、椭圆以及其他图形也成立. 事实上 Schinzel 和 Kulikowski 能够证明下述优秀定理:每个非空的平面有界凸形 C,对于每个自然数 n,平面上有一个图形,具有 C 的形状,其内部刚好含有 n 个格子点.

§4　三维空间中的球面

我们可以把上述结果推广到三维空间中球面的情形,例如,对于每个自然数 n,存在一个球面,其内部正好含有 n 个格子点. 这个事实的证明类似于平面上关于圆的相应定理的证明. 现在,我们给出下述定理的一个优美的证明.

Kulikowski 定理 对于每个自然数 n,三维空间中有一个球面,其表面上刚好有 n 个格子点.

这个定理是华沙的 Thadée Kulikowski 在 1958 年证明的.他的证明要用到 Schinzel 定理,这是我们前面证明过的.

对于已知的自然数 n,利用 Schinzel 定理确定刚好通过 n 个格子点(x,y) 的一个圆的方程

$$(x-a)^2+(y-b)^2=c$$

既然 xOy 平面上的格子点(x,y)就是 $Oxyz$ 空间中的格子点$(x,y,0)$,所以 Schinzel 圆周上刚好含有三维空间中的 n 个格子点$(x,y,0)$.

于是 Kulikowski 说,中心为$(a,b,\sqrt{2})$,半径为 $\sqrt{c+2}$ 的球面上就刚好有 n 个格子点.事实上,球面方程为

$$(x-a)^2+(y-b)^2+(z-\sqrt{2})^2=c+2$$

或

$$(x-a)^2+(y-b)^2+z^2-2\sqrt{2}z=c$$

从 Schinzel 定理知,a,b,c 的值都是有理数($a=\frac{1}{2}$ 或 $\frac{1}{3}$,$b=0$,c 是某个适当的有理数),所以在上述方程中 x,y,z 的整数值使除了 $-2\sqrt{2}z$ 外的每一项都取有理值.因此,除了 $z=0$ 外,任何整数 x,y,z 都不可能满足这个方程.这就是说,球面上的格子点全都落在它和 xOy 平面的交集上.令 $z=0$ 得到这个交集,正好就是上述 Schinzel 圆周

$$(x-a)^2+(y-b)^2=c$$

于是,球面上仅有的格子点就是这个圆周上的 n 个格

子点. 证毕.

这个证明可以直接推广到任何维数的空间. 最后，我们说一下，Browkin 也证明了：对任何自然数 n，三维空间中存在一个方体，其内部刚好含有 n 个格子点.

§5　关于 n 维马步问题

南京大学数学系 1978 级的陶克同学利用整点和整向量的简单性质解决了 n 维马步问题.

马步问题原称“骑士旅游”，是一个非常有趣的问题，它来源于国际象棋，是对国际象棋游戏的高度概括. 这个问题经过人们长期的努力，在二维情形下已有了许多优美的结果，可参看[1,2].

本节是依靠代数工具，将二维马步推广到 n 维马步，并在一系列的约定、定义及显见的引理下，边讨论边证明，如此逐步推出两个小结性的定理.

约定 1　整数的全体记为 $\mathbf{Z}$，实数域记为 $\mathbf{R}$，n 维欧氏空间记为 $\mathbf{R}^n$. 下面的讨论都是在 $n \geqslant 2$ 的情形下进行的.

定义 1　点(向量)$(a_1, a_2, \cdots, a_n)^{\mathrm{T}} \in \mathbf{R}^n$(T 表示转置)，若 $a_1, a_2, \cdots, a_n \in \mathbf{Z}$，则称之为整点(整向量). 空间 $\mathbf{R}^n$ 的整点(整向量)的全体记为 $\mathbf{K}^n$. 以下的讨论中，凡是点(向量)都是指的整点(整向量).

我们将

$$\left\{ \begin{matrix} \\ \\ i \\ \\ \\ \\ j \\ \\ \\ \end{matrix} \begin{pmatrix} 1 & & & & & & & & \\ & \ddots & & & & & & & \\ & & 1 & & & & & & \\ & & & 0 & \cdots & \cdots & \cdots & 1 & & & \\ & & & \vdots & 1 & & & \vdots & & & \\ & & & \vdots & & \ddots & & \vdots & & & \\ & & & \vdots & & & 1 & \vdots & & & \\ & & & 1 & \cdots & \cdots & \cdots & 0 & & & \\ & & & & & & & & 1 & & \\ & & & & & & & & & \ddots & \\ & & & & & & & & & & 1 \end{pmatrix} i,j=1,2,\cdots,n \right\}$$

记为 $\mathbf{X}_n$，将

$$\left\{ i \begin{pmatrix} 1 & & & & & & \\ & \ddots & & & & & \\ & & 1 & & & & \\ & & & -1 & & & \\ & & & & 1 & & \\ & & & & & \ddots & \\ & & & & & & 1 \end{pmatrix} i=1,2,\cdots,n \right\}$$

记为 $\mathbf{Y}_n$，则存在一个 $\mathbf{R}^n$ 上的以 $\mathbf{X}_n \cup \mathbf{Y}_n$ 为生成元的变换群，记为 W_n.

约定 2 对向量 $(a_1,a_2,\cdots,a_n)^{\mathrm{T}}$，记 $\{\boldsymbol{w}(a_1,a_2,\cdots,a_n)^{\mathrm{T}} \mid \boldsymbol{w} \in W_n\}$ 为 $\mathbf{A}(a_1,a_2,\cdots,a_n)$. 尤其对向量 $(\overbrace{1,1,\cdots,1}^{k},0,\cdots,0)^{\mathrm{T}}$，记

$$\mathbf{A}(\overbrace{1,1,\cdots,1}^{k},0,\cdots,0) = \boldsymbol{B}_k^n$$

定义 2 若 $\mathbf{A}(a_1,a_2,\cdots,a_n) = \{\boldsymbol{\alpha}_1,\boldsymbol{\alpha}_2,\cdots,\boldsymbol{\alpha}_k\}$，映射 $f:\mathbf{K}^n \to \mathbf{K}^n$ 是由

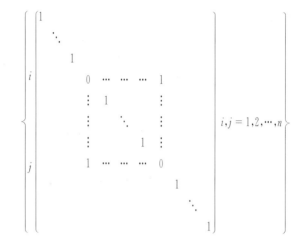

$$f(x_1,x_2,\cdots,x_k)^{\mathrm{T}}=x_1\boldsymbol{\alpha}_1+x_2\boldsymbol{\alpha}_2+\cdots+x_k\boldsymbol{\alpha}_k$$

来定义的，则称 f 为 $a_1a_2\cdots a_n$ 马，记作 $\|a_1,a_2,\cdots,a_n\|$.

引理 1　若 $x_1,x_2,\cdots,x_n\in\mathbf{Z}$，则对任意 $\varepsilon_i\in\{-1,1\}(i=1,2,\cdots,n)$，$x_1+x_2+\cdots+x_n$ 的奇偶性与 $\varepsilon_1x_1+\varepsilon_2x_2+\cdots+\varepsilon_nx_n$ 的奇偶性相同.

定义 3　对一向量组 $\boldsymbol{\alpha}_1,\boldsymbol{\alpha}_2,\cdots,\boldsymbol{\alpha}_n$ 和向量 $\boldsymbol{b}$，如存在 $x_1,x_2,\cdots,x_k\in\mathbf{Z}$，使

$$\boldsymbol{b}=x_1\boldsymbol{\alpha}_1+x_2\boldsymbol{\alpha}_2+\cdots+x_k\boldsymbol{\alpha}_k$$

则称 $\boldsymbol{b}$ 可由 $\boldsymbol{\alpha}_1,\boldsymbol{\alpha}_2,\cdots,\boldsymbol{\alpha}_k$ 整线性表出，$x_1\boldsymbol{\alpha}_1+x_2\boldsymbol{\alpha}_2+\cdots+x_k\boldsymbol{\alpha}_k$ 称为 $\boldsymbol{b}$ 的一个整线性表示. 以下的线性表示都是指整线性表示.

引理 2　设 $\{\boldsymbol{\alpha}_1,\boldsymbol{\alpha}_2,\cdots,\boldsymbol{\alpha}_k\}$ 和 $\{\boldsymbol{\beta}_1,\boldsymbol{\beta}_2,\cdots,\boldsymbol{\beta}_l\}$ 为两组向量，且前者可由后者线性表出，则若向量 $\boldsymbol{b}$ 可由前者线性表出，那么，$\boldsymbol{b}$ 也可由后者线性表出.

引理 3　若 $\{\boldsymbol{\alpha}_1,\boldsymbol{\alpha}_2,\cdots,\boldsymbol{\alpha}_k\}$ 和 $\{\boldsymbol{\beta}_1,\boldsymbol{\beta}_2,\cdots,\boldsymbol{\beta}_l\}$ 可相互整线性表出，则方程

$$\boldsymbol{b}=x_1\boldsymbol{\alpha}_1+x_2\boldsymbol{\alpha}_2+\cdots+x_k\boldsymbol{\alpha}_k$$

有整数解的充要条件为：$\boldsymbol{b}=y_1\boldsymbol{\beta}_1+y_2\boldsymbol{\beta}_2+\cdots+y_l\boldsymbol{\beta}_l$ 有整数解.

引理 4　若 $(a_1,a_2,\cdots,a_k)=d,(d,b)=1$，则

$$(a_1,ba_2,ba_3,\cdots,ba_k)=d$$

这里 $b\in\mathbf{Z}$.

引理 5　若 $\boldsymbol{\alpha}$ 可由 $\boldsymbol{A}(a_1,a_2,\cdots,a_n)$ 或 $\boldsymbol{B}_k^n$ 整线性表出，则 $\boldsymbol{w\alpha}$ 亦然，这里 $\boldsymbol{w}\in W_n$.

证明　设 $\boldsymbol{\alpha}$ 可由 $\boldsymbol{A}(a_1,a_2,\cdots,a_n)=\{\boldsymbol{\alpha}_1,\boldsymbol{\alpha}_2,\cdots,\boldsymbol{\alpha}_k\}$ 整线性表出，则存在 $x_1,x_2,\cdots,x_k\in\mathbf{Z}$，使 $\boldsymbol{\alpha}=x_1\boldsymbol{\alpha}_1+x_2\boldsymbol{\alpha}_2+\cdots+x_k\boldsymbol{\alpha}_k$，所以，$\boldsymbol{w\alpha}=x_1\boldsymbol{w\alpha}_1+$

$x_2\boldsymbol{w\alpha}_2+\cdots+x_k\boldsymbol{w\alpha}_k$. 由 W_n 及 $\boldsymbol{A}(a_1,a_2,\cdots,a_n)$ 的定义知，$\boldsymbol{w\alpha}_i\in\boldsymbol{A}(a_1,a_2,\cdots,a_n)(i=1,2,\cdots,k)$，所以，$\boldsymbol{w\alpha}$ 可由 $\boldsymbol{A}(a_1,a_2,\cdots,a_n)$ 整线性表出. 对 $\boldsymbol{B}_k^n$ 用同法可证.

现在，我们来证明一个关键性的引理.

引理6 若 $(a_1,a_2,\cdots,a_n)=1$，$a_1,a_2,\cdots,a_n$ 中有 k 个是奇数，则 $\boldsymbol{A}(a_1,a_2,\cdots,a_n)$ 可由 $\boldsymbol{B}_k^n$ 整线性表出，而 $\boldsymbol{B}_k^n$ 也可由 $\boldsymbol{A}(a_1,a_2,\cdots,a_n)$ 整线性表出.

证明 因为 $(a_1,a_2,\cdots,a_n)=1$，$n\geqslant 2$，所以，至少有一个 a_i 是奇数，不妨设为 a_1，则 $(a_1,2)=1$，由引理4知，$(a_1,2a_2,2a_3,\cdots,2a_n)=1$. 故存在 $u_1,u_2,\cdots,u_n\in\mathbf{Z}$，使 $u_1a_1+2u_2a_2+\cdots+2u_na_n=1$，因为 a_1 为奇数，所以，u_1 为奇数(这个结果下面要用到).

显然，$(a_1,a_2,\cdots,a_n)^{\mathrm{T}}\in\boldsymbol{A}(a_1,a_2,\cdots,a_n)$ 时，$(a_i,a_1,\cdots,a_{i-1},a_{i+1},\cdots,a_n)^{\mathrm{T}}$ 与 $(a_i,-a_1,\cdots,-a_{i-1},-a_{i+1},\cdots,-a_n)^{\mathrm{T}}$ 都属于 $\boldsymbol{A}(a_1,a_2,\cdots,a_n)$. 又

$$(2a_i,0,\cdots,0)^{\mathrm{T}}=(a_i,a_1,\cdots,a_{i-1},a_{i+1},\cdots,a_n)^{\mathrm{T}}+(a_i,-a_1,\cdots,-a_{i-1},-a_{i+1},\cdots,-a_n)^{\mathrm{T}}$$

$$u_1(a_1,a_2,\cdots,a_n)^{\mathrm{T}}+u_2(2a_2,0,\cdots,0)^{\mathrm{T}}+\cdots+u_n(2a_n,0,\cdots,0)^{\mathrm{T}}=(1,u_1a_2,\cdots,u_1a_n)^{\mathrm{T}}$$

由 W_n 的定义知，存在 $\boldsymbol{w}\in W_n$，使

$$\boldsymbol{w}(1,u_1a_2,\cdots,u_1a_n)^{\mathrm{T}}=(1,-u_1a_2,\cdots,-u_1a_n)^{\mathrm{T}}$$

$$(1,u_1a_2,\cdots,u_1a_n)^{\mathrm{T}}+(1,-u_1a_2,\cdots,-u_1a_n)^{\mathrm{T}}=(2,0,\cdots,0)^{\mathrm{T}}$$

又由 W_n 的性质知，存在 $\boldsymbol{w}^i\in W_n$，使

$$\boldsymbol{w}^i(2,0,\cdots,0)^{\mathrm{T}}=(\overbrace{0,\cdots,0,2}^{i},0,\cdots,0)^{\mathrm{T}}$$

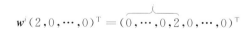

因为 u_1 为奇数，所以 u_1a_i 的奇偶性与 a_i 相同，即 $u_1a_2,\cdots,u_1a_n$ 中有 $k-1$ 个奇数. 由 W_n 的定义知，可令 $u_1a_2=2l_1+1,\cdots,u_1a_k=2l_{k-1}+1,u_1a_{k+1}=2l_k,\cdots,u_1a_n=2l_{n-1}$，所以，有

$$(1,u_1a_1,\cdots,u_1a_n)^{\mathrm{T}}-l_1(0,2,0,\cdots,0)^{\mathrm{T}}-l_2(0,0,2,0,\cdots,0)^{\mathrm{T}}-\cdots-l_{n-1}(0,\cdots,0,2)^{\mathrm{T}}$$

$$=(\overbrace{1,1,\cdots,1}^{k},0,\cdots,0)^{\mathrm{T}}$$

由引理 5 和引理 2，显然可知，$(1,1,\cdots,1,0,\cdots,0)^{\mathrm{T}}$ 可由 $\boldsymbol{A}(a_1,a_2,\cdots,a_n)$ 整线性表出. 再由引理 5 知，对 $\forall\,\boldsymbol{w}\in W_n$，有 $\boldsymbol{w}(\overbrace{1,1,\cdots,1}^{k},0,\cdots,0)^{\mathrm{T}}$ 可由 $\boldsymbol{A}(a_1,a_2,\cdots,a_n)$ 整线性表出. 由 $\boldsymbol{B}_k^n$ 的定义，$\boldsymbol{B}_k^n$ 可由 $\boldsymbol{A}(a_1,a_2,\cdots,a_n)$ 整线性表出.

又对 $(a_1,a_2,\cdots,a_n)^{\mathrm{T}}\in\boldsymbol{A}(a_1,a_2,\cdots,a_n)$，由 W_n 和 $\boldsymbol{A}(a_1,a_2,\cdots,a_n)$ 的定义知，不妨设 $a_1=2l_1+1,\cdots,a_k=2l_k+1,a_{k+1}=2l_{k+1},\cdots,a_n=2l_n$. 显然，$(\overbrace{1,1,\cdots,1}^{k},0,\cdots,0)^{\mathrm{T}}$，$(\overbrace{1,-1,\cdots,-1}^{k},0,\cdots,0)^{\mathrm{T}}\in\boldsymbol{B}_k^n$，而

$$(2,0,\cdots,0)^{\mathrm{T}}=(\overbrace{1,1,\cdots,1}^{k},0,\cdots,0)^{\mathrm{T}}+(\overbrace{1,-1,\cdots,-1}^{k},0,\cdots,0)^{\mathrm{T}}$$

由 W_n 的定义知，存在 $\boldsymbol{w}^i\in W_n$，使

$$\boldsymbol{w}^i(2,0,\cdots,0)^{\mathrm{T}}=(\overbrace{0,\cdots,0,2}^{i},0,\cdots,0)^{\mathrm{T}}$$

且

$$(a_1,a_2,\cdots,a_n)^{\mathrm{T}}$$

$$=(2l_1+1,2l_2+1,\cdots,2l_k+1,2l_{k+1},\cdots,2l_n)^{\mathrm{T}}$$

$$=(\overbrace{1,1,\cdots,1}^{k},0,\cdots,0)+l_1(2,0,\cdots,0)^{\mathrm{T}}+$$

$$l_2(0,2,\cdots,0)^{\mathrm{T}}+\cdots+l_n(0,0,\cdots,0,2)^{\mathrm{T}}$$

由引理 5 和引理 2 知，$(a_1,a_2,\cdots,a_n)^{\mathrm{T}}$ 可由 $\boldsymbol{B}_k^n$ 整线性表出. 又由引理 5 知，对 $\forall\,\boldsymbol{w}\in W_n,\boldsymbol{w}(a_1,a_2,\cdots,a_n)^{\mathrm{T}}$ 也如此，由 $\mathbf{A}(a_1,a_2,\cdots,a_n)$ 的定义知，$\mathbf{A}(a_1,a_2,\cdots,a_n)$ 可由 $\boldsymbol{B}_k^n$ 整线性表出. 证毕.

又由引理 3 知，当 $\mathbf{A}(a_1,a_2,\cdots,a_n)=\{\boldsymbol{\alpha}_1,\boldsymbol{\alpha}_2,\cdots,\boldsymbol{\alpha}_k\},\boldsymbol{B}_k^n=\{\boldsymbol{\beta}_1,\boldsymbol{\beta}_2,\cdots,\boldsymbol{\beta}_l\}$ 时，则

$$(1,0,\cdots,0)^{\mathrm{T}}=x_1\boldsymbol{\alpha}_1+x_2\boldsymbol{\alpha}_2+\cdots+x_k\boldsymbol{\alpha}_k$$

有整数解的充要条件为

$$(1,0,\cdots,0)^{\mathrm{T}}=y_1\boldsymbol{\beta}_1+y_2\boldsymbol{\beta}_2+\cdots+y_l\boldsymbol{\beta}_l$$

有整数解.

引理 7 设 $\boldsymbol{B}_k^n=\{\boldsymbol{\beta}_1,\boldsymbol{\beta}_2,\cdots,\boldsymbol{\beta}_l\}$，则

$$(1,0,\cdots,0)^{\mathrm{T}}=y_1\boldsymbol{\beta}_1+y_2\boldsymbol{\beta}_2+\cdots+y_l\boldsymbol{\beta}_l \qquad (*)$$

有整数解的充要条件是：k 为奇数，$k\neq n$.

证明 i) 如 k 为奇数，$k\neq n$，则有 $\boldsymbol{B}_k^n$ 中两向量之和

$$(1,1,\cdots,1,0,0,\cdots,0)^{\mathrm{T}}+(0,-1,\cdots,-1,1,0,\cdots,0)^{\mathrm{T}}$$
$$=(1,0,\cdots,0,1,0,\cdots,0)^{\mathrm{T}}$$

由 W_n 的性质知，存在 $\boldsymbol{w}^i\in W_n$，使

$$(\overbrace{0,\cdots,0,-1}^{2i},-1,0,\cdots,0)^{\mathrm{T}}=\boldsymbol{w}^i(\overbrace{1,0,\cdots,0,1}^{k+1},0,\cdots,0)^{\mathrm{T}}$$

所以

$$(\overbrace{1,1,\cdots,1}^{k},0,\cdots,0)^{\mathrm{T}}+(\overbrace{0,-1}^{2},-1,0,\cdots,0)^{\mathrm{T}}+$$

$$(\overbrace{0,0,0,-1}^{4},-1,0,\cdots,0)^{\mathrm{T}}+\cdots+$$

$$(\overbrace{0,\cdots,0,-1}^{k-1},-1,0,\cdots,0)^{\mathrm{T}}$$
$$=(1,0,\cdots,0)^{\mathrm{T}}$$

由引理 5 和引理 2 知，$(1,0,\cdots,0)^{\mathrm{T}}$ 可由 $\boldsymbol{B}_k^n$ 整线性表出，即方程（∗）有整数解.

ii）如 k 为偶数，则 $\boldsymbol{\beta}_i$ 的分量和 ε_i 为偶数. 由方程（∗），如有解，则

$$\varepsilon_1 y_1+\varepsilon_2 y_2+\cdots+\varepsilon_l y_l=1$$

左边为偶数，不会等于 1，矛盾.

如 k 为奇数，而 $k=n$，则由方程（∗）的形式知，存在一组 $c_1,c_2,\cdots,c_l,d_1,d_2,\cdots,d_l\in\{-1,+1\}$，使

$$c_1 y_1+c_2 y_2+\cdots+c_l y_l=1$$
$$d_1 y_1+d_2 y_2+\cdots+d_l y_l=0$$

所以

$$(c_1+d_1)y_1+(c_2+d_2)y_2+\cdots+(c_l+d_l)y_l=1$$

因为 c_i,d_i 都是奇数，故 c_i+d_i 是偶数，所以，方程（∗）如有解，则左边为偶数，不会是 1，矛盾.

这样引理 7 证毕.

再由引理 3、引理 6 及 $\|a_1,a_2,\cdots,a_n\|$ 的定义即得：

定理 1　$\|a_1,a_2,\cdots,a_n\|$ 能走到 $\mathbf{K}^n$ 中任一点的充要条件是下述三个条件同时成立：

1）$(a_1,a_2,\cdots,a_n)=1$；

2）$a_1+a_2+\cdots+a_n$ 为奇数；

3）$a_1,a_2,\cdots,a_n$ 不全是奇数.

注：定理 1 中的条件 1）是从 $(1,0,\cdots,0)^{\mathrm{T}}=x_1\boldsymbol{\alpha}_1+x_2\boldsymbol{\alpha}_2+\cdots+x_k\boldsymbol{\alpha}_k$ 的第一行分量得到的，这里 $\{\boldsymbol{\alpha}_1,\boldsymbol{\alpha}_2,\cdots,\boldsymbol{\alpha}_k\}=\mathbf{A}(a_1,a_2,\cdots,a_n)$；条件 2）是由如 k 为

$a_1, a_2, \cdots, a_n$ 中的奇数的个数，则 k 为奇数而得到的（引理 7 中的 i），ii））；条件 3）是从 $k \neq n$ 而得到的（引理 7 中的 ii））.

对 $\| a_1, a_2, \cdots, a_n \|$，考虑方程

$$x_1 \boldsymbol{\alpha}_1 + x_2 \boldsymbol{\alpha}_2 + \cdots + x_k \boldsymbol{\alpha}_k = (0, 0, \cdots, 0)^{\mathrm{T}} \tag{$**$}$$

这里，$\{\boldsymbol{\alpha}_1, \boldsymbol{\alpha}_2, \cdots, \boldsymbol{\alpha}_k\} = \mathbf{A}(a_1, a_2, \cdots, a_n) \equiv \mathbf{A}$. 下面 $\boldsymbol{B}_k^n = \{\boldsymbol{\beta}_1, \boldsymbol{\beta}_2, \cdots, \boldsymbol{\beta}_l\}$.

因为（$**$）是齐次的，所以，可设 $(a_1, a_2, \cdots, a_n) = 1$. 由引理 6 的证明知，$(2a_i, 0, \cdots, 0)^{\mathrm{T}}$ 可表为 $\mathbf{A}$ 中两个向量之和. 因为 u_1 为奇数，故 $(1, u_1 a_2, \cdots, u_1 a_n)^{\mathrm{T}}$ 可表为 $\mathbf{A}$ 中奇数个向量之和，所以，$(2, 0, \cdots, 0)^{\mathrm{T}}$ 可表为 $\mathbf{A}$ 中偶数个向量之和，这样

$$(\overbrace{1, 1, \cdots, 1}^{k}, 0, \cdots, 0)^{\mathrm{T}}$$

可表为 $\mathbf{A}$ 中奇数个向量之和. 由引理 5 的证明知，$\boldsymbol{B}_k^n$ 中每个向量都可表为 $\mathbf{A}$ 中奇数个向量之和. 同理，$\mathbf{A}$ 中每个向量都可表为 $\boldsymbol{B}_k^n$ 中奇数个向量之和. 所以，如

$$y_1 \boldsymbol{\beta}_1 + y_2 \boldsymbol{\beta}_2 + \cdots + y_l \boldsymbol{\beta}_l = (0, \cdots, 0)^{\mathrm{T}}$$

有一组整数解 $y_1, y_2, \cdots, y_l$，满足 $y_1 + y_2 + \cdots + y_l$ 为奇数，则方程（$**$）也有一组整数解 $x_1, x_2, \cdots, x_k$，满足 $x_1 + x_2 + \cdots + x_k$ 为奇数. 如

$$y_1 \boldsymbol{\beta}_1 + y_2 \boldsymbol{\beta}_2 + \cdots + y_l \boldsymbol{\beta}_l = (0, 0, \cdots, 0)^{\mathrm{T}}$$

的所有整数解满足 $y_1 + y_2 + \cdots + y_l$ 为偶数，则方程（$**$）的所有整数解也都满足 $x_1 + x_2 + \cdots + x_k$ 为偶数，反之亦然.

引理 8 对 $\boldsymbol{B}_k^n$，方程

$$y_1 \boldsymbol{\beta}_1 + y_2 \boldsymbol{\beta}_2 + \cdots + y_l \boldsymbol{\beta}_l = (0, 0, \cdots, 0)^{\mathrm{T}} \tag{$***$}$$

的解 $y_1, y_2, \cdots, y_l$ 之和 $y_1+y_2+\cdots+y_l$ 为偶数的充要条件是：k 是奇数或 $k=n$.

证明　i）若 k 为奇数，则 $\boldsymbol{\beta}_i$ 的分量和 ε_i 为奇数，故 $y_i\varepsilon_i$ 的奇偶性与 y_i 相同. 从而 $y_1\varepsilon_1, y_2\varepsilon_2, \cdots, y_l\varepsilon_l$ 中奇数的个数与 $y_1, y_2, \cdots, y_l$ 中奇数的个数相同. 因

$$y_1\varepsilon_1+y_2\varepsilon_2+\cdots+y_l\varepsilon_l=0$$

所以，$y_1\varepsilon_1, y_2\varepsilon_2, \cdots, y_l\varepsilon_l$ 中有偶数个奇数，即 $y_1, y_2, \cdots, y_l$ 中有偶数个奇数，也即 $y_1+y_2+\cdots+y_l$ 为偶数.

$k=n$ 时，由方程（＊＊＊）的第一行分量及引理 1 知，$y_1+y_2+\cdots+y_l$ 为偶数.

ii）若 k 为偶数，且 $k\neq n$，则对 $\boldsymbol{B}_k^n$ 中的两向量之和有

$$(\overbrace{1,1,\cdots,1}^{k},0,\cdots,0)^{\mathrm{T}}+(0,\overbrace{-1,-1,\cdots,-1,1}^{k},0,\cdots,0)^{\mathrm{T}}$$

$$=(\overbrace{1,0,\cdots,0,1}^{k+1},0,\cdots,0)^{\mathrm{T}}$$

由 W_n 的性质知，存在 $\boldsymbol{w}^i\in W_n$，使

$$\boldsymbol{w}^i(1,0,\cdots,0,1,0,\cdots,0)^{\mathrm{T}}=(\overbrace{0,\cdots,0}^{2i},-1,-1,0,\cdots,0)^{\mathrm{T}}$$

由引理 5 知，对每个 i，向量 $(\overbrace{0,\cdots,0}^{2i},-1,-1,0,\cdots,0)^{\mathrm{T}}$ 可为 $\boldsymbol{B}_k^n$ 中两个向量之和，而

$$(\overbrace{1,1,\cdots,1}^{k},0,\cdots,0)^{\mathrm{T}}+(-1,-1,0,\cdots,0)^{\mathrm{T}}+$$

$$(\overbrace{0,0}^{2},-1,-1,0,\cdots,0)^{\mathrm{T}}+\cdots+$$

$$(\overbrace{0,\cdots,0}^{k-2},-1,-1,0,\cdots,0)^{\mathrm{T}}=(0,0,\cdots,0)^{\mathrm{T}}$$

由引理 5 知，$(0,0,\cdots,0)^{\mathrm{T}}$ 可为 $\boldsymbol{B}_k^n$ 中奇数个向量之和，即方程（＊＊＊）此时有一组整数解 $y_1, y_2, \cdots,$

y_l，满足 $y_1+y_2+\cdots+y_l$ 为奇数. 引理 8 证毕.

由引理 1 和引理 8 及前面的分析即得：

定理 2 $\|a_1,a_2,\cdots,a_n\|$ 从点 $P(P\in\mathbf{K}^n)$ 走回点 P 必是偶数步的充要条件是

$$\frac{a_1+a_2+\cdots+a_n}{d}$$

为奇数或 $\frac{a_1}{d},\frac{a_2}{d},\cdots,\frac{a_n}{d}$ 全为奇数，这里 $d=(a_1,a_2,\cdots,a_n)$.

练习

1. 证明：对任何实数 a,b,c，不等式组 $|a|<c$ 和 $|b|<c$ 等价于一个不等式

$$\left|\frac{a+b}{2}\right|+\left|\frac{a-b}{2}\right|<c$$

2. 证明：对每个自然数 n，三维空间中存在一个球面，其内部恰好含有 n 个格子点.

（提示：证明任何两个格子点到点 $(\sqrt{2},\sqrt{3},\sqrt{5})$ 的距离都不相同，由此确定所有格子点的次序.）

3. 证明：对任何自然数 n，如果平面上都有一个以 (a,b) 为心的圆，其内部恰好含有 n 个格子点，则 a 和 b 不可能都是有理数.

4. 证明：对每个自然数 n，平面上都有一个正方形，其边界上恰好有 n 个格子点.

参考文献

[1] 姜伯驹. 一笔画和邮递线路问题[M]. 北京：中国青年出版社，1962.

[2] 胡久稔. 格点上的一个离散数学问题[J]. 数学通报，1981，3：30-31.

第二编

Minkowski 凸体定理

第11章 Minkowski 凸体定理(n 维整点情形)

本章中我们在 n 维整点的情形给出 Minkowski 凸体定理. 首先给出 n 维中心对称凸集的有关概念和性质,然后证明 Blichfeldt 定理,并且由它推出 Minkowski 凸体定理,最后作为 Minkowski 凸体定理的重要应用,给出 Minkowski 线性型定理.

§1 凸 体

本书中,向量一般指列向量,并且向量 $\boldsymbol{x}=(x_1,\cdots,x_n)^{\mathrm{T}}\in\mathbf{R}^n$ 也称作一个点$(x_1,\cdots,x_n)^{\mathrm{T}}$. 如果 $\boldsymbol{x}$ 的所有分量

都是整数，即 $\boldsymbol{x}\in\mathbf{Z}^n$，则称它为整点. 记 n 维向量

$$\boldsymbol{e}_1=(1,0,\cdots,0)^{\mathrm{T}},\boldsymbol{e}_2=(0,1,0,\cdots,0)^{\mathrm{T}},\cdots,$$
$$\boldsymbol{e}_n=(0,\cdots,0,1)^{\mathrm{T}}$$

那么 $\boldsymbol{x}=(x_1,\cdots,x_n)$ 是一个整点，当且仅当

$$\boldsymbol{x}=\sum_{i=1}^{n}x_i\boldsymbol{e}_i,x_1,\cdots,x_n\in\mathbf{Z}$$

$\mathbf{Z}^n$ 也记作 Λ_0.

对于 $\mathbf{R}^n$ 中任意向量 $\boldsymbol{x}=(x_1,\cdots,x_n)^{\mathrm{T}}$，定义它的长

$$|\boldsymbol{x}|=(\boldsymbol{x}^{\mathrm{T}}\cdot\boldsymbol{x})^{\frac{1}{2}}=(x_1^2+\cdots+x_n^2)^{\frac{1}{2}}$$

并定义两点 $\boldsymbol{x}=(x_1,\cdots,x_n)^{\mathrm{T}},\boldsymbol{y}=(y_1,\cdots,y_n)^{\mathrm{T}}$ 之间的（欧氏）距离

$$|\boldsymbol{x}-\boldsymbol{y}|=((x_1-y_1)^2+\cdots+(x_n-y_n)^2)^{\frac{1}{2}}$$

特别地，$|\boldsymbol{x}|=|\boldsymbol{x}-\boldsymbol{0}|$. 还有下列“三角形不等式”成立

$$|\boldsymbol{x}+\boldsymbol{y}|\leqslant|\boldsymbol{x}|+|\boldsymbol{y}|$$

设

$$y_i=\sum_{j=1}^{n}\alpha_{ij}x_j,i=1,\cdots,n \tag{1}$$

是一个可逆实线性变换，即 $\det(\alpha_{ij})\neq 0$. 记 $\boldsymbol{y}=(y_1,\cdots,y_n)^{\mathrm{T}}$，则由 Cauchy 不等式推出

$$\begin{aligned}|\boldsymbol{y}|^2&=\sum_{i=1}^{n}\Big(\sum_{j=1}^{n}\alpha_{ij}x_j\Big)^2\\&\leqslant\sum_{i=1}^{n}\Big(\sum_{k=1}^{n}\alpha_{ik}^2\Big)\Big(\sum_{j=1}^{n}x_j^2\Big)\\&\leqslant n^2A^2\sum_{j=1}^{n}x_j^2=n^2A^2|\boldsymbol{x}|^2\end{aligned}$$

其中

$$A=\max_{1\leqslant i,j\leqslant n}|\alpha_{ij}|$$

由变换的可逆性,可解出

$$x_i=\sum_{j=1}^{n}\beta_{ij}y_j,i=1,\cdots,n \tag{2}$$

于是类似地有

$$|\boldsymbol{x}|^2\leqslant n^2B^2|\boldsymbol{y}|^2$$

其中

$$B=\max_{1\leqslant i,j\leqslant n}|\beta_{ij}|$$

于是得到:

引理 1 设 $\boldsymbol{x},\boldsymbol{y}$ 由式(1)或(2)给出,则存在与 $\boldsymbol{x}$,$\boldsymbol{y}$ 无关的常数 $c_1,c_2>0$,使得

$$c_1|\boldsymbol{y}|\leqslant|\boldsymbol{x}|\leqslant c_2|\boldsymbol{y}|$$

特别地,当 $\boldsymbol{y}\neq\boldsymbol{0}$ 时

$$c_1\leqslant\frac{|\boldsymbol{x}|}{|\boldsymbol{y}|}\leqslant c_2$$

下面定义几个 $\mathbf{R}^n$ 中的特殊点集.若存在常数 C 使得对于任意 $\boldsymbol{x}=(x_1,\cdots,x_n)^{\mathrm{T}}\in\mathscr{R}$,都有

$$|x_i|\leqslant C,i=1,\cdots,n$$

则称 $\mathscr{R}$ 是有界集,否则是无界集.

我们称 $\mathbf{R}^n$ 中无穷点列 $\boldsymbol{x}_k(k=1,2,\cdots)$ 收敛于点 $\boldsymbol{x}$(极限点),如果按通常意义有

$$\lim_{k\to\infty}|\boldsymbol{x}_k-\boldsymbol{x}|=0$$

显然,对于任何 $\boldsymbol{a}=(a_1,\cdots,a_n)\in\mathbf{R}^n$ 有

$$\max_{1\leqslant j\leqslant n}|a_j|\leqslant|\boldsymbol{a}|\leqslant\sqrt{n}\max_{1\leqslant j\leqslant n}|a_j|$$

将此不等式应用于点列 $\boldsymbol{x}_k-\boldsymbol{x}$,可知:点列 $\boldsymbol{x}_k(k=1,2,\cdots)$ 收敛于 $\boldsymbol{x}$,当且仅当 $\boldsymbol{x}_k$ 的各个分量分别收敛于 $\boldsymbol{x}$ 的相应分量.

若 $\mathscr{R}$ 中任意一个无穷点列 $\boldsymbol{x}_n(n=1,2,\cdots)$ 的极限

点也在 $\mathscr{R}$ 中，则称 $\mathscr{R}$ 是闭集.

如果 $\mathscr{R}$ 中每个无穷点列 $\boldsymbol{x}_k(k=1,2,\cdots)$ 总含有一个在 $\mathscr{R}$ 中收敛的子列 $\boldsymbol{y}_{s_r}(s_1<s_2<\cdots)$

$$\lim_{r\to\infty}\boldsymbol{y}_{s_r}=\boldsymbol{y}\in\mathscr{R}$$

那么称 $\mathscr{R}$ 为列紧集. 经典的 Weierstrass 定理表明：$\mathbf{R}^n$ 中点集 $\mathscr{R}$ 是列紧的，当且仅当它是有界闭集.

对于任何点集 $\mathscr{R}\subseteq\mathbf{R}^n$，以及 $\boldsymbol{u}\in\mathbf{R}^n$，令

$$\mathscr{R}+\boldsymbol{u}=\{\boldsymbol{x}\mid\boldsymbol{x}=\boldsymbol{r}+\boldsymbol{u},\boldsymbol{r}\in\mathscr{R}\}$$

对于任何实数 λ，令

$$\lambda\mathscr{R}=\{\boldsymbol{x}\mid\boldsymbol{x}=\lambda\boldsymbol{r},\boldsymbol{r}\in\mathscr{R}\}$$

若点集 $\mathscr{R}\subseteq\mathbf{R}^n$ 满足 $-\mathscr{R}=\mathscr{R}$(即 $\boldsymbol{x}\in\mathscr{R}\Leftrightarrow-\boldsymbol{x}\in\mathscr{R}$)，则称 $\mathscr{R}$ 关于原点对称，简称对称. 若对于任意两点 $\boldsymbol{x}$，$\boldsymbol{y}\in\mathscr{R}$ 及任何满足 $\lambda+\mu=1$ 的非负实数 λ 和 μ 都有 $\lambda\boldsymbol{x}+\mu\boldsymbol{y}\in\mathscr{R}$(即若点 $\boldsymbol{x},\boldsymbol{y}$ 在 $\mathscr{R}$ 中，则联结此两点的线段整个在 $\mathscr{R}$ 中)，则称 $\mathscr{R}$ 是凸的.

引理 2 若 $a_{ij},c_i(i=1,\cdots,m;j=1,\cdots,n)$ 都是实数，则由不等式组

$$|a_{i1}x_1+\cdots+a_{in}x_n|\leqslant c_i(\text{或}<c_i),i=1,\cdots,m \tag{3}$$

的解 $\boldsymbol{x}=(x_1,\cdots,x_n)$ 组成的点集 $\mathscr{R}$ 是对称凸集. 特别，如果不等式(3) 中全是"$\leqslant$"号，那么 $\mathscr{R}$ 是闭集. 如果 $m=n$，并且 $d=|\det(a_{ij})|>0$，那么 $\mathscr{R}$ 是有界集，并且其体积

$$V(\mathscr{R})=2^nc_1\cdots c_nd^{-1} \tag{4}$$

证明 (i) 集合 $\mathscr{R}$ 的对称性和闭性是容易验证的. 现在验证它的凸性. 设 $\boldsymbol{x},\boldsymbol{y}\in\mathscr{R}$ 是任意两点，$\boldsymbol{z}=\lambda\boldsymbol{x}+\mu\boldsymbol{y}=(z_1,\cdots,z_n)$，其中 $\lambda\geqslant0,\mu\geqslant0$ 是任意满足 $\lambda+\mu=1$ 的实数. 那么对于任何 $i=1,\cdots,n$，有

$$\begin{aligned}
&|a_{i1}z_1+\cdots+a_{in}z_n|\\
=&|a_{i1}(\lambda x_1+\mu y_1)+\cdots+a_{in}(\lambda x_n+\mu y_n)|\\
\leqslant&\lambda|a_{i1}x_1+\cdots+a_{in}x_n|+\\
&\mu|a_{i1}y_1+\cdots+a_{in}y_n|\\
\leqslant&(\lambda+\mu)\max\{|a_{i1}x_1+\cdots+a_{in}x_n|,\\
&|a_{i1}y_1+\cdots+a_{in}y_n|\}\\
\leqslant&(\text{或}<)(\lambda+\mu)c_i=c_i
\end{aligned}$$

因此 $\mathscr{R}$ 是凸集.

(ii) 现在证明 $\mathscr{R}$ 的有界性. 设

$$\xi_i=\sum_{j=1}^{n}a_{ij}x_j,i=1,\cdots,n \tag{5}$$

因为 $d>0$,所以系数矩阵 (a_{ij}) 可逆,设其逆矩阵是 (b_{ij}). 若 $\boldsymbol{x}=(x_1,\cdots,x_n)\in\mathscr{R}$,则 $|\xi_i|\leqslant c_i(i=1,\cdots,n)$,所以

$$\begin{aligned}
|x_i|=\left|\sum_{j=1}^{n}b_{ij}\xi_j\right|&\leqslant\sum_{j=1}^{n}|b_{ij}||\xi_j|\\
&\leqslant\max_{1\leqslant i,j\leqslant n}|b_{ij}|\sum_{j=1}^{n}c_j
\end{aligned}$$

上式右边是常数,因此 $\mathscr{R}$ 有界.

(iii) 最后来证明式(4). 我们有

$$V(\mathscr{R})=\int\cdots\int_{|\xi_1|\leqslant c_1,\cdots,|\xi_n|\leqslant c_n}\mathrm{d}x_1\cdots\mathrm{d}x_n$$

作变换(5),得到

$$\begin{aligned}
V(\mathscr{R})&=\int\cdots\int_{|\xi_1|\leqslant c_1,\cdots,|\xi_n|\leqslant c_n}\frac{\partial(x_1,\cdots,x_n)}{\partial(\xi_1,\cdots,\xi_n)}\mathrm{d}\xi_1\cdots\mathrm{d}\xi_n\\
&=d^{-1}\int\cdots\int_{|\xi_1|\leqslant c_1,\cdots,|\xi_n|\leqslant c_n}\mathrm{d}\xi_1\cdots\mathrm{d}\xi_n=d^{-1}2^nc_1\cdots c_n
\end{aligned}$$

引理 3　若 $\mathscr{R}$ 是对称凸集,则:

(a) 对于任意实数 λ,$\lambda\mathscr{R}$ 也是对称凸集.

(b) 对于任意实数 λ,若 $|\lambda| \leqslant 1$,则 $\lambda\mathscr{R} \subseteq \mathscr{R}$.

(c) 对于任意 $\boldsymbol{x},\boldsymbol{y} \in \mathscr{R}$ 及满足条件 $|\lambda|+|\mu| \leqslant 1$ 的实数 λ,μ,有 $\lambda\boldsymbol{x}+\mu\boldsymbol{y} \in \mathscr{R}$.

证明 (a) 是显然的. 为证(b),注意

$$\lambda\boldsymbol{x}=\frac{1+\lambda}{2}\boldsymbol{x}+\frac{1-\lambda}{2}(-\boldsymbol{x})$$

因为 $\boldsymbol{x},-\boldsymbol{x} \in \mathscr{R}$,非负实数 $\frac{1+\lambda}{2},\frac{1-\lambda}{2}$ 之和等于1,所以 $\boldsymbol{x} \in \mathscr{R} \Rightarrow \lambda\boldsymbol{x} \in \mathscr{R}$. 于是 $\lambda\mathscr{R} \subseteq \mathscr{R}$.

现在证(c). 由(b) 可知

$$\boldsymbol{x},\boldsymbol{y} \in \mathscr{R} \Rightarrow \pm(|\lambda|+|\mu|)\boldsymbol{x},\pm(|\lambda|+|\mu|)\boldsymbol{y} \in \mathscr{R}$$

若用 sgn a 表示实数 a 的符号,则

$$\lambda=(\operatorname{sgn}\lambda)|\lambda|,\mu=(\operatorname{sgn}\mu)|\mu|$$

于是

$$\lambda\boldsymbol{x}+\mu\boldsymbol{y}=\frac{|\lambda|}{|\lambda|+|\mu|}((\operatorname{sgn}\lambda)(|\lambda|+|\mu|)\boldsymbol{x})+\frac{|\lambda|}{|\lambda|+|\mu|}((\operatorname{sgn}\mu)(|\lambda|+|\mu|)\boldsymbol{y}) \in \mathscr{R}$$

§2 Blichfeldt 定理

1914 年,H. F. Blichfeldt 首先证明了一个关于点集中整点存在性的几乎是显然的结果,它不要求点集是凸集,在数的几何中具有基本的重要性. 由它容易导出 Minkowski 凸体定理.

定理 1(Blichfeldt 定理) 设 $\mathscr{R}$ 是 $\mathbf{R}^n$ 中的一个点集. 如果它的体积 $V(\mathscr{R})>1$(可能为无穷),那么在 $\mathscr{R}$ 中存在两个不同的点 $\boldsymbol{x}$ 和 $\boldsymbol{y}$,使得 $\boldsymbol{x}-\boldsymbol{y}$ 是非零整点.

证明　对于任意整点 $\boldsymbol{u}=(u_1,\cdots,u_n)$,用 $\mathscr{R}_{\boldsymbol{u}}$ 表示点集 $\mathscr{R}$ 落在超立方体

$$u_i \leqslant x_i < u_i+1, i=1,\cdots,n$$

中的部分.令 $\mathscr{S}_{\boldsymbol{u}}=\mathscr{R}_{\boldsymbol{u}}-\boldsymbol{u}$,那么 $\mathscr{S}_{\boldsymbol{u}}$ 整个落在单位超立方体

$$0 \leqslant x_i < 1, i=1,\cdots,n$$

之中(即将 $\mathscr{R}_{\boldsymbol{u}}$ 按 $-\boldsymbol{u}$ 平移到上述单位超立方体中).设 $V_{\boldsymbol{u}}$ 表示 $\mathscr{S}_{\boldsymbol{u}}$ 的体积.因为超立方体的体积等于1,所以当 $\boldsymbol{u}$ 取遍 $\mathscr{R}$ 中的全部整点时,$V_{\boldsymbol{u}}$ 之和

$$\sum_{\boldsymbol{u}} V_{\boldsymbol{u}}=V(\mathscr{R})>1$$

于是在所有的集合 $\mathscr{S}_{\boldsymbol{u}}$ 中至少有两个相交(不然上面的和将不超过 1).设它们是

$$\mathscr{S}_{\boldsymbol{u}'}=\mathscr{R}_{\boldsymbol{u}'}-\boldsymbol{u}' \text{ 和 } \mathscr{S}_{\boldsymbol{u}''}=\mathscr{R}_{\boldsymbol{u}''}-\boldsymbol{u}'', \boldsymbol{u}' \neq \boldsymbol{u}''$$

那么存在点

$$\boldsymbol{x} \in \mathscr{R}_{\boldsymbol{u}'} \subset \mathscr{R} \text{ 和 } \boldsymbol{y} \in \mathscr{R}_{\boldsymbol{u}''} \subset \mathscr{R}$$

使得

$$\boldsymbol{x}-\boldsymbol{u}'(\in \mathscr{S}_{\boldsymbol{u}'})=\boldsymbol{y}-\boldsymbol{u}''(\in \mathscr{S}_{\boldsymbol{u}''})$$

由 $\boldsymbol{u}' \neq \boldsymbol{u}''$ 可知 $\boldsymbol{x}-\boldsymbol{y}=\boldsymbol{u}'-\boldsymbol{u}''$ 非零;并且由 $\boldsymbol{u}',\boldsymbol{u}'' \in \mathbf{Z}^n$ 可知 $\boldsymbol{u}'-\boldsymbol{u}'' \in \mathbf{Z}^n$.因此 $\boldsymbol{x}-\boldsymbol{y} \in \mathbf{Z}^n$.

推论　设 $\mathscr{R} \subset \mathbf{R}^n$ 满足定理1中的条件,但不含非零整点,那么总可将 $\mathscr{R}$ 适当平移使它覆盖一个非零整点.

证明　设 $\boldsymbol{x},\boldsymbol{y} \in \mathscr{R}$ 如定理1所确定,那么将 $\mathscr{R}$ 按 $-\boldsymbol{y}$ 平移得到集合

$$\mathscr{R}^*=\mathscr{R}-\boldsymbol{y}=\{\boldsymbol{r}-\boldsymbol{y} \mid \boldsymbol{r} \in \mathscr{R}\}$$

因为 $\boldsymbol{x} \in \mathscr{R}$,所以非零整点 $\boldsymbol{x}-\boldsymbol{y} \in \mathscr{R}^*$.

§3　Minkowski 凸体定理

下面的 Minkowski 凸体定理也称 Minkowski 第一凸体定理.

定理 2(Minkowski 凸体定理)　如果 $\mathscr{R}\subset\mathbf{R}^n$ 是对称凸集,并且:

(i) 体积 $V(\mathscr{R})>2^n$(可能是无穷);

或者(ii)$\mathscr{R}$ 是列紧的,并且 $V(\mathscr{R})=2^n$,

那么 $\mathscr{R}$ 中必包含一个非零整点.

证明　(i)　设 $V(\mathscr{R})>2^n$,那么

$$V\left(\frac{1}{2}\mathscr{R}\right)=\frac{1}{2^n}V(\mathscr{R})>1$$

由 Blichfeldt 定理,存在不同的两个点 $\boldsymbol{x}',\boldsymbol{x}''\in\frac{1}{2}\mathscr{R}$,使得 $\boldsymbol{u}=\boldsymbol{x}'-\boldsymbol{x}''$ 是非零整点. 又由引理 3 可知

$$\frac{1}{2}\boldsymbol{u}=\frac{1}{2}\boldsymbol{x}'-\frac{1}{2}\boldsymbol{x}''\in\frac{1}{2}\mathscr{R}$$

于是 $\boldsymbol{u}$ 是 $\mathscr{R}$ 中的非零整点.

(ii) 设 $V(\mathscr{R})=2^n$,并且 $\mathscr{R}$ 是列紧的,那么对于任何实数 $\varepsilon\in(0,1)$,对称凸集 $(1+\varepsilon)\mathscr{R}$ 的体积为 $(1+\varepsilon)^nV(\mathscr{R})>2^n$. 依已证明的定理的第(i)部分,存在非零整点

$$\boldsymbol{x}^{(\varepsilon)}\in(1+\varepsilon)\mathscr{R}\subset2\mathscr{R}$$

因为 $\mathscr{R}$ 是有界集,所以点集 $2\mathscr{R}$ 也有界,从而对于任何 $\varepsilon\in(0,1)$,点集 $(1+\varepsilon)\mathscr{R}$ 中只有有限多个非零整点. 于是有无穷多个点 $\boldsymbol{x}^{(\varepsilon)}$(相应的 $\varepsilon>0$ 可以任意小)是相同的,将此点记作 $\boldsymbol{x}^{(0)}$. 那么对于上述任意小的 $\varepsilon>$

0 有 $\boldsymbol{x}^{(0)} \in (1+\varepsilon)\mathscr{R}$,或者

$$(1+\varepsilon)^{-1}\boldsymbol{x}^{(0)} \in \mathscr{R}$$

因为 $\mathscr{R}$ 是闭集,所以当 $\varepsilon \to 0$ 时,$(1+\varepsilon)^{-1}\boldsymbol{x}^{(\varepsilon)}$ 的极限点 $\boldsymbol{x}^{(0)} \in \mathscr{R}$. 于是在此情形 $\mathscr{R}$ 也含有非零整点.

注　1. 我们不能去掉凸集关于原点的中心对称性的假设. 例如 2 维点集

$$-T \leqslant x \leqslant T, \frac{1}{4} \leqslant y \leqslant \frac{3}{4}$$

其体积可以任意大(取 T 足够大),但它不含任何整点.

2. 若对称凸集 $\mathscr{R}$ 不是列紧的,则条件 $V(\mathscr{R})=2^n$ 不能保证 $\mathscr{R}$ 含有非零整点. 例如,由 $|x_i|<1(i=1,\cdots,n)$ 定义的点集是体积为 2^n 的对称凸集,但不是闭集(直观地说,它不含边界),显然它只含唯一的整点 $\mathbf{0}$.

§4　Minkowski 线性型定理

作为 Minkowski 凸体定理的重要应用,我们有:

定理 3(Minkowski 线性型定理)　设 a_{ij} $(1 \leqslant i,j \leqslant n)$ 是实数,$c_1,\cdots,c_n$ 是正实数,并且

$$c_1\cdots c_n \geqslant |\det(a_{ij})| \tag{6}$$

则存在非零整点 $\boldsymbol{x}=(x_1,\cdots,x_n)$ 满足不等式组 Π

$$|a_{11}x_1+a_{12}x_2+\cdots+a_{1n}x_n| \leqslant c_1$$

$$|a_{i1}x_1+a_{i2}x_2+\cdots+a_{in}x_n| < c_i, i=2,\cdots,n$$

证明　(i) 设 $d=|\det(a_{ij})| \neq 0$,那么不等式组 Π 确定一个 n 维空间中的对称凸集 $\mathscr{S}$(n 维平行体). 依 §1 中引理 2,其体积

$$V(\mathscr{S})=\frac{2^n}{d}c_1\cdots c_n$$

如果式(6)是严格不等式,那么 $V(\mathscr{S}) > 2^n$,于是由定理 2 得知存在非零整点 $\boldsymbol{x}$ 满足不等式组 Π.

如果式(6)不是严格不等式,则取 $\varepsilon \in (0,1)$,用不等式组 $\Pi^{(\varepsilon)}$

$$|a_{11}x_1 + a_{12}x_2 + \cdots + a_{1n}x_n| \leqslant c_1 + \varepsilon$$

$$|a_{i1}x_1 + a_{i2}x_2 + \cdots + a_{in}x_n| < c_i, i = 2, \cdots, n$$

代替不等式组 Π,可知对于每个 ε,存在非零整点

$$\boldsymbol{x}^{(\varepsilon)} = (x_1^{(\varepsilon)}, \cdots, x_n^{(\varepsilon)})$$

满足不等式组 $\Pi^{(\varepsilon)}$. 注意 $c_1 + \varepsilon < c_1 + 1$,由 §1 中引理 2,点 $\boldsymbol{x}^{(\varepsilon)}$ 的诸分量(整数)有界,所以对于任意小的 $\varepsilon > 0$,只可能有有限多个非零整点 $\boldsymbol{x}^{(\varepsilon)}$ 满足不等式组 $\Pi^{(\varepsilon)}$. 因此其中有一个,记为 $\boldsymbol{x}^* = (x_1^*, \cdots, x_n^*)$,对无穷多个 $\varepsilon \in (0,1)$ 满足不等式组 $\Pi^{(\varepsilon)}$. 在其中令 $\varepsilon \to 0$,可知非零整点 $\boldsymbol{x}^*$ 满足不等式组 Π.

(ii) 设 $\det(a_{ij}) = 0$,则不等式组 Π 确定一个无限 n 维平行体,其体积无穷. 由定理 2 也得到所要的结论.

注 不等式组 Π 确定的集合不是闭的,所以定理 3 不是定理 2 的直接(简单)推论.

§5 例 题

例 1 设 $\alpha \neq 0$ 和 $Q > 1$ 是给定实数. 考虑 2 维平面上由直线

$$y - \alpha x = k, y - \alpha x = -k, x = Q, x = -Q$$

所围成的点集(包括边界). 这是一个关于原点中心对称的闭凸集. 因为它是底边为 $2k$,高为 $2Q$ 的平边四边形,所以其面积 $A = 2k \cdot 2Q = 4kQ$. 取 $k = \dfrac{1}{Q}$,则 $A = 4$.

依 Minkowski 凸体定理(定理 2),存在非零整点(q,p)满足不等式

$$-Q \leqslant q \leqslant Q, \alpha q - \frac{1}{Q} \leqslant p \leqslant \alpha q + \frac{1}{Q}$$

于是

$$|p - \alpha q| \leqslant \frac{1}{Q}, |q| \leqslant Q$$

若 $q=0$,则 $|p| \leqslant \frac{1}{Q} < 1$. 于是 $p=0$,这不可能. 因此 $q \neq 0$,从而

$$\left|\frac{p}{q} - \alpha\right| \leqslant \frac{1}{|q|Q}, |q| \leqslant Q$$

若 $q<0$,则用$(-q,-p)$代替(q,p),则有

$$\left|\frac{p}{q} - \alpha\right| \leqslant \frac{1}{qQ}, 1 \leqslant q \leqslant Q \tag{7}$$

注　1. 若 Q 不是整数,则 $1 \leqslant q \leqslant Q$ 等价于 $1 \leqslant q < Q$. 如果应用抽屉原理,那么可以证明:对于任何实数 $Q>1$(特别,Q 可以是整数),总有整数 p,q 满足

$$\left|\frac{p}{q} - \alpha\right| \leqslant \frac{1}{qQ}, 1 \leqslant q < Q$$

这就是 Dirichlet 逼近定理.

2. 在例 1 中,若还设 α 是无理数,则当 $Q \to \infty$ 时,可得到无穷多个不同的整数对(p,q),$q>0$ 满足不等式(7). 这是因为不然将有某个有理数 p_0/q_0 对无穷多个不同的 Q 满足不等式

$$\left|\frac{p_0}{q_0} - \alpha\right| \leqslant \frac{1}{q_0 Q}$$

令 $Q \to \infty$,则得 $\alpha = p_0/q_0$,这与 α 是无理数的假设矛盾. 因此,存在无穷多个有理数 p/q 满足不等式

$$\left|\frac{p}{q}-\alpha\right| \leqslant \frac{1}{q^2} \tag{2}$$

这是关于无理数有理逼近的一个基本结果.

例 2 设 $f(x,y)=ax^2+2hxy+by^2$ 是正定二元二次型(于是 $a>0$,判别式 $D=ab-h^2>0$),那么存在不全为零的整数 u,v 满足

$$f(u,v) \leqslant \frac{4}{\pi}\sqrt{D}$$

证明 考虑 2 维点集

$$\mathscr{S}: f(x,y) \leqslant s^2$$

其中常数 $s>0$ 待定,$\mathscr{S}$ 是一个椭圆区域. 我们来计算其"2 维体积"(面积)$V(\mathscr{S})$. 将曲线方程 $f(x,y)=s^2$ 改写为

$$b\left(y+\frac{h}{b}x\right)^2+\frac{ab-h^2}{b}x^2=s^2$$

由此解出

$$y_1=\frac{1}{b}\left(-hx-\sqrt{bs^2-Dx^2}\right)$$

$$y_2=\frac{1}{b}\left(-hx+\sqrt{bs^2-Dx^2}\right)$$

因为 y_1,y_2 是实数,所以 $bs^2-Dx^2\geqslant 0$. 记 $c=s\sqrt{b/D}$,则 $|x|\leqslant c$. 对于在此范围内的 x,有

$$y_2-y_1=\frac{2}{b}\sqrt{bs^2-Dx^2}=\frac{2\sqrt{D}}{b}\cdot\sqrt{c^2-x^2}\geqslant 0$$

于是

$$\begin{aligned} V(\mathscr{S}) &= \int_{-c}^{c}(y_2-y_1)\,\mathrm{d}x \\ &= \frac{2\sqrt{D}}{b}\int_{-c}^{c}\sqrt{c^2-x^2}\,\mathrm{d}x \end{aligned}$$

$$=\frac{4\sqrt{D}}{b}\int_0^c\sqrt{c^2-x^2}\,\mathrm{d}x$$

令 $x=c\sin\theta$,可得

$$S=\frac{4\sqrt{D}}{b}\int_0^{\frac{\pi}{2}}c^2\cos^2\theta\mathrm{d}\theta=\frac{4\sqrt{D}}{b}\cdot c^2\cdot\frac{\pi}{4}$$

$$=\frac{4\sqrt{D}}{b}\cdot\frac{s^2b}{D}\cdot\frac{\pi}{4}=\frac{\pi}{\sqrt{D}}s^2$$

另一个计算方法(较简单):将曲线方程 $f(x,y)=s^2$ 改写为

$$a\left(x+\frac{h}{a}y\right)^2+\frac{D}{a}y^2=s^2$$

在变换 $X=x+(h/a)y,Y=y$ 之下,得到标准椭圆方程

$$\frac{X^2}{a^{-1}s^2}+\frac{Y^2}{aD^{-1}s^2}=1$$

于是推出 $V(\mathscr{S})=\pi\cdot(s\sqrt{a^{-1}})(s\sqrt{aD^{-1}})=(\pi/\sqrt{D})s^2$.

现在选取 $s>0$ 满足条件

$$\frac{\pi}{\sqrt{D}}s^2=2^2$$

于是 $s^2=\left(\frac{4}{\pi}\right)\sqrt{D}$. 依定理 2 可知存在不全为零的整数 u,v 使得 $f(u,v)\leqslant\left(\frac{4}{\pi}\right)\sqrt{D}$.

注 1. 应用例 2 可推出:若 α 是无理数,则存在无穷多对整数 $p,q(q>0)$ 满足不等式

$$\left|\alpha-\frac{p}{q}\right|\leqslant\frac{2}{\pi q^2}$$

这个结果稍优于估值(2).

为证此结论,设 $\varepsilon\in(0,1]$. 定义二次型

$$f_\varepsilon(x,y)=\left(\frac{\alpha x-y}{\varepsilon}\right)^2+\varepsilon^2x^2$$

$$=\frac{1}{\varepsilon^2}x^2-2\cdot\frac{\alpha}{\varepsilon^2}xy+\left(\frac{\alpha}{\varepsilon^2}+\varepsilon^2\right)y^2$$

其判别式

$$D=\frac{1}{\varepsilon^2}\left(\frac{\alpha}{\varepsilon^2}+\varepsilon^2\right)-\frac{\alpha^2}{\varepsilon^4}=1$$

因此 f_ε 正定. 由例 2,存在不全为零的整数 q,p 使得

$$\left(\frac{\alpha q-p}{\varepsilon}\right)^2+\varepsilon^2q^2\leqslant\frac{4}{\pi}\tag{3}$$

若 $q=0$,则 $p^2\leqslant\left(\frac{4}{\pi}\right)\varepsilon^2$,当 $\varepsilon>0$ 足够小时 $p=0$,这与 q,p 的性质矛盾,从而可以认为 $q>0$(因为上式左边只出现平方项). 此外,由不等式(3),我们还有

$$\left(\frac{\alpha q-p}{\varepsilon}\right)^2\leqslant\frac{4}{\pi},\varepsilon^2q^2\leqslant\frac{4}{\pi}$$

从而 $p,q(q>0)$ 满足不等式

$$\left|\alpha-\frac{p}{q}\right|\leqslant\frac{\varepsilon}{q}\sqrt{\frac{4}{\pi}},q\leqslant\frac{1}{\varepsilon}\sqrt{\frac{4}{\pi}}\tag{4}$$

对于每个 $\varepsilon\in(0,1]$,得到一组非零整数 $p(\varepsilon)$, $q(\varepsilon)$ 满足不等式(3),从而也满足不等式(4). 如果当 $\varepsilon\to0$ 时,在由对应的 $q(\varepsilon)$ 组成的集合中只存在有限多个不同的 q,那么由不等式(4) 中的第一式可知

$$-\frac{\varepsilon}{q}\sqrt{\frac{2}{\sqrt{3}}}+\alpha\leqslant\frac{p}{q}\leqslant\frac{\varepsilon}{q}\sqrt{\frac{4}{\pi}}+\alpha$$

从而在由对应的 $p(\varepsilon)$ 组成的集合中也只存在有限多个不同的 p. 于是存在有理数 p_0/q_0 对于无穷多个 ε(并且这些 $\varepsilon\to0$) 满足不等式(4),即

$$\left|\alpha-\frac{p_0}{q_0}\right|\leqslant\frac{\varepsilon}{q_0}\sqrt{\frac{4}{\pi}}$$

令 $\varepsilon\to0$ 得到 $\alpha=p_0/q_0$. 这与 α 是无理数的假设矛盾.

因此,存在无穷多个不同的有理数 $p/q(q>0)$ 满足不等式(3),从而有

$$\left|\alpha-\frac{p}{q}\right|=\left|\frac{\alpha q-p}{\varepsilon}\right|\mid \varepsilon q\mid\cdot\frac{1}{q^2}$$
$$\leqslant\frac{1}{2}\left(\left(\frac{\alpha q-p}{\varepsilon}\right)^2+(\varepsilon q)^2\right)\cdot\frac{1}{q^2}$$
$$\leqslant\frac{1}{2}\cdot\frac{4}{\pi}\cdot\frac{1}{q^2}=\frac{2}{\pi q^2}$$

2. 例 2 的结果可以改进,最优结果是:存在非零整点 (u,v),使得

$$f(u,v)\leqslant\frac{2}{\sqrt{3}}\sqrt{D}\tag{5}$$

相应地,注 1 中的不等式也可改进.

例 3　设 $\alpha\neq 0$ 和 $Q>1$ 是给定实数. 考虑不等式组

$$\mid \alpha x_1-x_2\mid\leqslant\frac{1}{Q},\ \mid x_1\mid<Q$$

则

$$d=\begin{vmatrix}\alpha & -1\\ 1 & 0\end{vmatrix}=-1$$

于是 $\frac{1}{Q}\cdot Q=1=\mid d\mid$. 依定理 3,存在非零整点 (q,p) 满足

$$\mid \alpha q-p\mid\leqslant\frac{1}{Q},\ \mid q\mid<Q$$

由此可推出 Dirichlet 逼近定理(参见例 1 注 1). 请注意此处推理与例 1 的差别(该例直接应用定理 2).

例 4　设 $a_1,\cdots,a_n$ 是 n 个给定的整数,m 是任意给定的正整数,则存在不全为零的整数 $x_1,\cdots,x_n$ 满足下列条件

$$|x_k| \leqslant \sqrt[n]{m}, k=1,\cdots,n$$

$$a_1x_1+\cdots+a_nx_n \equiv 0 \pmod m$$

证明 考虑$n+1$个以$x_1,\cdots,x_n,y$为变量的线性型

$$\left|\frac{a_1}{m}x_1+\cdots+\frac{a_n}{m}x_n-y\right|<X^{-n}$$

$$|x_i|<X, i=1,\cdots,n$$

其中 $X=\sqrt[n]{m}$. 那么系数行列式的绝对值 $d=1, X^{-n}\cdot X\cdot X=1$. 因此依定理 3，存在不全为零的整数$x_1,\cdots,x_n,y$满足不等式组

$$\left|\frac{a_1x_1+\cdots+a_nx_n}{m}-y\right|<\frac{1}{m}$$

$$|x_i|<\sqrt[n]{m}, i=1,\cdots,n$$

由其中第一个不等式可知

$$|(a_1x_1+\cdots+a_nx_n)-my|<1$$

因为$(a_1x_1+\cdots+a_nx_n)-my\in \mathbf{Z}$，所以$(a_1x_1+\cdots+a_nx_n)-my=0$，即得$a_1x_1+\cdots+a_nx_n\equiv 0 \pmod m$.

例 5 设α是无理数，β是实数，3 维空间中的点集$H(t)$ 由下列 6 个平面

$$|x-\alpha y+\beta z|+t^2|y|=t, |z|=2$$

围成. 证明：

(a) 设$t>1$是任意实数但不是整数，那么$H(t)$不可能含有$(p,q,0)$ 形式的非零整点.

(b) 设 $t<1$ 是任意实数，那么，若 $H(t)$ 含有$(p,q,0)$ 形式的非零整点，则只可能是一对点$\pm(p,q,0)$.

证明 (i) $H(t)$ 由下列三组平行平面围成

$$x+(t^2-\alpha)y+\beta z\pm t=0$$

$$x+(-t^2-\alpha)y+\beta z\pm t=0$$

$$z \pm 2 = 0$$

这是一个斜棱柱,其水平截面(即平行于坐标面 xOy)是平行四边形,因此容易验证 $H(t)$ 是 3 维对称凸体.

令

$$\xi = x + (t^2 - \alpha)y + \beta z$$

$$\eta = x + (-t^2 - \alpha)y + \beta z$$

$$\zeta = z$$

则

$$\frac{\partial(\xi,\eta,\zeta)}{\partial(x,y,z)} = \begin{vmatrix} 1 & t^2 - \alpha & \beta \\ 1 & -t^2 - \alpha & \beta \\ 0 & 0 & 1 \end{vmatrix} = -2t^2$$

于是 $H(t)$ 的体积

$$V(H(t)) = \frac{1}{|-2t^2|}\int_{-t}^{t} \mathrm{d}\xi \int_{-t}^{t} \mathrm{d}\eta \int_{-2}^{2} \mathrm{d}\zeta = 8$$

因为 $V(H(t)) = 2^3$,所以由 Minkowski 凸体定理,$H(t)$ 的内部或表面含有非零整点 $P(p,q,r)$. 依对称性,还含有非零整点 $P'(-p,-q,-r)$. 由柱体方程可知 $|r|$ 的可能值为 0,1,2.

(ii) 对于 $P(p,q,0)$ 形式的非零整点,可限于 $H(t)$ 的过原点的水平截面上来讨论.

a) 设 $t > 1$ 是任意实数但不是整数. 若 2 维非零整点 $\hat{P}(p,q)$ 位于下列两组平行线围成的平行四边形 $LML'M'$(记为 $\Pi(t)$,见图 1) 的内部或边界上

$$x + (t^2 - \alpha)y \pm t = 0$$

$$x + (-t^2 - \alpha)y \pm t = 0$$

则由关于 O 的中心对称性,点 $\hat{P}'(-p,-q)$ 也位于 $\Pi(t)$ 的内部或边界上. 因为 α 是无理数,t 不是整数,所

以 $\hat{P}$ 和 $\hat{P}'$ 不与 $\Pi(t)$ 的顶点重合. 平行四边形 $L\hat{P}L'\hat{P}'$(它完全含在 $\Pi(t)$ 中)的面积等于行列式

$$\begin{vmatrix} t & 0 & 1 \\ p & q & 1 \\ -p & -q & 1 \end{vmatrix}$$

的绝对值,即 $2\mid q\mid t>2$. 容易算出 $\Pi(t)$ 的面积等于 2,于是得到矛盾. 所以 $H(t)$ 不可能含有 $(p,q,0)$ 形式的非零整点.

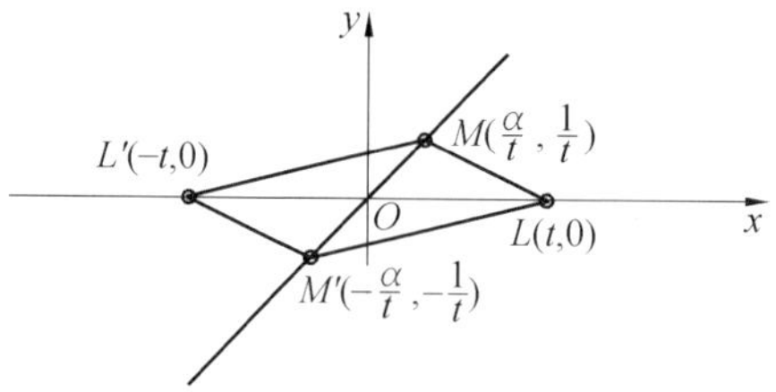

图 1

b) 设 $t<1$ 是任意实数. 因为 α 是无理数, MM' 所在的直线方程是 $x-\alpha y=0$,所以对角线 MM' 上没有非零整点. 又因为 $t<1$,所以对角线 MM' 上也没有非零整点. 若非零整点 $\hat{P}$ 和 $\hat{Q}$ 不关于 O 中心对称,并且落在 $\Pi(t)$ 的内部或边界上,则 $\hat{P},O,\hat{Q}$ 不在一条直线上,于是 $\triangle O\hat{P}\hat{Q}$ 的面积至少为 $\frac{1}{2}$,从而 $\Pi(t)$ 的面积大于 $4\times\frac{1}{2}=2$,这不可能. 因此若 $H(t)$ 含有 $(p,q,0)$ 形式的非零整点,则只可能是一对点 $\pm(p,q,0)$.

注 在 2 维平面上,若直线斜率是无理数,则对于任何 $\varepsilon>0$,直线两边总存在整点与该直线的距离小

于 ε.(请读者应用点到直线的距离公式及例 1 的注 2 证明此结论),因此在例 5 中不能排除下列可能情形:当 $t \to 0$ 时,$\Pi(t)$ 中始终存在 $(p,q,0)$ 形式的非零整点.

Minkowski 凸体定理(一般形式)

第 12 章

本章中，我们在 n 维格点的情形给出 Minkowski 凸体定理. 首先给出与 n 维格有关的基本概念和性质，然后在 n 维格的情形证明 Blichfeldt 定理和 Minkowski 凸体定理，给出这些定理的一般形式. 最后介绍临界格的概念.

§1 格和格点

设 $\boldsymbol{a}_1,\cdots,\boldsymbol{a}_n$ 是 n 维实欧氏空间 $\mathbf{R}^n$ 中 n 个(列)向量，若由关系式 $t_1\boldsymbol{a}_1+\cdots+t_n\boldsymbol{a}_n=\mathbf{0}$ 可推出所有(实)系数 $t_i=0$，则称它们是线性无关的. 设给

定 n 个线性无关的(列) 向量 $\boldsymbol{a}_1,\cdots,\boldsymbol{a}_n \in \mathbf{R}^n$,我们将所有向量(点)

$$\boldsymbol{x} = u_1\boldsymbol{a}_1 + \cdots + u_n\boldsymbol{a}_n, u_i \in \mathbf{Z} \tag{1}$$

组成的集合称作以 $\boldsymbol{a}_1,\cdots,\boldsymbol{a}_n$ 为基的格,记作 Λ,并将 Λ 中的任何一个向量称为一个格点.

若 $\boldsymbol{a}_1,\cdots,\boldsymbol{a}_n$ 线性无关,则对于任何 $\boldsymbol{x} \in \mathbf{R}^n$,存在唯一确定的实系数 u_i,使得

$$\boldsymbol{x} = u_1\boldsymbol{a}_1 + \cdots + u_n\boldsymbol{a}_n, u_i \in \mathbf{R}$$

事实上,若还有

$$\boldsymbol{x} = u'_1\boldsymbol{a}_1 + \cdots + u'_n\boldsymbol{a}_n, u'_i \in \mathbf{R}$$

则两式相减有

$$(u_1 - u'_1)\boldsymbol{a}_1 + \cdots + (u_n - u'_n)\boldsymbol{a}_n = \mathbf{0}$$

依向量组 $\boldsymbol{a}_i(i=1,\cdots,n)$ 的线性无关性推出所有 $u_i - u'_i = 0$,于是 $u_i = u'_i$. 特别,由此可知,若 $x \in \Lambda$,而式(1) 是它通过向量 $\boldsymbol{a}_1,\cdots,\boldsymbol{a}_n$ 的实系数线性组合的表达式,则所有系数 $u_i \in \mathbf{Z}$.

格的基不是唯一的. 事实上,若 $v_{ij} \in \mathbf{Z}(i,j=1,\cdots,n)$, 并且

$$\det(v_{ij}) = \pm 1 \tag{2}$$

则 n 个格点

$$\tilde{\boldsymbol{a}}_j = \sum_{l=1}^{n} v_{jl}\boldsymbol{a}_l, j=1,\cdots,n \tag{3}$$

也构成这个格的一组基. 为证明此结论,可由方程组(3) 解出

$$\boldsymbol{a}_i = \sum_{j=1}^{n} w_{ij}\tilde{\boldsymbol{a}}_j, i=1,\cdots,n \tag{4}$$

由式(2) 可知 $w_{ij} \in \mathbf{Z}$. 因此点(1) 组成的集合与点

$$u'_1\tilde{\boldsymbol{a}}_1 + \cdots + u'_n\tilde{\boldsymbol{a}}_n$$

组成的集合是相同的，因此 $\boldsymbol{a}_i(i=1,\cdots,n)$ 及 $\tilde{\boldsymbol{a}}_i(i=1,\cdots,n)$ 是同一个格的基.

上述方法可以用来由给定的一组基 $\boldsymbol{a}_i(i=1,\cdots,n)$ 得出任何另外的一组基 $\tilde{\boldsymbol{a}}_i(i=1,\cdots,n)$. 这是因为，点 $\tilde{\boldsymbol{a}}_i$ 属于以 $\boldsymbol{a}_i$ 为基的格，所以存在整数 v_{ij} 使得式(3)成立. 又因为$\tilde{\boldsymbol{a}}_i(i=1,\cdots,n)$ 也是这个格的基，所以存在整数 w_{ij} 使得式(4) 成立. 将式(3) 代入式(4)，那么由向量组 $\boldsymbol{a}_i$ 的线性无关性推出

$$\sum_{j=1}^{n} w_{ij} v_{jl} = \delta_{il}, \text{Kronecker 符号}$$

于是

$$\det(w_{ij}) \cdot \det(v_{jl}) = 1$$

左边两个行列式都是整数，所以它们都等于 ± 1，从而式(2) 成立. 即基 $\tilde{\boldsymbol{a}}_i(i=1,\cdots,n)$ 可通过(3) 得到，其中系数 v_{ij} 是某些满足式(2) 的整数.

如上所述，若 $\boldsymbol{a}_i(i=1,\cdots,n)$ 及 $\tilde{\boldsymbol{a}}_i(i=1,\cdots,n)$ 是同一个格 Λ 的任意两组基，则有关系式(3) 成立，其中系数 v_{ij} 满足式(2). 所以

$$\begin{aligned}\det(\tilde{\boldsymbol{a}}_1 \quad \cdots \quad \tilde{\boldsymbol{a}}_n) &= \det(v_{ij})\det(\boldsymbol{a}_1 \quad \cdots \quad \boldsymbol{a}_n) \\ &= \pm \det(\boldsymbol{a}_1 \quad \cdots \quad \boldsymbol{a}_n) \qquad (5)\end{aligned}$$

其中$(\boldsymbol{a}_1 \quad \cdots \quad \boldsymbol{a}_n)$ 是以 $\boldsymbol{a}_1,\cdots,\boldsymbol{a}_n$ 为列向量的 n 阶矩阵，而记号 $\det(\boldsymbol{a}_1,\cdots,\boldsymbol{a}_n)$ 表示此矩阵的行列式. 我们记

$$d(\Lambda) = |\det(\boldsymbol{a}_1 \quad \cdots \quad \boldsymbol{a}_n)| \qquad (6)$$

等式(5) 表明 $d(\Lambda)$ 与格 Λ 的基的选取无关，我们将 $d(\Lambda)$ 称为格 Λ 的行列式. 由基向量组的线性无关性可知

$$d(\Lambda)>0$$

我们常用大写希腊字母 Γ,Λ 等记一个格. 特别，所有整点的集合(即 $\mathbf{Z}^n$) 组成一个格，通常将它记作 Λ_0. 显然它有一组基

$$\boldsymbol{e}_j=(0,\cdots,0,1,0,\cdots,0)^{\mathrm{T}},j=1,\cdots,n$$

其中只有第 j 个坐标等于 1，其余坐标全为 0. 于是

$$d(\Lambda_0)=1$$

综合上述讨论可得：

引理 1　若 $\boldsymbol{a}_i(i=1,\cdots,n)$ 及 $\tilde{\boldsymbol{a}}_i(i=1,\cdots,n)$ 是同一个格 Λ 的任意两组基，则

$$(\tilde{\boldsymbol{a}}_1\quad\cdots\quad\tilde{\boldsymbol{a}}_n)=(\boldsymbol{a}_1\quad\cdots\quad\boldsymbol{a}_n)\mathbf{V}\tag{7}$$

或

$$(\tilde{\boldsymbol{a}}_1\quad\cdots\quad\tilde{\boldsymbol{a}}_n)^{\mathrm{T}}=\mathbf{V}'(\boldsymbol{a}_1\quad\cdots\quad\boldsymbol{a}_n)^{\mathrm{T}}\tag{8}$$

其中 $\mathbf{V}=(v_{ij})$ 是 n 阶整数矩阵，$\det\mathbf{V}=\pm1$. 反之，若 $\boldsymbol{a}_i$ $(i=1,\cdots,n)$ 及 $\tilde{\boldsymbol{a}}_i(i=1,\cdots,n)$ 之间由上述等式相联系，并且其中有一组构成 Λ 的基，则另一组也构成 Λ 的基.

注　满足 $\det\mathbf{V}=\pm1$ 的 n 阶整数矩阵 $\mathbf{V}=(v_{ij})$ 称为幺模矩阵，以幺模矩阵为系数的线性变换称幺模变换. 全体幺模变换形成一个乘法群. 同一个格 Λ 的任意两组基由一个幺模变换通过式(7) 或(8) 相联系.

格 Λ 的行列式 $d(\Lambda)$(见式(6)) 是 Λ 的一个重要数量表征. 设 $\boldsymbol{a}_1,\cdots,\boldsymbol{a}_n$ 是格 Λ 的任意一组基，我们将点集

$$\mathscr{P}=\{y_1\boldsymbol{a}_1+\cdots+y_n\boldsymbol{a}_n\mid 0\leqslant y_1<1,\cdots,0\leqslant y_n<1\}$$

称为格 Λ 的基本平行体(在 2 维情形，就是向量 $\boldsymbol{a}_1,\boldsymbol{a}_2$ 张成的平行四边形，其内部不含任何格点，所以有时也

称它为空平行四边形).

引理 2 若 $\mathscr{P}$ 是格 Λ 的基本平行体,则:

(a)$\mathscr{P}$ 的体积

$$V(\mathscr{P}) = |\det(\boldsymbol{a}_1 \quad \cdots \quad \boldsymbol{a}_n)| = d(\Lambda)$$

(b)$\mathbf{R}^n$ 中任意一点 $\boldsymbol{x}$ 可唯一地表示为

$$\boldsymbol{x} = \boldsymbol{u} + \boldsymbol{v}, \boldsymbol{u} \in \Lambda, \boldsymbol{v} \in \mathscr{P}$$

并且 $\boldsymbol{x} \in \Lambda$,当且仅当 $\boldsymbol{v} = \mathbf{0}$.

证明 (a) 在积分

$$V(\mathscr{P}) = \int \cdots \int_{\boldsymbol{x} \in \mathscr{P}} \mathrm{d}\boldsymbol{x}, \boldsymbol{x} = (x_1, \cdots, x_n), \mathrm{d}\boldsymbol{x} = \mathrm{d}x_1 \cdots \mathrm{d}x_n$$

中作代换 $\boldsymbol{x} = \sum_{i=1}^{n} y_i \boldsymbol{a}_i, \boldsymbol{y} = (y_1, \cdots, y_n)$,则有

$$V(\mathscr{P}) = \int_0^1 \cdots \int_0^1 \left| \frac{\partial(x_1, \cdots, x_n)}{\partial(y_1, \cdots, y_n)} \right| \mathrm{d}\boldsymbol{y} = |\det(\boldsymbol{a}_1 \quad \cdots \quad \boldsymbol{a}_n)|$$

(b) 因为 $\boldsymbol{a}_1, \cdots, \boldsymbol{a}_n$ 是 $\mathbf{R}^n$ 的一组基,所以 $\mathbf{R}^n$ 的任意一点 $\boldsymbol{x}$ 可唯一地表示为

$$\boldsymbol{x} = c_1 \boldsymbol{a}_1 + \cdots + c_n \boldsymbol{a}_n, c_i \in \mathbf{R}$$

令 $c_i = [c_i] + \{c_i\}$ $(i=1, \cdots, n)$(这个表示也是唯一的),以及

$$\boldsymbol{u} = [c_1]\boldsymbol{a}_1 + \cdots + [c_n]\boldsymbol{a}_n, \boldsymbol{v} = \{c_1\}\boldsymbol{a}_1 + \cdots + \{c_n\}\boldsymbol{a}_n$$

即容易得到(b).

注 设 $n=2$,Λ 是一个 2 维格,其基本平行体的面积是 d. 以(Λ 的) 格点为顶点,并且任何两边除公共顶点外没有其他公共点的多边形称为格点多边形. 若格点多边形边界上和内部分别含有 p 个和 q 个格点,则其面积

$$S = \left(q + \frac{p}{2} - 1\right) d$$

这个结果称为 Pick 定理,文献中有多种不同的证明.

现在考虑 $\mathbf{R}^n$ 到自身的非奇异线性变换

$$\boldsymbol{y}=\boldsymbol{\alpha x} \tag{9}$$

其中(列向量)$\boldsymbol{x}=(x_1,\cdots,x_n)^{\mathrm{T}}$ 和 $\boldsymbol{y}=(y_1,\cdots,y_n)^{\mathrm{T}}\in\mathbf{R}^n$,$\boldsymbol{\alpha}=(\alpha_{ij})_{1\leqslant i,j\leqslant n}$ 是 n 阶非奇异实矩阵,即

$$\det(\boldsymbol{\alpha})\neq 0 \tag{10}$$

于是变换 $\boldsymbol{y}=\boldsymbol{\alpha x}$ 由下式定义

$$y_i=\sum_{j=1}^{n}\alpha_{ij}x_j,i=1,\cdots,n$$

设 Λ 是某个格,我们定义集合

$$\boldsymbol{\alpha}\Lambda=\{\boldsymbol{\alpha x}\mid \boldsymbol{x}\in\Lambda\}$$

若 $\boldsymbol{b}_1,\cdots,\boldsymbol{b}_n$ 是 Λ 的基,则任意 $\boldsymbol{x}\in\Lambda$ 可唯一地表示为 $\boldsymbol{x}=u_1\boldsymbol{b}_1+\cdots+u_n\boldsymbol{b}_n(u_i\in\mathbf{Z})$,于是

$$\boldsymbol{\alpha x}=u_1(\boldsymbol{\alpha b}_1)+\cdots+u_n(\boldsymbol{\alpha b}_n)$$

由式(10)可推出 $\boldsymbol{\alpha b}_1,\cdots,\boldsymbol{\alpha b}_n$ 线性无关,所以 $\boldsymbol{\alpha}\Lambda$ 是以向量组 $\boldsymbol{\alpha b}_1,\cdots,\boldsymbol{\alpha b}_n$ 为基的格,并且它的行列式

$$\begin{aligned}d(\boldsymbol{\alpha}\Lambda)&=|\det(\boldsymbol{\alpha b}_1\quad\cdots\quad\boldsymbol{\alpha b}_n)|\\&=|\det(\boldsymbol{\alpha})||\det(\boldsymbol{b}_1\quad\cdots\quad\boldsymbol{b}_n)|\\&=|\det(\boldsymbol{\alpha})|d(\Lambda)\end{aligned}$$

于是我们证明了:

引理 3　在 $\mathbf{R}^n$ 到自身的非奇异仿射变换 $\boldsymbol{y}=\boldsymbol{\alpha x}$ 下,格 Λ 的象仍然是一个格,并且其行列式等于 $|\det(\boldsymbol{\alpha})|d(\Lambda)$.

注　两个特例:

1. 设 t 是非零实数,Λ 是一个格,则点 $t\boldsymbol{b}(\boldsymbol{b}\in\Lambda)$ 组成的集合是一个格,我们将它记作 $t\Lambda$. 此时式(9)中的 $\boldsymbol{\alpha}$ 是对角矩阵,主对角元素为 t. 于是 $d(t\Lambda)=|t|^n d(\Lambda)$.

2. 设 Λ_0 是所有整点形成的格,那么任何一个格 $\boldsymbol{M}$

都可表示为 $\boldsymbol{M}=\boldsymbol{\alpha}\Lambda_0$，其中 $\boldsymbol{\alpha}$ 由式(9)和(10)定义．事实上，若(列向量) $\boldsymbol{a}_j=(a_{1j},\cdots,a_{nj})^{\mathrm{T}}(j=1,\cdots,n)$ 是 $\boldsymbol{M}$ 的基，则取 $\boldsymbol{\alpha}=(\boldsymbol{a}_1 \quad \cdots \quad \boldsymbol{a}_n)$ 以及 $\boldsymbol{x}=(u_1,\cdots,u_n)^{\mathrm{T}}\in\Lambda_0$ 即可．

引理 4 设 Λ 是 $\mathbf{R}^n$ 中的一个格，则存在仅与 Λ 有关的常数 $\tau>0$ 具有下列性质：若 $\boldsymbol{u},\boldsymbol{v}\in\Lambda$，$|\boldsymbol{u}-\boldsymbol{v}|<\tau$，则 $\boldsymbol{u}=\boldsymbol{v}$．

证明 若 $\Lambda=\Lambda_0$，则(例如)可取 $\tau=1$，此时当整点 $\boldsymbol{u}\neq\boldsymbol{v}$ 时必有 $|\boldsymbol{u}-\boldsymbol{v}|\geqslant 1$．因此引理成立．设 $\Lambda\neq\Lambda_0$，令 Λ 的基是

$$\boldsymbol{b}_j=(\beta_{1j},\cdots,\beta_{nj}),j=1,\cdots,n$$

则点 $\boldsymbol{x}\in\Lambda$ 可以通过下式由点 $\boldsymbol{y}\in\Lambda_0$ 表示出来

$$x_i=\sum_{j=1}^{n}\beta_{ij}y_j,i=1,\cdots,n \tag{11}$$

(参见引理 3 后的注 2)．于是，若 $\boldsymbol{u}=(u_1,\cdots,u_n)$，$\boldsymbol{v}=(v_1,\cdots,v_n)\in\Lambda$，则

$$u_i=\sum_{j=1}^{n}\beta_{ij}y_j^{(1)},v_i=\sum_{j=1}^{n}\beta_{ij}y_j^{(2)},i=1,\cdots,n$$

其中 $\boldsymbol{y}^{(1)}=(y_1^{(1)},\cdots,y_n^{(1)})$，$\boldsymbol{y}^{(2)}=(y_1^{(2)},\cdots,y_n^{(2)})\in\Lambda_0$．注意 $\boldsymbol{y}^{(1)}-\boldsymbol{y}^{(2)}\in\Lambda_0$，所以由引理 1 得到

$$|\boldsymbol{y}^{(1)}-\boldsymbol{y}^{(2)}|\leqslant c_1^{-1}|\boldsymbol{u}-\boldsymbol{v}|$$

所以当 $|\boldsymbol{u}-\boldsymbol{v}|<c_1$ 时，得到 $\boldsymbol{y}^{(1)}=\boldsymbol{y}^{(2)}$，从而有 $\boldsymbol{u}=\boldsymbol{v}$．于是可取 $\tau=c_1$，结论成立．于是合并两种情形，我们可取 $\tau=\min\{1,c_1\}$．

引理 5 格 Λ 中的点列 $\boldsymbol{x}_k(k=1,2,\cdots)$ 收敛(于 $\boldsymbol{x}$)，当且仅当 k 充分大时所有 $\boldsymbol{x}_k$ 都相等，即存在 k_0，使得 $\boldsymbol{x}_k=\boldsymbol{x}$(当 $k\geqslant k_0$)．

证明 充分性显然．必要性：若点列 $\boldsymbol{x}_k(k=1,$

2,…)收敛,则依Cauchy收敛准则,对于任何$\varepsilon>0$,存在$N=N(\varepsilon)$,使得当$m,m'\geqslant N$时有$|\boldsymbol{x}_m-\boldsymbol{x}_{m'}|<\varepsilon$.特别取$\varepsilon=\tau$,由引理4得到$\boldsymbol{x}_m=\boldsymbol{x}_{m'}$.于是可取$k_0=N(\tau)$.

§2　Blichfeldt定理的一般形式

现在在任意格的情形叙述Blichfeldt定理,也就是它的一般形式.

定理1　设m是正整数,Λ是行列式为$d(\Lambda)$的格,$\mathscr{S}$是体积为$V=V(\mathscr{S})$的点集(可能$V=\infty$).那么,若

$$V(\mathscr{S})>md(\Lambda) \tag{1}$$

或者$\mathscr{S}$是列紧的,并且

$$V(\mathscr{S})=md(\Lambda) \tag{2}$$

则在$\mathscr{S}$中存在$m+1$个不同的点$\boldsymbol{x}_1,\cdots,\boldsymbol{x}_{m+1}$,使得所有的点$\boldsymbol{x}_i-\boldsymbol{x}_j\in\Lambda$.

注　在定理1中取$\Lambda=\Lambda_0$,$m=1$,即得第11章中定理1.

定理1之证　证明的思路同第11章中定理1之证.

(i)设$\mathscr{P}$是Λ的基本平行体.对于任意$\boldsymbol{u}\in\Lambda$,定义$\mathscr{P}$的子集

$$\mathscr{R}(\boldsymbol{u})=\{\boldsymbol{v}\in\mathscr{P}\mid\boldsymbol{v}+\boldsymbol{u}\in\mathscr{S}\}$$

即$\mathscr{R}(\boldsymbol{u})$由$\mathscr{P}$中所有使得$\boldsymbol{v}+\boldsymbol{u}\in(\mathscr{P}+\boldsymbol{u})\cap\mathscr{S}$的点$\boldsymbol{v}$组成(这里$\mathscr{P}+\boldsymbol{u}$表示$\mathscr{P}$按向量$\boldsymbol{u}$平移得到的点集).因此$\mathscr{R}(\boldsymbol{u})+\boldsymbol{u}\subset\mathscr{P}$.

我们断言，若 $\boldsymbol{u}_1,\boldsymbol{u}_2 \in \Lambda$，并且 $\boldsymbol{u}_1 \neq \boldsymbol{u}_2$，则 $(\mathscr{R}(\boldsymbol{u}_1)+\boldsymbol{u}_1) \cap (\mathscr{R}(\boldsymbol{u}_2)+\boldsymbol{u}_2)=\varnothing$. 设若不然，则存在$\boldsymbol{x} \in \mathscr{R}(\boldsymbol{u}_1)+\boldsymbol{u}_1$，同时 $\boldsymbol{x} \in \mathscr{R}(\boldsymbol{u}_2)+\boldsymbol{u}_2$，于是存在 $\boldsymbol{v}_1 \in \mathscr{R}(\boldsymbol{u}_1) \subset \mathscr{P}$，$\boldsymbol{v}_2 \in \mathscr{R}(\boldsymbol{u}_2) \subset \mathscr{P}$，使得 $\boldsymbol{x}=\boldsymbol{v}_1+\boldsymbol{u}_1$，$\boldsymbol{x}=\boldsymbol{v}_2+\boldsymbol{u}_2$. 因为 $\boldsymbol{u}_1 \neq \boldsymbol{u}_2$，与引理 2(b) 矛盾.

注意平移不改变点集的体积，所以 $V(\mathscr{R}(\boldsymbol{u}))=V(\mathscr{R}(\boldsymbol{u})+\boldsymbol{u})$，于是

$$\sum_{\boldsymbol{u}\in\Lambda} V(\mathscr{R}(\boldsymbol{u}))=V(\mathscr{S}) \tag{3}$$

(注意左边实际是有限和，因为有无限多个 $\mathscr{R}(\boldsymbol{u})$ 是空集).

(ii) 设式(1) 成立. 因为所有的 $\mathscr{R}(\boldsymbol{u}) \subset \mathscr{P}$，并且只有有限个 $\mathscr{R}(\boldsymbol{u})$ 形式的点集非空，所以它们互相交叠使得点集 $\mathscr{P}$ 被划分为有限多个部分 $\mathscr{R}_i$，每个 $\mathscr{R}_i$ 是 $l_i(\geqslant 0)$ 个 $\mathscr{R}(\boldsymbol{u})$ 形式的点集的交集. 由此推出

$$\sum_i l_i V(\mathscr{R}_i)=\sum_{\boldsymbol{u}\in\Lambda} V(\mathscr{R}(\boldsymbol{u}))=V(\mathscr{S})$$

若所有的 $l_i \leqslant m$，则由上式以及引理 2(a) 得到

$$V(\mathscr{S}) \leqslant \sum_i mV(\mathscr{R}_i)=m\sum_i V(\mathscr{R}_i)=mV(\mathscr{P})=md(\Lambda)$$

这与式(1) 矛盾. 因此至少存在一个 $\mathscr{R}_i$ 是至少 $m+1$ 个 $\mathscr{R}(\boldsymbol{u})$ 形式的点集的交集. 从而存在一个点 $\boldsymbol{v}_0 \in \mathscr{P}$ 同时落在 $m+1$ 个 $\mathscr{R}(\boldsymbol{u})$ 形式的点集中. 不妨设这些点集是

$$\mathscr{R}(\boldsymbol{u}_1),\cdots,\mathscr{R}(\boldsymbol{u}_{m+1})$$

其中 $\boldsymbol{u}_1,\cdots,\boldsymbol{u}_{m+1}$ 是 Λ 中 $m+1$ 个不同的点. 按 $\mathscr{R}(\boldsymbol{u}_j)$ 的定义，点

$$\boldsymbol{x}_j=\boldsymbol{v}_0+\boldsymbol{u}_j \in \mathscr{S},\ j=1,\cdots,m+1$$

于是 $\boldsymbol{x}_i-\boldsymbol{x}_j=\boldsymbol{u}_i-\boldsymbol{u}_j\ (i \neq j)$ 是 Λ 中的非零点.

(iii) 设 $\mathscr{S}$ 是列紧的，并且式(2) 成立. 取无穷正数列 $\varepsilon_k(k \in \mathbf{N})$，满足 $\varepsilon_k \to 0(k \to \infty, k \in \mathbf{N})$. 对于每个

$k \in \mathbf{N}$,点集

$$(1+\varepsilon_k)\mathscr{S}=\{(1+\varepsilon_k)\boldsymbol{x} \mid \boldsymbol{x} \in \mathscr{S}\}$$

有体积

$$(1+\varepsilon_k)^n V(\mathscr{S}) > V(\mathscr{S}) = md(\Lambda)$$

按步骤(ii) 所证,对于每个 $k \in \mathbf{N}$,存在 $m+1$ 个点

$$\boldsymbol{x}_{jk} \in (1+\varepsilon_k)\mathscr{S}, j=1,\cdots,m+1 \tag{4}$$

使得当 $i \neq j$,有

$$\boldsymbol{u}_k(i,j) = \boldsymbol{x}_{ik} - \boldsymbol{x}_{jk} \in \Lambda(\text{并且非零}) \tag{5}$$

下面我们借助选取子列的方法,得到所要求的 $m+1$ 个点. 由式(4) 可知,对于每个 $k \in \mathbf{N}$,有

$$\boldsymbol{x}_{jk} = (1+\varepsilon_k)\boldsymbol{y}_{jk}(\text{其中 } \boldsymbol{y}_{jk} \in \mathscr{S}), j=1,\cdots,m+1$$

因为 $\mathscr{S}$ 是有界闭集,所以存在无穷集合 $\mathscr{N}_1 \subseteq \mathbf{N}$,使得 $\boldsymbol{y}_{1k}(k \in \mathbf{N})$ 的子列 $\boldsymbol{y}_{1k}(k \in \mathscr{N}_1)$ 收敛

$$\boldsymbol{y}_{1k} \to \boldsymbol{x}_1 \in \mathscr{S}, k \to \infty, k \in \mathscr{N}_1$$

从而 $\boldsymbol{x}_{1k}(k \in \mathbf{N})$ 的子列 $\boldsymbol{x}_{1k}(k \in \mathscr{N}_1)$ 具有性质

$$\boldsymbol{x}_{1k} = (1+\varepsilon_k)\boldsymbol{y}_{1k} \to \boldsymbol{x}_1 \in \mathscr{S}, k \to \infty, k \in \mathscr{N}_1 \tag{6}$$

类似地,存在无穷集合 $\mathscr{N}_2 \subseteq \mathscr{N}_1$,使得 $\boldsymbol{y}_{2k}(k \in \mathscr{N}_1)$ 的子列 $\boldsymbol{y}_{2k}(k \in \mathscr{N}_2)$ 收敛

$$\boldsymbol{y}_{2k} \to \boldsymbol{x}_2 \in \mathscr{S}, k \to \infty, k \in \mathscr{N}_2$$

从而 $\boldsymbol{x}_{2k}(k \in \mathscr{N}_1)$ 的子列 $\boldsymbol{x}_{2k}(k \in \mathscr{N}_2)$ 具有性质

$$\boldsymbol{x}_{2k} = (1+\varepsilon_k)\boldsymbol{y}_{2k} \to \boldsymbol{x}_2 \in \mathscr{S}, k \to \infty, k \in \mathscr{N}_2$$

并且因为 $\mathscr{N}_2 \subseteq \mathscr{N}_1$,所以由式(6) 可知

$$\boldsymbol{x}_{1k} \to \boldsymbol{x}_1 \in \mathscr{S}, k \to \infty, k \in \mathscr{N}_2$$

一般地,我们可以继续选取 $\mathscr{N}_2$ 的无穷子集 $\mathscr{N}_3$,等等,最终得到无穷子集 $\mathscr{N}_{m+1} \subseteq \cdots \subseteq \mathscr{N}_1 \subseteq \mathbf{N}$,使得 $m+1$ 个子列

$$\boldsymbol{x}_{jk} \to \boldsymbol{x}_j \in \mathscr{S}, k \to \infty, k \in \mathscr{N}_{m+1}, j=1,\cdots,m+1 \tag{7}$$

由式(5)和(7)可知

$$\lim_{\substack{k\to\infty\\ k\in\mathcal{N}_{m+1}}} \boldsymbol{u}_k(i,j)=\lim_{\substack{k\to\infty\\ k\in\mathcal{N}_{m+1}}}(\boldsymbol{x}_{ik}-\boldsymbol{x}_{jk})=\boldsymbol{x}_i-\boldsymbol{x}_j$$

由式(5)可知,对于 $i\neq j$,$\boldsymbol{u}_k(i,j)=\boldsymbol{x}_{ik}-\boldsymbol{x}_{jk}(k\in\mathcal{N}_{m+1})$ 是格 Λ 中的点列. 依据引理5,存在 k_0,使得

$$\boldsymbol{u}_k(i,j)=\boldsymbol{x}_i-\boldsymbol{x}_j,\text{当 } k\geqslant k_0,k\in\mathcal{N}_{m+1}$$

因为 $\boldsymbol{u}_k(i,j)\in\Lambda$ 并且非零,所以 $\boldsymbol{x}_i-\boldsymbol{x}_j\in\Lambda$ 也非零. 于是 $m+1$ 个不同的点 $\boldsymbol{x}_j\in\mathcal{S}(j=1,\cdots,m+1)$ 即合要求.

推论 设 m 是正整数,Λ 是行列式为 $d(\Lambda)$ 的格,点集 $\mathcal{S}\subset\mathbf{R}^n$ 的体积 $V(\mathcal{S})>md(\Lambda)$,那么总可将 $\mathcal{S}$ 适当平移使它覆盖 $m+1$ 个 Λ 的格点.

证明 由定理1可知,存在点 $\boldsymbol{x}_1,\cdots,\boldsymbol{x}_{m+1}\in\mathcal{S}$ 使得 $\boldsymbol{x}_i-\boldsymbol{x}_1\in\Lambda(i=1,\cdots,m+1)$. 这 $m+1$ 个格点都落在集合 $\mathcal{S}-\boldsymbol{x}_1$ 中.

§3 Minkowski 凸体定理的一般形式

下面的定理2给出 Minkowski 凸体定理的一般形式. 当 $m=1$,并且格 $\Lambda=\Lambda_0$ 时,就得到第11章定理2.

定理 2 设 $\mathcal{S}$ 是 $\mathbf{R}^n$ 中的体积为 $V(\mathcal{S})$(可能为无穷)的对称凸集,Λ 为行列式为 $d(\Lambda)$ 的格,m 是正整数. 如果

$$V(\mathcal{S})>m2^n d(\Lambda)$$

或者 $\mathcal{S}$ 是列紧集,并且

$$V(\mathcal{S})=m2^n d(\Lambda)$$

那么 $\mathcal{S}$ 中至少含有 m 对不同的非零点 $\pm\boldsymbol{u}_j(j=1,\cdots,$

m).

证明　点集

$$\frac{1}{2}\mathscr{S}=\left\{\frac{1}{2}\boldsymbol{x} \mid \boldsymbol{x} \in \mathscr{S}\right\}$$

的体积为 $2^{-n}V(\mathscr{S})$,符合定理 1 的全部条件,因此存在 $m+1$ 个不同的点

$$\frac{1}{2}\boldsymbol{x}_j \in \frac{1}{2}\mathscr{S}, j=1,\cdots,m+1 \tag{1}$$

使得当 $i \neq j$ 时,有

$$\frac{1}{2}\boldsymbol{x}_i-\frac{1}{2}\boldsymbol{x}_j \in \Lambda(\text{并且非零})$$

将此 $m+1$ 个点按下列规则排序:若 $\boldsymbol{x}_i-\boldsymbol{x}_j$ 的第一个非零坐标是正的,则将 $\boldsymbol{x}_i$ 排在 $\boldsymbol{x}_j$ 前,记作 $\boldsymbol{x}_i \succ \boldsymbol{x}_j$. 于是将此 $m+1$ 个点排序为

$$\boldsymbol{x}^{(1)} \succ \boldsymbol{x}^{(2)} \succ \cdots \succ \boldsymbol{x}^{(m+1)}$$

令

$$\boldsymbol{u}_j=\frac{1}{2}\boldsymbol{x}^{(j)}-\frac{1}{2}\boldsymbol{x}^{(m+1)}, j=1,\cdots,m$$

那么 $\pm\boldsymbol{u}_1,\cdots,\pm\boldsymbol{u}_m \in \Lambda$ 非零,且两两互异. 此外,由式(1) 可知 $\boldsymbol{x}^{(m+1)} \in \mathscr{S}$;依 $\mathscr{S}$的对称性,还有 $-\boldsymbol{x}^{(m+1)} \in \mathscr{S}$. 最后,由 $\mathscr{S}$的凸性以及对称性得知

$$\boldsymbol{u}_j=\frac{1}{2}\boldsymbol{x}^{(j)}+\frac{1}{2}(-\boldsymbol{x}^{(m+1)}) \in \mathscr{S}$$

以及 $-\boldsymbol{u}_j \in \mathscr{S}$.

注　设 m 为正整数,并取格 $\Lambda=\Lambda_0$. 对称凸集

$$|x_1|<m, |x_j|<1, j=2,\cdots,n$$

的体积等于 $m2^n$,但只含有 $m-1$ 对非零整点

$$\pm(u,0,\cdots,0), u=1,\cdots,m-1$$

因此定理 2 中的条件不能减弱.

§4 例 题

例 1 在 2 维平面上全体整点组成一个 2 维格 Λ_0. 设点 $A(a_1,a_2)$ 和 $B(b_1,b_2)$ 是关于点 $O(0,0)$ 的可见点，以 OA，OB 为邻边的平行四边形 Π 的面积是 δ. 证明：

(a) 当且仅当 $\delta=1$，向量 $\boldsymbol{a}=(a_1,a_2)^{\mathrm{T}}$ 和 $\boldsymbol{b}=(b_1,b_2)^{\mathrm{T}}$ 组成 2 维格 Λ_0 的基.

(b) 如果 $\delta>1$，则平行四边形 Π 中至少含有一个非零整点.

证明 (a) 向量 $\boldsymbol{e}_1=(1,0)^{\mathrm{T}}$，$\boldsymbol{e}_2=(0,1)^{\mathrm{T}}$ 是 Λ_0 的一组基，并且

$$\begin{pmatrix}\boldsymbol{a}\\ \boldsymbol{b}\end{pmatrix}=\begin{pmatrix}a_1 & a_2\\ b_1 & b_2\end{pmatrix}\begin{pmatrix}\boldsymbol{e}_1\\ \boldsymbol{e}_2\end{pmatrix}$$

平行四边形 Π 的面积

$$\delta=\pm\begin{vmatrix}0 & 0 & 1\\ a_1 & a_2 & 1\\ b_1 & b_2 & 1\end{vmatrix}=\pm\begin{vmatrix}a_1 & a_2\\ b_1 & b_2\end{vmatrix}$$

(正负号的选取使得 $\delta>0$). 于是由引理 1 得到结论.

(b) 证法 1：分别以 $\overrightarrow{OA}$，$-\overrightarrow{OB}$；$-\overrightarrow{OA}$，$\overrightarrow{OB}$；$-\overrightarrow{OA}$，$-\overrightarrow{OB}$ 为邻边作平行四边形，这三个(小) 平行四边形与平行四边形 Π 合起来形成一个大平行四边形，并且三个(小) 平行四边形可以看作是由 Π 作适当平移而得. 大平行四边形是一个关于 O 中心对称的凸形，其面

积为 $4\delta > 4$,所以其内部或边界上有一个非零整点.若这个整点不属于平行四边形 Π,则由上述平移关系,Π 相应地含有一个非零整点;并且因为 A,B 是可见点,所以此点在 Π 内部.

证法 2:以(平面)整点为顶点,并且任何两边除公共顶点外没有其他公共点的多边形称为整点多边形.由 Pick 定理(见引理 2 的注),若整点多边形边界上以及内部分别含有 p 个和 q 个整点,则其面积等于 $q+\frac{p}{2}-1$.显然平行四边形 Π 是一个整点多边形.由可见点定义可知对于 Π 有 $p=4$,于是

$$\delta = q+\frac{p}{2}-1 = q+1$$

若 $\delta > 1$,则 $q > 0$.因为 $q \in \mathbf{N}_0$,所以 $q \geqslant 1$.

注　若 M,N 是两个非零平面整点,则 $\triangle OMN$ 的面积 $\Delta \geqslant \frac{1}{2}$(这是一个显然的事实).

事实上,因为 M,N 是非零平面整点,所以以 OM,ON 为邻边的平行四边形的面积可表示为整数元素行列式,从而是非零整数(参见本例(a)之证),于是这个面积至少等于 1.

例 2　设 Λ 是 $\mathbf{R}^2$ 中一个行列式 $d(\Lambda)=1$ 的格,那么任意两个格点间的距离不超过 $\sqrt{2/\sqrt{3}}$.

证明　设格点 $\boldsymbol{u},\boldsymbol{v}$ 间的距离最小,令 $\delta=|\boldsymbol{v}-\boldsymbol{u}|$.作适当坐标变换(平移和旋转),可使原点 O' 落在 $\boldsymbol{u}$,并且向量 $\boldsymbol{v}-\boldsymbol{u}$ 平行于 x' 轴(如图 1).

在新坐标系中,以格点 $(k\delta,0)$ $(k \in \mathbf{Z})$ 为中心、δ 为半径作圆,由 δ 的定义,这些圆(盘)的并集 $\mathscr{S}$ 中不可能含有圆心以外的格点.相邻两圆在 x' 轴上方的交点

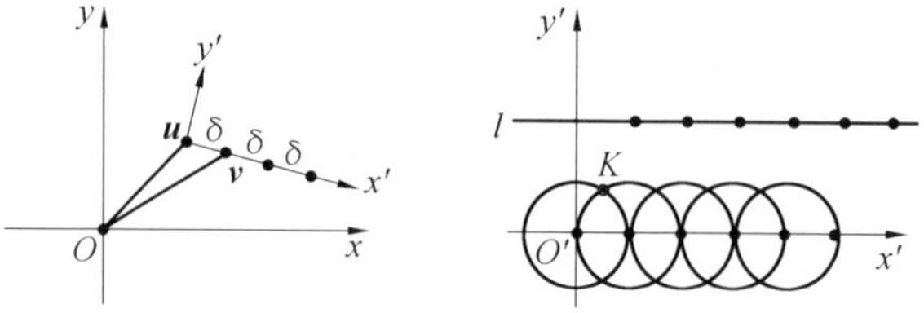

图 1

在 x' 轴的一条平行线上，两者相距为

$$h=\delta\sin\frac{\pi}{3}=\frac{\sqrt{3}}{2}\delta<\delta$$

(h 即点 K 的纵坐标). 因为 $d(\Lambda)=1$，所以在 x' 轴平行线 $l: y'=\frac{1}{\delta}$ 上有无穷多个格点. 如果 $\frac{1}{\delta}<h$，那么直线 l 将穿过 $\mathscr{S}$，从而 $\mathscr{S}$ 中含有圆心以外的格点. 因此

$$h\leqslant\frac{1}{\delta}$$

即
$$\frac{\sqrt{3}}{2}\delta\leqslant\frac{1}{\delta}$$

由此得到 $\delta\leqslant\sqrt{2/\sqrt{3}}$.

例 3 设二次型

$$f(x,y)=ax^2+2hxy+by^2$$

其中 $a>0,b,h$ 是实数，判别式 $D=ab-h^2>0$. 证明：存在不同时为零的整数 u,v，使

$$|f(u,v)|\leqslant\left(\frac{4D}{3}\right)^{\frac{1}{2}}$$

证法 1 (i) 用 Γ 记所有非零整点的集合. 因为 f 是正定二次型，所以

$$\alpha=\inf_{(x,y)\in\Gamma}f(x,y)$$

存在，并且可设 $\alpha>0$(不然结论已成立). 设 $f(u,v)=$

α. 如果 $d=\gcd(u,v)>1$,则 $u=du_1, v=dv_1$,其中 u_1,v_1 是整数. 于是

$$f(u,v)=d^2 f(u_1,v_1)>f(u_1,v_1)$$

这与 (u,v) 的定义矛盾. 因此 u,v 互素.

(ii) 下面采用代数叙述方式. 我们有

$$f(x,y)=(x\quad y)\begin{pmatrix} a & h \\ h & b \end{pmatrix}\begin{pmatrix} x \\ y \end{pmatrix}$$

因为 u,v 互素,所以存在整数 r,s 使得 $ur-vs=1$. 作线性变换

$$\begin{pmatrix} x \\ y \end{pmatrix}=\begin{pmatrix} u & s \\ v & r \end{pmatrix}\begin{pmatrix} X \\ Y \end{pmatrix}$$

则

$$\begin{aligned} f(x,y) &= (X\quad Y)\begin{pmatrix} u & s \\ v & r \end{pmatrix}^{\mathrm{T}}\begin{pmatrix} a & h \\ h & b \end{pmatrix}\begin{pmatrix} u & s \\ v & r \end{pmatrix}\begin{pmatrix} X \\ Y \end{pmatrix} \\ &= (X\quad Y)\begin{pmatrix} \alpha & \beta \\ \beta & \gamma \end{pmatrix}\begin{pmatrix} X \\ Y \end{pmatrix}=g(X,Y) \end{aligned}$$

其中 $\alpha=f(u,v)$(如上文定义),β,γ 是整数(我们略去它们的具体表达式,因为后文不需要). 此外还有

$$\begin{vmatrix} u & s \\ v & r \end{vmatrix}\begin{vmatrix} a & h \\ h & b \end{vmatrix}\begin{vmatrix} u & s \\ v & r \end{vmatrix}=\begin{vmatrix} \alpha & \beta \\ \beta & \gamma \end{vmatrix}$$

所以 f 和 g 的判别式相等:$d_f=ab-h^2=\alpha\gamma-\beta^2=d_g$(都等于 D). 因为线性变换的行列式等于 1,所以当 (x,y) 遍历 $\mathbf{Z}^2$ 时 (X,Y) 也遍历 $\mathbf{Z}^2$,从而 $f(x,y)$ 和 $g(X,Y)$ 在 $\mathbf{Z}^2$ 上的值集相同. 于是

$$\alpha=\inf_{(x,y)\in\Gamma} f(x,y)=\inf_{(X,Y)\in\Gamma} g(X,Y)$$

(iii) 我们有

$$g(X,Y)=\alpha X^2+2\beta XY+\gamma Y^2=\alpha\left(X+\frac{\beta}{\alpha}\right)^2+\frac{D}{\alpha}Y^2$$

因为区间$[-1/2-\beta/\alpha, 1/2-\beta/\alpha]$的长度为1,所以其中存在一个整数$\sigma$,从而

$$\left|\sigma+\frac{\beta}{\alpha}\right|\leqslant\frac{1}{2}$$

于是

$$g(\sigma,1)=\alpha\left(\sigma+\frac{\beta}{\alpha}\right)^2+\frac{D}{\alpha}\leqslant\frac{\alpha}{4}+\frac{D}{\alpha}$$

由此及$g(\sigma,1)\geqslant\alpha$得到

$$\alpha\leqslant\frac{\alpha}{4}+\frac{D}{\alpha}$$

立得$\alpha^2\leqslant\frac{4}{3}D$.

证法 2 配方可得

$$f(x,y)=\left(\sqrt{a}x+\frac{h}{\sqrt{a}}y\right)^2+\left(\frac{D}{\sqrt{a}}y\right)^2$$

(i) 先设$D=1$,则

$$f(x,y)=\left(\sqrt{a}x+\frac{h}{\sqrt{a}}y\right)^2+\left(\frac{1}{\sqrt{a}}y\right)^2$$

2 维平面上的点

$$(x,y)^{\mathrm{T}}: x=\sqrt{a}m+\frac{h}{\sqrt{a}}n, y=\frac{1}{\sqrt{a}}n, m,n\in\mathbf{Z}$$

的集合形成一个格Λ,它是2维格$\Lambda_0=\{(\xi,\eta)^{\mathrm{T}}\in\mathbf{Z}^2\}$(以$(1,0)^{\mathrm{T}}$,$(0,1)^{\mathrm{T}}$为基)在幺模变换

$$\begin{pmatrix}x\\y\end{pmatrix}=\begin{pmatrix}\sqrt{a} & \frac{h}{\sqrt{a}}\\ 0 & \frac{1}{\sqrt{a}}\end{pmatrix}\begin{pmatrix}\xi\\ \eta\end{pmatrix}$$

下的象. 于是$d(\Lambda)=d(\Lambda_0)=1$. 依例2,存在$\Lambda$的非零格点

$$\left(\sqrt{a}u+\frac{h}{\sqrt{a}}v,\frac{1}{\sqrt{a}}v\right)^{\mathrm{T}},u,v\in\mathbf{Z}$$

到原点的距离至多为$\sqrt{\frac{2}{\sqrt{3}}}$,即

$$\left(\sqrt{a}u+\frac{h}{\sqrt{a}}v\right)^2+\left(\frac{1}{\sqrt{a}}v\right)^2\leqslant\sqrt{\frac{2}{\sqrt{3}}}$$

于是 $f(u,v)\leqslant\sqrt{\frac{2}{\sqrt{3}}}$.

(ii) 一般情形下,$D\neq 1$,考虑二次型

$$\begin{aligned}\widetilde{f}(x,y)&=\frac{1}{\sqrt{D}}f(x,y)\\&=\left(\frac{a}{\sqrt{D}}\right)x^2+2\left(\frac{h}{\sqrt{D}}\right)xy+\left(\frac{b}{\sqrt{D}}\right)y^2\end{aligned}$$

那么 $\widetilde{f}$ 的判别式等于 1. 将步骤(i) 中得到的结果应用于 $\widetilde{f}$,即得所要结果.

注　类似于第 11 章例 2 的注 1,可以得到:若 α 是无理数,则存在无穷多对整数 $p,q(q>0)$ 满足不等式

$$\left|\alpha-\frac{p}{q}\right|\leqslant\frac{1}{\sqrt{3}q^2}$$

这稍优于第 11 章例 2 注 1 中的结果.

例 4　设 Λ 是 2 维平面上的一个格,其行列式为 $\det(\Lambda)$. 又设 $C=\{(x,y)\in\mathbf{R}^2\mid x^2+y^2<r^2\}$ 是一个半径为 r 的开圆盘. 定义

$$\rho=\frac{\pi r^2}{\det(\Lambda)}$$

以及集合

$$\mathscr{C}=\bigcup_{\boldsymbol{a}_i\in\Lambda}(C+\boldsymbol{a}_i)$$

证明:若 $\mathscr{C}$ 中任何两个元素 $C+\boldsymbol{a}_i,C+\boldsymbol{a}_j(i\neq j)$

都没有公共点,则

$$\rho \leqslant \frac{\pi}{2\sqrt{3}}$$

证明 集合 $\mathscr{C}$ 的元素 $C+\boldsymbol{a}_i$ 乃是将圆盘 $x^2+y^2<1$ 的中心平移到格点 $\boldsymbol{a}_i$ 得到. 设 Λ 的任意两个格点间距离的最小值是 δ,那么依 $C+\boldsymbol{a}_i$ 的性质可知,r 的最大值是 $\delta/2$. 于是

$$\rho=\frac{\pi r^2}{\det(\Lambda)} \leqslant \frac{\pi\delta^2}{\det(\Lambda)} \cdot \frac{1}{4}=\frac{\pi\delta^2}{4\det(\Lambda)}$$

类似于例 2 的推理,注意由 Λ 的基本平行体的性质及 δ 的定义可得

$$\frac{\sqrt{3}}{2}\delta \leqslant \frac{\det(\Lambda)}{\delta}$$

所以

$$\delta \leqslant \sqrt{\frac{2}{\sqrt{3}}}\sqrt{\det(\Lambda)}$$

于是

$$\rho \leqslant \frac{\pi\delta^2}{4\det(\Lambda)} \leqslant \frac{\pi}{2\sqrt{3}}$$

注 集合 $\mathscr{C}$ 形成全平面的圆盘格堆砌(对于 n 空间,称为球格堆砌),ρ 称为球格堆砌密度.

例 5 考虑 $n=2$ 的情形. 设 Λ 是一个行列式为 d 的平面格.

(a) 若实数 $k_1, k_2>0$ 满足 $k_1k_2 \geqslant d$,则存在非零点 $(x, y) \in \Lambda$ 满足

$$|x| \leqslant k_1, |y| \leqslant k_2$$

这是因为上面不等式组确定的点集是面积为 $4k_1k_2 \geqslant 4d$ 的正方形(含边界),所以由定理 2 立得结论.

(b) 若 $c>0$ 任意给定,则存在非零点 $(x, y) \in \Lambda$

满足

$$c|x|+\frac{1}{c}|y|\leqslant\sqrt{2d}$$

因为上面不等式组确定的点集由下列两对平行线相交而成

$$cx+\frac{1}{c}y=\pm\sqrt{2d},cx-\frac{1}{c}y=\pm\sqrt{2d}$$

这是顶点为$(\pm\frac{\sqrt{2d}}{c},0)$,$(0,\pm c\sqrt{2d})$的菱形(带边界),其面积等于两条对角线长之积的一半即 $4d$. 于是由定理 2 推出结论.

(c) 存在非零点$(x,y)\in\Lambda$满足

$$x^2+y^2\leqslant\frac{4d}{\pi}$$

只需在定理 2 考虑中心在原点、半径为 $2\sqrt{\frac{d}{\pi}}$ 的闭圆盘.

注　设 α 是一个实数,考虑由平面上的点(x,y)

$$x=q,y=-p+\alpha q,p,q\in\mathbf{Z}$$

组成的集合,显然它们是一个格,其行列式 $d=1$(即它的空平行四边形的面积). 取这个格作为例 5 中的 Λ.

(a) 在例 5(a) 中取 $k_2=\frac{1}{k_1}=\frac{1}{Q}$(其中 $Q>1$),那么可知存在非零整点(p,q)满足

$$|-p+\alpha q|\leqslant\frac{1}{Q},|q|\leqslant Q$$

因为 $q=0$ 蕴涵 $p=0$,所以 $q\neq 0$. 于是我们重新得到第 11 章 §5 例 1 中的不等式(1).

(b) 由例 5(b),对于每个 $c>0$,存在非零点$(x,y)\in\Lambda$满足

$$c|x|+\frac{1}{c}|y|\leqslant\sqrt{2d}$$

若 $x=0$，则 $|y|\leqslant c\sqrt{2d}$. 令 $c\to 0$，得到 $y=0$. 这不可能. 因此 $x\neq 0$. 由算术－几何平均不等式可知：点$(x, y)\in\Lambda(x\neq 0)$ 满足

$$|xy|\leqslant\left(\frac{c|x|+c^{-1}|y|}{2}\right)^2\leqslant\left(\frac{\sqrt{2d}}{2}\right)^2=\frac{d}{2}$$

因为 $d=1$，所以存在非零整点$(p,q)(q\neq 0)$ 满足

$$|(-p+\alpha q)q|\leqslant\frac{1}{2}$$

于是整数 $p,q(q\neq 0)$ 满足

$$\left|\alpha-\frac{p}{q}\right|\leqslant\frac{1}{2q^2}$$

现在设 α 是无理数. 取 $c_n>0,c_n\to 0$，那么对于每个 c_n 存在$(x_n,y_n)=(q_n,-p_n+\alpha q_n)\in\Lambda(q_n,p_n\in\mathbf{Z},q_n\neq 0)$ 满足

$$c_n|x_n|+\frac{1}{c_n}|y_n|\leqslant\sqrt{2d}$$

如果(x_n,y_n) 中只有有限多个点不相同，则有某个点$(x^*,y^*)=(q^*,-p^*+\alpha q^*)(q^*,p^*\in\mathbf{Z},q^*\neq 0)$，对无穷多个 n(并且 $c_n\to 0$) 满足

$$c_n|x^*|+\frac{1}{c_n}|y^*|\leqslant\sqrt{2d}$$

令 $c_n\to 0$，必然 $|y^*|=0$. 这与 α 是无理数的假设矛盾. 因此对于无理数 α，不等式

$$\left|\alpha-\frac{p}{q}\right|\leqslant\frac{1}{2q^2}$$

有无穷多个有理解 $\frac{p}{q}$. 这个结果优于第 11 章 §5 中例 1 注 2 及例 2 注 1 中的结果.

§5　临　界　格

设 $\mathscr{S}$是 $\mathbf{R}^n$ 中的一个点集,Λ 是一个格. 如果 Λ 的任何非零点都不属于 $\mathscr{S}$(或者说,$\mathscr{S}$不含 Λ 的任何非零点),则称 Λ 对于 $\mathscr{S}$是容许的,或称 Λ 是 $\mathscr{S}-$ 容许格,并且将

$$\Delta(\mathscr{S}) = \inf\{d(\Lambda) \mid \Lambda \text{ 是 } \mathscr{S}- \text{容许格}\}$$

称作点集 $\mathscr{S}$的临界行列式(也称 $\mathscr{S}$的格常数). 如果不存在任何 $\mathscr{S}-$ 容许格,则令 $\Delta(\mathscr{S}) = \infty$;不然则有 $0 \leqslant \Delta(\mathscr{S}) < \infty$. 如果 Λ 是 $\mathscr{S}-$ 容许格,并且其行列式 $d(\Lambda) = \Delta(\mathscr{S})$,则将 Λ 称作($\mathscr{S}$的)临界格. 因此,对于每个行列式 $d(\Lambda) < \Delta(\mathscr{S})$ 的格 Λ,都有非零点落在 $\mathscr{S}$中;并且存在行列式 $d(\Lambda)$ 与 $\Delta(\mathscr{S})$ 充分接近的格 Λ,其任何非零点都不落在 $\mathscr{S}$中. 我们还可以将 $\Delta(\mathscr{S})$ 理解为具有下列性质的数 $\widetilde{\Delta}$ 中的最大者:每个行列式 $d(\Lambda) < \widetilde{\Delta}$ 的格,都有非零点落在 $\mathscr{S}$中.

由 Minkowski 凸体定理立得:

引理 1　若 $\mathscr{S}$ 是 $\mathbf{R}^n$ 中的对称凸集,其体积为 $V(\mathscr{S})$,则其临界行列式

$$\Delta(\mathscr{S}) \geqslant 2^{-n}V(\mathscr{S})$$

引理 2　设 $\mathbf{R}^n$ 中的点集 $\mathscr{S}$不是对称的或不是凸集. 但它外切于某个对称凸集 $\mathscr{T}$,则其临界行列式

$$\Delta(\mathscr{S}) \geqslant \Delta(\mathscr{T}) \geqslant 2^{-n}V(\mathscr{T})$$

证明　依定义,如果 $\mathscr{T}$ 是 $\mathscr{S}$的子集合,那么每个 $\mathscr{S}-$ 容许格也是 $\mathscr{T}-$ 容许格,从而 $\Delta(\mathscr{S}) \geqslant \Delta(\mathscr{T})$. 如果 $\mathscr{T}$是对称凸集,则由引理 1 得到所要求的不等式.

例 1　对于圆盘

$$\mathscr{S}_0: x_1^2 + x_2^2 < 1$$

依引理 1 得到

$$\Delta(\mathscr{S}_0) \geqslant \frac{\pi}{4} = 0.785\cdots$$

进一步研究这个点集，可以证明 $\Delta(\mathscr{S}_0) = \sqrt{\frac{3}{4}} = 0.866\cdots$.

例 2　对于 n 维点集

$$\mathscr{S}: |x_1 \cdots x_n| < 1$$

由算术－几何平均不等式可知，它含有对称凸集

$$\mathscr{T}: |x_1| + \cdots + |x_n| < n$$

现在来计算 $\mathscr{T}$ 的体积 $V(\mathscr{T})$. 为此我们令

$$I_n(h) = \int\cdots\int_{D_n(h)} \mathrm{d}x_1 \cdots \mathrm{d}x_n$$

其中 $D_n(h): x_1 + \cdots + x_n < h, x_1 \geqslant 0, \cdots, x_n \geqslant 0$. 令 $x_i = h\xi_i (i = 1, \cdots, n)$，可知积分

$$\begin{aligned} I_n(h) &= \int_0^h \mathrm{d}x_1 \int_0^{h-x_1} \mathrm{d}x_2 \cdots \int_0^{h-x_1-\cdots-x_{n-1}} \mathrm{d}x_n \\ &= h^n \int_0^1 \mathrm{d}\xi_1 \int_0^{1-\xi_1} \mathrm{d}\xi_2 \cdots \int_0^{1-\xi_1-\cdots-\xi_{n-1}} \mathrm{d}\xi_n \\ &= h^n \int\cdots\int_{D_n(1)} \mathrm{d}x_1 \cdots \mathrm{d}x_n \end{aligned}$$

于是得到关系式

$$I_n(h) = h^n I_n(1) \tag{1}$$

另一方面，因为

$$\begin{aligned} I_n(1) &= \int\cdots\int_{D_n(1)} \mathrm{d}x_1 \cdots \mathrm{d}x_n \\ &= \int_0^1 \mathrm{d}x_n \int_0^{1-x_n} \mathrm{d}x_{n-1} \cdots \int_0^{(1-x_n)-x_{n-2}-\cdots-x_2} \mathrm{d}x_1 \end{aligned}$$

$$=\int_0^1\left(\int_{D_{n-1}(1-x_n)}\cdots\int \mathrm{d}x_1\cdots\mathrm{d}x_{n-1}\right)\mathrm{d}x_n$$

$$=\int_0^1 I_{n-1}(1-x_n)\mathrm{d}x_n$$

应用式(1),我们得到递推关系

$$I_n(1)=\int_0^1(1-x_n)^{n-1}I_{n-1}(1)\mathrm{d}x_n=\frac{1}{n}I_{n-1}(1),n\geqslant 1$$

注意 $I_1(1)=1$,所以

$$I_n(1)=\frac{1}{n!}$$

从而

$$I_n(h)=\frac{h^n}{n!} \tag{2}$$

因为 $|x_1|+\cdots+|x_n|<n$ 等价于 $\pm x_1\pm\cdots\pm x_n<n$,所以由积分区域的对称性可知

$$V(\mathscr{T})=2^n\int_{D_n(n)}\cdots\int \mathrm{d}x_1\cdots\mathrm{d}x_n=2^nI_n(n)$$

由此及式(2)得到

$$V(\mathscr{T})=2^n\cdot\frac{n^n}{n!}$$

最后,应用引理 2 可得下界估计

$$\Delta(\mathscr{S})\geqslant\frac{n^n}{n!} \tag{3}$$

本例中的点集 $\mathscr{S}$ 在代数数域判别式的估计问题中起着重要作用.记

$$\Delta(\mathscr{S})=v_n^n$$

由不等式(3)可推出

$$\lim_{n\to\infty}v_n=\mathrm{e}=2.718\ 28\cdots$$

至于 v_n 的精确值,我们已知 $v_2=\sqrt[4]{5}$,$v_3=\sqrt[3]{7}$,还有

$$\sqrt[8]{500} \leqslant v_4 \leqslant \sqrt[8]{725}$$

并且人们猜测$\overline{\lim\limits_{n\to\infty}} v_n = \infty$.

第 13 章 一些应用

本章给出 Minkowski 凸体定理和线性型定理的一些应用，包括某些丢番图逼近定理、二平方和及四平方和定理.

§1 非齐次逼近

Minkowski 线性型定理在丢番图逼近中有许多重要应用. 作为一个较复杂的例子，现在证明下列的

定理 1（一维非齐次逼近的 Minkowski 定理） 设 α 是无理数，β 是实数，但不等于 $k\alpha+n$（$k,n\in\mathbf{Z}$），则

对于任意给定的 $\varepsilon > 0$，存在无穷多组整数 (p,q) 满足不等式组

$$|q||q\alpha-p-\beta|<\frac{1}{4},\ |q\alpha-p-\beta|<\varepsilon \quad (1)$$

注 在定理 1 中，若 $\beta=k\alpha+n(k,n\in\mathbf{Z})$，则 $|q\alpha-p-\beta|=|(q-k)\alpha-(p+n)|$，从而归结为齐次问题.

首先证明两个辅助引理.

引理 1 设 $\theta,\phi,\psi,\omega\in\mathbf{R}$，$M>0$ 是给定常数. 若

$$|\theta w-\phi\psi|\leqslant\frac{1}{2}M,\ |\psi w|\leqslant M,\psi>0 \quad (2)$$

则存在 $u\in\mathbf{Z}$，满足不等式组

$$|\theta+\psi u||\phi+wu|\leqslant\frac{1}{4}M,\ |\theta+\psi u|<\psi \quad (3)$$

证明 (i) 不妨认为

$$\phi\geqslant 0,\ -\psi\leqslant\theta<0 \quad (4)$$

因为若 $\phi<0$，则分别用 $-\phi$，$-w$ 代替 ϕ，w，此时式(2)和(3)不变. 若 $-\psi\leqslant\theta<0$ 不成立，则由 $\psi>0$ 可知存在整数 u_0 满足

$$-1-\frac{\theta}{\psi}\leqslant u_0<-\frac{\theta}{\psi}$$

从而 $-\psi\leqslant\theta+u_0\psi<0$. 于是进而分别用 $\theta+u_0\psi$，$\phi+u_0w$ 代替 θ，ϕ，则式(2)也不变，而不等式组(3)可改写为

$$|(\theta+u_0\psi)+\psi(u-u_0)||(\phi+u_0w)+w(u-u_0)|\leqslant\frac{1}{4}M$$

$$|(\theta+u_0\psi)+\psi(u-u_0)|<\psi$$

因此，若记 $\theta'=\theta+u_0\psi$，$\phi'=\phi+u_0w$，$u'=u-u_0$，则有

$-\psi \leqslant \theta' < 0$，而式(2) 和(3) 可分别写成

$$|\theta' w - \phi' \psi| \leqslant \frac{1}{2}M,\ |\psi w| \leqslant M, \psi > 0$$

和

$$|\theta' + \psi u'||\phi' + wu'| \leqslant \frac{1}{4}M,\ |\theta' + \psi u'| < \psi$$

可见式(2) 和(3) 形式不变. 因此下面在(补充) 假设(4) 之下证明不等式组(3) 有解 u.

(ii) 如果 $\theta = -\psi$，那么显然 $u = 1$ 满足不等式组(3). 因此我们可以假设

$$-\psi < \theta < 0, \phi \geqslant 0 \tag{5}$$

于是 $|\theta| < \psi$，$|\theta + \psi| < \psi$. 这表明 $u = 0, 1$ 都满足不等式组(3) 中的第二式. 从而只需证明 $u = 0, 1$ 中至少有一个满足不等式组(3) 中的第一式，即

$$|\theta + \psi u||\phi + wu| \leqslant \frac{1}{4}M \tag{6}$$

(iii) 现在在假设(5) 之下证明 $u=0$ 或 1 满足不等式(6). 首先，如果 $\phi + w \leqslant 0$，那么由算术 - 几何平均不等式得到

$$\begin{aligned}
&16|\theta\phi||(\theta+\psi)(\phi+w)| \\
&=(4|\theta||\theta+\psi|)(4|\phi||\phi+w|) \\
&\leqslant(|\theta|+|\theta+\psi|)^2(|\phi|+|\phi+w|)^2
\end{aligned}$$

因为由式(5) 可知

$$|\theta|+|\theta+\psi| = -\theta + (\theta+\psi) = \psi$$

$$|\phi|+|\phi+w| = \phi - (\phi+w) = -w$$

所以由条件(2) 推出

$$16|\theta\phi||(\theta+\psi)(\phi+w)| \leqslant \psi^2 w^2 \leqslant M^2$$

于是

$$\min\{|\theta\phi|, |(\theta+\psi)(\phi+w)|\} \leqslant \frac{1}{4}M$$

其次，如果 $\phi+w>0$，那么由式(5)可知

$$\theta(\phi+w)<0,\phi(\theta+\psi)\geqslant 0$$

所以

$$\begin{aligned}&2(|\theta\phi||(\theta+\psi)(\phi+w)|)^{\frac{1}{2}}\\ \leqslant&(|\phi(\theta+\psi)|+|\theta(\phi+w)|)\\ =&|\phi(\theta+\psi)-\theta(\phi+w)|\\ =&|\phi\psi-\theta w|\end{aligned}$$

于是，注意条件(2)，也有

$$\min\{|\theta\phi|,|(\theta+\psi)(\phi+w)|\}\leqslant\frac{1}{4}M$$

合起来可知，不等式(6)当 $u=0$ 或 $u=1$ 时总有一个能成立.

引理 2 设

$$L_i=L_i(x,y)=\lambda_i x+\mu_i y,i=1,2$$

是两个实系数线性形型，其中 μ_1/λ_1 是无理数，$\Delta=\lambda_1\mu_2-\lambda_2\mu_1\neq 0$，则对任何实数 ρ_1,ρ_2 和任意给定的 $\varepsilon>0$，存在整数组 (x,y) 满足不等式组

$$|L_1(x,y)+\rho_1||L_2(x,y)+\rho_2|\leqslant\frac{1}{4}|\Delta|$$

$$|L_1(x,y)+\rho_1|<\varepsilon \tag{7}$$

证明 (i) 由 Minkowski 线性型定理，存在非零整点 (x_0,y_0) 满足不等式组

$$|\lambda_1 x_0+\mu_1 y_0|<\varepsilon,|\lambda_2 x_0+\mu_2 y_0|<\varepsilon^{-1}|\Delta| \tag{8}$$

不妨认为 x_0,y_0 互素(不然可用 $\frac{x_0}{d},\frac{y_0}{d}$ 代替它们，此处 d 是它们的最大公约数). 又因为 $\frac{\lambda_1}{\mu_1}$ 是无理数，所以 $\lambda_1 x_0+\mu_1 y_0\neq 0$. 必要时以 $-x_0,-y_0$ 代替 x_0,y_0，可

将式(8) 写成

$$0<\lambda_1x_0+\mu_1y_0<\varepsilon,\ |\lambda_2x_0+\mu_2y_0|<\varepsilon^{-1}|\Delta| \tag{9}$$

(ii) 因为 x_0,y_0 互素，所以存在整数 x_1,y_1 满足 $x_0y_1-x_1y_0=1$. 作变换

$$(x,y)=(x',y')\begin{pmatrix}x_0 & y_0\\ x_1 & y_1\end{pmatrix} \tag{10}$$

则有

$$\begin{aligned}(L_1(x,y),L_2(x,y))&=(x,y)\begin{pmatrix}\lambda_1 & \lambda_2\\ \mu_1 & \mu_1\end{pmatrix}\\ &=(x',y')\begin{pmatrix}x_0 & y_0\\ x_1 & y_1\end{pmatrix}\begin{pmatrix}\lambda_1 & \lambda_2\\ \mu_1 & \mu_1\end{pmatrix}\\ &=(x',y')\begin{pmatrix}\lambda'_1 & \lambda'_2\\ \mu'_1 & \mu'_1\end{pmatrix}\\ &=(L'_1(x',y'),L'_2(x',y'))\end{aligned} \tag{11}$$

其中已令

$$\begin{pmatrix}\lambda'_1 & \lambda'_2\\ \mu'_1 & \mu'_1\end{pmatrix}=\begin{pmatrix}x_0 & y_0\\ x_1 & y_1\end{pmatrix}\begin{pmatrix}\lambda_1 & \lambda_2\\ \mu_1 & \mu_1\end{pmatrix} \tag{12}$$

以及

$$L'_i(x',y')=\lambda'_ix'+\mu'_iy',i=1,2$$

并且还有

$$\begin{vmatrix}\lambda'_1 & \lambda'_2\\ \mu'_1 & \mu'_1\end{vmatrix}=\begin{vmatrix}\lambda_1 & \lambda_2\\ \mu_1 & \mu_1\end{vmatrix}=\Delta$$

由式(9) 和(12) 得到

$$0<\lambda'_1<\varepsilon,\ |\lambda'_2|\leqslant\varepsilon^{-1}|\Delta| \tag{13}$$

依式(11)，不等式组(7) 等价于

$$|L'_1(x',y')+\rho_1||L'_2(x',y')+\rho_2|\leqslant\frac{1}{4}|\Delta|$$

$$|L'_1(x',y')+\rho_1|<\varepsilon \tag{14}$$

因此我们只需证明存在整数组(x',y')满足不等式组(14).

(iii) 设整数 y' 由下式定义

$$\left|\frac{\rho_1\lambda'_2-\rho_2\lambda'_1}{\Delta}-y'\right|\leqslant\frac{1}{2}$$

在引理 1 中取

$$\theta=\mu'_1y'+\rho_1,\phi=\mu'_2y'+\rho_2,\psi=\lambda'_1,w=\lambda'_2$$

那么直接验证,并依 y' 的定义,可知

$$|\theta w-\psi\phi|=|(\mu'_1y'+\rho_1)\lambda'_2-\lambda'_1(\mu'_2y'+\rho_2)|$$

$$=|\rho_1\lambda'_2-\rho_2\lambda'_1-\Delta y'|\leqslant\frac{1}{2}|\Delta|$$

又由式(13)得到$|\psi w|=|\lambda'_1\lambda'_2|<|\Delta|$,以及$\psi>0$. 因此引理 1 的各项条件在此都成立,于是存在整数 u(记作 x')满足

$$|(\mu'_1y'+\rho_1)+\lambda'_1x'||(\mu'_2y'+\rho_2)+\lambda'_2x'|\leqslant\frac{1}{4}|\Delta|$$

以及(注意(13)中的第一式)

$$|(\mu'_1y'+\rho_1)+\lambda'_1x'|\leqslant\lambda'_1<\varepsilon$$

从而引理得证.

定理 1 之证 在引理 2 中取

$$L_1(x,y)+\rho_1=\alpha x-y-\beta,L_2(x,y)+\rho_2=x$$

则$|\Delta|=1$. 于是存在整数 $x=q,y=p$ 满足

$$|q||q\alpha-p-\beta|\leqslant\frac{1}{4},|q\alpha-p-\beta|<\varepsilon \tag{15}$$

取无穷单调递减趋于零的数列 $\varepsilon_n(n=1,2,\cdots)$,并且 $\varepsilon_n<\varepsilon$. 依定理假设,对于任何整数 p,q,实数$\beta\neq q\alpha-$

p，所以当 $n\to\infty$ 时我们得到无穷多组整数 (p_n,q_n) 满足不等式组

$$|q_n||q_n\alpha-p_n-\beta|\leqslant\frac{1}{4},\ |q_n\alpha-p_n-\beta|<\varepsilon_n<\varepsilon$$

因此有无穷多组整数 (p,q) 满足不等式组(15).

我们来证明，在这无穷多组 (p,q) 中至多有一组使得(15)中的第一式成为等式. 假定有两个不相等的整数组 (p,q) 和 (p',q') 满足

$$|q||q\alpha-p-\beta|=\frac{1}{4},\ |q'||q'\alpha-p'-\beta|=\frac{1}{4}$$

则有

$$q\alpha-p-\beta=\pm\frac{1}{4q},q'\alpha-p'-\beta=\pm\frac{1}{4q'}$$

如果 $q=q'$，那么将上两式相减可推出 $p-p'=0$，或者 $\pm\frac{1}{2q}$. 因为 p,p' 都是整数，所以不可能. 如果 $q\neq q'$，那么类似地得到 $(q-q')\alpha$ 是有理数，与定理假设矛盾. 于是有无穷多组整数 (p,q) 满足不等式组(1).

§2　无理数的附条件的有理逼近

由 Dirichlet 逼近定理推出：对于无理数 α，存在无穷多个有理数 $\frac{p}{q}$ 满足不等式

$$\left|\frac{p}{q}-\alpha\right|\leqslant\frac{1}{q^2}$$

现在给出一个类似的结果，但在用有理数 $\frac{p}{q}$ 逼近无理数 α 时，整数 p,q 还需满足某个附加条件.

定理 2 设 α 是无理数，$m \geqslant 2$ 是正整数，a, b 是整数，$\gcd(m, a, b) = 1$. 还设常数 $c > \frac{m^2}{4}$. 那么存在无穷多个有理数 $\frac{p}{q}$ 满足不等式

$$\left| \frac{p}{q} - \alpha \right| < \frac{c}{q^2} \tag{1}$$

以及同余条件

$$p \equiv a \pmod m, q \equiv b \pmod m$$

证明 (i) 用 q^2 乘不等式(1)的两边，得到等价不等式

$$|\alpha q^2 - pq| < c$$

记

$$p = p'm + a, q = q'm + b, p', q' \in \mathbf{Z} \tag{2}$$

则由 $\alpha q^2 - pq = q(\alpha q - p)$ 得到

$$|(q'm + b)(q'm\alpha + b\alpha - p'm - a)| < c$$

两边除以 m^2，可得

$$\left| \left(q' + \frac{b}{m}\right) \left(q'\alpha + \frac{b}{m} \cdot \alpha - p' - \frac{a}{m}\right) \right| < cm^{-2}$$

令

$$t = \frac{b}{m}, s = \frac{a}{m}, \beta = -t\alpha + s$$

则关于 p, q 的不等式(1)等价于以 p', q' 为整变元的不等式

$$|(q' + t)(q'\alpha - p' - \beta)| < cm^{-2} \tag{3}$$

(ii) 考虑 p', q' 的不等式组

$$|q'(q'\alpha - p' - \beta)| < \frac{1}{4}, |q'\alpha - p' - \beta| < \varepsilon \tag{4}$$

如果 $\beta = k\alpha + n (k, n \in \mathbf{Z})$，那么 $-t\alpha + s = k\alpha + n$，即

$$\left(k+\frac{b}{m}\right)\alpha=\frac{a}{m}-n$$

或

$$(mk+b)\alpha=a-mn$$

若 $mk+b=0$，则 $a-mn=0$，于是 $\gcd(m,a,b)=m>1$，与假设矛盾. 因此 $mk+b\neq 0$，从而 $\alpha=\dfrac{a-mn}{mk+b}$ 是有理数，此不可能. 因此 $\beta\neq k\alpha+n(k,n\in\mathbf{Z})$. 于是由定理 1，有无穷多非零整数组 (p',q') 满足不等式组(4). 这些 (p',q') 使得

$$\begin{aligned}&|(q'+t)(q'\alpha-p'-\beta)|\\ \leqslant&|q'(q'\alpha-p'-\beta)|+|t||q'\alpha-p'-\beta|\\ \leqslant&\frac{1}{4}+\left|\frac{b}{m}\right|\varepsilon\end{aligned}\tag{5}$$

因为由假设

$$cm^{-2}>\frac{1}{4}$$

所以存在 $\varepsilon>0$，使得

$$cm^{-2}>\frac{1}{4}+\left|\frac{b}{m}\right|\varepsilon$$

由此及不等式(5) 可知，无穷多非零整数组 (p',q') 满足不等式(3). 从而由式(2)，对应的无穷多非零整数组 (p,q) 便是不等式(1) 的解.

§3　二平方和及四平方和定理

现在应用 Minkowski 凸体定理证明二平方和及四平方和定理. 它们的证明思路类似.

定理 3(Euler)　每个形如 $4m+1$ 的素数 p 可表示为两个整数的平方和.

证明　因为当素数 $p\equiv 1(\bmod p)$ 时，-1 是模 p 二次剩余，所以存在整数 $\sigma\in\{1,\cdots,p-1\}$，使得

$$\sigma^2\equiv -1(\bmod p)$$

定义 2 维点集

$$\Lambda=\{(x,y)\in\mathbf{Z}^2\mid y\equiv\sigma x(\bmod p)\}$$

即

$$x=m,y=\sigma m+pn,m,n\in\mathbf{Z}$$

因此 Λ 是一个格，其行列式 $d(\Lambda)=p$(参见第 12 章 §4 例 3，证法 2).

设 $\mathscr{S}$ 是以坐标原点为圆心、r 为半径的圆盘，取 r 使得其面积

$$\pi r^2>2^2d(\Lambda)=4p$$

于是我们令 $r=\sqrt{\dfrac{3p}{2}}$. 依 Minkowski 凸体定理，存在非零整点 $(\lambda_1,\lambda_2)\in\Lambda\cap\mathscr{S}$，从而

$$0<\lambda_1^2+\lambda_2^2\equiv\lambda_1^2+(\sigma\lambda_1)^2=(1+\sigma^2)\lambda_1^2(\bmod p)$$

由此及 σ 的定义得到

$$\lambda_1^2+\lambda_2^2\equiv 0(\bmod p)$$

又由 $(\lambda_1,\lambda_2)\in\mathscr{S}$ 可知

$$0<\lambda_1^2+\lambda_2^2\leqslant\frac{3}{2}p<2p$$

因此 $\lambda_1^2+\lambda_2^2=p$.

定理 4(Lagrange)　每个正整数都可表示为至多四个整数平方之和的形式，即：对于每个正整数 n，总存在整数 $\lambda_1,\lambda_2,\lambda_3,\lambda_4$，使得 $n=\lambda_1^2+\lambda_2^2+\lambda_3^2+\lambda_4^2$.

首先证明几个辅助引理.

引理 1(Euler 恒等式)　设 $e,f,\cdots,u$ 是整数,则

$$
\begin{aligned}
&(e^2+f^2+g^2+h^2)(r^2+s^2+t^2+u^2)\\
=&(er+fs+gt+hu)^2+(es-fr-gu+ht)^2+\\
&(et+fu-gr-hs)^2+(eu-ft+gs-hr)^2
\end{aligned}
$$

证明　将两边展开直接验证.

注　对于 Euler 恒等式可作下列解释:设

$$\alpha=e+f\mathbf{i}+g\mathbf{j}+h\mathbf{k},\beta=r+s\mathbf{i}+t\mathbf{j}+u\mathbf{k}$$

是两个实四元数,$N(\alpha)=e^2+f^2+g^2+h^2$,$N(\beta)=r^2+s^2+t^2+u^2$ 分别是 α,β 的范数,那么 Euler 恒等式正是 $N(\alpha)N(\beta)=N(\alpha\beta)$.

引理 2　对于素数 p,存在整数 a,b 使得

$$1+a^2+b^2\equiv 0(\bmod p)$$

证明　因为 $\frac{p+1}{2}$ 个整数

$$x^2,x=0,1,\cdots,\frac{p-1}{2}$$

模 p 互不同余,$\frac{p+1}{2}$ 个整数

$$-1-y^2,y=0,1,\cdots,\frac{p-1}{2}$$

模 p 也互不同余. 这两组整数总共 $p+1$ 个,而模 p 剩余类只含 p 个互不同余的数,因而存在一个 x_0 和一个 y_0 使得

$$x_0^2\equiv -1-y_0^2(\bmod p)$$

即对于素数 p,同余式

$$x^2+y^2\equiv 1(\bmod p)$$

有解 x_0,y_0.

定理 4 之证　(i) 因为 $1=1^2+0^2+0^2+0^2$,所以可设 $n>1$. 由引理 1 可知,如果两个整数可以分别表

示为四个整数平方之和的形式，那么它们的乘积也可表示为四个整数平方之和的形式. 于是依算术基本定理，我们只需对于素数 n 证明定理.

(ii) 现在设 $n=p$ 是素数. 设 a,b 是两个整数如引理 2 所确定. 那么向量

$$\boldsymbol{e}_1=(p,0,0,0)^{\mathrm{T}},\boldsymbol{e}_2=(0,p,0,0)^{\mathrm{T}}$$
$$\boldsymbol{e}_3=(a,b,1,0)^{\mathrm{T}},\boldsymbol{e}_4=(b,-a,0,1)^{\mathrm{T}}$$

线性无关. 事实上，关系式

$$c_1\boldsymbol{e}_1+c_2\boldsymbol{e}_2+c_3\boldsymbol{e}_3+c_4\boldsymbol{e}_4=\boldsymbol{0}$$

等价于线性方程组

$$\begin{pmatrix} p & 0 & a & b \\ 0 & p & b & -a \\ 0 & 0 & 1 & 0 \\ 0 & 0 & 0 & 1 \end{pmatrix}\begin{pmatrix} c_1 \\ c_2 \\ c_3 \\ c_4 \end{pmatrix}=\begin{pmatrix} 0 \\ 0 \\ 0 \\ 0 \end{pmatrix}$$

因为系数行列式等于 p^2，所以 $c_1=\cdots=c_4=0$，从而 $\boldsymbol{e}_i$ $(i=1,2,3,4)$ 线性无关. 我们将以 $\boldsymbol{e}_1,\cdots,\boldsymbol{e}_4$ 为基的格记作 Λ，容易算出行列式 $d(\Lambda)=p^2$. 设

$$\boldsymbol{\lambda}=x\boldsymbol{e}_1+y\boldsymbol{e}_2+z\boldsymbol{e}_3+w\boldsymbol{e}_4,x,y,z,w\in\mathbf{Z}$$

是格 Λ 中的任意一个非零点. 作为 $\mathbf{R}^4$ 中的一个点，将它记为

$$\boldsymbol{\lambda}=(\lambda_1,\lambda_2,\lambda_3,\lambda_4)$$

其中

$$\lambda_1=px+az+bw,\lambda_2=py+bz-aw$$
$$\lambda_3=z,\lambda_4=w \tag{1}$$

于是 $\boldsymbol{\lambda}\in\mathbf{Z}^4$. 我们有

$$\begin{aligned}|\boldsymbol{\lambda}|^2&=\lambda_1^2+\lambda_2^2+\lambda_3^2+\lambda_4^2\\&=(px+az+bw)^2+(py+bz-aw)^2+z^2+w^2\\&=p(px^2+py^2-2axy-2ayw+2bxy+2byz)+\end{aligned}$$

$$(a^2+b^2+1)w^2+(a^2+b^2+1)y^2$$

等式左边 $|\boldsymbol{\lambda}|^2$ 是一个非零整数，右边各加项也是非负整数. 因为整数 a,b 满足

$$1+a^2+b^2\equiv 0(\bmod p)$$

所以 p 整除 $|\boldsymbol{\lambda}|^2$，从而存在某个正整数 $k=k(\boldsymbol{\lambda})$，使得

$$\lambda_1^2+\lambda_2^2+\lambda_3^2+\lambda_4^2=kp\text{，当所有 }\boldsymbol{\lambda}\in\Lambda \tag{2}$$

我们只需证明：存在 $x,y,z,w\in\mathbf{Z}$ 使得 $k=1$，即知式(1)中给定的整数 $\lambda_1,\cdots,\lambda_4$ 符合所求.

(iii) 为此考虑 $\mathbf{R}^4$ 中的对称凸集(4 维球体)

$$\mathscr{S}: x_1^2+x_2^2+x_3^2+x_4^2<2p$$

其体积

$$V(\mathscr{S})=(\sqrt{2p})^4\frac{\pi^{\frac{4}{2}}}{\Gamma(\frac{4}{2}+1)}=2\pi^2p^2$$

$\Gamma(z)$ 是伽玛函数. 因为 $\pi^2>8$，所以 $V(\mathscr{S})>2^4d(\Lambda)$，存在非零的

$$\boldsymbol{\lambda}=x\boldsymbol{e}_1+y\boldsymbol{e}_2+z\boldsymbol{e}_3+w\boldsymbol{e}_4\in\Lambda$$

(其中 $x,y,z,w\in\mathbf{Z}$) 落在 $\mathscr{S}$ 中. 于是此组整数满足

$$\lambda_1^2+\lambda_2^2+\lambda_3^2+\lambda_4^2<2p \tag{3}$$

由式(2)和(3)立得 $k=1$.

注　1. 上述定理 4 之证也可重述如下：令

$$\Lambda=\{(\lambda_1,\lambda_2,\lambda_3,\lambda_4)\in\mathbf{Z}^4\}$$

$$\lambda_3\equiv a\lambda_1+b\lambda_2(\bmod p),\lambda_4\equiv b\lambda_1-a\lambda_2(\bmod p)$$

那么 Λ 是 4 维格 $\Lambda_0=\{(x_1,x_2,x_3,x_4)^{\mathrm{T}}\in\mathbf{Z}^4\}$ 在线性变换

$$\begin{pmatrix}\lambda_1\\\lambda_2\\\lambda_3\\\lambda_4\end{pmatrix}=\begin{pmatrix}1&0&0&0\\0&1&0&0\\a&b&p&0\\b&-a&0&p\end{pmatrix}\begin{pmatrix}x_1\\x_2\\x_3\\x_4\end{pmatrix}$$

下的象，并且 $\det(\Lambda)=p^2$. 取 $\mathscr{S}$同上，可推出不等式(3). 又有

$$\begin{aligned}&\lambda_1^2+\lambda_2^2+\lambda_3^2+\lambda_4^2\\ \equiv&\lambda_1^2+\lambda_2^2+(a\lambda_1+b\lambda_2)^2+(b\lambda_1-a\lambda_2)^2\\ \equiv&(\lambda_1^2+\lambda_2^2)(a^2+b^2+1)\equiv 0(\bmod p)\end{aligned}$$

于是 $\lambda_1^2+\lambda_2^2+\lambda_3^2+\lambda_4^2=p$.

2. 设

$$m=p_1\cdots p_s \tag{4}$$

其中 $p_1,\cdots,p_s$ 是不同的奇素数. 如果定理 4 对这样的 $n=m$ 成立，即存在整数 $\lambda_1,\lambda_2,\lambda_3,\lambda_4$，使得

$$m=\lambda_1^2+\lambda_2^2+\lambda_3^2+\lambda_4^2$$

那么当 $n=K^2m$(即 n 有平方因子) 时

$$K^2m=(K\lambda_1)^2+(K\lambda_2)^2+(K\lambda_3)^2+(K\lambda_4)^2$$

以及当 $n=2\cdot K^2m$ 时

$$\begin{aligned}2\cdot K^2m=&(K\lambda_1+K\lambda_2)^2+(K\lambda_1-K\lambda_2)^2+\\&(K\lambda_3+K\lambda_4)^2+(K\lambda_3-K\lambda_4)^2\end{aligned}$$

于是实际上只需对式(4) 形式的正整数 m 证明定理.

第 三 编

应用与进展

Minkowski定理在极限环的位置的估计中的应用.

我国著名微分方程大师叶彦谦指出：

关于一般的非线性振动方程的周期解(包括极限环与周期环作为特例)的位置与周期的近似计算，Poincaré的小参数法和Крылов-Боголюбов方法是大家所熟知的.前者后来被И.Г.Малкин所推广，可在Малкин著的《非线性振动论中的若干问题》一书中找到详细的叙述；后者则详见Боголюбов和Митропольский著的《非线性振动论中的渐近方法》一书，都不在此赘述.在这一节里我们所要介绍的是B.B.Немыцкий[①]关于二维定常方程组

$$\frac{\mathrm{d}x}{\mathrm{d}t}=P(x,y),\frac{\mathrm{d}y}{\mathrm{d}t}=Q(x,y) \qquad (1)$$

的定性积分的理论，借此可以知道任一不含奇点的有界闭域中轨线的定性性质，并且经过有限回的计算步骤就可得到一些足够狭的环域，极限环如果存在的话，只能处在这些环域之中；如果不存在的话，那么在计算继续进行下去时也可以肯定其不存在性.

假设P,Q在有界闭域G中一次连续可微，Γ为G的连通闭子域，其中不含方程(1)的奇点.记

$$M=\sup_G\{1,|P|,|Q|\},m^2=\inf_\Gamma\{1,P^2+Q^2\}$$

$$K=\sup_G\left\{\left|\frac{\partial P}{\partial x}\right|,\left|\frac{\partial P}{\partial y}\right|,\left|\frac{\partial Q}{\partial x}\right|,\left|\frac{\partial Q}{\partial y}\right|;1\right\}$$

若$A_i(x_i,y_i)(i=1,2)$为Γ中两点，且可在Γ内部作两

---

① B.B.Немыцкий，ДАН СССР，1943，38：71-75；211-214；Мат.Сбор.，1945，16：307-337；Учён.заи.Мос.ун-та，1946，100：34-52.

边平行于坐标轴的正方形包含 A_1 与 A_2，则易证方向场(1) 在此两点的方向余弦之差满足不等式

$$\begin{cases} |\cos\alpha_1 - \cos\alpha_2| \leqslant \dfrac{4KM^2}{m^2}\rho(A_1, A_2) \\ |\sin\alpha_1 - \sin\alpha_2| \leqslant \dfrac{4KM^2}{m^2}\rho(A_1, A_2) \end{cases} \tag{2}$$

定义 1　对 $\varepsilon > 0$，设 v_ε 是这种数 $\eta \geqslant 0$ 的上确界，使由 $\rho(A_1, A_2) < \eta, A_i \in \Gamma$ 就要推出场在 A_1 与 A_2 两点的向量的交角 $\leqslant \varepsilon$. 记 $\eta_\varepsilon(\Gamma) = \inf(\varepsilon, v_\varepsilon)$，由(2) 易得

$$\eta_\varepsilon(\Gamma) \geqslant \frac{\varepsilon m^2}{14M^2K} \tag{3}$$

定义 2　称曲线 L_ε 为方程(1) 的 ε 解，如要除了有限个角点以外 L_ε 处处有切线，且切线的方向余弦与场在同一点的方向余弦之差 $\leqslant \varepsilon$；L_ε 在角点的切线不唯一，但设仍满足上述条件.

位于两相邻角点之间的 L_ε 的弧称为 L_ε 的段，易见两段在公共角点的交角 $\geqslant \pi - 6\varepsilon$.

设 $E_x(E_y)$ 是 ε 解上的这样的点，在其小邻域中 ε 解位于过此点而平行于 $x(y)$ 轴的直线的一边者. 如果 L_ε 的 $\overset{\frown}{AB}$ 上同时含有 E_x 及 E_y 的点(图 1)，亦即沿着此弧从 A 跑到 B 时，ε 解的方向角的变动 $\geqslant \dfrac{\pi}{2}$，则称 A 与 B 位于 L_ε 的本质不同的段上. 由此可见 $\overset{\frown}{AB}$ 的直径大于 $\eta_{\frac{\pi}{2}-6\varepsilon}(\Gamma)$. 以后常设 $\varepsilon \leqslant \dfrac{\pi}{42}$.

定义 3　设 $\overset{\frown}{AB}$ 是非闭的 ε 解，$\overset{\frown}{AB}$ 上位于本质不同的段上的点对 (C, D) 的距离的下界称为 $\overset{\frown}{AB}$ 的指标，记为 $\operatorname{ind}\overset{\frown}{AB}$. 如果此种点对找不到，则定义

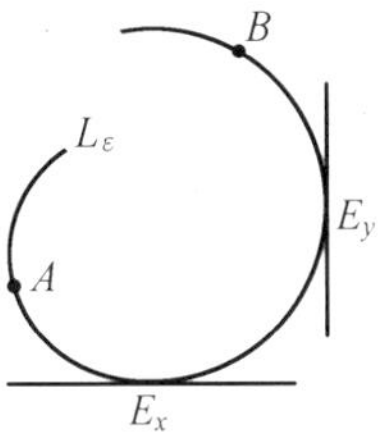

图1

$$\operatorname{ind}\widehat{AB}=\rho(A,B)$$

对于闭的 ε 解 L，定义

$$\operatorname{ind} L=\inf_{(C,D)}\rho(C,D)$$

其中 C 与 D 对于 L 上联结此两点的任一弧来说都位于本质不同的段上.

引理1　设已给任一 ε 解 L_ε，$\operatorname{ind} L_\varepsilon\geqslant\mu$，$L_\varepsilon$ 位于 Γ 中，与 Γ 的境界的距离 $\geqslant\Delta>0$. 记

$$\rho_0=\inf\left(\frac{1}{\sqrt{2}}\eta_{\frac{\pi}{42}}(\Gamma),\mu,\Delta\right)$$

则对 L_ε 上任一点 P，以 P 为中心而半径为 ρ_0 的圆 $S(P,\rho_0)$ 中所含的 L_ε 的弧是一简单弧.

证明　由 ρ_0 的定义知 $S(P,\rho_0)$ 位于 Γ 内部，且 L_ε 位于 $S(P,\rho_0)$ 中的部分不能包含属于本质不同的段上的点，即沿着端点位于 $S(P,\rho_0)$ 中的 L_ε 的弧运动时，L_ε 的切线方向角的改变小于 $\frac{\pi}{2}$，从而点的横坐标（或纵坐标）必单调地改变，设为单调增加. 今设 $S(P,\rho_0)$ 中包含 L_ε 的一点 Q，而 $\widehat{PQ}$ 有点位于此圆之外（图2）. 设 $\widehat{PQ}$ 第一次于 P_1 跑出此圆，然后第一次于 Q_1 回到 $S(P,\rho_0)$ 在 P_1 的切线上. 过点 P 作半径 $\overrightarrow{PP_2}$ 与 L_ε 在点 P 相切，不妨设 L_ε 的 $\widehat{PQ}$ 全部位于 $\overrightarrow{PP_2}$ 的右方，否则可

改以斜率更大而与 L_ε 相切(不在 P)的半径来代替 $\overrightarrow{PP_2}$. 于是 P_1 应在 $\overrightarrow{PP_2}$ 的右方. 今过 P_1 作 $\overrightarrow{PP_2}$ 的垂线 $\overrightarrow{P_1T}$,如果 L_ε 在 P_1 这点是从 $\overrightarrow{P_1T}$ 的上方穿到下方或与 $\overrightarrow{P_1T}$ 相切,则从 P 到 P_1,L_ε 的切线的方向角的改变已经大于或等于 $\frac{\pi}{2}$,这不可能. 因此 L_ε 必从 $\overrightarrow{P_1T}$ 的下方经过 P_1 而到达 $\overrightarrow{P_1T}$ 的上方. 由于 $\overrightarrow{P_1T}$ 的斜率大于 $\overrightarrow{P_1Q_1}$ 的斜率,而 L_ε 后来要回到 Q_1,故它仍应在 $S(P,\rho_0)$ 外部从 $\overrightarrow{P_1T}$ 的上方穿到它的下方,于是如前一样知道不可能.

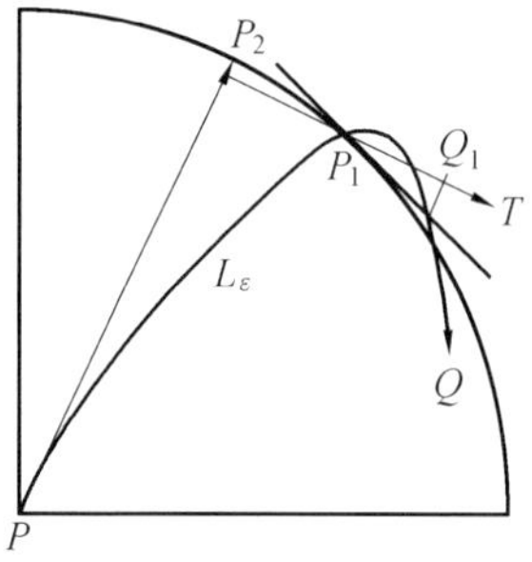

图 2

以上是就 P_1 与 P_2 都在第一象限(以 P 为原点)来证明的. 如果 P_2 在第一象限而 P_1 位于第四象限,如图 3,则由于

$$\rho(P,R) < \sqrt{2}\rho_0 < \eta_{\frac{\pi}{42}}(\Gamma)$$

其中 R 是 $\overset{\frown}{PP_1}$ 上的任意一点,故 L_ε 在 R 与 P 的方向角之差 $\leqslant \frac{\pi}{42} + 2\varepsilon \leqslant \frac{3}{42}\pi$. 即 L_ε 的 $\overset{\frown}{PP_1}$ 应保持在半径 $\overrightarrow{PP_3}$ 的上方,后者的斜角为 $-\frac{3}{42}\pi$. 如果 L_ε 又在 P'_1 穿进

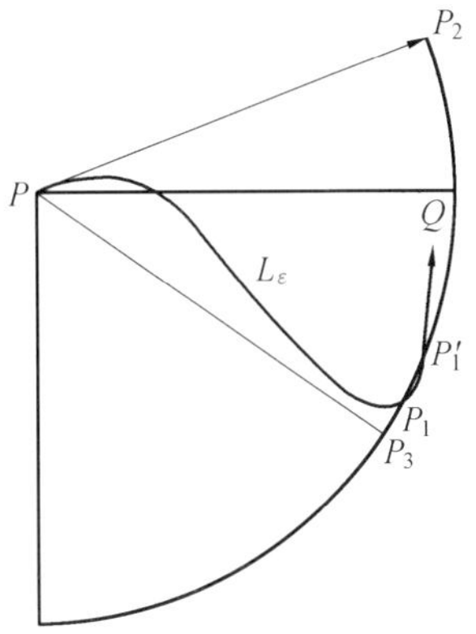

图 3

$S(P,\rho_0)$，则它在 P'_1 的斜角应大于圆在 P'_1 的斜角，即大于$\frac{\pi}{4}$，这是和 $\rho(P,P'_1)<\eta_{\frac{\pi}{42}}(\Gamma)$ 相矛盾的. 引理证毕.

现在给出作已给 ε 解 L_ε 的近似解 $\mathscr{L}_{\rho_0(\gamma)}\left(\gamma<\frac{\pi}{42}\right)$ 的方法. 设 $L_\varepsilon=\widehat{AB}$，以 A 为中心，作半径等于$\frac{\rho_0}{2}$ 的圆

$$\rho_0=\rho_0(\gamma)=\inf\left\{\eta_\gamma(\Gamma),\frac{\mu}{2}\right\}$$

设 L_ε 在 A_1 跑出此圆，再以 A_1 为中心，作半径为$\frac{\rho_0}{2}$ 的圆；设 L_ε 在 A_2 跑出此圆，再以 A_2 为中心，作半径为$\frac{\rho_0}{2}$ 的圆；依此类推. 由引理 1 知道，在每一此种圆中 L_ε 只有一段弧，故由 L_ε 的可求长性，经过有限步以后即到达一点 A_s，它和 B 的距离 $\leqslant\frac{\rho_0}{2}$. 今以直线段依次

联结 $A_1, A_2, \cdots, A_s, B$，所得的折线记为 $\mathscr{L}_{\rho_0(\gamma)}$.

引理 2 若 L_ε 的指标为 μ，则 $\mathscr{L}_{\rho_0(\gamma)}$ 是指标 $\geqslant \mu - \rho_0$ 的 $\gamma + 6\varepsilon$ 解.

证明 由于 ε 解 L_ε 的某一弦的方向余弦必介于张此弦的弧的最大方向余弦与最小方向余弦之间，且弦上任一点与弧上任一点相距 $< \rho_0$，故知 $\mathscr{L}_{\rho_0(\gamma)}$ 为 $\gamma + 6\varepsilon$ 解.

次设 A^*, B^* 是 $\mathscr{L}_{\rho_0(\gamma)}$ 上的两点，位于本质不同的段上. 设 $\mathscr{L}_{\rho_0(\gamma)}$ 上与 A^* 最接近而在其先的顶点是 A_i，与 B^* 最近而在其后的顶点为 A_j. 点 A_i 与 A_j 亦位于 $\mathscr{L}_{\rho_0(\gamma)}$ 的本质不同的段上. 今证 A_i 与 A_j 位于 L_s 的本质不同的段上. 事实上，在 $\mathscr{L}_{\rho_0(\gamma)}$ 的 $\widehat{A_iA_j}$ 上可以找到一对顶点 C 与 D，使 $\mathscr{L}_{\rho_0(\gamma)}$ 的两段 $\overline{C_1C}$ 与 $\overline{CC_2}$ 位于过 C 而与 x 轴平行的直线的同一边，又 $\mathscr{L}_{\rho_0(\gamma)}$ 的两段 $\overline{D_1D}$ 与 $\overline{DD_2}$ 位于过 D 而与 y 轴平行的直线的同一边. 但这时在 L_s 的 $\widehat{C_1C_2}$（C_1, C_2 应在 L_ε 上）上将可找到一点 C' 与 C 同类型，在 L_ε 的 $\widehat{D_1D_2}$ 上将可找到一点 D' 与 D 同类型（图 4），故 A_i 与 A_j 位于 L_ε 的本质不同的段上，于是 $\rho(A_i, A_j) \geqslant \mu$. 又因

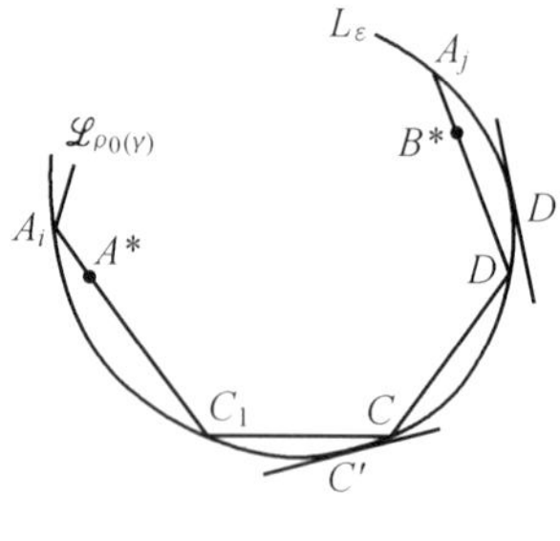

图 4

$$\rho(A^*, A_i) \leqslant \frac{1}{2}\rho_0, \rho(B^*, A_j) \leqslant \frac{1}{2}\rho_0$$

故

$$\rho(A^*, B^*) \geqslant \mu - \rho_0$$

由 A^*, B^* 的任意性知有

$$\text{ind } \mathscr{L}_{\rho_0(\gamma)} \geqslant \mu - \rho_0$$

证毕.

以后在应用引理 2 时总设 $\gamma = \frac{\pi}{42}$，折线 $\mathscr{L}_{\rho_0(\frac{\pi}{42})}$ 将简记为 $\mathscr{L}_{\rho_0}$，此折线的指标与 ε 无关. 就是说，对于任一 ε 解，从而对准确解，$\mathscr{L}_{\rho_0}$ 的指标都是一样的.

引理 3(Minkowski 原理)　设已给平面点集 G 与某一有限集 N，N 中任二点的距离 $\geqslant \Delta > 0$. 则 N 中与 G 相距 $< \Delta$ 的点的个数 k 应满足不等式

$$k \leqslant \frac{\text{area } S(G, \Delta)}{\pi \Delta^2}$$

其中 $S(G,\Delta)$ 表示 G 的半径为 Δ 的球形邻域.(显而易见)

定理 1　设已给一闭域 Γ，不含方程(1) 的奇点，以及二正数 μ 与 Δ，则必存在常数 $C(\Gamma, \mu, \Delta)$，使若 $L_\varepsilon\left(\varepsilon < \frac{\pi}{42}\right)$ 为任一 ε 解，指标为 μ，全部位于 Γ 中，与 Γ 的境界的距离 $\geqslant \Delta$，便可肯定 L_ε 的长度 S_{L_ε} 不超过 $C(\Gamma, \mu, \Delta)$. 可以取

$$C(\Gamma, \mu, \Delta) = \frac{32[\text{area } S(\Gamma, \rho_0)]^2}{\pi \rho_0^3} \tag{4}$$

其中 $\rho_0 = \inf\left\{\frac{1}{\sqrt{2}}\eta_{\frac{\pi}{42}}(\Gamma), \mu, \Delta\right\}$.

证明　设已给一 ε 解 L_ε，具有定理中所说的性质. 不妨设 L_ε 非闭，否则可将 L_ε 分为两段，每一段都

具有上述性质. 设 A 与 B 为 L_ε 的起点与终点，把 $\widehat{AB}$ 分为有限段，使在每一段上有：(1) 或是 x，或是 y 单调变化；(2) 每一段的端点是 A,B，或属于 E_x 及 E_y 的中间分点. 现在来看这种单调弧能有多少段. 将它们依次标号，并在有奇数号码的每一段弧上取一点，所得的有限集记为 N. N 中每两点之间的距离不小于 μ，因为它们必位于本质不同的段上. 应用引理 3 可知，单调弧的段数 p 满足不等式

$$p \leqslant 2 \cdot \frac{\text{area } S(\Gamma,\mu)}{\pi\mu^2} \leqslant 2 \cdot \frac{\text{area } S(\Gamma,\mu)}{\pi\rho_0^2} \tag{5}$$

今设 $\widehat{A_1B_1}$ 是一条单调弧，沿着它横坐标单调地改变，我们来计算 $\widehat{A_1B_1}$ 上迫近折线 $\mathscr{L}_{\rho_0}$ 的顶点个数. 研究一对不相邻的顶点，由于 $\mathscr{L}_{\rho_0}$ 的不同分段的交角为钝角，且横坐标随着顶点记数的增加而增大，故任二不相邻顶点之间的距离不小于 $\mathscr{L}_{\rho_0}$ 的最短分段的长度，即 $\frac{\rho_0}{2}$. 将顶点依次标号，并取出有奇数号码的顶点，我们仍得一有限集 N，其中任二点的距离 $>\frac{\rho_0}{2}$. 故由引理 3 知道端点位于 $\widehat{A_1B_1}$ 上的 $\mathscr{L}_{\rho_0}$ 的分段的最大数目为

$$q \leqslant 2 \cdot \frac{\text{area } S\left(\Gamma,\frac{\rho_0}{2}\right)}{\pi \cdot \frac{1}{4}\rho_0^2} \leqslant 8\,\frac{\text{area } S(\Gamma,\mu)}{\rho_0^2}$$

于是根据(5) 即知 $\mathscr{L}_{\rho_0}$ 的最大可能段数为

$$pq \leqslant 16\,\frac{[\text{area } S(\Gamma,\mu)]^2}{\pi\rho_0^4} \tag{6}$$

因此，如果我们能估计由 $\mathscr{L}_{\rho_0}$ 的一段(作为弦看待) 所张的 L_ε 的弧长的上界，就可得到定理所需要的估计了.

为此,设$\overline{A_{i-1}A_i}$是$\mathscr{L}_{\rho_0}$的一段,$\widehat{A_{i-1}A_i}$是L_ε的弧,$\overline{A_{i-1}A_i}$与$\widehat{A_{i-1}A_i}$的任一切线的交角不大于$\widehat{A_{i-1}A_i}$上任意两点的切线的交角的上界.但$\widehat{A_{i-1}A_i}$是ε解L_ε的弧$\left(\varepsilon<\frac{\pi}{42}\right)$,它全部位于半径为$\frac{1}{2}\eta_{\frac{\pi}{42}}(\Gamma)$的圆中,因此这角度不大于$\frac{\pi}{42}+6\varepsilon<\frac{\pi}{6}$.由此可知,若取$A_{i-1}$到$\overline{A_{i-1}A_i}$上动点的距离为自变数$t$,则$\widehat{A_{i-1}A_i}$的方程可写为$y=f(t)$,$f(t)$处处有左右导数

$$f'(t)<\tan\frac{\pi}{6}=\sqrt{3}$$

因此有

$$\widehat{A_{i-1}A_i}\text{ 的弧长}=\int_0^{\rho_0}\sqrt{1+f'^2(t)}\,\mathrm{d}t\leqslant 2\int_0^{\rho_0}\mathrm{d}t=2\rho_0$$

相加即得

$$S_{L_\varepsilon}\leqslant 32\frac{[\text{area }S(\Gamma,\mu)]^2}{\pi\rho_0^3}=C(\Gamma,\mu,\Delta)=L_{\max}(\mu)$$

定理证毕.

第14章 Minkowski-Hlawka 定理

§1 覆盖与填装

我们从一个简单结果开始，如设 $\delta(C)(\vartheta(C))$ 表示 $\mathbf{R}^d$ 中凸体 C 的全等拷贝所成填装(覆盖)的最大(最小)密度.

命题 对单位球 $B^d \subseteq \mathbf{R}^d$，有

$$\delta(B^d) \geqslant \frac{\vartheta(B^d)}{2^d} \geqslant \frac{1}{2^d}$$

证明 仅需证明第一个不等式. 考虑 $\mathbf{R}^d$ 中单位球的饱和填装 $\mathscr{B}=\{B^d+c_i \mid i=1,2,\cdots\}$，即填装中不能再添加与 $\mathscr{B}$ 所有元均不交的单位球. 现将 $\mathscr{B}$ 中每个球扩大为与其同心而半径为原半径 2 倍的球，即得 $\mathbf{R}^d$ 的一个覆盖 $\mathscr{B}'=\{2B^d+c_i \mid i=1,2,\cdots\}$. 注意到 $\mathscr{B}'$ 在 $\mathbf{R}^d$ 中的密度满足

$$\vartheta(B^d) \leqslant d(\mathscr{B}^i, \mathbf{R}^d) = 2^d d(\mathscr{B}, \mathbf{R}^d) \leqslant 2^d \delta(B^d)$$

命题得证.

显然,这一结果可推广至任意中心对称凸体 $C \subseteq \mathbf{R}^d$ 的平移所成的覆盖与填装.

令人惊讶的是,对于很大的 d 值,上述这一平凡结果竟然可给出 $\mathbf{R}^d$ 中单位球填装最大密度的目前已知的最佳下界. 但是上述讨论中有一个严重的缺陷,当通过不断添加另外的球来获得饱和填装 $\mathscr{B}$ 时,无法控制它的结构. 特别地,如果从一个格填装开始,那么就不能保证在饱和过程中仍保持格填装这一性质. 事实上,在高维欧氏空间中,迄今仍未发现饱和的球形成的格填装.

然而,本章利用 Minkowski 与 Hlawka 引入的一些方法可证明 $\delta_L(B^d) > \frac{1}{2^d}$,即存在球形成的格填装,其密度具有(其实改进了)命题中的界. 为了在较为一般的框架下确切表述我们的结果,需要一些定义.

定义 1 设 C 为 $\mathbf{R}^d$ 中的紧集,如果 C 的内部含有原点 0,且 $\boldsymbol{x} \in C$ 时对任意的 $0 \leqslant \lambda \leqslant 1$ 均有 $\lambda\boldsymbol{x} \in C$,则 C 为一星形体.

如果格

$$\begin{aligned} \Lambda &= \Lambda(u_1, \cdots, u_d) \\ &= \{m_1 u_1 + \cdots + m_d u_d \mid m_1, \cdots, m_d \in \mathbf{Z}\} \end{aligned}$$

除 0 外不含 C 的内点,则称格 Λ 对于 C 是容许的.

C 的临界行列式 $\Delta(C)$ 定义为

$$\Delta(C) = \inf\{\det \Lambda \mid \Lambda \text{ 对于 } C \text{ 是容许的}\}$$

事实上,利用紧性易证此下确界是可达的,即

$$\Delta(C) = \min\{\det \Lambda \mid \Lambda \text{ 对于 } C \text{ 是容许的}\}$$

这是下述简单引理(称为 Mahler 选择定理)的一个直接推论,引理的证明留给读者.

引理 1(Mahler,1946b)　设 $\Lambda_1,\Lambda_2,\cdots$ 为 $\mathbf{R}^d$ 中满足下述条件的无限格序列:存在常数 $\alpha,\beta>0$,使得对于任意的 i,有:

(i)Λ_i 对于 αB^d 是容许的;

(ii)$\det\Lambda_i\leqslant\beta$.

则可选取一收敛子列 $\Lambda_{i_1},\Lambda_{i_2},\cdots\to\Lambda$. 也就是说,对于每个格 Λ_{i_j} 存在适当的基 $(u_{i_j,1},\cdots,u_{i_j,d})$,一个以 $(u_1,\cdots,u_d)$ 为基的格 Λ,使得

$$\lim_{j\to\infty}u_{i_j,k}=u_k,1\leqslant k\leqslant d$$

现在 Minkowski 基本定理可表述如下.

定理 1　对于任意中心对称的凸体 $C\subseteq\mathbf{R}^d$,有

$$\frac{\Delta(C)}{\mathrm{Vol}\ C}\geqslant\frac{1}{2^d}$$

令人感到意外的是,事实证明,逆问题解决起来要困难得多:给定凸体(或星形体)C,试问 $\frac{\Delta(C)}{\mathrm{Vol}\ C}$ 到底能有多大? 换言之,即给定凸体(或星形体)C,欲求对于 C 容许且其行列式尽可能小的格. 对于 $C=B^d$ 这一情形,Minkowski(1905)确立了下述不等式

$$\frac{\Delta(C)}{\mathrm{Vol}\ C}\leqslant\frac{1}{2\zeta(d)}=\frac{1}{2\left(1+\frac{1}{2^d}+\frac{1}{3^d}+\cdots\right)}$$

其中 ζ 表示 Riemann zeta 函数.

现给出 Hlawka(1944)对 Minkowski 结果的一个推广,先做一些准备.

引理 2(Davenport,Rogers,1947)　设 $f:\mathbf{R}^d\to\mathbf{R}$ 为在某有界区域外取值为 0 的连续函数. 对任意实数 γ,令

$$V(\gamma)=\int_{-\infty}^{+\infty}\cdots\int_{-\infty}^{+\infty}f(x_1,\cdots,x_{d-1},\gamma)\mathrm{d}x_1\cdots\mathrm{d}x_{d-1}$$

另外,设 Λ' 为超平面 $x_d=0$ 中的整数格,$\delta>0$ 为一固定的数.给定任一形如 $\boldsymbol{y}=(y_1,\cdots,y_{d-1},\delta)$ 的向量 $\boldsymbol{y}\in\mathbf{R}^d$,设 $\Lambda_{\boldsymbol{y}}$ 表示 $\mathbf{R}^d$ 中由 Λ' 与 $\boldsymbol{y}$ 生成的格,则

$$\int_0^1\cdots\int_0^1\Big(\sum_{\substack{\boldsymbol{x}\in\Lambda_{\boldsymbol{y}}\\ x_d\neq 0}}f(\boldsymbol{x})\Big)\mathrm{d}y_1\cdots\mathrm{d}y_{d-1}=\sum_{i\in\mathbb{Z}-\{0\}}V(i\delta)$$

证明 设 $\Lambda'=\{(m_1,\cdots,m_{d-1},0)\mid m_1,\cdots,m_{d-1}\in\mathbf{Z}\}$,则有 $\det\Lambda'=1$,且

$$\sum_{\substack{\boldsymbol{x}\in\Lambda_{\boldsymbol{y}}\\ x_d\neq 0}}f(\boldsymbol{x})=\sum_{i\neq 0}\sum_{m_1,\cdots,m_{d-1}\in\mathbf{Z}}f(m_1+iy_1,\cdots,m_{d-1}+iy_{d-1},i\delta)$$

对于固定的 $i\neq 0$,引入新变量

$$z_1=iy_1,\cdots,z_{d-1}=iy_{d-1}$$

则有

$$\int_0^1\cdots\int_0^1\sum_{m_1,\cdots,m_{d-1}\in\mathbf{Z}}f(m_1+iy_1,\cdots,m_{d-1}+iy_{d-1},i\delta)\mathrm{d}y_1\cdots\mathrm{d}y_{d-1}$$

$$=\frac{1}{i^{d-1}}\int_0^i\cdots\int_0^i\sum_{m_1,\cdots,m_{d-1}\in\mathbf{Z}}f(m_1+z_1,\cdots,m_{d-1}+z_{d-1},i\delta)\mathrm{d}z_1\cdots\mathrm{d}z_{d-1}$$

$$=\int_0^1\cdots\int_0^1\sum_{m_1,\cdots,m_{d-1}\in\mathbf{Z}}f(m_1+z_1,\cdots,m_{d-1}+z_{d-1},i\delta)\mathrm{d}z_1\cdots\mathrm{d}z_{d-1}$$

$$=\int_{-\infty}^{\infty}\cdots\int_{-\infty}^{\infty}f(z_1,\cdots,z_{d-1},i\delta)\mathrm{d}z_1\cdots\mathrm{d}z_{d-1}$$

$$=V(i\delta)$$

因此

$$\int_0^1\cdots\int_0^1\Big(\sum_{\substack{\boldsymbol{x}\in\Lambda_{\boldsymbol{y}}\\ x_d\neq 0}}f(\boldsymbol{x})\Big)\mathrm{d}y_1\cdots\mathrm{d}y_{d-1}=\sum_{i\neq 0}V(i\delta)$$

定理 2(Hlawka,1944) 设 $g:\mathbf{R}^d\to\mathbf{R}$ 为在某有界区域外取值为 0 的 Riemann 可积函数,$\varepsilon>0$,则存

在 $\mathbf{R}^d$ 中的单位格 Λ（即 $\det \Lambda = 1$），使得

$$\sum_{\mathbf{0} \neq \boldsymbol{x} \in \Lambda} g(\boldsymbol{x}) < \int_{\mathbf{R}^d} g(\boldsymbol{x}) \mathrm{d}\boldsymbol{x} + \varepsilon$$

证明 用一个在某有界区域外取值为 0 的连续函数 $f \geqslant g$ 逼近 g，使得

$$\int_{\mathbf{R}^d} f(\boldsymbol{x}) \mathrm{d}\boldsymbol{x} < \int_{\mathbf{R}^d} g(\boldsymbol{x}) \mathrm{d}\boldsymbol{x} + \frac{\varepsilon}{2}$$

现选取充分小的 $\delta > 0$，满足下列条件：

(a) 如果 $|\boldsymbol{x}| \geqslant \frac{1}{\delta^{\frac{1}{d-1}}}$，则 $f(\boldsymbol{x}) = 0$；

(b) $\delta \sum_{i \neq 0} V(i\delta) = \delta \sum_{i \neq 0} \int_{-\infty}^{+\infty} \cdots \int_{-\infty}^{+\infty} f(x_1, \cdots, x_{d-1}, i\delta) \mathrm{d}x_1 \cdots \mathrm{d}x_{d-1} < \int_{\mathbf{R}^d} f(\boldsymbol{x}) \mathrm{d}\boldsymbol{x} + \frac{\varepsilon}{2}$.

另外，设 Λ' 为如下定义的 $d-1$ 维格

$$\Lambda' = \left\{ \left(\frac{m_1}{\delta^{\frac{1}{d-1}}}, \cdots, \frac{m_{d-1}}{\delta^{\frac{1}{d-1}}}, 0 \right) \mid m_1, \cdots, m_{d-1} \in \mathbf{Z} \right\}$$

由引理 2（经过适当伸缩）可知，$\left(\sum_{\substack{\boldsymbol{x} \in \Lambda_{\boldsymbol{y}} \\ x_d \neq 0}} f(\boldsymbol{x}) \right) \det \Lambda'$ 在格集 $\Lambda_{\boldsymbol{y}}$ 上的均值为 $\sum_{i \neq 0} V(i\delta)$. 因此存在 $\boldsymbol{y} = (y_1, \cdots, y_{d-1}, \delta)$，$0 \leqslant y_i \leqslant \frac{1}{\delta^{\frac{1}{d-1}}}$，使得

$$\sum_{\substack{\boldsymbol{x} \in \Lambda_{\boldsymbol{y}} \\ x_d \neq 0}} f(\boldsymbol{x}) \leqslant \frac{\sum_{i \neq 0} V(i\delta)}{\det \Lambda'} = \delta \sum_{i \neq 0} V(i\delta)$$

利用性质(a) 与性质(b)，可得

$$\sum_{\substack{\boldsymbol{x} \in \Lambda_{\boldsymbol{y}} \\ \boldsymbol{x} \neq \mathbf{0}}} f(\boldsymbol{x}) = \sum_{\substack{\boldsymbol{x} \in \Lambda_{\boldsymbol{y}} \\ x_d \neq 0}} f(\boldsymbol{x}) \leqslant \delta \sum_{i \neq 0} V(i\delta) <$$

$$\int_{\mathbf{R}^d} f(\boldsymbol{x})\mathrm{d}\boldsymbol{x} + \frac{\varepsilon}{2}$$

从而

$$\sum_{\substack{x \in \Lambda_y \\ x \neq \mathbf{0}}} g(\boldsymbol{x}) \leqslant \sum_{\substack{x \in \Lambda_y \\ x \neq \mathbf{0}}} f(\boldsymbol{x}) < \int_{\mathbf{R}^d} f(\boldsymbol{x})\mathrm{d}\boldsymbol{x} + \frac{\varepsilon}{2} < \int_{\mathbf{R}^d} g(\boldsymbol{x})\mathrm{d}\boldsymbol{x} + \varepsilon$$

结论得证.

上述证明采用的实质上是一种随机方法. 等价地说：欲证的不等式对于 $\Lambda = \Lambda_y$ 成立的概率不为 0，其中 $\boldsymbol{y}$ 是随机选取的最后一个坐标为 δ 的向量.

现易得 d 维体临界行列式的非平凡上界.

定理 3（Minkowski-Hlawka 定理）　设 $C \subseteq \mathbf{R}^d$ 为星形体，则有：

(i) $\dfrac{\Delta(C)}{\mathrm{Vol}\ C} \leqslant 1$；

(ii) 如果 C 是中心对称的，则 $\dfrac{\Delta(C)}{\mathrm{Vol}\ C} \leqslant \dfrac{1}{2\zeta(d)}$.

其中 $\zeta(d) = 1 + \dfrac{1}{2^d} + \dfrac{1}{3^d} + \cdots$ 为 Riemann zeta 函数.

证明　欲证(i)成立，只需证明由 $\mathrm{Vol}\ C < 1$ 可推得 $\Delta(C) \leqslant 1$.

设 g 为 C 的指示函数，即

$$g(\boldsymbol{x}) = \begin{cases} 1, \boldsymbol{x} \in C \\ 0, \boldsymbol{x} \notin C \end{cases}$$

现选取充分小的 $\varepsilon > 0$，使得

$$\int_{\mathbf{R}^d} g(\boldsymbol{x})\mathrm{d}\boldsymbol{x} + \varepsilon = \mathrm{Vol}\ C + \varepsilon < 1$$

则由定理 2 可知，存在单位格 Λ 满足 $\sum_{\mathbf{0} \neq \boldsymbol{x} \in \Lambda} g(\boldsymbol{x}) < 1$，即

C 不含 0 以外的其他格点，从而 $\Delta(C)\leqslant 1$，(i) 得证.

欲证(ii)，只需证明由 $\mathrm{Vol}\ C<2\zeta(d)$ 可推得 $\Delta(C)\leqslant 1$. 如前，设 $g(\boldsymbol{x})$ 为 C 的指示函数，令

$$f(\boldsymbol{x})=\sum_{i=1}^{\infty}\mu(i)g(i\boldsymbol{x})$$

其中，μ 表示 Möbius 函数，即

$$\mu(i)=\begin{cases}1,i=1\\0,\text{存在素数 } p \text{ 使得 } p^2\mid i\\(-1)^k,i=p_1p_2\cdots p_k,\text{其中 } p_j \text{ 为互异素数}\end{cases}$$

称格 Λ 中的点 $\boldsymbol{x}\neq\boldsymbol{0}$ 为原始的，若连 $\boldsymbol{0}$ 与 $\boldsymbol{x}$ 的开线段不含 Λ 的其他格点. 此时

$$\begin{aligned}\sum_{\boldsymbol{0}\neq\boldsymbol{x}\in\Lambda}f(\boldsymbol{x})&=\sum_{\substack{\boldsymbol{0}\neq\boldsymbol{x}\in\Lambda\\ \boldsymbol{x}\text{是原始的}}}\sum_{j=1}^{\infty}f(j\boldsymbol{x})\\&=\sum_{\substack{\boldsymbol{0}\neq\boldsymbol{x}\in\Lambda\\ \boldsymbol{x}\text{是原始的}}}\sum_{j=1}^{\infty}\sum_{i=1}^{\infty}\mu(i)g(ij\boldsymbol{x})\\&=\sum_{\substack{\boldsymbol{0}\neq\boldsymbol{x}\in\Lambda\\ \boldsymbol{x}\text{是原始的}}}\sum_{k=1}^{\infty}g(k\boldsymbol{x})\sum_{i\mid k}\mu(i)\\&=\sum_{\substack{\boldsymbol{0}\neq\boldsymbol{x}\in\Lambda\\ \boldsymbol{x}\text{是原始的}}}g(\boldsymbol{x})\end{aligned}$$

由 C 的中心对称性可知对于任意格 Λ，此值必为非负偶数.

另一方面，有

$$\begin{aligned}\int_{\mathbf{R}^d}f(\boldsymbol{x})\mathrm{d}\boldsymbol{x}&=\sum_{i=1}^{\infty}\mu(i)\int_{\mathbf{R}^d}g(i\boldsymbol{x})\mathrm{d}\boldsymbol{x}\\&=\sum_{i=1}^{\infty}\mu(i)\frac{\mathrm{Vol}\ C}{i^d}\\&=\frac{\mathrm{Vol}\ C}{\zeta(d)}<2\end{aligned}$$

此时对函数 f 应用定理 2，即知存在单位格 Λ 满足 $\sum_{0 \neq x \in \Lambda} f(x) < 2$. 从而可得

$$\sum_{\mathbf{0} \neq \boldsymbol{x} \in \Lambda} f(\boldsymbol{x}) = \sum_{\substack{\mathbf{0} \neq \boldsymbol{x} \in \Lambda \\ \boldsymbol{x}\text{是原始的}}} g(\boldsymbol{x}) = 0$$

又因为 C 关于 0 是星形的，所以 $C \cap (\Lambda - \{0\}) = \varnothing$，$\Delta(C) \leqslant 1$. (ii) 得证.

注意定理中结论(i) 对于任何体积非零的 Jordan 可测集 C 仍然成立(C 称为 Jordan 可测的，若对于任意的 $\varepsilon > 0$，存在未必凸的多胞形 P_1, P_2，使得 $P_1 \subseteq C \subseteq P_2$，$\mathrm{Vol}\ P_2 - \mathrm{Vol}\ P_1 < \varepsilon$). 同时，也不难将 Minkowski-Hlawka 定理推广至无界星形体.

§2　空间中的稠密格填装

本章的初衷旨在确定由体 C 的全等拷贝所成格填装的最大密度的下界. 为得到这样的界，须将差区域的概念推广至 $\mathbb{R}^d$ 中的任何星形体.

定义 2　任给关于 0 的星形体 $C \subseteq \mathbf{R}^d$，C 的差区域 $D(C)$ 定义为

$$D(C) = C + (-C) = \{c - c' \mid c, c' \in C\}$$

注意下述事实.

引理 3　设 $C \subseteq \mathbf{R}^d$ 为关于 0 的星形体，Λ 为格. 则 $\Lambda + C$ 形成一填装，当且仅当 Λ 对于 $D(C)$ 是容许的.

证明　注意到，如果 Λ 为格且 $x \in \Lambda$，那么 $C \cap (x + C)$ 有内点，当且仅当 x 位于 $D(C)$ 的内部. 由此立即可得结论.

推论 1　设 $C \subseteq \mathbf{R}^d$ 为关于 0 的星形体，$D(C)$ 为其

差区域，$\delta_L(C)$ 表示 C 形成的格填装的最大密度，则有：

(i)$\delta_L(X) \geqslant 2\zeta(d)\dfrac{\mathrm{Vol}\ C}{\mathrm{Vol}(D(C))}$；

(ii) 如果 C 是中心对称的，那么 $\delta_L(C) \geqslant \dfrac{\zeta(d)}{2^{d-1}}$.

证明 由引理 3 可知 $\delta_L(C)=\dfrac{\mathrm{Vol}\ C}{\Delta(D(C))}$. 注意到对于中心对称的 C，$\mathrm{Vol}(D(C)) = 2^d\mathrm{Vol}\ C$，由定理 3(ii) 即得结论.

当 C 为凸体时，推论 1(i) 中的下界可以表述得更为明确

$$\delta_L(C) \geqslant \frac{2\zeta(d)}{\mathrm{C}_{2d}^d}$$

这一下界由推论 1(i) 及 Rogers，Shephard(1957，1958) 的下述结果立即可得.

定理 4(Rogers-Shephard) 设 $C \subseteq \mathbf{R}^d$ 为凸体，其差区域为 $D(C)$，则有 $\mathrm{Vol}(D(C)) \leqslant \mathrm{C}_{2d}^d\ \mathrm{Vol}\ C$，其中等号当 C 为单纯形时成立.

证明 设 $\chi(x)$ 为 C 的指示函数，即

$$\chi(x)=\begin{cases}1, x \in C \\ 0, x \notin C\end{cases}$$

对任意的 $0 \neq x \in D(C)$，令 $b(x)$ 表示半直线 Ox 与 $D(C)$ 边界的(唯一) 交点，则有 $0 < \rho(x) \leqslant 1$，使得 $x=\rho(x)b(x)$. 另有 $c_1(x), c_2(x) \in C$(图 1)，使得 $b(x)$ 可以表示成下述形式

$$b(x)=\frac{x}{\rho(x)}=c_1(x)-c_2(x)$$

设

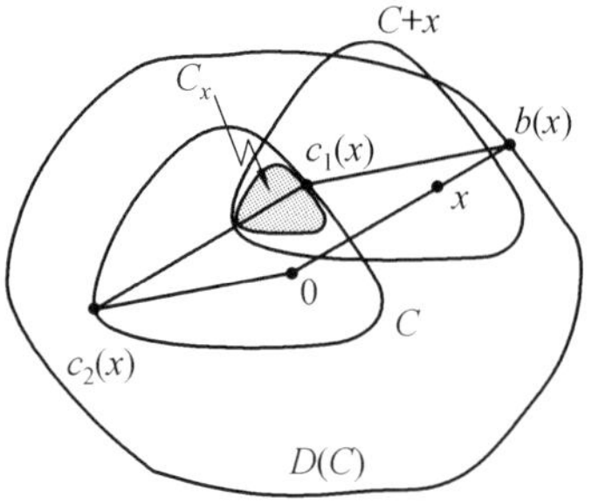

图 1 $C, C+x, D(C)$ 与 C_x

$$C_x = [1-\rho(x)]C + \rho(x)c_1(x)$$
$$= [1-\rho(x)]C + \rho(x)c_2(x) + x$$

显然，C_x 是 $(1-\rho(x))C$ 的平移，由 C 的凸性可知

$$C_x \subseteq C \text{ 且 } C_x \subseteq C+x$$

从而对于任一 $x \in D(C)$，有

$$\begin{aligned}\int_{\mathbf{R}^d} \chi(y)\chi(y-x)\,\mathrm{d}y &= \mathrm{Vol}(C \cap (C+x)) \\ &\geqslant \mathrm{Vol}\ C_x \\ &= [1-\rho(x)]^d\,\mathrm{Vol}\ C \\ &= \mathrm{Vol}\ C\int_{\rho(x)}^1 d(1-r)^{d-1}\,\mathrm{d}r\end{aligned}$$

另外，如果 $x \notin D(C)$，显然有

$$\int_{\mathbf{R}^d} \chi(y)\chi(y-x)\,\mathrm{d}y = \mathrm{Vol}(C \cap (C+x)) = 0$$

因此有

$$\begin{aligned}&\int_{\mathbf{R}^d}\left[\int_{\mathbf{R}^d} \chi(y)\chi(y-x)\,\mathrm{d}y\right]\mathrm{d}x \\ =&\int_{D(C)}\left[\int_{\mathbf{R}^d} \chi(y)\chi(y-x)\,\mathrm{d}y\right]\mathrm{d}x \\ \geqslant&\ \mathrm{Vol}\ C\int_{D(C)}\left[\int_{\rho(x)}^1 d(1-r)^{d-1}\,\mathrm{d}r\right]\mathrm{d}x\end{aligned}$$

$$
\begin{aligned}
&= \text{Vol } C\int_0^1 \left[\int_{\substack{x\in D(C)\\ \rho(x)\leqslant r}} d(1-r)^{d-1}\mathrm{d}x \right]\mathrm{d}r \\
&= \text{Vol } C\int_0^1 d(1-r)^{d-1}\text{Vol}(rD(C))\mathrm{d}r \\
&= (\text{Vol } C)[\text{Vol}(D(C))]\int_0^1 d(1-r)^{d-1}r^d\mathrm{d}r \\
&= \frac{(\text{Vol } C)[\text{Vol}(D(C))]}{\mathrm{C}_{2d}^d}
\end{aligned}
$$

另一方面,显然

$$
\begin{aligned}
&\int_{\mathbf{R}^d}\left[\int_{\mathbf{R}^d}\chi(y)\chi(y-x)\mathrm{d}y\right]\mathrm{d}x \\
&= \int_{\mathbf{R}^d}\chi(y)\left[\int_{\mathbf{R}^d}\chi(y-x)\mathrm{d}x\right]\mathrm{d}y \\
&= \int_{\mathbf{R}^d}\chi(y)(\text{Vol } C)\mathrm{d}y \\
&= (\text{Vol } C)^2
\end{aligned}
$$

联立上述两式即得欲证不等式

$$
\text{Vol}(D(C)) \leqslant \mathrm{C}_{2d}^d\,\text{Vol } C
$$

容易验证,当 C 为单纯形时,以上所有不等式均成为等式.

§3　格填装与码

Rush(1989,1992) 发现了一种略微不同的方法构作有效格填装.在高维空间中,利用这一方法也可得到球所成最稠密格填装密度的一个下界,与推论1(ii) 的结果几乎相同.此外,对于许多凸体 C,利用此方法可确定 C 形成的已知的最稠密和填装.

设 C 为 $\mathbf{R}^d$ 中关于原点中心对称的凸体.对于任意

的 $\boldsymbol{x} \in \mathbf{R}^d$，令

$$\| \boldsymbol{x} \|_C = \min_{\lambda \geqslant 0} \{\lambda \mid \boldsymbol{x} \in \lambda C\}$$

容易验证

(i) $\| \boldsymbol{0} \|_C = 0$；对任意的 $\boldsymbol{0} \neq \boldsymbol{x} \in \mathbf{R}^d$，$\| \boldsymbol{x} \|_C > 0$；

(ii) 对任意的 $x \in \mathbf{R}^d, \mu \in \mathbf{R}$，$\| \mu \boldsymbol{x} \|_C = | \mu | \cdot \| \boldsymbol{x} \|_C$；

(iii) 对任意的 $\boldsymbol{x}, \boldsymbol{y} \in \mathbf{R}^d$，$\| \boldsymbol{x} + \boldsymbol{y} \|_C \leqslant \| \boldsymbol{x} \|_C + \| \boldsymbol{y} \|_C$.

换言之，$\| \cdot \|_C$ 是一个范数. 定义两点 $x, y \in \mathbf{R}^d$ 间的距离为 $\| \boldsymbol{x} - \boldsymbol{y} \|_C$，则得到 $\mathbf{R}^d$ 上的所谓 Minkowski 度量. 在此度量之下，C 是以原点为中心的单位球，即

$$C = \{\boldsymbol{x} \in \mathbf{R}^d \mid \| \boldsymbol{x} \|_C \leqslant 1\}$$

在文献中，称赋予了 Minkowski 度量的空间 $\mathbf{R}^d$ 为具有规范体的 Minkowski 空间.

下面这个结论的证明留给读者.

引理 4 设 $C \subseteq \mathbf{R}^d$ 为内部含有 0 的凸体，假定 C 关于每一个坐标超平面都是对称的，则有：

(i) C 关于 0 中心对称；

(ii) $\| \boldsymbol{x} \|_C$ 是 $\boldsymbol{x}$ 的每个坐标分量绝对值的非减函数，也就是说，如果 $\boldsymbol{x} = (x_1, \cdots, x_d), \boldsymbol{x}' = (x'_1, \cdots, x'_d)$，$| x'_1 | \geqslant | x_1 |, \cdots, | x'_d | \geqslant | x_d |$，那么 $\| \boldsymbol{x}' \|_C \geqslant \| \boldsymbol{x} \|_C$.

设 p 为奇素数，本节将采用一个不太常见的记法 $\mathbf{Z}_p$ 来表示满足下述条件的所有整数 q 的集合

$$-\frac{p-1}{2} \leqslant q \leqslant \frac{p-1}{2}$$

$\mathbf{Z}_p$ 中的加法和乘法均取模 p. 相应地，令 $\mathbf{Z}_p^d$ 表示 $\mathbf{R}^d$ 中所有坐标均属于 $\mathbf{Z}_p$ 的整数点的全体.

Rush(1989) 与在一特殊情形下 Rush, Sloane(1987) 引入了 $\mathbf{Z}_p^d$ 上的下述很自然的范数,可视其为 Minkowski 度量的离散形式.

定义 3 设 $C \subseteq \mathbf{R}^d$ 为关于 0 中心对称的凸体, p 为一奇素数. 对于任意的 $\boldsymbol{x} \in \mathbf{Z}_p^d$, 令

$$\| \boldsymbol{x} \|_{C,p} = \min_{\lambda \geqslant 0} \{\lambda \mid \boldsymbol{x} \in \lambda C + p\mathbf{Z}^d\}$$

可以验证 $\| \cdot \|_{C,p}$ 满足三角不等式. 显然 $\| \boldsymbol{x} \|_{C,p} \leqslant \| \boldsymbol{x} \|_C$. 此外,如果 C 关于每一个坐标超平面都是对称的,那么对于所有的 $\boldsymbol{x} \in \mathbf{Z}_p^d$, 均有

$$\| \boldsymbol{x} \|_{C,p} = \| \boldsymbol{x} \|_C$$

事实上,在此情形下由引理 4 可知

$$\boldsymbol{x} \in \lambda C + p\mathbf{Z}^d \Rightarrow \boldsymbol{x} \in \lambda C$$

定义两点 $\boldsymbol{x}, \boldsymbol{y} \in \mathbf{Z}_p^d$ 之间的距离为 $\| \boldsymbol{x} - \boldsymbol{y} \|_{C,p}$, 则得到 $\mathbf{Z}_p^d$ 上的 Rush 度量,它在下面的讨论中起着关键性作用.

设 $B_{C,p}^d(r)$ 表示 Rush 度量下以原点为中心,以 r 为半径的球,即

$$B_{C,p}^d(r) = \{\boldsymbol{x} \in \mathbf{Z}_p^d \mid \| \boldsymbol{x} \|_{C,p} \leqslant r\}$$

引理 5 设 $C \subseteq \mathbf{R}^d$ 为关于每一个坐标超平面都对称的凸体,假定标准基向量

$$(1,0,\cdots,0),(0,1,\cdots,0),\cdots,(0,0,\cdots,1)$$

位于 C 的表面上,则对于任意 $r \geqslant 0$, 有

$$| B_{C,p}^d(r) | \leqslant \left(r + \frac{d}{2}\right)^d \operatorname{Vol} C$$

证明 设 K 为如下定义的单位立方体

$$K = \{\boldsymbol{x} = (x_1, x_2, \cdots, x_d) \in \mathbf{R}^d \mid \text{对于所有的 } i, | x_i | \leqslant \frac{1}{2}\}$$

由引理 4 可知对于任意的 $\boldsymbol{x} \in K$, 有

$$\begin{aligned}\|\boldsymbol{x}\|_C &\leqslant \left\|\left(\frac{1}{2},\frac{1}{2},\cdots,\frac{1}{2}\right)\right\|_C \\ &\leqslant \left\|\left(\frac{1}{2},0,\cdots,0\right)\right\|_C + \\ &\quad \left\|\left(0,\frac{1}{2},\cdots,0\right)\right\|_C + \cdots + \\ &\quad \left\|\left(0,0,\cdots,\frac{1}{2}\right)\right\|_C \\ &= \frac{d}{2}\end{aligned}$$

因此，$K \subseteq \left(\frac{d}{2}\right)C$，且

$$\begin{aligned}|B^d_{C,p}(r)| &= |\{\boldsymbol{x} \in \mathbf{Z}^d_p \mid \|\boldsymbol{x}\|_C \leqslant r\}| \\ &\leqslant |\{\boldsymbol{x} \in \mathbf{Z}^d \mid \|\boldsymbol{x}\|_C \leqslant r\}| \\ &= \sum_{x \in rC \cap \mathbf{Z}^d} \mathrm{Vol}(K + x) \\ &\leqslant \mathrm{Vol}(K + rC) \\ &\leqslant \mathrm{Vol}\left(\frac{d}{2}C + rC\right) \\ &= \left(r + \frac{d}{2}\right)^d \mathrm{Vol}\, C\end{aligned}$$

显然，$\mathbf{Z}^d_p$ 可视为域 $\mathbf{Z}_p$ 上的 d 维线性空间. 任意 k 个线性无关的元 $u_1, u_2, \cdots, u_k \in \mathbf{Z}^d_p$ 生成一 k 维子空间

$$L = \{q_1 u_1 + \cdots + q_k u_k \mid q_1, \cdots, q_k \in \mathbf{Z}_p\} \subseteq \mathbf{Z}^d_p$$

这样的一个子空间通常称为 k 维线性码，它的元素叫作码字，任给两个码字 $\boldsymbol{x} = (x_1, x_2, \cdots, x_d)$，$\boldsymbol{y} = (y_1, y_2, \cdots, y_d) \in L$，使得 $x_i \neq y_i$ 的下标 i 的总个数称为 $\boldsymbol{x}$ 与 $\boldsymbol{y}$ 之间的 Hamming 距离. 两个码字之间的 Hamming 距离越大，越容易将两者加以区分. 因此，在信息论中(更确切地说，在纠错码理论中)，任两个码

字之间 Hamming 距离的最小值是码最重要的特征.

Leech,Sloane(1971) 利用各种具有最大最小 Hamming 距离的码构作了许多低维空间中稠密的球填装. 然而,欲达到我们的目标,必须用 $\mathbf{Z}_p^d$ 上的 Rush 度量替换 Hamming 距离.

定理 5 设 $C \subseteq \mathbf{R}^d$ 为关于原点中心对称的凸体,p 为奇素数,$r \geqslant 0$. 则对于任意

$$k < d + 1 - \log_p\left(\frac{p-1}{2} \mid B_{C,p}^d(r) \mid\right)$$

存在 k 维线性码 $L \subseteq \mathbf{Z}_p^d$,使得

$$\min_{\substack{\boldsymbol{x},\boldsymbol{y}\in L\\ \boldsymbol{x}\neq\boldsymbol{y}}} \| \boldsymbol{x} - \boldsymbol{y} \|_{C,p} = \min_{\mathbf{0}\neq\boldsymbol{x}\in L} \| \boldsymbol{x} \|_{C,p} \geqslant r$$

证明 对 k 用归纳法. 当 $k=0$ 时无需证明,故可设 $k \geqslant 1$. 假设已证结论对 $k-1$ 成立,即存在满足定理要求的 $k-1$ 维线性码 $L' \subseteq \mathbf{Z}_p^d$. 设 $B'(r)$ 为 $\mathbf{Z}_p^d$ 中与 L' 的至少一个元的 Rush 距离不大于 r 的点的全体.

可以断言,随机选取的点 $\boldsymbol{u} \in \mathbf{Z}_p^d$ 不属于集合

$$\mathbf{Z}_p B'(r) = \{q\boldsymbol{v} \mid q \in \mathbf{Z}_p, \boldsymbol{v} \in B'(r)\}$$

的概率是严格正的. 欲证明此断言,只需注意到由定理条件和归纳假设可推得

$$\begin{aligned}
\mid \mathbf{Z}_p B'(r) \mid &= \left| \left\{ q\boldsymbol{v} \,\middle|\, 1 \leqslant q \leqslant \frac{p-1}{2}, \boldsymbol{v} \in B'(r) \right\} \right| \\
&\leqslant \frac{p-1}{2} \mid B'(r) \mid \\
&\leqslant \frac{p-1}{2} \mid L' \mid \cdot \mid B_{C,p}^d(r) \mid \\
&= \frac{p-1}{2} p^{k-1} \mid B_{C,p}^d(r) \mid \\
&< p^d
\end{aligned}$$

现假设 $\boldsymbol{u} \notin \mathbf{Z}_p B'(r)$,$L \subseteq \mathbf{Z}_p^d$ 为由 L' 与 $\boldsymbol{u}$ 生成的

k 维码，即

$$L=\{q\boldsymbol{u}+\boldsymbol{x}' \mid q\in \mathbf{Z}_p,\boldsymbol{x}'\in L'\}$$

欲证 L 即为满足定理要求的 k 维线性码.

以反证法证之. 假设 L 不满足定理要求，即存在 $\mathbf{0}\neq \boldsymbol{x}=q\boldsymbol{u}+\boldsymbol{x}'$，使得 $\|\boldsymbol{x}\|_{C,p}<r$. 显然，$q\neq 0$，否则由归纳假设可知

$$\|\boldsymbol{x}\|_{C,p}=\|\boldsymbol{x}'\|_{C,p}\geqslant r$$

又因为 $-\boldsymbol{x}'\in L'$，$\|q\boldsymbol{u}-(-\boldsymbol{x}')\|_{C,p}=\|\boldsymbol{x}\|_{C,p}<r$，所以 $q\boldsymbol{u}=\boldsymbol{x}-\boldsymbol{x}'\in B'(r)$. 但由此可得

$$\boldsymbol{u}\in q^{-1}B'(r)\subseteq \mathbf{Z}_pB'(r)$$

与 $\boldsymbol{u}$ 的选择矛盾.

设 $C\subseteq \mathbf{R}^d$ 为关于每一个坐标超平面均对称的凸体，现已准备就绪，开始构作 C 形成的稠密格填装. 由于 $\delta_L(C)$ 在 $\mathbf{R}^d$ 的仿射变换下保持不变，故不妨假设标准基向量 $(1,0,\cdots,0),(0,1,\cdots,0),\cdots,(0,0,\cdots,1)$ 落在 C 的表面上.

设 $0\leqslant r\leqslant p$

$$k=\left[d-\log_p\left(\frac{p-1}{2}\mid B^d_{C,p}(r)\mid\right)\right]$$

且 $L\subseteq \mathbf{Z}_p^d$ 为满足条件 $\min\limits_{\mathbf{0}\neq \boldsymbol{x}\in L}\|\boldsymbol{x}\|_{C,p}\geqslant r$ 的 k 维线性码，其存在性由前一定理保证，则

$$\Lambda=L+p\mathbf{Z}^d=\{\boldsymbol{x}+p\boldsymbol{z}\mid \boldsymbol{x}\in L,\boldsymbol{z}\in \mathbf{Z}^d\}$$

为格. 此外，格 Λ 对 rC 是容许的（见定义 1）. 否则可找到 $\boldsymbol{x}\in L,\boldsymbol{z}\in \mathbf{Z}^d$，使得两者不全为 $\mathbf{0}$，且 $\boldsymbol{x}$ 落在 $rC+p\boldsymbol{z}$ 的内部. 如果 $\boldsymbol{x}\neq \mathbf{0}$，则必有

$$\|\boldsymbol{x}\|_{C,p}=\min_{\lambda\geqslant 0}\{\lambda\mid \boldsymbol{x}\in \lambda C+p\mathbf{Z}^d\}<r$$

矛盾. 如果 $\boldsymbol{x}=\mathbf{0}\neq \boldsymbol{z}$，只需注意到 C 含于以 0 为中心，边长为 2 且各边均与坐标轴平行的立方体内. 因此，如

果 $0\leqslant r\leqslant p$,则 $x=0$ 不可能位于 $rC+pz$ 的内部,矛盾.

因为 C 是中心对称的,所以 $\Lambda+\frac{r}{2}C$ 形成一填装(见引理 3). 又因为格 Λ 的基本平行体的体积为 p^{d-k},故此填装的密装为

$$\frac{\mathrm{Vol}\left(\frac{r}{2}C\right)}{p^{d-k}}=\frac{r^d}{2^d p^{d-k}}\mathrm{Vol}\ C$$

$$\geqslant\frac{r^d}{2^d\left(\frac{p-1}{2}\right)\mid B_{C,p}^d(r)\mid}\mathrm{Vol}\ C$$

因此由引理 5(这一引理作用颇大)可得

$$\delta_L(C)\geqslant\frac{1}{2^{d-1}(p-1)\left(1+\frac{d}{2r}\right)^d}$$

对 $d\geqslant 2$,选取奇素数 $\frac{d^2}{2}\leqslant p\leqslant d^2$,且令 $r=\frac{d^2}{2}$,则可得到如下结论.

推论 2 设 $C\subseteq\mathbf{R}^d$ 为关于每一个坐标超平面均对称的凸体,则 C 形成的格填装的最大密度满足

$$\delta_L(C)\geqslant\frac{1}{\mathrm{e}d^2}\cdot\frac{1}{2^{d-1}}$$

关于 C 的最稠密的格填装密度,推论 1 和推论 2 所得到的下界仅仅稍弱于已知的最佳估计. Schmidt(1963) 改进 Rogers(1947) 与 Davenport, Rogers(1947) 的某些较早的界后,证明了对于中心对称的凸体 $C\subseteq\mathbf{R}^d$ 及任意的 $\varepsilon<\lg 2$,如果 d 充分大,则有

$$\delta_L(C)>\varepsilon\frac{d}{2^d}$$

对于 $C=B^d$ 这一特殊情形，Ball(1992) 利用差分方法证明了

$$\delta_L(B^d)\geqslant 2\zeta(d)\frac{d-1}{2^d}$$

第15章 二维格的覆盖半径

求格的覆盖半径是一个经典的困难问题，当格的维数不固定时，这个问题还没有非确定性的多项式时间的算法. 已知的算法都是通过求 Voronoi cell 来计算覆盖半径，对于二维格，中国科学院数学与系统科学研究院数学机械化重点实验室的姜宇鹏、邓映蒲、潘彦斌三位研究员2012年利用高斯算法给出了一个确定性的多项式时间的算法来求覆盖半径以及 deep holes.

§1 引　言

对于欧几里得空间里的一个格 Λ，覆盖半径定义为这样一个最短的长

度 ρ，当我们以格点为圆心作半径为 ρ 的球时，能覆盖住该格张成的空间，我们记这个长度为 $\rho(\Lambda)$. 也就是说，在 $\mathrm{span}(\Lambda)$ 里的任意点离格的距离总是不超过 $\rho(\Lambda)$. 覆盖半径问题就是对一个给定的格 Λ，求 $\rho(\Lambda)$. 要解决这个问题，我们需要在 $\mathrm{span}(\Lambda)$ 中找一个点离格的距离为 $\rho(\Lambda)$，这样的点称为 deep hole. 一般来说，给定一个点 $t \in \mathrm{span}(\Lambda)$，计算 t 到 Λ 的距离就是求 CVP(Closest Vector Problem)，这个问题的判定版本就是一个 NP-complete 问题. 然后我们还要让 t 遍历所有 $\mathrm{span}(\Lambda)$ 里的点，找到最小的那个距离. 所以覆盖半径问题处于多项式分层的第二层 Π_2，普遍认为这是一个严格大于 NP 的复杂类.

格在密码学中有着广泛的应用，包括密码分析和密码方案构造. Micciancio 把寻找某些 Hash 函数的碰撞归约到 $\mathrm{G_{AP}CRP}$(approximate Covering Radius Problem) 问题. Fukshansky，Robins 和 Kannan 把 Frobenius 问题跟特定范数下的覆盖半径问题联系起来. Guruswami，Micciancio，Regev 证明了对于一个 n 维格，当 $\gamma(n)=2$ 时，$\mathrm{G_{AP}CRP}_{\gamma(n)}$ 属于 AM 类，$\gamma(n)=\sqrt{\frac{n}{\log n}}$ 时，属于 coAM 类，以及当$\gamma(n)=\sqrt{n}$ 时，属于 $\mathrm{NP} \cap \mathrm{coNP}$ 类.

在欧几里得范数下对低维的格的覆盖半径问题找一个多项式时间的算法是很有意思的. 对一个格 Λ，要计算 $\rho(\Lambda)$，现有唯一的方法是先计算格的 Voronoi cell，然后找到有最大范数的那个顶点. 然而所有已知的计算格 Voronoi cell 的方法都是非常复杂的，是不是存在一个算法计算覆盖半径而无需先计算 Voronoi cell? 迄今为止还是一个未解决的问题.

本章对二维格的覆盖半径问题给出一个多项式时间的算法. 首先我们对这个格的基应用高斯算法得到既约基,然后证明在这组既约基下格的 deep holes 很容易被找到,进一步我们就得到了覆盖半径,很容易说明这整个过程是多项式时间的.

§2 最近格点

用 m 表示一个正整数, $\mathbf{R}^m$ 表示 m 维的欧几里得空间, 任意 $\boldsymbol{x}=(x_1,x_2,\cdots,x_m)\in\mathbf{R}^m$, $\|\boldsymbol{x}\|=\sqrt{x_1^2+x_2^2+\cdots+x_m^2}$ 是欧几里得范数,本章中所考虑的都是 $\mathbf{R}^m$ 中的向量.

记 $\boldsymbol{a},\boldsymbol{b}$ 为 $\mathbf{R}^m$ 中两个线性无关的向量,由 $\boldsymbol{a}$ 和 $\boldsymbol{b}$ 生成的二维格 Λ 是指集合 $\Lambda=\{i\boldsymbol{a}+j\boldsymbol{b}\mid i,j\in\mathbf{Z}\}=\mathscr{L}(|\boldsymbol{a},\boldsymbol{b}|)$,并且$[\boldsymbol{a},\boldsymbol{b}]$ 叫作格的一组基. 一组格基$[\boldsymbol{a},\boldsymbol{b}]$ 叫作既约的,如果满足

$$\|\boldsymbol{a}\|,\|\boldsymbol{b}\|\leqslant\|\boldsymbol{a}+\boldsymbol{b}\|,\|\boldsymbol{a}-\boldsymbol{b}\|$$

几何上这个定义是说由格基生成的基本平行四边形的对角线的长度不比两条边的长度短. 给定二维格的任意一组基,有一个著名的多项式时间算法来计算它的一组既约基,叫作高斯算法. 为了读者方便,下面就给出高斯算法的描述.

输入:线性无关的两个向量 $\boldsymbol{a}$ 和 $\boldsymbol{b}$.

输出:格 $\mathscr{L}([\boldsymbol{a},\boldsymbol{b}])$ 的一组既约基.

(start):

if $\|\boldsymbol{a}\|>\|\boldsymbol{b}\|$ then swap $(\boldsymbol{a},\boldsymbol{b})$

if $\| \boldsymbol{a}-\boldsymbol{b} \| > \| \boldsymbol{a}+\boldsymbol{b} \|$ then let $\boldsymbol{b}:=-\boldsymbol{b}$
if $\| \boldsymbol{b} \| \leqslant \| \boldsymbol{a}-\boldsymbol{b} \|$ then return $[\boldsymbol{a},\boldsymbol{b}]$
if $\| \boldsymbol{a} \| \leqslant \| \boldsymbol{a}-\boldsymbol{b} \|$ then go to (loop)
if $\| \boldsymbol{a} \| = \| \boldsymbol{b} \|$ then return $[\boldsymbol{a},\boldsymbol{a}-\boldsymbol{b}]$
let $[\boldsymbol{a},\boldsymbol{b}]:=[\boldsymbol{b}-\boldsymbol{a},\boldsymbol{b}]$
(loop):
Find $\mu \in Z$ such that $\| \boldsymbol{b}-\mu\boldsymbol{a} \|$ is minimal and let $\boldsymbol{b}:=\boldsymbol{b}-\mu\boldsymbol{a}$
if $\| \boldsymbol{a}-\boldsymbol{b} \| > \| \boldsymbol{a}+\boldsymbol{b} \|$ then let $\boldsymbol{b}:=-\boldsymbol{b}$
swap $(\boldsymbol{a},\boldsymbol{b})$
if $[\boldsymbol{a},\boldsymbol{b}]$ is reduced
  then return $[\boldsymbol{a},\boldsymbol{b}]$
  else go to (loop)

我们先介绍两个引理.

引理 1　考虑下面三个向量 $\boldsymbol{x},\boldsymbol{x}+\boldsymbol{y}$ 和 $\boldsymbol{x}+\alpha\boldsymbol{y}$,其中 $\alpha \in [1,\infty)$. 如果有 $\| \boldsymbol{x} \| \leqslant \| \boldsymbol{x}+\boldsymbol{y} \|$,那么 $\| \boldsymbol{x}+\boldsymbol{y} \| \leqslant \| \boldsymbol{x}+\alpha\boldsymbol{y} \|$.

引理 2　条件如引理 1,如果 $1 \leqslant \alpha < \beta$,那么 $\| \boldsymbol{x}+\alpha\boldsymbol{y} \| \leqslant \| \boldsymbol{x}+\beta\boldsymbol{y} \|$.

证明　如果 $\alpha=1$,就是引理 1,现在假定 $\alpha>1$,由引理 1,我们有 $\| \boldsymbol{x}+\boldsymbol{y} \| \leqslant \| \boldsymbol{x}+\alpha\boldsymbol{y} \|$. 让 $\boldsymbol{X}=\boldsymbol{x}+\boldsymbol{y}$ 和 $\boldsymbol{Y}=(\alpha-1)\boldsymbol{y}$,因此有 $\| \boldsymbol{X} \| \leqslant \| \boldsymbol{X}+\boldsymbol{Y} \|$. 又由 $\dfrac{\beta-1}{\alpha-1}>1$,再次根据引理 1,有

$$\| \boldsymbol{X}+\boldsymbol{Y} \| \leqslant \left\| X+\frac{\beta-1}{\alpha-1}Y \right\|$$

这就是 $\| \boldsymbol{x}+\alpha\boldsymbol{y} \| \leqslant \| \boldsymbol{x}+\beta\boldsymbol{y} \|$,引理得证.

下面我们用上面的引理来证明本节的主要定理.

定理 1　$[\boldsymbol{a},\boldsymbol{b}]$ 是格 Λ 的一组既约基,那么在如下

区域$\{s\boldsymbol{a}+t\boldsymbol{b}\mid 0\leqslant s,t<1\}$里的任意一点,离该点最近的格点必是如下 4 点 $\boldsymbol{0},\boldsymbol{a},\boldsymbol{b},\boldsymbol{a}+\boldsymbol{b}$ 之一.

证明 把格点分成如下 4 个部分 Ⅰ,Ⅱ,Ⅲ,Ⅳ,每个部分分别以上面 4 个点为顶点(图 1).

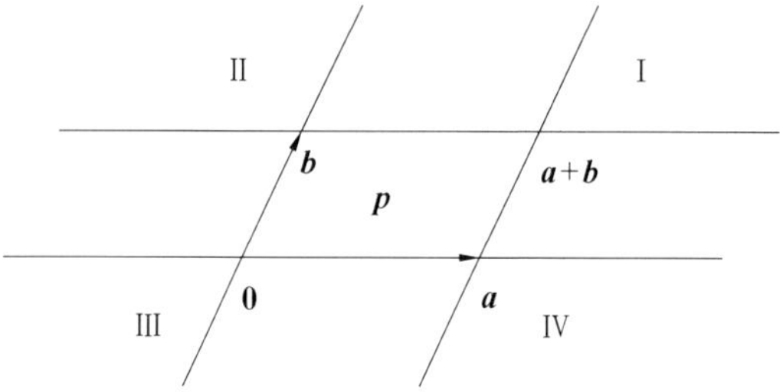

图 1

对每个点 $\boldsymbol{p}\in\{s\boldsymbol{a}+t\boldsymbol{b}\mid 0\leqslant s,t<1\}$,有

$$\begin{aligned}\operatorname{dist}(\boldsymbol{p},\Lambda)=\min\{&\operatorname{dist}(\boldsymbol{p},\text{Ⅰ}),\operatorname{dist}(\boldsymbol{p},\text{Ⅱ}),\\&\operatorname{dist}(\boldsymbol{p},\text{Ⅲ}),\operatorname{dist}(\boldsymbol{p},\text{Ⅳ})\}\end{aligned}$$

当 $\boldsymbol{p}\in\{s\boldsymbol{a}+t\boldsymbol{b}\mid 0\leqslant s,t<1\}$ 时,如果我们有 $\operatorname{dist}(\boldsymbol{p},\text{Ⅰ})=\operatorname{dist}(\boldsymbol{p},\boldsymbol{a}+\boldsymbol{b})$,$\operatorname{dist}(\boldsymbol{p},\text{Ⅱ})=\operatorname{dist}(\boldsymbol{p},\boldsymbol{b})$,$\operatorname{dist}(\boldsymbol{p},\text{Ⅲ})=\operatorname{dist}(\boldsymbol{p},\boldsymbol{0})$,$\operatorname{dist}(\boldsymbol{p},\text{Ⅳ})=\operatorname{dist}(\boldsymbol{p},\boldsymbol{a})$,那么我们就证明了这个定理. 让 $\boldsymbol{p}=s\boldsymbol{a}+t\boldsymbol{b}$,$0\leqslant s,t<1$,我们首先证明下面的事实

$$\|(1-u)\boldsymbol{a}+(1-v)\boldsymbol{b}\|\leqslant\|(m-u)\boldsymbol{a}+(n-v)\boldsymbol{b}\|\quad(m,n\in\mathbf{Z},0\leqslant u,v\leqslant 1)\tag{1}$$

由于 $I=\{m\boldsymbol{a}+n\boldsymbol{b}\mid m,n\in\mathbf{Z},m,n\geqslant 1\}$,$\operatorname{dist}(\boldsymbol{p},\text{Ⅰ})=\operatorname{dist}(\boldsymbol{p},\boldsymbol{a}+\boldsymbol{b})$ 也就是

$$\|(1-s)\boldsymbol{a}+(1-t)\boldsymbol{b}\|\leqslant\|(m-s)\boldsymbol{a}+(n-t)\boldsymbol{b}\|$$

同理我们也有 $\text{Ⅱ}=\{m\boldsymbol{a}+n\boldsymbol{b}\mid m,n\in\mathbf{Z},m\leqslant 0,n\geqslant 1\}$,$\operatorname{dist}(\boldsymbol{p},\text{Ⅱ})=\operatorname{dist}(\boldsymbol{p},\boldsymbol{b})$ 也就是

$$\|(1-(1-s))(-\boldsymbol{a})+(1-t)\boldsymbol{b}\|$$

$$\leqslant \|((1-m)-(1-s))(-\boldsymbol{a})+(n-t)\boldsymbol{b}\|$$

Ⅲ $=\{m\boldsymbol{a}+n\boldsymbol{b}\mid m,n\in\mathbf{Z},m,n\leqslant 0\}$，$\mathrm{dist}(\boldsymbol{p},\text{Ⅲ})=\mathrm{dist}(\boldsymbol{p},\boldsymbol{0})$ 也就是

$$\|(1-(1-s))\boldsymbol{a}+(1-(1-t))\boldsymbol{b}\|$$
$$\leqslant \|((1-m)-(1-s))\boldsymbol{a}+((1-n)-(1-t))\boldsymbol{b}\|$$

Ⅳ $=\{m\boldsymbol{a}+n\boldsymbol{b}\mid m,n\in\mathbf{Z},m\geqslant 1,n\leqslant 0\}$，$\mathrm{dist}(\boldsymbol{p},\text{Ⅳ})=\mathrm{dist}(\boldsymbol{p},\boldsymbol{a})$ 也就是

$$\|(1-s)\boldsymbol{a}+(1-(1-t))(-\boldsymbol{b})\|$$
$$\leqslant \|(m-s)\boldsymbol{a}+((1-n)-(1-t))(-\boldsymbol{b})\|$$

由于$[\boldsymbol{a},\boldsymbol{b}]$是既约基，那么$[-\boldsymbol{a},\boldsymbol{b}]$以及$[\boldsymbol{a},-\boldsymbol{b}]$都是既约基，因此我们只需要证明(1)就证明了整个定理.

当 $m=n=1$ 时，平凡成立. 当 $m=1,n\geqslant 2$ 时，如果 $u=1$，也是平凡的. 现在假定 $u<1$，显然有$\frac{n-v}{1-u}>\frac{1-v}{1-u}$，如果$\frac{1-v}{1-u}\geqslant 1$，那么由引理 2，我们有

$$\left\|\boldsymbol{a}+\frac{1-v}{1-u}\boldsymbol{b}\right\|\leqslant\left\|\boldsymbol{a}+\frac{n-v}{1-u}\boldsymbol{b}\right\|$$

两边同时乘以 $1-u$，就得到

$$\|(1-u)\boldsymbol{a}+(1-v)\boldsymbol{b}\|\leqslant\|(1-u)\boldsymbol{a}+(n-v)\boldsymbol{b}\|$$

再如果 $0\leqslant\frac{1-v}{1-u}<1$，由于 $\|\boldsymbol{a}\|\leqslant\|\boldsymbol{a}+\boldsymbol{b}\|$，有

$\left\|\boldsymbol{a}+\frac{1-v}{1-u}\boldsymbol{b}\right\|=\left\|\left(1-\frac{1-v}{1-u}\right)\boldsymbol{a}+\frac{1-v}{1-u}(\boldsymbol{a}+\boldsymbol{b})\right\|\leqslant\left(1-\frac{1-v}{1-u}\right)\|\boldsymbol{a}\|+\frac{1-v}{1-u}\|\boldsymbol{a}+\boldsymbol{b}\|\leqslant\|\boldsymbol{a}+\boldsymbol{b}\|\leqslant\left\|\boldsymbol{a}+\frac{n-v}{1-u}\boldsymbol{b}\right\|$，最后一个不等式是由于$\frac{n-v}{1-u}\geqslant 1$ 由引理 1 得到. 我们就证完了 $m=1,n\geqslant 2$ 这种情况.

当 $m\geqslant 2,n=1$，证明跟上面一样. 我们就剩下

$m \geqslant 2, n \geqslant 2$ 这类. 如果 $\frac{n-v}{m-u} \geqslant 1$, 因为 $\frac{n-v}{m-u} > \frac{n-1-v}{m-u}$, 跟上面的证明过程类似我们有 $\|(m-u)\boldsymbol{a}+(n-v)\boldsymbol{b}\| \geqslant \|(m-u)\boldsymbol{a}+(n-1-v)\boldsymbol{b}\|$. 如果 $0<\frac{n-v}{m-u}<1$, 那么 $\frac{m-u}{n-v} > 1$, 同样有 $\|(m-u)\boldsymbol{a}+(n-v)\boldsymbol{b}\| \geqslant \|(m-1-u)\boldsymbol{a}+(n-v)\boldsymbol{b}\|$. 因此我们总能得到 $\|(m-u)\boldsymbol{a}+(n-v)\boldsymbol{b}\| \geqslant \min(\|(m-u)\boldsymbol{a}+(n-1-v)\boldsymbol{b}\|, \|(m-1-u)\boldsymbol{a}+(n-v)\boldsymbol{b}\|)$. 所以我们总能把 (m,n) 递归到 $(m-1,n)$ 或者 $(m,n-1)$. 继续这个过程,我们总能递归到 $m=1$ 或者 $n=1$ 这两种情况. 这样我们就证明了整个定理.

由上面的定理,对一个给定既约基的格,在该格张成的空间里的任一点,离它最近的格点就是该点所处的平行四边形的顶点. 剩下来我们要做的就是找最小的半径使得以平行四边形顶点为圆心,这个长度为半径的闭圆盘能够覆盖整个平行四边形.

§3 覆盖平行四边形

我们现在来定义多边形的覆盖半径和 deep holes,一个多边形的覆盖半径是当我们以多边形顶点为圆心作圆,使得这些圆能覆盖该多边形的最小半径,对应的 deep hole 就是多边形内的离这些顶点最远的点. 我们有下面的引理.

引理 1 对一个锐角(直角)三角形来说,deep hole 就是它的外心,覆盖半径就是外接圆的半径.

证明　我们先对锐角三角形来证明这个结论，如图 2，记 O 为 $\triangle ABC$ 的外心，r 为外接圆半径.

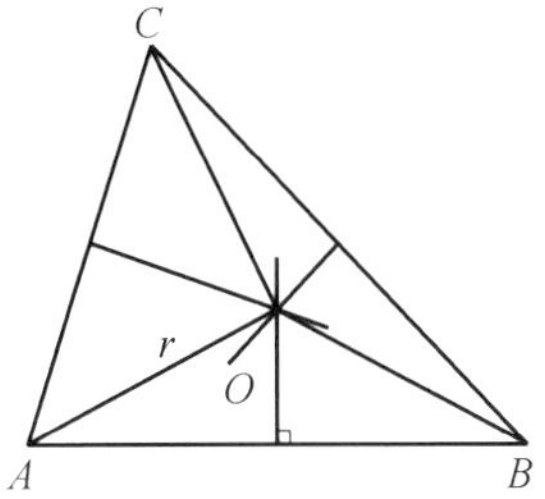

图 2

由于 $\triangle ABC$ 是锐角三角形，O 在 $\triangle ABC$ 内部. 我们有 $|OA|=|OB|=|OC|=r$，所以覆盖半径至少是 r. 在图 2 中，大三角形被分成六个小的直角三角形，每一个的斜边长度都是 r，因为在每个小直角三角形里的点离对应的大三角形顶点的距离最多是 r，所以该三角形的覆盖半径是 r，并且外心就是 deep hole. 直角三角形的证明类似，情形更为简单，此时 deep hole 是斜边的中点，覆盖半径是斜边的一半.

记 $[\boldsymbol{a},\boldsymbol{b}]$ 是一组既约基，我们可以设定 $\boldsymbol{a}$ 和 $\boldsymbol{b}$ 的夹角为锐角(直角)，否则可以用 $-\boldsymbol{a}$ 代替 $\boldsymbol{a}$. 这时由该组基生成的基本平行四边形可以分成两个全等的锐角(直角)三角形，并且我们有下面的定理.

定理 2　对于如上的由一组既约基生成的平行四边形，它的 deep holes 就是这两个锐角(直角)三角形的 deep hole，它的覆盖半径就是这两个三角形对应的覆盖半径.

证明　如下图 3，在平行四边形 $ABDC$ 中，由于 $|BC|\geqslant|AB|$，$|BC|\geqslant|AC|$，所以 $\angle BAC$ 是

$\triangle ABC$ 的最大内角，$\angle BAC$ 是锐角(或直角)，$\triangle ABC$ 是锐角(或直角)三角形. 同样让 O,r 记为它的 deep hole 和覆盖半径.

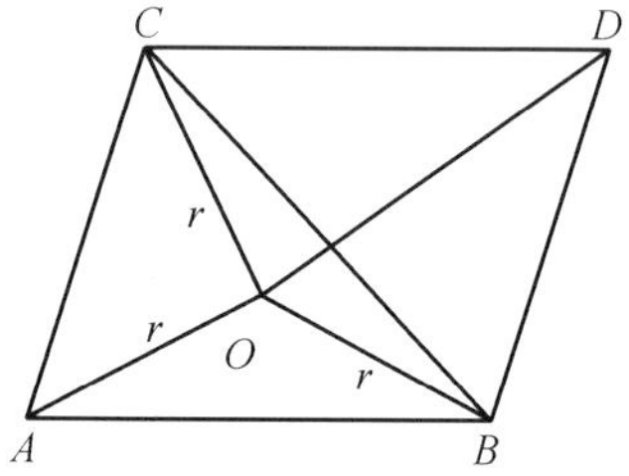

图 3

由引理 1，以 A,B,C 为圆心，r 为半径的圆能覆盖 $\triangle ABC$，同理由 B,C,D 为圆心，r 为半径的圆也能覆盖 $\triangle BCD$，所以该平行四边形的覆盖半径最多是 r. 我们有 $|OA|=|OB|=|OC|=r$，如果 $|OD|\geqslant r$，那么平行四边形的覆盖半径就是 r. 现在假设 $|OD|<r$，那么 $\angle ODC>\angle OCD$，$\angle ODB>\angle OBD$，所以有

$$\begin{aligned}\angle BDC=\angle ODC+\angle ODB&>\angle OCD+\angle OBD\\ &\geqslant\angle BCD+\angle CBD=\angle ABD\end{aligned}$$

但是又有 $\angle BDC+\angle ABD=\pi$，所以 $\angle BDC>\frac{\pi}{2}$，跟 $\angle BAC$ 是锐角(直角)矛盾. 补充一点，当 $\angle BAC$ 是直角时，这两个 deep holes 重合，就是该平行四边形的中心. 定理得证.

§4　算　　法

利用上节的定理，我们可以设计一个算法计算二维格的覆盖半径和 deep holes.

算法

输入：由基$[\boldsymbol{x},\boldsymbol{y}]$给出的二维格 Λ.

输出：格 Λ 的覆盖半径和一个 deep hole.

Step 1：由高斯算法计算格 Λ 的一组既约基$[\boldsymbol{a},\boldsymbol{b}]$.

Step 2：如果必要，让 $\boldsymbol{a}:=-\boldsymbol{a}$，使 $\boldsymbol{a}$ 和 $\boldsymbol{b}$ 的夹角是锐角或者直角.

Step 3：记 O 为原点，A，B 两点使得 $\boldsymbol{a}=\overrightarrow{OA}$ 和 $\boldsymbol{b}=\overrightarrow{OB}$.

在 span(Λ) 中计算一个点 D 使得 $|OD|=|AD|=|BD|$. 输出点 D 作为格 Λ 的 deep hole，和正数 $|OD|$ 作为格 Λ 的覆盖半径.

由上节定理 2，上面的算法正确地计算了一个格的 deep hole 和覆盖半径，主要的算法过程就是高斯算法，因为如果我们得到一组既约基，找 deep hole 就只用解一个线性方程组，然后直接计算就可以得到覆盖半径. 就如我们之前提到的，高斯算法是多项式时间的，所以我们得到一个多项式时间的算法来解决二维格的覆盖半径问题.

例　记 Λ 给定格基为 $\boldsymbol{x}=(9,12)$，$\boldsymbol{y}=(13,15)$ 的一个二维格. 运行高斯算法，得到一组既约基：$\boldsymbol{a}=(-3,3)$，$\boldsymbol{b}=(4,3)$. 由于 $\boldsymbol{a}$ 和 $\boldsymbol{b}$ 的内积是 $-3\cdot4+3\cdot3=-3<0$，所以 $-\boldsymbol{a}=(3,-3)$，$\boldsymbol{b}=(4,3)$ 是一组既约基并且其夹角为锐角. 如图 4，记 O 为原点，$A=(3,-3)$，$B=(4,3)$ 为基对应的两点，由基生成的平行四边形的第 4 个点为 $C=(7,0)$. 该平行四边形的中心是

$(7/2,0)$. 设 $D(x,y)$ 为 $\triangle OAB$ 的外心，我们有 $\dfrac{y+\frac{3}{2}}{x-\frac{3}{2}}=1$ 和 $\dfrac{y-\frac{3}{2}}{x-2}=-\dfrac{4}{3}$. 这样我们算出 $x=\dfrac{43}{14}$，$y=\dfrac{1}{14}$. 同理 $\triangle ABC$ 的外心是 $\left(\dfrac{55}{14},-\dfrac{1}{14}\right)$. 所以格 Λ 的覆盖半径是 $\sqrt{\left(\dfrac{43}{14}\right)^2+\left(\dfrac{1}{14}\right)^2}=\dfrac{5}{14}\sqrt{74}$，它的 deep holes 是 $\left(\dfrac{43}{14},\dfrac{1}{14}\right)+\Lambda$ 和 $\left(\dfrac{55}{14},-\dfrac{1}{14}\right)+\Lambda$.

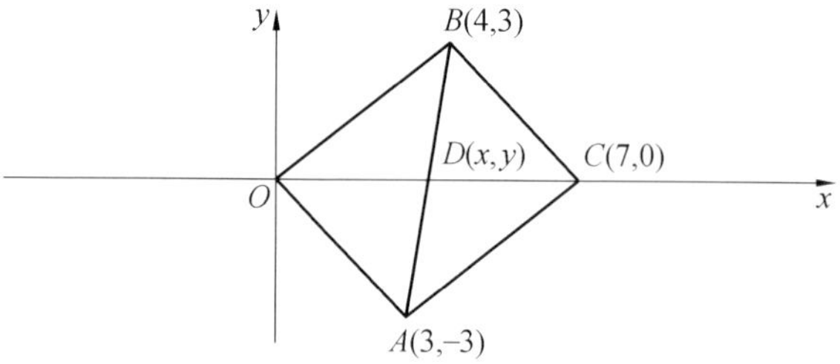

图 4

新椭球的一些性质

第16章

上海大学理学院数学系的沈亚军和南京师范大学数学与计算机科学学院的袁俊两位教授2008年讨论了当多胞形的新椭球是球的充要条件，进一步对算子Gamma(-2)的性质进行了探讨，得出了一些相关的不等式.

§1 引　言

众所周知，对每一个 $\mathbf{R}^n$ 中的凸集，存在唯一的一个椭球，它关于 $\mathbf{R}^n$ 中的一维子空间的转动惯量与凸集本身的转动惯量相等，我们称这一椭球为凸集的 Lengendre 椭球. Lengendre

椭球和它的极(称为 Binet 椭球)是经典力学中的两个重要概念.

与 Brunn-Minkowski 理论相比较，对偶 Brunn-Minkowski 理论的发展则要晚很多. 一个自然的问题是，在对偶 Brunn-Minkowski 理论下，是否存在与经典的 Legendre 椭球类似的对偶几何体? 这种对偶几何体有哪些值得关注的性质? 运用 L_p 曲率理论，Lutwak，Yang 和 Zhang 发现了新椭球 $\Gamma_{-2}K$，而且证明了一些关于 $\Gamma_{-2}K$ 的漂亮而深刻的结论.

用 $V(K)$ 表示 n 维欧氏空间 R^n 中的凸体 K 的体积，$\Gamma_{-2}K$ 表示凸体 K 对应的新椭球(其定义由 Lutwak，Yang 和 Zhang 给出). 本章将进一步研究新椭球 $\Gamma_{-2}K$ 的性质，给出当多胞形的新椭球是球的一个充要条件，主要结论是:

定理 1 设 P 是 $\mathbf{R}^n$ 中的多胞形且以原点作为其内点，$\boldsymbol{u}_1,\boldsymbol{u}_2,\cdots,\boldsymbol{u}_N$ 是它的各个面的单位外法向量，若 a_i 和 h_i 分别表示对应于单位外法向量为 $\boldsymbol{u}_i$ 的各个面的面积以及原点到该面的距离，记 $\sum_{i=1}^{N}\left(\frac{a_i}{h_i}\right)=\lambda$，那么 $\Gamma_{-2}K$ 是球当且仅当

$$\sum_{i=1}^{N}(\boldsymbol{u},\boldsymbol{u}_i)^2\frac{a_i}{h_i}=\frac{\lambda}{n}$$

对所有的 $\boldsymbol{u}\in S^{n-1}$ 成立.

一般而言，$\Gamma_{-2}K\subseteq\Gamma_{-2}L$ 并不意味着 $V(K)\leqslant V(L)$，但若 $K\in Z_{-2}^*$(其中 $Z_{-2}^*=\{\Gamma_{-2}^*K\mid K\in\mathcal{K}_0^n\}$)时，算子 Γ_{-2} 的单调性可以得到保证，即:

定理 2 设 $K\in Z_{-2}^*$，$L\in\mathcal{K}_0^n$. 如果 $\Gamma_{-2}K\subseteq\Gamma_{-2}L$，那么

$$V(K) \leqslant V(L)$$

§2 概念和预备知识

用 $\mathscr{K}^n$ 表示欧氏空间 R^n 中的凸体(紧的且具有非空内点的凸集). $\mathscr{K}_0^n$ 代表 $\mathscr{K}^n$ 中包含原点作为其内点的子集,ω_n 表示 R^n 中的单位球 B_n 的体积,S^{n-1} 表示 R^n 中的单位球面. 如果 $K \in \mathscr{K}^n$,那么它的支撑函数 $h_K = h(K, \circ): \mathrm{R}^n \to (0, \infty)$,定义为

$$h(K, \boldsymbol{u}) = \max\{(\boldsymbol{u} \circ \boldsymbol{x}) \mid \boldsymbol{x} \in K\} \quad (\boldsymbol{u} \in S^{n-1}) \tag{1}$$

这里的$(\boldsymbol{u} \circ \boldsymbol{x})$表示 $\boldsymbol{u}$ 与 $\boldsymbol{x}$ 的标准内积,$h(K, \boldsymbol{u})$ 有时也写作 $h_K(\boldsymbol{u})$. 如果 K 是一个星体且包含原点作为其内点,那么它的径向函数 $\rho(K, \circ)$ 定义为

$$\rho(K, \boldsymbol{u}) = \max\{\lambda \geqslant 0 \mid \lambda \boldsymbol{u} \in K\} \tag{2}$$

其中 $\boldsymbol{u} \in S^{n-1}$.

凸体 $K \in \mathscr{K}_0^n$,则 K 的极 K^* 定义为

$$K^* := \{\boldsymbol{x} \in \mathbf{R}^n \mid (\boldsymbol{x} \circ \boldsymbol{y}) \leqslant 1, \boldsymbol{y} \in K\} \tag{3}$$

如果 $K \in \mathscr{K}_0^n$,由支撑函数、径向函数和极体的定义可得

$$h_{K^*} = \frac{1}{\rho_K} \text{ 及 } \rho_{K^*} = \frac{1}{h_K} \tag{4}$$

对 $K, L \in \mathscr{K}^n$ 和 $\varepsilon > 0$,它们的 Firey L_2 — 组合 $K + 2\varepsilon \circ L$ 是一个凸体,其支撑函数可以定义为

$$h(K + 2\varepsilon \circ L, \circ)^2 = h(K, \circ)^2 + \varepsilon h(L, \circ)^2 \tag{5}$$

对 $K, L \in \mathscr{K}^n$,K 和 L 的 L_2 —混合体积 $V_2(K, L)$ 定义为

$$\frac{n}{2}V_2(K,L)=\lim_{\varepsilon\to 0^+}\frac{V(K+2\varepsilon\circ L)-V(K)}{\varepsilon}\qquad(6)$$

这一极限的存在性由 Lutwak 给出. Lutwak 还证明了对每一个以原点为对称中心的凸体,相应地存在一个定义在 S^{n-1} 上的正的 Borel 测度 $S_2(K,\circ)$,使得

$$V_2(K,Q)=\frac{1}{n}\int_{S^{n-1}}h_Q(\boldsymbol{v})^2\mathrm{d}S_2(K,\boldsymbol{v})\qquad(7)$$

对每一个 $Q\in\mathscr{K}^n$ 成立.

Lutwak 又证明了 $S_2(K,\circ)$ 对经典的表面积测度 S_K 是绝对连续的,并有 Radon-Nikodym 导数

$$\frac{\mathrm{d}S_2(K,\circ)}{\mathrm{d}S_K}=\frac{1}{h_K}\qquad(8)$$

对 $\boldsymbol{u}\in S^{n-1}$,凸体 K 的新椭球 $\Gamma_{-2}K$ 定义为

$$\rho_{\Gamma_{-2}K}^{-2}(\boldsymbol{u})=\frac{1}{V(K)}\int_{S^{n-1}}(\boldsymbol{u}\circ\boldsymbol{v})^2\mathrm{d}S_2(K,\boldsymbol{v})\qquad(9)$$

设 P 是 $\mathbf{R}^n$ 中的多胞形并以原点作为其内点,$\{\boldsymbol{u}_i\}_{i=1}^N$,$\{a_i\}_{i=1}^N$ 及 $\{h_i\}_{i=1}^N$ 的定义同定理 1,那么,$S_2(P,\circ)$ 的测度集中在点 $\boldsymbol{u}_1,\cdots,\boldsymbol{u}_N\in S^{n-1}$,且 $S_2(P,\boldsymbol{u}_i)=\frac{a_i}{h_i}$,因此,对多胞形 P,当 $\boldsymbol{u}\in S^{n-1}$ 时,有

$$\rho_{\Gamma_{-2}P}^{-2}(\boldsymbol{u})=\frac{1}{V(P)}\sum_{i=1}^{N}(\boldsymbol{u}\circ\boldsymbol{u}_i)^2\,\frac{a_i}{h_i}\qquad(10)$$

设 $K,L\in\mathscr{K}_0^n$,在 L_2 空间中,仍有经典的 Minkowski 不等式

$$V_2(K,L)\geqslant V(K)^{\frac{n-2}{n}}V(L)^{\frac{2}{n}}\qquad(11)$$

等号成立当且仅当 K 是 L 的一个压缩.

设 K,L 是一个星体,由 K 和 L 的对偶混合体积可以定义为

$$V_{-2}(K,L)=\frac{1}{n}\int_{S^{n-1}}\rho_K^{n+2}(\boldsymbol{v})\rho_L^{-2}(\boldsymbol{v})\mathrm{d}S_v\qquad(12)$$

对 K 和 L 的对偶混合体积，又有以下基本的不等式

$$V_{-2}(K,L) \geqslant V(K)^{\frac{n+2}{n}} V(L)^{-\frac{2}{n}} \tag{13}$$

等号成立当且仅当 K 是 L 的一个压缩. 这一不等式可由 Hölder 不等式和式(12) 直接推出.

§3　多胞形的一个性质

本节我们首先给出多胞形的新椭球是球时的一个性质，然后再建立一个相关的不等式.

定理 3　如果 P 是 $\mathbf{R}^n$ 中的多胞形，且以原点作为其内点，$\{u_i\}_{i=1}^N$，$\{a_i\}_{i=1}^N$，$\{h_i\}_{i=1}^N$ 及 λ 的定义同定理 1，那么 $\Gamma_{-2}P$ 是球当且仅当

$$\sum_{i=1}^{N} (u \circ u_i)^2 \frac{a_i}{h_i} = \frac{\lambda}{n} \tag{14}$$

对任意的 $u \in S^{n-1}$ 成立.

证明　如果式(14) 成立，那么由定义式(10)，对所有的 $u \in S^{n-1}$，有

$$\rho_{\Gamma_{-2}P}^{-2}(u) = \frac{\lambda}{nV(P)}$$

这就意味着 $\Gamma_{-2}P$ 是一个球.

反之，若 $\Gamma_{-2}P$ 是一个球，则必定存在一个实数 R，使得

$$\rho_{\Gamma_{-2}P}^{-2}(u) = R \tag{15}$$

对所有的 $u \in S^{n-1}$ 成立.

在式(10) 中分别取 $u = e_i (i = 1, \cdots, n)$，并将所有的不等式相加可得

$$nR=\frac{1}{V(P)}\sum_{l=1}^{N}\sum_{i=1}^{n}(e_i\circ u_l)^2\frac{a_l}{h_l}=\frac{\lambda}{V(P)}\qquad(16)$$

结合式(15)和(16),即得式(14),证毕.

定理 4 在定理 1 的条件下,有

$$V(\Gamma_{-2}P)\geqslant\omega_n\left(\sum_{i=1}^{N}(h_ia_i)\backslash\lambda\right)^{\frac{n}{2}}$$

等号成立当且仅当 $\Gamma_{-2}P$ 是一个球.

证明 不失一般性,设 $\boldsymbol{e}_1,\boldsymbol{e}_2,\cdots,\boldsymbol{e}_n$ 为 n 维空间的一组单位正交向量,P 一个多胞形,它对应的新椭球 $\Gamma_{-2}P$ 的中心在坐标原点,它的 n 个轴与 $\boldsymbol{e}_1,\boldsymbol{e}_2,\cdots,\boldsymbol{e}_n$ 的方向一致(习惯上称这一位置为椭球的标准位置),那么

$$V(\Gamma_{-2}P)=\omega_n\rho_{\Gamma_{-2}P}(e_1)\rho_{\Gamma_{-2}P}(e_2)\cdots\rho_{\Gamma_{-2}P}(e_n)\qquad(17)$$

由 $\Gamma_{-2}P$ 的定义知

$$\rho_{\Gamma_{-2}P}^{-2}(e_i)=\frac{1}{V(P)}\sum_{l=1}^{N}(e_i\circ u_l)^2\frac{a_l}{h_l}$$

因而

$$\begin{aligned}\sum_{1}^{n}\rho_{\Gamma_{-2}P}^{-2}(e_i)&=\frac{1}{V(P)}\sum_{i=1}^{n}\sum_{l=1}^{N}(e_i\circ u_l)^2\frac{a_l}{h_l}\\&=\frac{1}{V(P)}\sum_{l=1}^{N}\sum_{i=1}^{n}(e_i\circ u_l)^2\frac{a_l}{h_l}\end{aligned}$$

由于 $\|u_l\|^2=\sum_{i=1}^{n}(e_i\circ u_l)^2=1$,所以

$$\sum_{1}^{n}\rho_{\Gamma_{-2}P}^{-2}(e_i)=\frac{\lambda}{V(P)}\qquad(18)$$

由算术几何平均不等式得

$$\frac{\sum_{i=1}^{n}\rho_{\Gamma_{-2}P}^{-2}(e_i)}{n}\geqslant\frac{1}{\sqrt[n]{\rho_{\Gamma_{-2}P}^{2}(e_1)\rho_{\Gamma_{-2}P}^{2}(e_2)\cdots\rho_{\Gamma_{-2}P}^{2}(e_n)}}$$

即

$$\rho_{\Gamma_{-2}P}(e_1)\rho_{\Gamma_{-2}P}(e_2)\cdots\rho_{\Gamma_{-2}P}(e_n)\geqslant\Big(\sum_{i=1}^{n}(\rho_{\Gamma_{-2}P}^{-2}(e_i))\backslash n\Big)^{-\frac{n}{2}}$$

等式成立当且仅当 $\rho_{\Gamma_{-2}P}(e_1)=\rho_{\Gamma_{-2}P}(e_2)=\cdots=\rho_{\Gamma_{-2}P}(e_n)$，即 $\Gamma_{-2}P$ 是一个球.

由式(17) 和(18) 可得

$$\rho_{\Gamma_{-2}P}(e_1)\rho_{\Gamma_{-2}P}(e_2)\cdots\rho_{\Gamma_{-2}P}(e_n)\geqslant\left(\frac{nV(P)}{\lambda}\right)^{\frac{n}{2}}$$

从而

$$V(\Gamma_{-2}P)\geqslant\omega_n\left(\frac{nV(P)}{\lambda}\right)^{\frac{n}{2}}$$

对于多胞形 P，其体积可表示为

$$V(P)=\frac{1}{n}\sum_{i=1}^{N}h_ia_i$$

所以

$$V(\Gamma_{-2}P)\geqslant\omega_n\Big(\sum_{i=1}^{N}(h_ia_i)\backslash\lambda\Big)^{\frac{n}{2}}$$

等号成立当且仅当 $\Gamma_{-2}P$ 是一个球，证毕.

§4　算子 Γ_{-2} 的单调性

用 Z_{-2}^* 表示如下中心对称的凸体：$Z_{-2}^*=\{\Gamma_{-2}^*K\mid K\in\mathscr{K}_0^n\}$. 本节我们将给出 Γ_{-2}^* 在 Z_{-2}^* 中的单调性的证明，主要结论是：

定理 5　设 $K,L\in\mathscr{K}_0^n$. 如果 $\Gamma_{-2}K\subseteq\Gamma_{-2}L$，那么

$$\frac{V_2(K,Q)}{V(K)}\geqslant\frac{V_2(L,Q)}{V(L)}\tag{19}$$

对所有 $Q\in Z_{-2}^*$ 成立.

证明 由积分表示式(7)、定义式(10)及 Fubini's 定理可得

$$\frac{V_2(K,\Gamma_{-2}^* L)}{V(K)}=\frac{V_2(L,\Gamma_{-2}^* K)}{V(L)} \tag{20}$$

因为 $Q\in Z_{-2}^*$，那么一定存在 $M\in \mathscr{K}_0^n$，使得 $Q=\Gamma_{-2}^* M$. 由式(20)得

$$\frac{V_2(K,Q)}{V(K)}=\frac{V_2(K,\Gamma_{-2}^* M)}{V(K)}=\frac{V_2(M,\Gamma_{-2}^* K)}{V(M)} \tag{21}$$

同理

$$\frac{V_2(L,Q)}{V(L)}=\frac{V_2(M,\Gamma_{-2}^* L)}{V(M)} \tag{22}$$

因 $\Gamma_{-2}K\subseteq\Gamma_{-2}L$，所以 $\Gamma_{-2}^* K\supseteq\Gamma_{-2}^* L$，也即

$$h_{\Gamma_{-2}^* K}(u)\geqslant h_{\Gamma_{-2}^* L}(u)$$

对所有的 $u\in S^{n-1}$ 成立.

由式(7)，可得

$$V_2(M,\Gamma_{-2}^* K)\geqslant V_2(M,\Gamma_{-2}^* L)$$

联系式(21)和(22)得式(19)，证毕.

推论 设 $K\in Z_{-2}^*$，$L\in\mathscr{K}_0^n$. 如果 $\Gamma_{-2}K\subseteq\Gamma_{-2}L$，那么

$$V(K)\leqslant V(L)$$

证明 因为 $K\in Z_{-2}^*$，在式(19)中取 $Q=K$，由式(11)可得

$$1\geqslant\frac{V_2(L,Q)}{V(L)}\geqslant\frac{V(K)^{\frac{n-2}{n}}V(L)^{\frac{2}{n}}}{V(L)}$$

即

$$V(L)\geqslant V(K)$$

定理 6 设 $K,L\in\mathscr{K}_0^n$. 若对所有的 $Q\in\mathscr{K}_0^n$ 有 $V_2(K,Q)\leqslant V_2(L,Q)$，那么：

(i) $\frac{V(\Gamma_{-2}K)^{\frac{2}{n}}}{V(K)} \geqslant \frac{V(\Gamma_{-2}L)^{\frac{2}{n}}}{V(L)}$ (23)

(ii) $\frac{V(\Gamma^{*}_{-2}K)^{-\frac{2}{n}}}{V(K)} \geqslant \frac{V(\Gamma^{*}_{-2}L)^{-\frac{2}{n}}}{V(L)}$ (24)

每一个等号成立的条件是当且仅当 $K=L$.

为证明定理 3,我们首先引进如下引理:

引理　若 $K,L\in\mathscr{K}^n_0$,则

$$\frac{V_2(L,\Gamma_2 K)}{V(L)}=\frac{V_{-2}(K,\Gamma_{-2}L)}{V(K)}$$

定理 6 的证明

(i) 因为对所有的 $Q\in\mathscr{K}^n_0$ 有 $V_2(K,Q)\leqslant V_2(L,Q)$,取 $Q=\Gamma_2 M$,则对任何 $M\in\mathscr{K}^n$ 有

$$V_2(K,\Gamma_2 M)\leqslant V_2(L,\Gamma_2 M) \tag{25}$$

等号成立当且仅当 $K=L$.

由引理,有

$$V(K)V_{-2}(M,\Gamma_{-2}K)\leqslant V(L)V_{-2}(M,\Gamma_{-2}L) \tag{26}$$

取 $M=\Gamma_{-2}L$,由式(13) 得

$$\frac{V(\Gamma_{-2}K)^{\frac{2}{n}}}{V(K)} \geqslant \frac{V(\Gamma_{-2}L)^{\frac{2}{n}}}{V(L)} \tag{27}$$

等式成立当且仅当 $\Gamma_{-2}K$ 与 $\Gamma_{-2}L$ 互为压缩.

由引理,不等式(25) 与(26) 等价,"当且仅当 $K=L$"包含了式(27) 中等号成立的条件,由此我们得到式(23) 中等式成立的条件.

(ii) 因为 $V_2(K,Q)\leqslant V_2(L,Q)$,取 $Q=\Gamma^{*}_{-2}M$,对任意的凸体 $M\in\mathscr{K}^n_0$,有

$$V_2(K,\Gamma^{*}_{-2}M)\leqslant V_2(L,\Gamma^{*}_{-2}M) \tag{28}$$

等式成立当且仅当 $K=L$.

联系不等式(28),等式(20),可得

$$V(K)V_2(M,\Gamma_{-2}^{*}K)\leqslant V(L)V_2(M,\Gamma_{-2}^{*}L)$$

取 $M=\Gamma_{-2}^{*}L$ 考虑式(11),又可得

$$\frac{V(\Gamma_{-2}^{*}K)^{-\frac{2}{n}}}{V(K)}\geqslant\frac{V(\Gamma_{-2}^{*}L)^{-\frac{2}{n}}}{V(L)} \tag{29}$$

等式成立当且仅当 $\Gamma_2^{*}K$ 与 $\Gamma_2^{*}L$ 互为压缩.

由式(28)和(29)等号成立的条件,得式(24)中等号成立的条件是当且仅当 $K=L$,证毕.

对偶 Brunn-Minkowski-Firey 定理

第17章

湖南师范大学数学系的李小燕，上海大学数学系的何斌吾两位教授2005年引入了星体的对偶混合均质积分和对偶混合 p—均质积分的概念，利用积分的方法证明了几个涉及对偶混合均质积分的不等式，推广了对偶的 Brunn-Minkowski 理论.

§1 引　言

凸体的 Brunn-Minkowski 理论是定量凸分析的精髓，它起源于 Brunn-Minkowski 不等式和混合体积的记号.国际上众多的几何学家对此有着浓厚的兴趣,国内几何工作者的专著论文也层出不穷.自 1975 年著名数学家 Lutwak 引入星体的对偶混合体积以来,星体理论与由 Minkowski、Blaschke、Alexandrov 等开创的经典的凸体理论有着惊人的相似,Lutwak、Gardenr、张高勇等利用函数分析等工具获得了大量优美的结果,它作为几何断层学(geometric tomography)的研究对象之一被广泛地应用于体视学(stereology),机器人学中的几何探索(geometric probing)和仿晶学(crystallography)等领域,Firey 扩展了 Minkowski 线性组合,引进了 Minkowski p-sum. Lutwak 引入并证明了由 Minkowski p-sum 导出的 Brunn-Minkowski 理论.

星体的 Brunn-Minkowski 理论是在径向函数、对偶 Minkowski 线性组合、对偶混合体积等基本概念的基础上建立起来的.本章的目的是引进星体的对偶 Minkowski 线性组合以及对偶 p 和.推导一系列由该概念产生的对偶 Brunn-Minkowski 理论.

我们用 S^{n-1} 和 B 分别代表 n 维欧氏空间 $\mathbf{R}^n$ 的单位球面和闭单位球.一个集合 K 被称为包含原点的星集,如果过原点的直线交 K 于一条闭线段(可退化).一个星集 K 的径向函数可定义为 $S^{n-1} \to R$ 的函数:$\rho_K(u) = \max\{c \geqslant 0 \mid cu \in K\}, u \in S^{n-1}$.如果 ρ_K 是 S^{n-1} 上的正连续函数,则称 K 是包含原点的星体.我们用 φ^n 表示 $\mathbf{R}^n$ 的包含原点的星体的集合.

我们定义 $\mathbf{R}^n$ 中向量 $\boldsymbol{x}_1, \cdots, \boldsymbol{x}_r$ 的径向和如下:如果 $\boldsymbol{x}_1, \cdots, \boldsymbol{x}_r$ 共线,则 $\boldsymbol{x}_1 + \cdots + \boldsymbol{x}_r$ 是通常的向量加法,否则为零向量.

如果 $K_1,\cdots,K_r\in\varphi^n$ 和 $\lambda_1,\cdots,\lambda_r\in\mathbf{R}$，则径向的 Minkowski 线性组合被定义为

$$\lambda_1K_1+\cdots+\lambda_rK_r=\{\lambda_1x_1+\cdots+\lambda_rx_r\mid x_i\in K_i\}$$

容易证明：$\forall K,L\in\varphi^n$ 和 $\alpha,\beta\geqslant 0,\rho_{\alpha K+\beta L}(u)=\alpha\rho_K(u)+\beta\rho_L(u)$

我们定义 φ^n 上 K,L 的 Hausdorff 距离 $\tilde{\delta}$ 为：$\tilde{\delta}(K,L)=|\rho_K-\rho_L|_\infty$.

利用体积的极坐标公式，则径向的 Minkowski 线性组合 $\lambda_1K_1+\cdots+\lambda_rK_r$ 的体积是

$$V(\lambda_1K_1+\cdots+\lambda_rK_r)=\sum_{1\leqslant i_1,\cdots,i_n\leqslant r}\widetilde{V}(K_{i_1},\cdots,K_{i_n})\lambda_{i_1}\cdots\lambda_{i_n}$$

我们称系数 $\widetilde{V}(K_{i_1},\cdots,K_{i_n})$ 为 $K_{i_1},\cdots,K_{i_n}$ 的对偶混合体积.

如果 $K_1,\cdots,K_n\in\varphi^n$，则对偶混合体积的积分表达是

$$\widetilde{V}(K_1,\cdots,K_n)=\frac{1}{n}\int_{S^{n-1}}\rho_{K_1}(u)\cdots\rho_{K_n}(u)\mathrm{d}S(u)$$

特别，$\widetilde{V}(K,\cdots,K)=V(K)$. 如果 $K,L\in\varphi^n$，有

$$\begin{aligned}\widetilde{V}_i(K,L)&=\widetilde{V}(K,\cdots,K,L,\cdots,L)\\&=\frac{1}{n}\int_{S^{n-1}}\rho_K(u)^{n-i}\rho_L(u)^i\mathrm{d}S(u)\end{aligned}$$

我们称 $\widetilde{V}_i(K,B)$ 为 K 的 i 阶对偶均质积分，记为 $\widetilde{W}_i(K)$.

有关对偶均质积分，已有如下著名的 Aleksandrov-Fenchel 不等式

$$\widetilde{W}_j(K)^{k-i}\leqslant\widetilde{W}_i(K)^{k-j}\widetilde{W}_k(K)^{j-i}\quad(0\leqslant i<j<k\leqslant n)\tag{1}$$

Brunn-Minkowski 不等式

$$\widetilde{W}_i(K+sL)^{\frac{1}{n-i}} \leqslant \widetilde{W}_i(K)^{\frac{1}{n-i}} + \widetilde{W}_i(L)^{\frac{1}{n-i}} \qquad (2)$$

$$(i=0,1,\cdots,n-1)$$

等式当且仅当 K 和 L 是相互膨胀(dilates)时成立.

§2　对偶混合均质积分

当 K,L 为一般凸体时,Busemann 定义了混合均质积分 $W_i(K,L)$ 的概念,证明了混合均质积分的一个基本不等式

$$W_i(K,L)^{n-i} \geqslant W_i(K)^{n-i-1} W_i(L) \qquad (3)$$

对于 $K,L \in \varphi^n$,我们定义对偶混合均质积分 $\widetilde{W}_i(K,L)$ 为

$$(n-i)\widetilde{W}_i(K,L) = \lim_{\varepsilon \to 0^+} \frac{\widetilde{W}_i(K+\varepsilon L) - \widetilde{W}_i(K)}{\varepsilon}$$

$$(0 \leqslant i \leqslant n-1) \qquad (4)$$

显然

$$\widetilde{W}_i(\lambda K) = \lambda^{n-i}\widetilde{W}_i(K), \widetilde{W}_i(K,L) = \widetilde{W}_i(K)$$

$$\widetilde{W}_{n-1}(K,L) = \widetilde{W}_{n-1}(L), \widetilde{W}_0(K,L) = \widetilde{V}_1(K,L)$$

我们将证明关于对偶混合均质积分 $\widetilde{W}_i(K,L)$,有类似与不等式(3)的逆向不等式成立. 为此,我们先证明下面的结论.

定理 1　设 $K,L \in \varphi^n$,则对偶混合均质积分 $\widetilde{W}_i(K,L)$ 可表示为如下积分形式

$$\widetilde{W}_i(K,L) = \frac{1}{n}\int_{S^{n-1}} \rho_K^{n-i-1}(u)\rho_L(u)\mathrm{d}S(u) \qquad (5)$$

证明　根据 $\widetilde{W}_i(K,L)$ 和 $\widetilde{W}_i(K)$ 的定义及 ρ 的线

性性,可得

$$(n-i)\widetilde{W}_i(K,L)=\frac{1}{n}\lim_{\varepsilon\to 0^+}\frac{\int_{S^{n-1}}(\rho_{K+\varepsilon L}^{n-i}-\rho_K^{n-i})\mathrm{d}S(u)}{\varepsilon}$$
$$=\frac{1}{n}\int_{S^{n-1}}\lim_{\varepsilon\to 0^+}\frac{(\rho_K+\varepsilon\rho_L)^{n-i}-\rho_K^{n-i}}{\varepsilon}\mathrm{d}S(u)$$
$$=\frac{n-i}{n}\int_{S^{n-1}}\rho_K^{n-i-1}(u)\rho_L(u)\mathrm{d}S(u)$$

定理 2　设 $K,L\in\varphi^n$, $0\leqslant i<n-1$,有

$$\widetilde{W}_i(K,L)^{n-i}\leqslant\widetilde{W}_i(K)^{n-i-1}\widetilde{W}_i(L) \tag{6}$$

等式当且仅当 K 和 L 是相互膨胀时成立.

注:当 $i=n-1$ 时,上面不等式取等号.

本定理的证明是本章 §3 定理 4 证明 $p=1$ 的特殊情形,在此略去.

§3　对偶混合 p 均质积分

我们推广对偶混合均质积分的概念,对应于混合 p 均质积分,引入对偶混合 p 均质积分,并且建立与 Brunn-Minkowski 不等式及其他一系列著名不等式对应的对偶不等式.

定义 1　对于实数 $p\geqslant 1$,对任意 $K,L\in\varphi^n$,以及 $\alpha,\beta\geqslant 0$(不全为零),定义对偶的 Firey 线性组合 $\alpha\circ K+_p\beta\circ L\in\varphi^n$ 为

$$\rho(\alpha\circ K+_p\beta\circ L,\circ)^p=\alpha\rho(K,\circ)^p+\beta\rho(L,\circ)^p \tag{7}$$

注意这里"$\circ$"表示对偶的 Firey 点乘,不必用"$\circ_p$"表示.明显,$\alpha\circ K=\alpha^{\frac{1}{p}}K$.

定义 2 对于实数 $p \geqslant 1$，对任意 $K, L \in \varphi^n$，定义对偶混合 p 均质积分 $\widetilde{W}_{p,i}(K,L)$ 如下

$$\frac{n-i}{p}\widetilde{W}_{p,i}(K,L) = \lim_{\varepsilon \to 0^+} \frac{\widetilde{W}_i(K +_p \varepsilon \circ L) - \widetilde{W}_i(K)}{\varepsilon}$$
$$(0 \leqslant i \leqslant n-1) \tag{8}$$

显然，当 $p=1$ 时，$\widetilde{W}_{p,i}(K,L) = \widetilde{W}_i(K,L)$，对任意 $p \geqslant 1$，都有 $\widetilde{W}_{p,i}(K,L) = \widetilde{W}_i(K)$.

利用对偶的 Firey 线性组合和对偶混合 p 均质积分的定义，可得如下结论：

定理 3 设 $K, L \in \varphi^n, p \geqslant 1, 0 \leqslant i \leqslant n-1$，$\phi \in O(n)$（正交变换群），则有

$$\widetilde{W}_{p,i}(\phi(K), \phi(L)) = \widetilde{W}_{p,i}(K,L) \tag{9}$$

证明 由 ρ 的定义，易知 $\rho(\phi(K),u) = \rho(K, \phi^{-1}(u))$，根据对偶的 Firey 线生组合的定义可知，对 $u \in S^{n-1}$，有

$$\begin{aligned}
\rho(\phi(K +_p \varepsilon \circ L), u)^p &= \rho(K +_p \varepsilon \circ L, \phi^{-1}(u))^p \\
&= \rho(K, \phi^{-1}(u))^p + \varepsilon\rho(L, \phi^{-1}(u))^p \\
&= \rho(\phi K, u)^p + \varepsilon\rho(\phi L, u)^p \\
&= \rho(\phi K +_p \varepsilon \circ \phi L, u)^p
\end{aligned}$$

所以

$$\phi(K +_p \varepsilon \circ L) = \phi K +_p \varepsilon \circ \phi L$$

注意到对偶混合体积在线性变换下的不变性：$\widetilde{V}(\phi K_1, \cdots, \phi K_n) = \widetilde{V}(K_1, \cdots, K_n)$，并注意到 $\phi B = B$ 的事实，即得 $\widetilde{W}_i(\phi K) = \widetilde{W}_i(K)$.

再利用 $\widetilde{W}_{p,i}(K,L)$ 的定义，容易得到定理的证明.

定理 4 设 $K, L \in \varphi^n, p \geqslant 1, 0 \leqslant i \leqslant n-1$，则对

偶混合 p 均质积分 $\widetilde{W}_{p,i}(K,L)$ 可表示为如下积分形式

$$\widetilde{W}_{p,i}(K,L)=\int_{S^{n-1}}\rho(K,u)^{n-i-p}\rho(L,u)^{p}\mathrm{d}S(u) \tag{10}$$

证明　根据和 $\widetilde{W}_i(K)$ 的定义及 ρ 的对偶的 Firey 线性性,可得

$$\begin{aligned}
&\frac{n-i}{p}\widetilde{W}_{p,i}(K,L)\\
=&\lim_{\varepsilon\to 0^+}\frac{\frac{1}{n}\int_{S^{n-1}}[\rho(K\widetilde{+}_{p}\varepsilon\circ L,u)^{n-i}-\rho(K,u)^{n-i}]\mathrm{d}S(u)}{\varepsilon}\\
=&\frac{1}{n}\int_{S^{n-1}}\lim_{\varepsilon\to 0^+}\frac{[\rho(K,u)^{p}+\varepsilon\rho(L,u)^{p}]^{\frac{n-i}{p}}-\rho(K,u)^{n-i}}{\varepsilon}\mathrm{d}S(u)\\
=&\frac{n-i}{np}\int_{S^{n-1}}\rho(K,u)^{n-i-1}\rho(L,u)\mathrm{d}S(u)
\end{aligned}$$

定理 5　设实数 $p\geqslant 1,K,L\in\varphi^n$,当 $0\leqslant i\leqslant n-1$ 时,则有

$$\widetilde{W}_{p,i}(K,L)^{n-i}\leqslant\widetilde{W}_i(K)^{n-i-p}\widetilde{W}_i(L)^{p} \tag{11}$$

等式当且仅当 K 和 L 是膨胀时成立.

证明　当 $i<n-1$ 时,利用 $\widetilde{W}_{p,i}(K,L)$ 的积分表示和 Hölder 不等式

$$\begin{aligned}
&\widetilde{W}_{p,i}(K,L)\\
=&\int_{S^{n-1}}\rho(K,u)^{n-i-p}\rho(L,u)^{p}\mathrm{d}S(u)\\
\leqslant&[\int_{S^{n-1}}\rho(K,u)^{n-i}\mathrm{d}S(u)]^{\frac{n-i-p}{n-i}}\left[\frac{1}{n}\int_{S^{n-1}}\rho(L,u)^{n-i}\mathrm{d}S(u)\right]^{\frac{p}{n-i}}\\
=&\widetilde{W}_i(K)^{\frac{n-i-p}{n-i}}\widetilde{W}_i(L)^{\frac{p}{n-i}}
\end{aligned}$$

即得定理中的不等式.

为获得等号成立的条件,注意到 Hölder 不等式的

等号当且仅当 $\rho(K,u)^{n-i}=c\rho(L,u)^{n-i}$（$c$ 为常数），即 $\rho(K,u)=\lambda\rho(L,u)$（$\lambda$ 为常数），从而 K 和 L 是膨胀.

利用 $\widetilde{W}_{p,i}(K,L)$ 的积分表示和对偶的 Firey 线性组合的定义，结合 §2 定理 1，容易验证对偶混合 p 均质积分 $\widetilde{W}_{p,i}(K,L)$ 的几条性质，即：

命题 1 设 $Q,K,L\in\varphi^n$，$p\geqslant 1$，$i\geqslant 0$，$\widetilde{W}_{p,i}(Q,K\widetilde{+}_pL)=\widetilde{W}_{p,i}(Q,K)+\widetilde{W}_{p,i}(Q,L)$，有

$$\widetilde{W}_{p,i}(\alpha\circ K\widetilde{+}_p\beta\circ L)=\alpha^{n-i-p}\beta^p\widetilde{W}_{p,i}(K,L)$$

$$\widetilde{W}_{p,i}(Q,K\widetilde{+}_pL)\leqslant W_i(Q)^{\frac{n-i-p}{n-i}}\left[W_i(K)^{\frac{p}{n-i}}+W_i(L)^{\frac{p}{n-i}}\right]$$

其中不等式当且仅当 K 和 L 都是 Q 的膨胀时等式成立.

在上面的不等式中，令 $Q=K\widetilde{+}_pL$，注意到 $\widetilde{W}_{p,i}(Q,Q)=\widetilde{W}_i(Q)$，则得如下推论：

推论 1 设实数 $p\geqslant 1$，$K,L\in\varphi^n$，当 $0\leqslant i\leqslant n-1$ 时，则有

$$\widetilde{W}_i(K\widetilde{+}_pL)^{\frac{p}{n-i}}\leqslant\widetilde{W}_i(K)^{\frac{p}{n-i}}+\widetilde{W}_i(L)^{\frac{p}{n-i}}\qquad(12)$$

等式当且仅当 K 和 L 是膨胀时成立.

注记 这是对偶 Brunn-Minkowski 不等式的推广，当 $p=1$，$i=0$ 时正是著名的对偶 Brunn-Minkowski 不等式.

定理 6 设实数 $K,L\in\varphi^n$，当 $0\leqslant i\leqslant n-1$，$n-i\neq p\geqslant 1$ 时，如果存在包含 K,L 的子集 $\phi\subset\varphi^n$，对任意 $Q\in\phi$ 有 $\widetilde{W}_{p,i}(K,Q)=\widetilde{W}_{p,i}(L,Q)$，则 $K=L$.

证明 取 $Q=K$，利用定理的条件可得 $\widetilde{W}_i(K)=\widetilde{W}_{p,i}(K,K)=\widetilde{W}_{p,i}(L,K)$，利用定理 5 易知，$\widetilde{W}_i(K)^{n-i-p}\leqslant\widetilde{W}_i(L)^{n-i-p}$，其中等号当且仅当 K,L 是

膨胀时成立.

同理,取 $Q=L$,可得 $\widetilde{W}_i(L)^{n-i-p}\leqslant\widetilde{W}_i(K)^{n-i-p}$,从而,$\widetilde{W}_i(K)=\widetilde{W}_i(L)$,且 K,L 是膨胀. 因此,$K=L$.

类似地,可以证明如下的定理.

定理 7　设 $K,L\in\varphi^n$,当 $0\leqslant i\leqslant n-1,p\geqslant 1$ 时,如果存在包含 K,L 的子集 $\phi\subset\varphi^n$,对任意 $Q\in\phi$ 有 $\widetilde{W}_{p,i}(Q,K)=\widetilde{W}_{p,i}(Q,L)$,则 $K=L$.

为了进一步讨论对偶混合 p 均质积分 $\widetilde{W}_{p,i}(K,L)$ 的性质,我们引入星体 $K\in\varphi^n$ 的内径 $r(K)$ 的概念如下:$r(K)=\max\{\lambda>0\mid\lambda B\subset K\}$. 明显,$r(K)B$ 是包含在 K 内的最大闭球,且有 $r(K)=\min_{u\in S^{n-1}}\rho(K,u)$.

我们将证明函数 $\widetilde{W}_{p,i}(Q,\circ)^{\frac{1}{p}}:\varphi^n\rightarrow(0,\infty)$ 满足 Lipschitzian 条件.

定理 8　设 $Q,K,L\in\varphi^n,p\geqslant 1$,则有 $\left|\widetilde{W}_{p,i}(Q,K)^{\frac{1}{p}}-\widetilde{W}_{p,i}(Q,L)^{\frac{1}{p}}\right|\leqslant\frac{\widetilde{W}_i(Q)}{r(Q)}\tilde{\delta}(K,L)$.

证明　利用 Minkowski 不等式和对偶混合 p 均质积分 $\widetilde{W}_{p,i}(K,L)$ 的积分形式及 ρ 的正连续性,可得

$$\begin{aligned}
&\widetilde{W}_{p,i}(Q,K)^{\frac{1}{p}}\\
&=\left[\int_{S^{n-1}}\rho_Q(u)^{n-i-p}\rho_K(u)^p\mathrm{d}S(u)\right]^{\frac{1}{p}}\\
&\leqslant\left[\int_{S^{n-1}}\rho_Q(u)^{n-i-p}\left|\rho_K(u)-\rho_L(u)\right|^p\mathrm{d}S(u)\right]^{\frac{1}{p}}+\\
&\quad\left[\int_{S^{n-1}}\rho_Q(u)^{n-i-p}\rho_L(u)^p\mathrm{d}S(u)\right]^{\frac{1}{p}}
\end{aligned}$$

$$\begin{aligned}
&\left|\widetilde{W}_{p,i}(Q,K)^{\frac{1}{p}}-\widetilde{W}_{p,i}(Q,L)^{\frac{1}{p}}\right|\\
&\leqslant\left[\int_{S^{n-1}}\rho_Q(u)^{n-i-p}\left|\rho_K(u)-\rho_L(u)\right|^p\mathrm{d}S(u)\right]^{\frac{1}{p}}
\end{aligned}$$

$$\leqslant |\rho_K-\rho_L|_\infty \max_{u\in S^{n-1}}\rho(Q,u)^{-1}\left[\int_{S^{n-1}}\rho_Q(u)^{n-i}\right]^{\frac{1}{p}}$$

$$\leqslant \frac{\widetilde{W}_i(Q)}{r(Q)}\tilde{\delta}(K,L)$$

凸体 Minkowski 不等式的改进

第 18 章

中国计量学院理学院数学系的赵长健教授2013年改进了凸体体积差的Minkowski不等式，获得了凸体混合体积差函数的Minkowski型不等式的加强形式，给出了凸体混合体积差函数的新的下界估计.

§1 引 言

众所周知，凸体经典的Minkowski不等式可叙述为：

若 K 与 L 是 $\mathbf{R}^n$ 的紧域，则

$$V_1(K,L)^n \geqslant V(K)^{n-1}V(L) \quad (1)$$

等号成立当且仅当 K 与 L 是相似的.

这里,对于 $\mathbf{R}^n$ 上的紧域 K 与 L,K 与 L 的混合体积 $V_1(K,L)$ 被定义为

$$V_1(K,L)=\frac{1}{n}\int_{S^{n-1}}h(L,u)\mathrm{d}S(K,u)$$

其中 S^{n-1} 表示 $\mathbf{R}^n$ 上的单位球面.对于 $u\in S^{n-1}$,$h(L,u)=\max\{u\cdot x\mid x\in L\}$ 表示 L 的支撑函数,且 $\mathrm{d}S(K,u)$ 是 K 的表面积微元.

星体的对偶 Minkowski 不等式可叙述为:

若 K 与 L 是 $\mathbf{R}^n$ 的星体,则

$$\widetilde{V}_1(K,L)^n\leqslant V(K)^{n-1}V(L) \tag{2}$$

等号成立当且仅当 K 与 L 是膨胀的.

星体 K 与 L 的对偶混合体积 $\widetilde{V}_1(K,L)$ 被定义为

$$\widetilde{V}_1(K,L)=\frac{1}{n}\int_{S^{n-1}}\rho(K,u)^{n-1}\rho(L,u)\mathrm{d}S(u)$$

其中 $\rho(K,u)=\max\{\lambda\geqslant 0\mid \lambda u\in K,u\in S^{n-1}\}$ 是星体 K 的径向函数.

2004 年,冷岗松首次引进了两个紧域 K 与 L 的如下体积差函数概念

$$Dv(K,D)=V(K)-V(D),D\subseteq K$$

体积差的 Minkowski 不等式被建立并获得了下列定理.

定理 A 若 K,L 和 D 是 $\mathbf{R}^n$ 上的紧域,$D\subseteq K$,$D'\subseteq L$,且 D' 是 D 的一相似的复本,则

$$\begin{aligned}&[V_1(K,L)-V_1(D,D')]^n\\ &\geqslant[V(K)-V(D)]^{n-1}[V(L)-V(D')]\end{aligned} \tag{3}$$

等号成立当且仅当 K 和 L 是相似的且 $(V(K),V(D))=\mu(V(L),V(D'))$,其中 μ 是一个常

数.

本章的首要任务是证明了不等式(3)的一个加强形式.

定理 1　若 K,L 和 D 是 $\mathbf{R}^n$ 上的紧域,$D\subseteq K$,$D'\subseteq L$,且 D' 是 D 的一相似的复本,则

$$[V_1(K,L)-(V_1(D,D'))]^n \geqslant [V(K)^{n-1}-V(D)^{n-1}][V(L)-V(D')] \quad (4)$$

等号成立当且仅当 K 和 L 是相似的且 $(V(K),V(D))=\mu(V(L),V(D'))$,其中 μ 是一个常数.

注记 1　对于任意实数 a 和 b,若 $a\geqslant b\geqslant 0$,则 $a^{n-1}-b^{n-1}\geqslant(a-b)^{n-1}$.因此 $V(K)^{n-1}-V(D)^{n-1}\geqslant(V(K)-V(D))^{n-1}$,所以不等式(4)是不等式(3)的加强.

另外,在(4)中,若令 D 和 D' 分别为单个的点,则不等式(4)变成不等式(1).这也显示了不等式(4)是不等式(1)的一个新的推广.

凸体 K 和 L 的混合 p-均值积分 $W_{p,i}(K,L)$ 被定义为

$$W_{p,i}(K,L)=\frac{1}{n}\int_{S^{n-1}}h(L,u)^p\mathrm{d}S_{p,i}(K,u),0\leqslant i<n,p\geqslant 1$$

其中 $S_{p,i}(K,\cdot)$ 表示单位球面 S^{n-1} 的 Boel 测度.测度 $S_{p,i}(K,\cdot)$ 相对于 $S_i(K,\cdot)$ 是绝对连续的,且有 Radon-Nikodym 导数关系

$$\frac{\mathrm{d}S_{p,i}(K,\cdot)}{\mathrm{d}S_i(K,\cdot)}=h(K,\cdot)^{1-p}$$

其中 $S_i(K,\cdot)$ 是 S^{n-1} 上的正则 Boel 测度.测度 $S_{n-1}(K,\cdot)$ 是与凸体 K 无关的,且正是通常在 S^{n-1} 上的 Lebesgue 测度 S. $S_i(B,\cdot)$ 表示 $\mathbf{R}^n$ 上的单位球的

i 一阶表面积测度. 事实上,对于任意 i,有 $S_i(B,\cdot)=S$. 这个表面积测度 $S_0(K,\cdot)$ 正是 $S(K,\cdot)$.

2006 年,凸体的混合 p - 均值积分的差的 Minkowski 不等式被建立.

定理 B 若 K,L 和 D 是 $\mathbf{R}^n$ 上的凸体,$D\subseteq K$, $D'\subseteq L,0\leqslant i<n,p\geqslant 1$,且 D' 是 D 的一相似的复本,则

$$[W_{p,i}(K,L)-W_{p,i}(D,D')]^{n-i} \geqslant [W_i(K)-W_i(D)]^{n-i-p}[W_i(L)-W_i(D')]^p \tag{5}$$

对于 $0\leqslant i<n-p$ 等号成立当且仅当 K 和 L 是相似的($p=1$),或是膨胀的($p>1$),且$(W_i(K),W_i(D))=\mu(W_i(L),W_i(D'))$,其中 μ 是一个常数.

本章的另一个工作是给出了不等式(5)的如下的一个加强形式.

定理 2 若 K,L 和 D 是 $\mathbf{R}^n$ 上的凸体,$D\subseteq K$, $D'\subseteq L,0\leqslant i<n,p\geqslant 1$,且 D' 是 D 的一相似的复本,则

$$[W_{p,i}(K,L)-W_{p,i}(D,D')]^{n-i} \geqslant [W_i(K)^{n-i-p}-W_i(D)^{n-i-p}][W_i(L)^p-W_i(D')^p] \tag{6}$$

对于 $0\leqslant i<n-p$ 等号成立当且仅当 K 和 L 是相似的($p=1$)或是膨胀的($p>1$)且$(W_i(K),W_i(D))=\mu(W_i(L),W_i(D'))$,其中 μ 是一个常数.

注记 2 若 $1\leqslant p\leqslant n-i$,则 $W_i(K)^{n-i-p}-W_i(D)^{n-i-p}\geqslant[W_i(K)-W_i(D)]^{n-i-p}$ 且 $W_i(L)^p-W_i(D')^p\geqslant[W_i(L)-W_i(D')]^p$. 因此不等式(6)是(5)的加强.

另一方面，吕松军引进了星体的对偶体积差函数概念且星体的对偶体积差的 Minkowski 不等式也被建立.

定理 C　若 K,L 和 D 是 $\mathbf{R}^n$ 上的星体，$D\subseteq K$，$D'\subseteq L$，$0\leqslant i<n$，且 D' 是 D 的一膨胀的复本，则

$$[\widetilde{V}_1(K,L)-\widetilde{V}_1(D,D')]^n \geqslant [V(K)-V(D)]^{n-1}[V(L)-V(D')] \tag{7}$$

等号成立当且仅当 D 和 D' 是膨胀的且 $(K,D)=\mu(L,D')$，其中 μ 是常数.

最后，我们建立了不等式(7)的如下较强的形式.

定理 3　若 K,L 和 D 是 $\mathbf{R}^n$ 上的星体，$D\subseteq K$，$D'\subseteq L$，$0\leqslant i<n$，且 D' 是 D 的一膨胀的复本，则

$$[\widetilde{V}_1(K,L)-\widetilde{V}_1(D,D')]^n \geqslant [V(K)^{n-1}-V(D)^{n-1}][V(L)-V(D')] \tag{8}$$

等号成立当且仅当 D 和 D' 是膨胀的且 $(K,D)=\mu(L,D')$，其中 μ 是常数.

注记 3　不等式(8)是不等式(7)的一个加强.

§2　准备工作

本章讨论在 n 维欧氏空间 $\mathbf{R}^n(n>2)$，令 $\mathcal{K}^n$ 表示 $\mathbf{R}^n$ 上的凸体(含非空内点的紧凸集). 用 $\boldsymbol{u}$ 表示单位向量，且 B 表示质心在原点的单位球. 用 S^{n-1} 表示单位球 B 的表面. 设 $\boldsymbol{u}\in S^{n-1}$，令 E_u 表示通过原点且垂直 $\boldsymbol{u}$ 的超平面. 我们用 K^u 表示 K 在超平面 E_u 上的正投影.

令 $V(K)$ 表示凸体 K 的 n 维体积，且 $h(K,\cdot)$：

$S^{n-1} \to \mathbf{R}$,表示凸体 K 的支撑函数,即

$$h(K,\boldsymbol{u}) = \max\{u \cdot x \mid x \in K\} \quad (u \in S^{n-1})$$

其中 $u \cdot x$ 表示 u 和 x 在 $\mathbf{R}^n$ 上通常的内积.

令 δ 表示在 $\mathscr{K}^n$ 上 Hausdorff 的距离,即设 $K,L \in \mathscr{K}^n$,$\delta(K,L) = | h_K - h_L |_\infty$,其中 $|\cdot|_\infty$ 表示在连续空间 $C(S^{n-1})$ 上的最大范数.

若 $\mathbf{R}^n$ 的一个紧的子集,相对于原点是星形的,则它的径向函数 $\rho(K,\cdot):S^{n-1} \to \mathbf{R}$ 被定义为

$$\rho(K,u) = \max\{\lambda \geqslant 0 \mid \lambda u \in K\}, u \in S^{n-1}$$

若 $\rho(K,\cdot)$ 是正的连续的,则 K 被称为星体.令 $\mathscr{S}^n$ 表示 $\mathbf{R}^n$ 上的所有星体的集合.令 $\tilde{\delta}$ 表示径向 Hausdorff 距离.若 $K,L \in \mathscr{S}^n$,则径向 Hausdorff 距离为 $\tilde{\delta}(K,L) = | \rho_K - \rho_L |_\infty$.

对凸体 K 和一个非负常数 λ,λK 用来表示 $\{\lambda x \mid x \in K\}$.对于 $K_i \in \mathscr{K}^n$,$\lambda_i \geqslant 0 (i = 1,2,\cdots,r)$,Minkowski 线性组合 $\sum_{i=1}^{r}\lambda_i K_i \in \mathscr{K}^n$ 被定义为

$$\sum_{i=1}^{r}\lambda_i K_i = \left\{\sum_{i=1}^{r}\lambda_i x_i \in \mathscr{K}^n \mid x_i \in K_i\right\}$$

1. 混合体积

若 $K_i \in \mathscr{K}^n (i=1,2,\cdots,r)$ 和非负实数 $\lambda_i (i=1,2,\cdots,r)$,则

$$V\left(\sum_{i=1}^{r}\lambda_i K_i\right) = \sum_{i_1,\cdots,i_n}\lambda_{i_1}\cdots\lambda_{i_n} V_{i_1\cdots i_n} \tag{1}$$

系数 $V_{i_1\cdots i_n}$ 仅依赖于凸体 $K_{i_1},\cdots,K_{i_n}$ 且由上式唯一确定,$V_{i_1,\cdots,i_n}$ 被称作 $K_{i_1},\cdots,K_{i_n}$ 的混合体积,并记为 $V(K_{i_1},\cdots,K_{i_n})$.令 $K_1 = \cdots = K_{n-i} = K$ 和 $K_{n-i+1} = \cdots = K_n = L$,则混合体积 $V(K_1 \cdots K_n)$ 通常被记为 $V_i(K,$

L). 设 $L=B$,则 $V_i(K,B)$ 称为 K 的 i 次均质积分并记为 $W_i(K)$.

2. 对偶混合体积

若 $K_1,\cdots,K_n\in\mathscr{S}^n$,则 $\widetilde{V}(K_1,\cdots,K_n)$ 的对偶混合体积定义为

$$\widetilde{V}(K_1,\cdots,K_n)=\frac{1}{n}\int_{S^{n-1}}\rho(K_1,u)\cdots\rho(K_n,u)\mathrm{d}S(u) \tag{2}$$

若 $K_1=\cdots=K_{n-i}=K,K_{n-i+1}=\cdots=K_n=L$,则这个对偶混合体积被写成 $\widetilde{V}_i(K,L)$. 若 $L=B$,则对偶混合体积为 $\widetilde{V}_i(K,L)=\widetilde{V}_i(K,B)$,写成 $\widetilde{W}_i(K)$,并称 K 的 i 次对偶均质积分.

对于 $K,L\in\mathscr{S}^n$,K 和 L 的 i 一阶对偶混合体积 $\widetilde{V}_i(K,L)$,被 Lutwak 定义为

$$\widetilde{V}_i(K,L)=\frac{1}{n}\int_{S^{n-1}}\rho(K,u)^{n-i}\rho(L,u)^i\mathrm{d}S(u),i\in\mathbf{R} \tag{3}$$

注意到 $\rho(B,\cdot)=1$,对于 $i\in\mathbf{R}$,有

$$\widetilde{W}_i(K)=\frac{1}{n}\int_{S^{n-1}}\rho(K,u)^{n-i}\mathrm{d}S(u),K\in\mathscr{S}^n \tag{4}$$

§3　主要结果

为了证明主要结果,需要下列引理.

引理 1(Popoviciu 不等式)　令 $a=\{a_1,\cdots,a_n\}$ 和 $b=\{b_1,\cdots,b_n\}$ 是两个正的实数列且 $p\geqslant 1$. 若 $a_1^p-\sum_{i=2}^n a_i^p>0$ 或 $b_1^p-\sum_{i=2}^n b_i^p>0$,则

$$\left(a_1^p-\sum_{i=2}^{n}a_i^p\right)\left(b_1^p-\sum_{i=2}^{n}b_i^p\right)\leqslant\left(a_1b_1-\sum_{i=2}^{n}a_ib_i\right)^p \tag{1}$$

等号成立当且仅当 $a=vb$,其中 v 是一个常数.

引理 2 若 $p\geqslant 1,K,L\in\mathscr{K}^n$,且 $0\leqslant i<n$,则

$$W_{p,i}(K,L)^{n-i}\geqslant W_i(K)^{n-i-p}W_i(L)^p \tag{2}$$

对于 $p>1$,等号成立当且仅当 K 和 L 是相互膨胀的;对于 $p=1$,等号成立当且仅当 K 和 L 是相似的.

定理 4 若 K,L 和 D 是 $\mathbf{R}^n$ 上的两个紧域,$D\subseteq K,D'\subseteq L$,且 D' 是 D 的一个相似的副本且 $0\leqslant j\leqslant n$,则

$$\begin{aligned}&(V_j(K,L)-V_j(D,D'))^n\\ \geqslant&(V(K)^{n-j}-V(D)^{n-j})(V(L)^j-V(D')^j)\end{aligned} \tag{3}$$

等号成立当且仅当 K 和 L 是相互膨胀的,且 $(V(K),V(D))=\mu(V(L),V(D'))$,其中 μ 是一个常数.

证明 对于 $1\leqslant m\leqslant n$,注意下列 Aleksandrov-Fenchel 不等式

$$V(K_1,\cdots,K_n)^m\geqslant\prod_{j=1}^{m}V(\underbrace{K_j,\cdots,K_j}_{m},K_{m+1},\cdots,K_n)$$

我们有

$$V_j(K,L)^n\geqslant V(K)^{n-j}V(L)^j \tag{4}$$

等号成立当且仅当 K 和 L 是相似的,且注意到 D' 是 D 的一个相似的副本,则

$$V_j(D,D')^n=V(D)^{n-j}V(D')^j \tag{5}$$

由(4)与(5),则

$$\begin{aligned}&[V_j(K,L)-V_j(D,D')]^n\\ \geqslant&[V(K)^{\frac{n-j}{n}}V(L)^{\frac{j}{n}}-V(D)^{\frac{n-j}{n}}V(D')^{\frac{j}{n}}]^n\end{aligned} \tag{6}$$

由(6)并应用 Popoviciu 不等式(1),则

$$(V_j(K,L)-V_j(D,D'))^n$$
$$\geqslant (V(K)^{n-j}-V(D)^{n-j})(V(L)^j-V(D')^j)$$

等号成立当且仅当 K 和 L 是相似的且 $(V(K),V(D))=\mu(V(L),V(D'))$，其中 μ 是一个常数.

把 $j=1$ 代入(3)，(3) 变成陈述在引言中的不等式(4). 在(3)，令 D 和 D' 是单个的点且 $j=1$，(3) 变成陈述在引言中的经典的 Minkowski 不等式(1).

定理 5　令 K，L 和 D 是 $\mathbf{R}^n$ 上的凸体. 若 $D\subseteq K$，$D'\subseteq L$，$0\leqslant i<n$ 且 $p\geqslant 1$，且 D' 是 D 的一个相似的副本，则

$$(W_{p,i}(K,L)-W_{p,i}(D,D'))^{n-i}$$
$$\geqslant (W_i(K)^{n-i-p}-W_i(D)^{n-i-p})(W_i(L)-W_i(D'))^p \tag{7}$$

对于 $0\leqslant i<n-p$，等号成立当且仅当 K 和 L 是相似的($p=1$)；K 和 L 是相互膨胀的($p>1$) 且 $(W_i(K),W_i(D))=\mu(W_i(L),W_i(D'))$，其中 μ 是一个常数.

证明　因为

$$W_{p,i}(K,L)^{n-i}\geqslant W_i(K)^{n-i-p}W_i(L)^p \tag{8}$$

等号成立当且仅当 K 和 L 是相似的，且注意到 D' 是 D 的一个相似的副本，则

$$W_{p,i}(D,D')^{n-i}=W_i(D)^{n-i-p}W_i(D')^p \tag{9}$$

由(8) 与(9)，则

$$[W_{p,i}(K,L)-W_{p,i}(D,D')]^{n-i}$$
$$\geqslant [W_i(K)^{\frac{n-i-p}{n-i}}W_i(L)^{\frac{p}{n-i}}-W_i(D)^{\frac{n-i-p}{n-i}}W_i(D')^{\frac{p}{n-i}}]^{n-i} \tag{10}$$

由(10) 并注意到 Popoviciu 不等式(1)，则

$$(W_{p,i}(K,L)-W_{p,i}(D,D'))^{n-i}$$
$$\geqslant (W_i(K)^{n-i-p}-W_i(D)^{n-i-p})(W_i(L)^p-W_i(D')^p)$$

对于 $0 \leqslant i < n-p$，等号成立当且仅当 K 和 L 是相似的($p=1$)；K 和 L 是相互膨胀的($p>1$) 且($W_i(K)$，$W_i(D)) = \mu(W_i(L), W_i(D'))$，其中 μ 是一个常数.

在(7)，令 D 与 D' 是单个的点，(7) 变成引理 2 中的不等式(2).

定理6 令 K, D 和 D' 是 $\mathbf{R}^n$ 上的星体. 若 $D \subseteq K$，$D' \subseteq L$，且 L 是 K 的一个膨胀的副本. 对于 $0 \leqslant i \leqslant n$，则

$$(\widetilde{V}_i(K,L) - \widetilde{V}_i(D,D'))^n \geqslant (V(K)^{n-i} - V(D)^{n-i})(V(L)^i - V(D')^i) \tag{11}$$

等号成立当且仅当 D 和 D' 是相互膨胀的且($K, D) = \mu(L, D')$，其中 μ 是一个常数.

证明 对于 $1 < m \leqslant n$，注意对偶 Aleksandrov-Fenchel 不等式

$$\widetilde{V}(K_1, \cdots, K_n)^m \leqslant \prod_{i=0}^{m-1} \widetilde{V}(K_1, \cdots, K_{n-m}, K_{n-i}, \cdots, K_{n-i})$$

等号成立当且仅当 $K_{n-m+1}, K_{n-m+2}, \cdots, K_n$ 是相互膨胀的，有

$$\widetilde{V}_i(D,D')^n \leqslant V(D)^{n-i} V(D')^i \tag{12}$$

等号成立当且仅当 D 和 D' 是相互膨胀的，且注意到 L 是 K 的一个膨胀的复本，则

$$\widetilde{V}_i(K,L)^n = V(K)^{n-i} V(L)^i \tag{13}$$

由(12) 和(13)，则

$$[\widetilde{V}_i(K,L) - \widetilde{V}_i(D,D')]^n \geqslant [V(K)^{\frac{n-i}{n}} V(L)^{\frac{i}{n}} - V(D)^{\frac{n-i}{n}} V(D')^{\frac{i}{n}}]^n \tag{14}$$

由(14) 并应用 Popoviciu 不等式(1)，则

$$(\widetilde{V}_i(K,L)-\widetilde{V}_i(D,D'))^n$$
$$\geqslant (V(K)^{n-i}-V(D)^{n-i})(V(L)^i-V(D')^i)$$

等号成立当且仅当 K 和 L 是相互膨胀且 $(K,D)=\mu(L,D')$,其中 μ 是一个常数.

把 $i=1$ 代入(11),(11) 变成陈述在引言中的(8).

仿射诸群

第 19 章

§1 仿射变换诸群

设 $\mathbf{R}^n$ 表示实 n 数组 $(x_1,\cdots,x_n)$ 所构成的空间，并具有通常的拓扑. 我们将把它叫作笛卡儿 n 维空间. $\mathbf{R}^n$ 的 r 维线性空间叫作 r 维平面($r=1$ 时是直线，$r=2$ 时是平面，$r=n-1$ 时是超平面).

现用 $\boldsymbol{x}$ 表示具有坐标 $(x_1,x_2,\cdots,x_n)$ 的点，同时表示以这些坐标为元素的 $n\times1$ 矩阵. 一个仿射变换是一个把 $\mathbf{R}^n$ 变成自己的变换，它用形式为

$$\boldsymbol{x}' = a\boldsymbol{x} + \boldsymbol{b}, \det \boldsymbol{a} \neq 0 \tag{1}$$

的矩阵方程表示，其中 $\boldsymbol{a} = (a_{ij})$，$\boldsymbol{b} = (b_i)$ 依次是 $n \times n$ 和 $n \times 1$ 矩阵. 一个仿射群是具有(1)形状的变换所构成的群. 这些群和对应的 $(n+1) \times (n+1)$ 方阵群

$$\boldsymbol{g} = \begin{pmatrix} \boldsymbol{a} & \boldsymbol{b} \\ 0 & 1 \end{pmatrix} \tag{2}$$

同构，后一个群的元素满足规律

$$\boldsymbol{g}_2 \boldsymbol{g}_1 = \begin{pmatrix} a_2 a_1 & a_2 b_1 + b_2 \\ 0 & 1 \end{pmatrix}$$

$$\boldsymbol{g}^{-1} = \begin{pmatrix} \boldsymbol{a}^{-1} & -\boldsymbol{a}^{-1}\boldsymbol{b} \\ 0 & 1 \end{pmatrix} \tag{3}$$

一个仿射群的 Maurer-Cartan 齐式和对应的方阵群相同，即方阵 $\boldsymbol{g}^{-1}\mathrm{d}\boldsymbol{g}$ 中一组独立的一次式，而这个方阵现在可分解成矩阵

$$\boldsymbol{\Omega}_1 = \boldsymbol{a}^{-1}\mathrm{d}\boldsymbol{a}, \boldsymbol{\Omega}_2 = \boldsymbol{a}^{-1}\mathrm{d}\boldsymbol{b} \tag{4}$$

通过外导，同时利用关系 $\mathrm{d}\boldsymbol{a}^{-1} = -\boldsymbol{a}^{-1}\mathrm{d}\boldsymbol{a}\boldsymbol{a}^{-1}$，我们得下面的结构方程

$$\mathrm{d}\boldsymbol{\Omega}_1 = -\boldsymbol{\Omega}_1 \wedge \boldsymbol{\Omega}_2, \mathrm{d}\boldsymbol{\Omega}_2 = -\boldsymbol{\Omega}_1 \wedge \boldsymbol{\Omega}_2 \tag{5}$$

若令

$$\boldsymbol{a} = (a_{ij}), \boldsymbol{b} = (b_i), \boldsymbol{a}^{-1} = (a_{ij})$$

$$\boldsymbol{\Omega}_1 = (\omega_{ij}), \boldsymbol{\Omega}_2 = (\omega_i) \tag{6}$$

则方程(4)可以写成显式

$$\omega_{ij} = \sum_{h=1}^{n} a_{ih} \mathrm{d}a_{hj}$$

$$\omega_i = \sum_{h=1}^{n} a_{ih} \mathrm{d}b_h \tag{7}$$

而结构方程变成

$$\mathrm{d}\omega_{ij} = -\sum_{h=1}^{n} \omega_{ih} \wedge \omega_{hj}$$

$$d\omega_i = -\sum_{h=1}^{n} \omega_{ih} \wedge \omega_h \tag{8}$$

若一个仿射群是 r 维的，则在 n^2+n 个一次式 ω_{ij}，ω_i 中恰好有 r 个是线性独立的，它们构成那个群的一组 Maurer-Cartan 式. 例如，对于一般仿射群 $\mathfrak{G}(n)$（$\boldsymbol{a}$ 是任意 $n\times n$ 满秩方阵，而 $\boldsymbol{b}$ 是任意 $n\times 1$ 矩阵），则有 $r=n^2+n$，而 Maurer-Cartan 式就是所有的 ω_{ij}，ω_i. 对于特殊仿射群 $\mathfrak{G}_s(n)$（$\det \boldsymbol{a}=1$），我们有 $r=n^2+n-1$，因而在一次式 ω_{ij}，ω_i 之间存在着一个关系. 事实上，把方程 $d(\det \boldsymbol{a})=0$ 展开，就得

$$\sum_{i,h} a_{hi}\, da_{ih} = 0 \text{ 或 } \omega_{11}+\omega_{22}+\cdots+\omega_{nn}=0 \tag{9}$$

因而 $\mathfrak{G}(n)$ 的 Maurer-Cartan 齐式就是除一个 ω_{ij} 外的所有 ω_{ij}，ω_i.

E. Cartan 的动标　为了给出 Pffaf 式 ω_{ij}，ω_h 的几何意义，取 $\mathbf{R}^n$ 里一个固定标架（p_0；$\boldsymbol{e}_1^0,\boldsymbol{e}_2^0,\cdots,\boldsymbol{e}_n^0$），其中 p_0 是一点而 $\boldsymbol{e}_i^0$ 是 n 个独立点，再取通过仿射变换(1)从固定标架所得到的动标（p；$\boldsymbol{e}_1,\boldsymbol{e}_2,\cdots,\boldsymbol{e}_n$）. 假定 p_0 是原点 $(0,0,\cdots,0)$，而 $\boldsymbol{e}_i^0$ 是坐标矢

$$\boldsymbol{e}_1^0(1,0,\cdots,0),\boldsymbol{e}_2^0(0,1,0,\cdots,0),\cdots,\boldsymbol{e}_n^0(0,\cdots,0,1) \tag{10}$$

若引进矢矩阵

$$\boldsymbol{e}^0=(\boldsymbol{e}_1^0,\boldsymbol{e}_2^0,\cdots,\boldsymbol{e}_n^0),\boldsymbol{e}=(\boldsymbol{e}_1,\boldsymbol{e}_2,\cdots,\boldsymbol{e}_n) \tag{11}$$

我们可以写

$$p-p_0=\boldsymbol{e}^0\boldsymbol{b},\boldsymbol{e}=\boldsymbol{e}^0\boldsymbol{a} \tag{12}$$

因而

$$\begin{aligned} dp &= \boldsymbol{e}^0 d\boldsymbol{b} = \boldsymbol{e}\boldsymbol{a}^{-1} d\boldsymbol{b} = \boldsymbol{e}\Omega_2 \\ d\boldsymbol{e} &= \boldsymbol{e}^0 d\boldsymbol{a} = \boldsymbol{e}\boldsymbol{a}^{-1} d\boldsymbol{a} = \boldsymbol{e}\Omega_1 \end{aligned} \tag{13}$$

这叫作仿射群的动标方程. 它们可以写成

$$\mathrm{d}p = \sum_{i=1}^{n} \omega_i \boldsymbol{e}, \mathrm{d}\boldsymbol{e}_i = \sum_{j=1}^{n} \omega_{ji} \boldsymbol{e}_j \tag{14}$$

注意:由方程 $\boldsymbol{e}=\boldsymbol{e}^0\boldsymbol{a}$ 可知,动标的矢量 $\boldsymbol{e}_i$ 相对于定标的分量就是方阵 $\boldsymbol{a}$ 的列 $a_{1i}, a_{2i}, \cdots, a_{ni}$. 因此,$\det \boldsymbol{a}$ 可以写成 $|\boldsymbol{e}_1\boldsymbol{e}_2\cdots\boldsymbol{e}_n|$,其中每个矢 $\boldsymbol{e}_i$ 需要用它相对于定标的分量所构成的列代入. 在这个记号下,特殊仿射变换的特征是 $|\boldsymbol{e}_1\boldsymbol{e}_2\cdots\boldsymbol{e}_n|=1$,而利用(14),我们有

$$\begin{aligned} \omega_i &= |\boldsymbol{e}_1\boldsymbol{e}_2\cdots\boldsymbol{e}_{i-1}\mathrm{d}p\boldsymbol{e}_{i+1}\cdots\boldsymbol{e}_n| \\ \omega_{ji} &= |\boldsymbol{e}_1\cdots\boldsymbol{e}_{i-1}\mathrm{d}\boldsymbol{e}_i\boldsymbol{e}_{i+1}\cdots\boldsymbol{e}_n| \end{aligned} \tag{15}$$

仿射群的不变体积　我们已经看到,通过(4)的矩阵 Ω_1, Ω_2,可以得到仿射群的左不变一次式. 通过方阵 $\mathrm{d}\boldsymbol{g}\boldsymbol{g}^{-1}$,就可以得到右不变一次式,方阵 $\mathrm{d}\boldsymbol{g}\boldsymbol{g}^{-1}$ 现在可以分解成

$$\overline{\Omega}_1 = \mathrm{d}\boldsymbol{a}\boldsymbol{a}^{-1}, \overline{\Omega}_2 = -\mathrm{d}\boldsymbol{a}\boldsymbol{a}^{-1}\boldsymbol{b} + \mathrm{d}\boldsymbol{b} \tag{16}$$

为了得到仿射群的体元的显式,我们分别考虑 $\boldsymbol{b}=\boldsymbol{0}$ 和 $\boldsymbol{b} \neq \boldsymbol{0}$ 两款.

当列矩阵 $\boldsymbol{b}$ 是零矩阵时,我们得到所谓齐次仿射变换(或中心仿射变换)

$$\boldsymbol{x}' = \boldsymbol{a}\boldsymbol{x}, \det \boldsymbol{a} \neq 0 \tag{17}$$

这个群将用 $\mathfrak{A}^0(n)$ 表示,它和 $\mathrm{GL}(n)$ 同构. 按照(7),左不变体元是

$$\begin{aligned} \mathrm{d}_L\mathfrak{A}^0(n) &= \mathrm{d}_L\mathrm{GL}(n) \\ &= \bigwedge_k (\det \boldsymbol{a})^n \mathrm{d}a_{1k} \wedge \mathrm{d}a_{2k} \wedge \cdots \wedge \mathrm{d}a_{nk} \end{aligned}$$

其中 $\boldsymbol{a}=\boldsymbol{a}^{-1}$. 由(16),右不变一次式是 $\overline{\omega}_{ih} = \sum_1^n \mathrm{d}a_{ik}a_{kh}$,故

$$\mathrm{d}_{\mathbf{R}}\mathfrak{A}^0(n) = \mathrm{d}_{\mathbf{R}}\mathrm{GL}(n) = \bigwedge_i (\det \boldsymbol{a})^n \mathrm{d}a_{i1} \wedge \mathrm{d}a_{i2} \wedge \cdots \wedge \mathrm{d}a_{in}$$

由于 $\det \boldsymbol{a} = (\det \boldsymbol{a})^{-1}$,我们得下面的结论:

群 $\mathfrak{A}^0(n)$（或群 $\mathrm{GL}(n)$）是单模的. 左和右不变体元可以写成

$$\mathrm{d}\mathfrak{A}^0(n)=\mathrm{dGL}(n)=\frac{1}{(\det \boldsymbol{a})^n}\bigwedge_{i,k}\mathrm{d}a_{ik} \tag{18}$$

$\mathbf{R}^n$ 里的特殊齐次仿射群是

$$\boldsymbol{x}'=\boldsymbol{ax},\det \boldsymbol{a}=1 \tag{19}$$

它和 $\mathrm{SL}(n)$ 同构，用 $\mathfrak{A}_s^0$ 表示. 这是 $\mathrm{GL}(n)$ 的一个不变闭子群. 因为，若 $\boldsymbol{g}\in\mathrm{GL}(n)$，$\boldsymbol{g}_H=\mathrm{SL}(n)$，我们有

$$\det(\boldsymbol{g}\boldsymbol{g}_H\boldsymbol{g}^{-1})=1$$

因而 $\boldsymbol{g}\boldsymbol{g}_H\boldsymbol{g}^{-1}\in\mathrm{SL}(n)$. 因此，由于 $\mathrm{GL}(n)$ 是单模群，可知 $\mathrm{SL}(n)$ 也是单模群. 它的左和右不变体元（记住对于密度，我们总考虑绝对值）是

$$\begin{aligned}\mathrm{d}\mathfrak{A}_s^0(n)&=\mathrm{dSL}(n)\\&=\sum_{i=1}^{n}(-1)^{n+i}a_{in}\bigwedge_{h,k}\mathrm{d}a_{hk}(\mathrm{d}a_{in})\end{aligned} \tag{20}$$

其中 $(\mathrm{d}a_{in})$ 表示因子 a_{in} 需要从中删掉. 例如当 $n=2$ 时

$$\mathrm{d}\mathfrak{A}_s^0(2)=\mathrm{dSL}(2)=\frac{\mathrm{d}a_{11}\wedge\mathrm{d}a_{12}\wedge\mathrm{d}a_{21}}{a_{11}}$$

对于一般仿射群(1)，按照(7)，我们有

$$\mathrm{d}_L\mathfrak{A}(n)=(\det \boldsymbol{a})^{-1}\mathrm{d}_L\mathrm{GL}(n)\bigwedge_h\mathrm{d}b_n \tag{21}$$

右不变体元是方阵(16)中的一切元素的外积，它是

$$\mathrm{d}_{\mathbf{R}}\mathfrak{A}(n)=\mathrm{d}_{\mathbf{R}}(\mathrm{GL}(n))\bigwedge_h\mathrm{d}b_h \tag{22}$$

因此，一般仿射群不是单模的. 由前可知 $\Delta(\boldsymbol{g})=(\det \boldsymbol{a})^{-1}$.

非齐次特殊仿射群 $\mathfrak{Q}_s(n)$：$\boldsymbol{x}'=\boldsymbol{ax}+\boldsymbol{b}$，$\det \boldsymbol{a}=1$ 是单模群，它的不变体元是

$$\mathrm{d}\mathfrak{A}_s(n)=\mathrm{dSL}(n)\bigwedge_h\mathrm{d}b_h \tag{23}$$

其中 $\mathrm{dSL}(n)$ 的值见(20).

§2 对于特殊齐次仿射群的线性空间密度

考虑作用于 n 维空间 $\mathbf{R}^n$ 上的特殊齐次仿射变换群 $\mathfrak{A}_s^0(n)$，或简单些 $\mathfrak{A}_s^0$，在 $\mathbf{R}^n-O$ 上，(19) 这个群是可迁而有效的. 设 L_r 为一个不经原点的固定 r 维平面，$\mathfrak{A}_r$ 表示为令 L_r 固定的变换所构成的子群. 显然，在 $\mathfrak{A}_s^0$ 里，$\mathfrak{A}_r$ 是闭的，而且在 r 维平面的集合和齐次空间 $\mathfrak{A}_s^0/\mathfrak{A}_r$ 的点之间有一个一一对应关系. $\mathfrak{A}_s/\mathfrak{A}_r$ 在 $\mathfrak{A}_s^0$ 下的不变密度，如果存在，叫作 r 维平面的密度. 为了判断这样的密度是否存在，假定 r 维平面 L_r 经过 $\boldsymbol{e}_1$ 的终点而平行于 $\boldsymbol{e}_2,\boldsymbol{e}_3,\cdots,\boldsymbol{e}_{r+1}$ 的 r 维平面，在这里，$(\boldsymbol{e}_1,\boldsymbol{e}_2,\cdots,\boldsymbol{e}_n)$ 是在原点 O，满足条件 $|\boldsymbol{e}_1\boldsymbol{e}_2\cdots\boldsymbol{e}_n|=1$ 的动标. 对于 $\mathfrak{A}_s^0$ 中令 L_r 不变的元素，$\mathrm{d}\boldsymbol{e}_i(i=1,2,\cdots,r+1)$ 是 $\boldsymbol{e}_2,\boldsymbol{e}_3,\cdots,\boldsymbol{e}_{r+1}$ 的线性组合. 于是，根据(14) 中第二组方程，它们的特征是

$$\omega_{1i}=0,i=1,2,\cdots,r+1$$

$$\omega_{ji}=0,j=r+2,\cdots,n,i=1,2,\cdots,r+1 \tag{24}$$

L_r 的集合在 $\mathfrak{A}_s^0$ 下有不变密度的一个充要条件是

$$\mathrm{d}(\wedge\ \omega_{1i}\ \wedge\ \omega_{ji})=0 \tag{25}$$

其中外积中下标的范围见(24). $\mathfrak{A}_s^0$ 的结构方程是附有条件(9) 的方程组(8). 利用这些方程可知

$$\wedge\ \omega_{1i}\ \wedge\ \omega_{ji}\ \wedge\ (\sum_{h=1}^{r+1}\omega_{hh})=0$$

$$i=1,\cdots,r+1;j=r+2,\cdots,n \tag{26}$$

这个条件得到满足的充要条件是

$$\omega_{11}\ \wedge\ (\omega_{22}+\cdots+\omega_{r+1,r+1})=0 \tag{27}$$

而由于(9)是 Maurer-Cartan 一次式间的唯一关系,可见或者 $r=0$,或者 $r=n-1$.

令 $r=0$,所得的是点密度

$$\mathrm{d}L_0=\omega_{11}\wedge\omega_{21}\wedge\cdots\wedge\omega_{n1}=\mathrm{d}a_{11}\wedge\mathrm{d}a_{21}\wedge\cdots\wedge\mathrm{d}a_{n1}$$

由于 $a_{11},a_{21},\cdots,a_{n1}$ 是 $\boldsymbol{e}_1$ 终点的坐标,可见除一个常数因子外,点密度等于空间的体元,而这是当然的,因为特殊仿射变换保持面积不变. 令 $r=n-1$,所得的超平面密度是

$$\mathrm{d}L_{n-1}=\omega_{11}\wedge\omega_{12}\wedge\cdots\wedge\omega_{1n} \tag{28}$$

这式对应于经过 $\boldsymbol{e}_1$ 的终点而平行于 $\boldsymbol{e}_2,\boldsymbol{e}_3,\cdots,\boldsymbol{e}_n$ 的超平面. 为了给出这个密度的一种度量解释,我们进行如下假设:

设 $\boldsymbol{b}$ 为经过原点 O 的 L_{n-1} 的幺法矢,并设 $\boldsymbol{b}_2,\boldsymbol{b}_3,\cdots,\boldsymbol{b}_n$ 为平行于 L_{n-1} 的超平面$(O,\boldsymbol{e}_2,\cdots,\boldsymbol{e}_n)$里 $n-1$ 个互相垂直的幺矢. 数积 $\boldsymbol{b}\cdot\mathrm{d}\boldsymbol{b}_i$ 等于 $n-1$ 维幺球面 U_{n-1} 上,在 $\boldsymbol{b}$ 的终点,沿 $\boldsymbol{b}_i$ 的方向的弧素,因此,若用 $\mathrm{d}u_{n-1}$ 表示在 $\boldsymbol{b}$ 的终点,U_{n-1} 的 $n-1$ 维体元,则

$$\mathrm{d}u_{n-1}=\bigwedge_i(\boldsymbol{b}\cdot\mathrm{d}\boldsymbol{b}_i),i=2,3,\cdots,n \tag{29}$$

另一方面,由于矢量 $\boldsymbol{b}_i$ 和 $\boldsymbol{e}_i$ 属于同一个超平面,可以令

$$\boldsymbol{e}_i=\sum_{k=2}^{n}\lambda_{ik}\boldsymbol{b}_k,i=2,3,\cdots,n \tag{30}$$

因而

$$\wedge(\boldsymbol{b}\cdot\mathrm{d}\boldsymbol{e}_i)=\det(\lambda_{ik})\wedge(\boldsymbol{b}\cdot\mathrm{d}\boldsymbol{b}_i)=\det(\lambda_{ik})\mathrm{d}u_{n-1} \tag{31}$$

由于 $\boldsymbol{b}\cdot\boldsymbol{e}_i=0(i=2,\cdots,n)$,根据(14),我们有

$$\boldsymbol{b}\cdot\mathrm{d}\boldsymbol{e}_i=\omega_{1i}(\boldsymbol{b}\cdot\boldsymbol{e}_1)=\omega_{i1}\rho_1\cos\theta\quad(i=2,\cdots,n)$$

其中 ρ_1 是 $\boldsymbol{e}$ 的长而 θ 是 $\boldsymbol{e}_1$ 和 $\boldsymbol{b}$ 之间的角. 这就是说,若

p 表示由 O 到 L_{n-1} 的距离，则 $p=\rho_1\cos\theta$，而由(31)，就推得

$$\left(\sum_{i=2}^{n}\omega_{1i}\right)p^{n-1}=\det(\lambda_{ik})\mathrm{d}u_{n-1} \qquad (32)$$

此外，由 $(\boldsymbol{b}\cdot\mathrm{d}\boldsymbol{e}_1)=\omega_{11}(\boldsymbol{b}\cdot\boldsymbol{e}_1)=\omega_{11}p$ 和 $(\boldsymbol{b}\cdot\mathrm{d}\boldsymbol{e}_1)=\mathrm{d}p-(\boldsymbol{e}_1\cdot\mathrm{d}\boldsymbol{b})$，利用由(29)以及关系 $\boldsymbol{b}\cdot\boldsymbol{b}_i=0,\boldsymbol{b}^2=1$，$\boldsymbol{b}\cdot\mathrm{d}\boldsymbol{b}=0$ 所推得的结果 $(\boldsymbol{e}_1\cdot\mathrm{d}\boldsymbol{b})\wedge\mathrm{d}u_{n-1}=0$，就得

$$(\omega_{11}\wedge\mathrm{d}u_{n-1})p=\mathrm{d}p\wedge\mathrm{d}u_{n-1} \qquad (33)$$

另一方面，由于 $|\boldsymbol{e}_1\boldsymbol{e}_2\cdots\boldsymbol{e}_n|=1$，矢量 $\boldsymbol{e}_1,\boldsymbol{e}_2,\cdots,\boldsymbol{e}_n$ 所张成的平行超体体积是1，而 $\boldsymbol{e}_2,\boldsymbol{e}_3,\cdots,\boldsymbol{e}_n$ 所构成的平行超体的体积等于 $\det(\lambda_{ik})$，可知 $\det(\lambda_{ik})\cdot p=1$，于是最后得

$$\mathrm{d}L_{n-1}=\frac{\mathrm{d}p\wedge\mathrm{d}u_{n-1}}{p^{n+1}} \qquad (34)$$

而这就是所求的关于 $\mathrm{d}L_{n-1}$ 的度量意义．我们可以把上面的结果归结为以下定理：

在特殊齐次仿射群 $\mathfrak{A}_s^0$ 下，在线性子空间中，只有点和不经过原点的超平面有不变密度．点密度等于体元．超平面的密度可以写成变量式(34)，其中 p 是从原点到超平面的距离，而 $\mathrm{d}u_{n-1}$ 表示 $n-1$ 维球面对应于超平面法方向的体元(即对应于超平面的幺法矢的立体角元)．

对凸体的一项应用　设 K 为 E_n 里含原点 O 在内的一个凸体，$p=p(u_{n-1})$ 表示它相对于 O 的(支)撑函数，即 p 等于从 O 到垂直于方向 u_{n-1} 的 K 的撑超(平)面的距离，在 K 外的超平面集合的测度在 $\mathfrak{A}_s^0$ 上不变，根据(34)，它是

$$I(K,O)=m(L_{n-1};L_{n-1}\cap K\neq\varnothing)$$

$$=\frac{1}{n}\int_{U_{n-1}}\frac{\mathrm{d}u_{n-1}}{p^n} \tag{35}$$

其中积分范围是整个 $n-1$ 维幺球面 U_{n-1}. 积分 $I(K,O)$ 是依赖于 K 也依赖于 O 的一个仿射不变量,存在着唯一的点 $O_M\in K$,使

$$I(K,O_M)=\min I(K,O)\quad(O\in K)$$

注意:若 K^* 是 K 对于 O(确定于矢径 $1/p$)的配极体,则 $I(K,O)$ 是 K^* 的体积.

经过原点的线性子空间　群 $\mathfrak{A}_s^0$ 令原子 O 不变,因而把过原点的线性子空间变为过原点的线性子空间. 现在我们考察经过原点的 r 维平面 $L_{r[0]}$ 在 $\mathfrak{A}_s^0$ 下是否有不变密度.

假定 $L_{r[0]}$ 为矢量 $\boldsymbol{e}_1,\boldsymbol{e}_2,\cdots,\boldsymbol{e}_r$ 所确定. 这样,若 $L_{r[0]}$ 在映射(19)下不变,微分 $\mathrm{d}\boldsymbol{e}_1,\mathrm{d}\boldsymbol{e}_2,\cdots,\mathrm{d}\boldsymbol{e}_r$ 必然是 $\boldsymbol{e}_1,\boldsymbol{e}_2,\cdots,\boldsymbol{e}_r$ 的线性组合,而(14)给出

$$\omega_{ji}=0,i=1,2,\cdots,r;j=r+1,\cdots,n \tag{36}$$

根据一般理论,r 维平面集合有不变密度的充要条件是 $\mathrm{d}(\wedge\ \omega_{ji})=0$,其中外积的下标范围见(36). 利用(8)和(9),就得

$$\begin{aligned}\mathrm{d}(\wedge\ \omega_{ji})&=\wedge\ \omega_{ji}\ \wedge\ (\sum_{r+1}^{n}\omega_{jj}-\sum_{1}^{r}\omega_{ii})\\&=-2\ \wedge\ \omega_{ji}\ \wedge\ (\sum_{1}^{r}\omega_{ii})\end{aligned} \tag{37}$$

但(9)是一次式 ω_{ji} 间唯一的关系而且 $r<n$,齐式(37)不能等于零. 由此可见,在 $\mathfrak{A}_s^0$ 下,经过原点的线性子空间没有不变密度.

现在取经过原点的 m 个线性子空间 $(L_{r_1[0]},L_{r_2[0]},\cdots,L_{r_m[0]})$,它们的维是 $r_1,r_2,\cdots,r_m$,而且它们除原点外没有其他公共点,并考虑它们所构成的 m 组

的集合. 假定这些 m 组在 $\mathfrak{A}_s^0$ 下受到可迁的变换. 取动标,使 $L_{r_h[0]}$ 确定于矢量 $\boldsymbol{e}_{r_1+\cdots+r_{h-1}+1}$, $\boldsymbol{e}_{r_1+\cdots+r_{h-1}+2}$, $\cdots$, $\boldsymbol{e}_{r_1+\cdots+r_{h-1}+r_h}(h=1,2,\cdots,m)$. $\mathfrak{A}_s^0$ 中令这个 m 组不变的元素构成一个闭子群 $\mathfrak{H}(r_1,\cdots,r_m)$,其特征是微分

$$\mathrm{d}\boldsymbol{e}_i(r_1+\cdots+r_{h-1}+1\leqslant i\leqslant r_1+\cdots+r_h)$$

是 $\boldsymbol{e}_s(r_1+\cdots+r_{h-1}+1\leqslant s\leqslant r_1+\cdots+r_h)$ 的线性组合. 因此,根据(14),对于每一个 $h=1,2,\cdots,m$ 和一切在下面范围内的 i,j, $\omega_{ji}=0$ 有

$$r_h+\cdots+r_{h-1}+1\leqslant i\leqslant r_1+\cdots+r_h$$
$$1\leqslant j\leqslant r_1+\cdots+r_{h-1}$$
$$r_1+\cdots+r_h+1\leqslant j\leqslant n$$

对具有这些范围内的下标的一切 ω_{ij} 取外积,我们得到一个微分齐式 Φ,它构成齐性空间 $\mathfrak{A}_s^0/\mathfrak{H}(r_1+\cdots+r_m)$ 的不变密度,即 m 组 $(L_{r_1[0]},\cdots,L_{r_m[0]})$ 的密度的充要条件是 $\mathrm{d}\Phi=0$. 利用结构方程(8),经过简易运算可知

$$\mathrm{d}\Phi=\Phi\wedge\sum\omega_{hh}(h=1,2,\cdots,r_1+r_2+\cdots+r_m)$$

由于(9)是齐式 ω_{ij} 间的唯一关系, $\mathrm{d}\Phi=0$ 成立的充要条件是

$$r_1+r_2+\cdots+r_m=n \tag{38}$$

从而我们得定理:

具有维数 $r_1,r_2,\cdots,r_m$,经过原点而没有其他公共点的线性子空间所构成的 m 组 $(L_{r_1[0]},\cdots,L_{r_m[0]})$ 在 $\mathfrak{A}_s^0$ 下有不变密度的充要条件是(38)成立.

在这种情况下, m 组 $(L_{r_1[0]},\cdots,L_{r_m[0]})$ 的密度是一个 $(n-r_1)r_1+\cdots+(n-r_m)r_m$ 次微分齐式. 例如,在平面上,当 $n=2$ 时,经过原点的直线集在 $\mathfrak{A}_s^0(2)$ 下没有不变密度;但直线偶 (L_1,L'_1) 的密度却存在. 若这

两条件和 x 轴所作的有向角是 φ,φ'(假定直角坐标)，则这个不变密度可以写成

$$\mathrm{d}(L,L')=\sin^{-2}(\varphi-\varphi')\mathrm{d}\varphi\wedge\mathrm{d}\varphi'$$

§3 对于特殊非齐次仿射群的线性子空间密度

现在我们考察群 $\mathfrak{A}_s$ 或 $\mathfrak{A}_s(n)$

$$\boldsymbol{x}'=\boldsymbol{a}\boldsymbol{x}+\boldsymbol{b},\det\boldsymbol{a}=1 \tag{39}$$

$\mathfrak{A}_s$ 的每个元素确定于一个 n 维标架 $(p;\boldsymbol{e}_1,\boldsymbol{e}_2,\cdots,\boldsymbol{e}_n)$ 的位置，其中 $|\boldsymbol{e}_1\boldsymbol{e}_2\cdots\boldsymbol{e}_n|=1$，而 $\mathfrak{A}_s$ 的 Maurer-Cartan 式则可以从(4) 得到，结构方程是附有条件(9) 的(8). 设 L_r 为点 p 和矢量 $\boldsymbol{e}_1,\cdots,\boldsymbol{e}_r(0\leqslant r\leqslant n)$ 所确定的 r 维平面. 由(14) 可知，令 L_r 不变的仿射子群 $\mathfrak{H}_r$ 的特征是

$$\begin{aligned}&\omega_i=0,i=r+1,\cdots,n\\&\omega_{jh}=0,h=1,\cdots,r;j=r+1,\cdots,n\end{aligned} \tag{40}$$

齐性空间 $\mathfrak{A}_s/\mathfrak{H}_r$ 在 $\mathfrak{A}_s$ 下有不变密度的充要条件是 $\mathrm{d}(\wedge\omega_i\wedge\omega_{jh})=0$，其中下标范围见(40). 利用结构方程(8)，容易得到，除符号外

$$\mathrm{d}(\wedge\omega_i\wedge\omega_{jh})=\wedge\omega_i\wedge\omega_{jh}\wedge(2(\omega_{r+1,r+1}+\cdots+\omega_{nn})) \tag{41}$$

由于齐式 $\omega_i;\omega_{jh}$ 只受方程(9) 的约束，(41) 右边等于零的充要条件是 $r=0$. 因此，除点以外，线性子空间 L_r 在 $\mathfrak{A}_s$ 下没有不变密度. 对于点，$r=0$，不变密度是

$$\mathrm{d}L_0=\omega_1\wedge\cdots\wedge\omega_n=\mathrm{d}b_1\wedge\mathrm{d}b_2\wedge\cdots\wedge\mathrm{d}b_n$$

这等于空间的体元.

对于没有公共点的线性空间 m 组 $(L_{r_1},\cdots,L_{r_m})$，仿照群 $\mathfrak{A}_s^0$ 的款，就可以证明下面的定理：

若线性子空间 $L_{r_1},\cdots,L_{r_m}$ 没有公共点，它们的维数 r_i 满足条件 $r_1+r_2+\cdots+r_m+m\leqslant n+1$，而且在 $\mathfrak{A}_s(n)$ 下，它们所构成的 m 组 $(L_{r_1},\cdots,L_{r_m})$ 是可迁地变换着，则在 $\mathfrak{A}_s(n)$ 下，这种 m 组有不变密度的充要条件是：

或者一切 r_i 是零，或者

$$r_1+r_2+\cdots+r_m+m=n+1 \tag{42}$$

例如，若点 L_0 不在超平面 L_{n-1} 上，则 (L_0,L_{n-1}) 的集合有一个不变密度，它的度量表达式是

$$\mathrm{d}(L_0,L_{n-1})=p^{-(n+1)}\mathrm{d}L_0\wedge \mathrm{d}u_{n-1}\wedge \mathrm{d}p$$

其中 $\mathrm{d}L_0$ 是在 L_0 点的体元，而 $\mathrm{d}u_{n-1}$ 是对应于与 L_{n-1} 垂直的方向的立体角元，而 p 是从点到超平面的距离.

平行超平面偶的集合的密度 我们将证明：平行超平面偶的集合在 $\mathfrak{A}$ 下有不变密度. 由于超平面偶在 $\mathfrak{A}_s$ 下是可迁地变换着，可以取两个超平面之一经过 p 点而平行于矢量 $\boldsymbol{e}_1,\boldsymbol{e}_1,\cdots,\boldsymbol{e}_{n-1}$，而另一个则和它平行而经过 $\boldsymbol{e}_n$ 的终点. 由(14)可知，这个平面偶属于下面方程组的积分簇

$$\omega_n=0,\omega_{nh}=0,h=1,2,\cdots,n \tag{43}$$

因外积 $\mathrm{d}\mathscr{P}=\omega_n\wedge\omega_{n1}\wedge\cdots\wedge\omega_{nn}$ 是密度的充分条件为 $\mathrm{d}(\mathrm{d}\mathscr{P})=0$. 利用结构方程，我们就有，除符号外

$$\mathrm{d}(\mathrm{d}\mathscr{P})=\mathrm{d}\mathscr{P}\wedge(\sum_1^n\omega_{1i})=0$$

于是有定理：

对于群 $\mathfrak{A}_s$，平行超平面偶的集合有不变密度

$$\mathrm{d}\mathscr{P}=\omega_n\wedge\omega_{n1}\wedge\cdots\wedge\omega_{nn} \tag{44}$$

不难得到 $\mathrm{d}\mathscr{P}$ 的一个度量表达式. 若 p_1, p_2 表示从原点到两个超平面的距离, 而 $\mathrm{d}u_{n-1}$ 表示对应于与超平面垂直的方向的 $n-1$ 维幺球面的体元, 可以证明

$$\mathrm{d}\mathscr{P}=\frac{\mathrm{d}u_{n-1}\wedge\mathrm{d}p_1\wedge\mathrm{d}p_2}{|p_1-p_2|^{n+2}} \tag{45}$$

对凸体的应用 已给欧氏空间 E_n 里的一个凸体 K, 设 $\Delta=\Delta(u_{n-1})$ 为 K 对应于 u_{n-1} 方向的宽. 一切包含 K 在内的平行超平面偶的测度是

$$\int\frac{\mathrm{d}u_{n-1}\wedge\mathrm{d}p_1\wedge\mathrm{d}p_2}{|p_2-p_1|^{n+2}}=\frac{1}{n(n+1)}\int_{u_n-1/2}\frac{\mathrm{d}u_{n-1}}{\Delta^n} \tag{46}$$

这个测度引出 K 的仿射不变量

$$J=\int_{U_{n-1/2}}\frac{\mathrm{d}u_{n-1}}{\Delta^n} \tag{47}$$

其中积分的范围是半个 $n-1$ 维幺球面.

若 K 具有一个对称中心, 则 J 和(35)中的仿射不变量 $I(K,O)$ 之间显然有关系 $nI(K,O)=2^{n+1}J$. 若 K 没有对称中心, J 和 I 没有简单的关系. 为了得到它们之间的一个不等式, 可以利用不等式

$$x^{-n}+y^{-n}\geqslant 2(xy)^{-n/2}, (xy)^{n/2}=[(x+y)/2]^n$$

$$x^{-n}+y^{-n}\geqslant 2^{n+1}(x+y)^{-n}$$

它对于 $x>0, y>0$ 是成立的, 而且只有当 $x=y$ 时, 等式才适用. 现在设 p_1, p_2 表示在 K 的两个相对的点的撑函数(相对于 K 内部的一点 O), 则利用上述不等式, 得

$$\begin{aligned}2J&=\int_{U_{n-1}}\frac{\mathrm{d}u_{n-1}}{\Delta^n}=\int_{U_{n-1}}\frac{\mathrm{d}u_{n-1}}{(p_1+p_2)^n}\\&\leqslant\frac{1}{2^{n+1}}\int_{U_{n-1}}\left(\frac{\mathrm{d}u_{n-1}}{p_1^n}+\frac{\mathrm{d}u_{n-1}}{p_2^n}\right)=\frac{n}{2^n}I(K,O)\end{aligned}$$

因而

$$J \leqslant \frac{n}{2^{n+1}} I(K, O) \tag{48}$$

这适用于任意 $O \in K$，而等号适用的充要条件是 K 对于 O 中心对称. 我们可以证明不等式

$$\frac{2^{n-1}}{n!\ (n-1)!} < JV \leqslant \frac{4\pi^n}{2^{n+1}(\Gamma^{(n/2)})^2 n} \tag{49}$$

其中 V 是 K 的体积. 达到上界的充要条件是 K 为椭球. 下界不是最好的值，而且当 $n>2$ 时，最好的值也尚未知. 当 $n=2$ 时 Eggleston 证明了 $JV \geqslant 3/2$，而等式成立是三角形的特征.

§4　注记与练习

(1) **格点集**　设 $\boldsymbol{e}_1, \boldsymbol{e}_2, \cdots, \boldsymbol{e}_n$ 为 $\mathbf{R}^n$ 里的线性无关的矢量. 当 $u_1, u_2, \cdots, u_n$ 为整数时，一切点 $\boldsymbol{x} = u_1\boldsymbol{e}_1 + \cdots + u_n\boldsymbol{e}_n$ 构成的点集叫作以 $\boldsymbol{e}_1, \boldsymbol{e}_2, \cdots, \boldsymbol{e}_n$ 为底的格. 当 x_i 为满足 $0 \leqslant x_i < 1$ 的实数时，$\boldsymbol{x} = x_1\boldsymbol{e}_1 + \cdots + x_n\boldsymbol{e}_n$ 所确定的半开平行体叫作格的基本区域，而这个基本区域的体积等于行列式 $|\boldsymbol{e}_1 \quad \boldsymbol{e}_2 \quad \cdots \quad \boldsymbol{e}_n|$，它就称为格的行列式. 现在考虑以 $\boldsymbol{e}_i(0, \cdots, 0, 1, 0, \cdots, 0)$（其中 1 是第 i 个分量）为底的格 $\mathscr{L}_0$ 以及特殊齐次仿射群 $\mathfrak{A}_s^0(n)$. 格 $\mathscr{L} = \boldsymbol{a}\mathscr{L}_0$ $(\boldsymbol{a} \in \mathfrak{A}_s^0)$ 的行列式是 1，而且倒转来，任意行列式等于 1 的格是 $\mathscr{L}_0$ 在某个 $\boldsymbol{a} \in \mathfrak{A}_s^0$ 下的象. 用 $\mathscr{L}$ 表示行列式等于 1 的一切格的集合. 若 Γ 表示 $\mathfrak{A}_s^0$ 中使 $\mathscr{L}_0$ 不变的元素所构成的子群，集合 $\mathscr{L}$ 可以和齐性空间 $\mathfrak{A}_s^0/\Gamma$ 同化. 由于 Γ 是一个离散群，行列式等于 1 的格的不变

密度 $d\mathscr{L}$ 就是(20)所给出的密度 $d\mathfrak{A}_s^0=dSL(n)$. 我们将令 $d\mathscr{L}=d\mathfrak{A}_s^0$.

有了这个密度，我们可以证明，$\mathscr{L}$ 的测度是

$$m(\mathscr{L})=\zeta(2)\zeta(3)\cdots\zeta(n)$$

其中 $\zeta(n)=1+2^{-n}+3^{-n}+\cdots$. 此外，已给 $\mathbf{R}^n$ 里一个域 D，其体积是 $v(D)$，而用 N 表示 $\mathscr{L}$ 中属于 D 而具有互素坐标的格点(称为原始格点)的个数，而且 N_t 表示 $\mathfrak{S}$ 中属于 D 的一切格点的总数，就有

$$\int_L N d\mathscr{L}=v(D)\zeta(2)\zeta(3)\cdots\zeta(n-1)$$

$$\int_L N_t d\mathscr{L}=v(D)\zeta(2)\cdots\zeta(n-1)\zeta(n)$$

于是有：

(a) 含于一个具有体积 $v(D)$ 的固定域 D 内的原始格点数的中值是 $E(N)=v(D)/\zeta(n)$；

(b) 含于 D 内的格点数的中值是 $E(N_t)=v(D)$.

取这些中值的范围是一切行列式等于 1 的格的集合. 作为一个推论，我们有下面的 Minkowski 与 Hlawka 定理：

在 $\mathbf{R}^n$ 里，设 D 为相对于原点的星状域(即这个域只要含有 x 点，就含有整个线段 λx，$0\leqslant\lambda\leqslant 1$)，其体积是 $v(D)<\zeta(n)$，则存在着一个行列式等于 1 的格，对于这个格，除原点外，D 不含有任何其他格点.

这个定理为 Minkowski 所猜想到，被 Hlawka 在 1944 年所最先证明. 利用中值 $E(N)$ 和 $E(N_t)$ 的证明是 Siegel 和 Weil 作出的. 一个简化的证明以及一些更一般的结果为 Macbeath 和 Rogers 所给出的.

(2) **仿射空间的平行子空间集**　下述定理是关于平行超平面集的结果的特款：

设平行线性子空间 $L_{h_1},\cdots,L_{h_q}$ 的维是 $h_1,\cdots,h_q$，而 q 组 $H(L_{h_1},\cdots,L_{h_q})$ 在特殊仿射群 $\mathfrak{A}_s(n)$ 下可迁地变换着，则这些 q 组的集合在 $\mathfrak{A}_s$ 下有不变密度的充要条件是一切维数 h_i 相等，$h_1=h_2=\cdots=h_q=h$，而且 $q=n+1-h$.

两个平行超平面的款对应于 $h=n-1,q=2$.

当 $n=3$ 时，我们得到的是两个平行平面的款以及三条平行(不共面)直线的款，对于后一款，若用 $\mathrm{d}u_2$ 表示幺球面对应于这些直线方向的面元，而用 $\mathrm{d}P_0,\mathrm{d}P_1,\mathrm{d}P_2$ 表示垂直于这些直线的一个平面上，在其交点的面元，则对于已给凸体区，考虑三条平行线，其凸包含 K 在内，并计算这样的三条单行线的集合的测度，就导出下面的关于 K 的仿射不变量

$$m_1(K)=\frac{1}{64}\int_{U_2/2}\mathrm{d}u_2\int\frac{\mathrm{d}P_0\wedge\mathrm{d}P_1\wedge\mathrm{d}P_2}{T^6}\quad(50)$$

其中 T 表示 $\triangle P_0P_1P_2$ 的面积. 这里，第一次积分的范围是在垂直于 u_2 的平面上，一切含 K 的投影在内的三角形，而第二个积分范围则是半幺球面. 寻求不变量(50)和 K 的其他仿射不变量之间的不等式将是饶有兴味的.

(3) **抛物线、椭圆、双曲线的集合**　考虑仿射平面，抛物线在仿射群 $\mathfrak{A}_s(2)$ 下可迁地变换着. 因此，求抛物线集合在 $\mathfrak{A}_s(2)$ 下的不变密度是有意义的. 假定抛物线为方程

$$x^2+2bxy+b^2y^2+px+qy+r=0$$

所确定，可以证明，不变密度是

$$\mathrm{d}P\,\frac{\mathrm{d}b\wedge\mathrm{d}p\wedge\mathrm{d}q\wedge\mathrm{d}r}{(p-bp)^{8/3}}$$

同样，假定椭圆为方程

$$x^2+2axy+(a^2+b^2)y^2+2px+2qy+r=0$$

所确定,则在群 $\mathfrak{A}(2)$ 下,椭圆集合有不变密度

$$\mathrm{d}E=\frac{b}{\Delta^2}\mathrm{d}a \wedge \mathrm{d}b \wedge \mathrm{d}p \wedge \mathrm{d}q \wedge \mathrm{d}r$$

$$\Delta=\begin{vmatrix} 1 & a & p \\ a & a^2+b^2 & q \\ p & q & r \end{vmatrix}$$

对于由方程

$$x^2+2axy+(a^2-b^2)y^2+2px+2qy+r=0$$

所确定的双曲线,在 $\mathfrak{A}(2)$ 下的不变密度是

$$\mathrm{d}H=\frac{b}{\Delta^2}\mathrm{d}a \wedge \mathrm{d}b \wedge \mathrm{d}p \wedge \mathrm{d}q \wedge \mathrm{d}r$$

$$\Delta=\begin{vmatrix} 1 & a & p \\ a & a^2-b^2 & q \\ p & q & r \end{vmatrix}$$

这些密度是 Stoka 的结果.

(4) **实射影群** 设 V^{n+1} 为实数上的 $n+1$ 维矢空间.用 $V_*^{n+1}=V^{n+1}-\{0\}$ 表示 V^{n+1} 的一切非零矢的集合.V_*^{n+1} 的两个线性相关的矢 $\boldsymbol{x}$,$\boldsymbol{y}$(即有实数 $c\neq 0$,使 $\boldsymbol{y}=c\boldsymbol{x}$)称为有关系 $\rho:\boldsymbol{x}\sim\boldsymbol{y}$,这是一个等价关系(比例关系).商集 V_x^{n+1}/ρ,即等价类集,称为 n 维射影空间.若 L_{r+1}^* 是 V^{n+1} 的 $r+1$ 维子空间($r=0,1,\cdots,n$),则 $(L_{r+1}^*-\{0\})/p$ 是 P_n 里的一个 r 维空间.若 $\boldsymbol{x}$ 为 V_x^{n+1} 的矢量,则一切具形状 $c\boldsymbol{x}$ $(c\neq 0)$ 的矢量都代表同一点 $\boldsymbol{x}$.若非零矢 $\boldsymbol{x}^0,\boldsymbol{x}^1,\cdots,\boldsymbol{x}^2$ 确定 V_*^{n+1} 里一个 $r+1$ 维子空间,则其对应点确定 P_n 里一个 r 维平面.

设 $\boldsymbol{A}_0,\boldsymbol{A}_1,\cdots,\boldsymbol{A}_n$ 为 V^{n+1} 的一个底,则每一个矢量可以写成 $\boldsymbol{x}=x_0\boldsymbol{A}_0+x_1\boldsymbol{A}_1+\cdots+x_n\boldsymbol{A}_n$.数值 x_0,

$x_1, \cdots, x_n$ 称为对应于等价类 $c\boldsymbol{x}$ $(c \neq 0)$ 的点的齐次坐标. 若两点的坐标成比例,则它们重合. 若 $x_0 \neq 0$,则比值 $x_1/x_0, x_2/x_0, \cdots, x_n/x_0$ 是 $\boldsymbol{x}$ 点的非齐次坐标. 矢空间 V^{n+1} 称为与 P_n 相伴的矢空间,而底 $\boldsymbol{A}_0, \boldsymbol{A}_1, \cdots, \boldsymbol{A}_n$ 则构成一个齐次坐标系.

用 $\boldsymbol{x}$ 表示点 $\boldsymbol{x} \in P_n$,同时表示以 $\boldsymbol{x}$ 的齐次坐标为元素的列矩阵,即 $(n+1) \times 1$ 矩阵. 把 P_n 变成自己的一个射影变换或直射变换是一个用矩阵方程 $\boldsymbol{x}' = \boldsymbol{A}\boldsymbol{x}$, $\det \boldsymbol{A} \neq 0$ 的变换,其中 $\boldsymbol{A} = (a_{ij})$ 是一个 $(n+1) \times (n+1)$ 满秩方阵. 由于 $\boldsymbol{x}$ 和 $c\boldsymbol{x}$ 代表同一点,我们总可以假定 $\det \boldsymbol{A} = 1$. 把 P_n 变成自己的直射变换构成射影群 $\mathfrak{P}_n$. $\mathfrak{P}$ 的一组 Maurer-Cartan 式是方阵 $\boldsymbol{\Omega} = \boldsymbol{A}^{-1}\mathrm{d}\boldsymbol{A}$ 的一组独立元素,而结构方程则是 $\mathrm{d}\boldsymbol{\Omega} = -\boldsymbol{\Omega} \wedge \boldsymbol{\Omega}$. 用显式表示,若

$$\boldsymbol{A} = (a_{ij}), \boldsymbol{A}^{-1} = (a_{ij}), \boldsymbol{\Omega} = (\omega_{ij})$$

就有

$$\omega_{ij} = \sum_{h=0}^{n} a_{ih}\,\mathrm{d}a_{hj} = -\sum_{h=0}^{n} a_{hj}\,\mathrm{d}a_{ih}$$

$$\mathrm{d}\omega_{ij} = -\sum_{h=0}^{n} \omega_{ih} \wedge \omega_{hj}$$

而取 $\det \boldsymbol{A} = 1$ 的微分,就得

$$\omega_{00} + \omega_{11} + \cdots + \omega_{nn} = 0$$

用 $\boldsymbol{A}_i$ 表示 V_*^{n+1} 中具有分量 $(a_{0i}, a_{1i}, \infty, a_{ni})$, $i=0, 1, \cdots, n$ 的矢量,可以把方程 $\mathrm{d}\boldsymbol{A} = \boldsymbol{A}\boldsymbol{\Omega}$ 写成

$$\mathrm{d}\boldsymbol{A}_i = \sum_{j=0}^{n} \omega_{ji}\boldsymbol{A}_j \tag{51}$$

因而

$$\omega_{ji} = |\, \boldsymbol{A}_0 \cdots \boldsymbol{A}_{j-1}\,\mathrm{d}\boldsymbol{A}_i \boldsymbol{A}_{j+1} \cdots \boldsymbol{A}_n \,| \tag{52}$$

P_n 的运动密度具有下面的度量表达式. P_n 里的一个直射变换被 $n+2$ 个点 $Q_0, Q_1, \cdots, Q_{n+1}$ 所确定,它们是点$(1,0,\cdots,0),(0,1,0,\cdots,0),\cdots,(0,0,\cdots,0,1),(1,1,\cdots,1)$ 的象. 设 S_h 表示以 $Q_0, Q_1, \cdots, Q_{n+1}$($Q_h$ 除外) 诸点为顶点的单(纯) 形的体积,而 $\mathrm{d}Q_i$ 表示在 Q_i 的体元,则 $\mathfrak{B}_n$ 的不变体元($\mathfrak{B}_n$ 的运动密度) 可以写成

$$\mathrm{d}\mathfrak{B}_n = \frac{\mathrm{d}Q_0 \wedge \mathrm{d}Q_1 \wedge \cdots \wedge \mathrm{d}Q_{n+1}}{S_0 S_1 \cdots S_{n+1}} \tag{53}$$

在 $\mathfrak{B}_n$ 下,线性空间的 m 组是否有不变密度的问题,可以像仿射群的情况那样解决,其结果是下面的定理:

设线性空间 $L_{h_1}, \cdots, L_{h_m}$ 没有公共点,它们的维 h_j 满足条件 $h_1 + h_2 + \cdots + h_m + m \leqslant n+1$,则对于射影群,$m$ 组$(L_{h_1}, \cdots, L_{h_m})$ 有不变密度的充要条件是

$$h_1 + h_2 + \cdots + h_m + m = n+1 \tag{54}$$

这时候,不变密度是外积 $\wedge\ \omega_{ij}$,其中齐式为(52)所给出而下标则有以下范围

$$0 \leqslant i \leqslant h_1, h_1 + 1 \leqslant j \leqslant n$$

$$h_1 + 1 \leqslant i \leqslant h_1 + h_2 + 1, 0 \leqslant j \leqslant h_1$$

$$h_1 + h_2 + 2 \leqslant j \leqslant n$$

$$\vdots$$

$$h_1 + \cdots + h_{m-1} + m - 1 \leqslant i \leqslant h_1 + h_2 + \cdots + h_m + m - 1$$

$$0 \leqslant j \leqslant h_1 + \cdots + h_{m-1} + m - 2$$

$$h_1 + \cdots + h_m + m \leqslant j \leqslant n$$

当 $m=2$ 时,这个结果是 Varga 得到的.

例 1 对于射影直线($n=1$),唯一可能的款是 $h_1 = h_2 = 0$,即点偶. 点偶(A_0, A_1) 的不变密度是

$$\mathrm{d}(A_0, A_1) = \omega_{01} \wedge \omega_{10}$$

$$= a_{00}a_{11}\mathrm{d}a_{10} \wedge \mathrm{d}a_{01} - a_{00}a_{01}\mathrm{d}a_{10} \wedge \mathrm{d}a_{11} - a_{10}a_{11}\mathrm{d}a_{00} \wedge \mathrm{d}a_{01} + a_{10}a_{01}\mathrm{d}a_{00} \wedge \mathrm{d}a_{11}$$

另一方面，A_0 和 A_1 的非齐次坐标是

$$\zeta = a_{10}/a_{00}, \eta = a_{11}/a_{01}$$

这样，容易算得

$$\mathrm{d}\zeta \wedge \mathrm{d}\eta = (a_{00}a_{01})^{-2}\omega_{10} \wedge \omega_{01}$$

和

$$(\eta - \zeta)^2 = (a_{01}a_{00})^{-2}$$

因此，直线上点偶的射影不变密度是

$$\mathrm{d}(A_0, A_1) = (\zeta - \eta)^{-2}\mathrm{d}\zeta \wedge \mathrm{d}\eta$$

其中 ζ, η 为两点的非齐次坐标. 例如，假定 (ζ_1, ζ_2) 和 (η_1, η_2) 两个节[①]没有公共点，则在 (ζ_1, ζ_2) 内的 A_0 和在 (η_1, η_2) 内的 A_1 所构成的点偶 (A_0, A_1) 的测度是

$$m(\zeta, \eta; \zeta_1 \leqslant \zeta \leqslant \zeta_2, \eta_1 \leqslant \eta \leqslant \eta_2) = \log(\eta_2, \eta_1, \zeta_2, \zeta_1)$$

其中 $(\eta_2, \eta_1, \zeta_2, \zeta_1)$ 表示 $\eta_2, \eta_1, \zeta_2, \zeta_1$ 四点的交比.

例 2 对于射影平面 $(n=2)$，条件(52)得到满足的款是：

(a) $h_1 = h_2 = h_3 = 0, m = 3$（不共线的三点组）；

(b) $h_1 = 0, h_2 = 1, m = 2$（不关联的点与直线）.

证明 (a) 由(51)，A_0, A_1, A_2 为固定点的条件是

$$\omega_{10} = \omega_{20} = 0, \omega_{01} = \omega_{21} = 0, \omega_{02} = \omega_{12} = 0$$

而不变密度化为

$$\mathrm{d}(A_0, A_1, A_2) = \omega_{10} \wedge \omega_{20} \wedge \omega_{01} \wedge \omega_{21} \wedge \omega_{02} \wedge \omega_{12}$$

A_0, A_1, A_2 的非齐次坐标是

$$A_0(\zeta_0 = a_{10}/a_{00}, \eta_0 = a_{20}/a_{00})$$

① 闭节. —— 译者

$$A_1(\zeta_1=a_{11}/a_{01},\eta_1=a_{21}/a_{01})$$
$$A_2(\zeta_2=a_{12}/a_{02},\eta_2=a_{22}/a_{02})$$

因而利用(52),就得

$$d(A_0,A_1,A_2)=a_{00}^3a_{01}^3a_{02}^3\,d\zeta_0\wedge d\eta_0\wedge d\zeta_1\wedge d\eta_1\wedge d\zeta_2\wedge d\eta_2$$

注意$\triangle A_0A_1A_2$的面积是$T=\frac{1}{2}(a_{00}a_{01}a_{02})^{-1}$,就得,除一个常数因子外

$$d(A_0A_1A_2)=T^{-3}dA_0\wedge dA_1\wedge dA_2$$

其中$dA_1=d\zeta_i\wedge d\eta_i$是在$A_i$点的面元.

(b) 对于点A_0和直线$G=A_1A_2$,不变密度是

$$d(A_0,G)=\omega_{10}\wedge\omega_{20}\wedge\omega_{01}\wedge\omega_{02}$$

这个密度的度量表达式是

$$d(A_0,G)=\delta^{-3}dA_0\wedge dG$$

其中dA_0和dG是A和G的度量密度,而δ是从A_0到G的距离.

二次超曲面的集合 在P_n里,一个满秩二次超曲面C的矩阵方程可以写成$\boldsymbol{x}'\boldsymbol{Q}\boldsymbol{x}=\boldsymbol{0}$,其中$\boldsymbol{Q}$是一个满秩$(n+1)\times(n+1)$对称方阵$(q_{ij})$,而$\boldsymbol{x}$是以$\boldsymbol{x}$的齐次坐标为元素的$(n+1)\times 1$矩阵.这样,满秩二次超曲面集合在$\mathfrak{B}_n$下的不变密度可以写成

$$dC=(q^{nn})^{-1}dq_{00}\wedge dq_{01}\wedge\cdots\wedge dq_{n-1,n}$$

其中q^{nn}是逆方阵$\boldsymbol{Q}^{-1}$的(n,n)元素,而且我们假定$\boldsymbol{Q}$已经规范化,使得$\det\boldsymbol{Q}=1$.

若二次超曲面的方程已经规范化为

$$\sum q_{ij}^{*}x_ix_j=0$$

其中$q_{nn}^{*}=1(i,j=0,1,\cdots,n)$,则有

$$dC=\frac{dq_{00}^{*}\wedge dq_{01}^{*}\wedge\cdots\wedge dq_{n-1,n}^{*}}{(n+1)\Delta^{(n+2)/2}}$$

其中 $\Delta=\det(q_{ij}^{*})$.

例如,若把二次曲线的方程写成

$$q_{00}x_0^2+2q_{01}x_0x_1+2q_{02}x_0x_2+q_{11}x_1^2+2q_{12}x_1x_2+x_2^2=0$$

则二次曲线集合的不变密度是

$$\mathrm{d}C=\frac{\mathrm{d}q_{00}\wedge\mathrm{d}q_{01}\wedge\mathrm{d}q_{02}\wedge\mathrm{d}q_{11}\wedge\mathrm{d}q_{12}}{3\Delta^2}$$

Luccioni 讨论了降秩二次超曲面的款. Stanilow 研究了 P_{2n+1} 是关于令两个平面不变的直射变换的积分几何学.

练习1　在一般仿射群 $\mathfrak{A}(2)$ 下,平面四边形是可迁地变换着,它们有不变密度 $\mathscr{F}^{-3}\mathrm{d}P_0\wedge\mathrm{d}P_1\wedge\mathrm{d}P_2$,其中 P_0,P_1,P_2 是平行四边形的三个顶点,而 F 是它的面积.

练习2　在特殊仿射群 $\mathfrak{A}_s(2)$ 下,直线偶 (G_0,G_1) 有不变密度 $\mathrm{d}(G_0,G_1)=\sin^{-3}\theta\mathrm{d}G_0\wedge\mathrm{d}G_1$,其中 $\mathrm{d}G_0$, $\mathrm{d}G_1$ 表示直线的度量密度,而 θ 表示 G_0,G_1 之间的角.

练习3　下面分别给定了平面中射影变换的一个子群,验证在这个子群下点和线的密度.所缺的密度,表示它们不存在.

(a) $x'=ax,y'=by;\mathrm{d}P=(xy)^{-1}\mathrm{d}x\wedge\mathrm{d}y$,

$\mathrm{d}G=(p\sin\phi\cos\phi)^{-1}\mathrm{d}p\wedge\mathrm{d}\phi$;

(b) $x'=ax,y'=y+h;\mathrm{d}P=x^{-1}\mathrm{d}x\wedge\mathrm{d}y$,

$\mathrm{d}G=(\sin^2\phi\cos\phi)^{-1}\mathrm{d}p\wedge\mathrm{d}\phi$;

(c) $x'=x+c,y'=cx+y+h;\mathrm{d}P=\mathrm{d}x\wedge\mathrm{d}y$,

$\mathrm{d}G=\sin^{-3}\phi\mathrm{d}p\wedge\mathrm{d}\phi$;

(d) $x'=ax,y'=ay+h;\mathrm{d}P=x^{-2}\mathrm{d}x\wedge\mathrm{d}y$;

(e) $x'=x+\log a,y'=ay+h,\mathrm{d}P=\mathrm{e}^{-x}\mathrm{d}x\wedge\mathrm{d}y$,

$\mathrm{d}G=(\cos^2\phi\sin\phi)^{-1}\mathrm{d}p\wedge\mathrm{d}\phi$;

(f) $x' = x, y' = ay + b, \mathrm{d}G = (\cos^2\phi \sin\phi)^{-1}\mathrm{d}p \wedge \mathrm{d}\phi$;

(g) $x' = (ax + b)(cx + h)^{-1}, y' = (cx + h)^{-1}y$, $ah - bc = 1$,
$\mathrm{d}P = y^{-3}\mathrm{d}x \wedge \mathrm{d}y, \mathrm{d}G = \sin^{-3}\phi \mathrm{d}p \wedge \mathrm{d}\phi$;

(h) $x' = ax + b, y' = cx + a^{1/2}y + h, \mathrm{d}G = \sin^3\phi \mathrm{d}p \wedge \mathrm{d}\phi$.

关于多胞形一个新仿射不变量的应用

第20章

上海大学数学系的杨柳、何斌吾两位教授2008年用组合极值方法导出了n维欧氏空间中关于原点对称的一个凸多胞形子类上一个新的仿射不变量(最近由Lutwak,Yang和Zhang引入)的解析表达式,并给出了其在凸多胞形Minkowski问题的一个应用.

§1 引 言

为了研究Schneider投射问题,Lutwak,Yang和Zhang最近在文献[1]中,对凸多胞形引入了一个与体积

函数 V 有紧密联系的新仿射泛函 $U(P)$，如下：

定义 1 若 P 是 $\mathbf{R}^n(n\geqslant 2)$ 中一个内部包含原点的凸多胞形，$\boldsymbol{u}_1,\boldsymbol{u}_2,\cdots,\boldsymbol{u}_N$ 为 P 各面的单位外法向量，且 $h_1,\cdots,h_N$ 为原点到这些对应面的距离，$a_1,\cdots,a_N$ 为各对应面相应的面积，则 $U(P)$ 由下式定义

$$U(P)^n=\frac{1}{n^n}\sum_{\boldsymbol{u}_{i_1}\wedge\cdots\wedge\boldsymbol{u}_{i_n}\neq\boldsymbol{0}}h_{i_1}\cdots h_{i_n}a_{i_1}\cdots a_{i_n}\qquad(1)$$

显然，泛函 U 是中心仿射不变量，即

$$U(\phi P)=U(P)\text{，对所有的 }\phi\in SL(n)$$

由 $V(P)=\frac{1}{n}\sum_{i=1}^{N}a_ih_i$ 不难推得

$$U(P)<V(P)$$

此外，我们注意到只有 P 高度对称且有较少的面时，$U(P)$ 才会比 $V(P)$ 小很多. 对于一个有许多面的随机多胞形，$U(P)$ 和 $V(P)$ 十分接近.

基于以上的定义，Lutwak，Yang 和 Zhang 在文献[1]中提出了下面的猜想：

猜想 1 若 P 是 $\mathbf{R}^n$ 中一个关于原点对称的凸多边形，则是否有

$$U(P)\geqslant\frac{(n!)^{\frac{1}{n}}}{n}V(P)$$

这里等号成立当且仅当 P 是一个超平行体.

我们得到了定义在 $\mathbf{R}^n$ 中关于原点对称的凸多胞形一个特殊子类上的仿射不变量 $U(P)$ 的解析表达式，并给出了 $U(P)$ 在 L_p-Minkowski 问题的一个应用.

§2　关于 $\mathscr{H}_n$ 多胞形 $U(P)$ 的解析表达式

现在我们引入 $\mathscr{H}_n$ 多胞形的定义.

定义 1　令 P 为 $\mathbf{R}^n(n\geqslant 2)$ 中的凸多胞形，$\{\boldsymbol{u}_1,\cdots,\boldsymbol{u}_N\}$ 为 P 各面对应的 N 个单位外法向量. 一个凸多胞形被称为 $\mathscr{H}_n$ 型多胞形，是指对任意的 $\{\boldsymbol{u}_{i_1},\cdots,\boldsymbol{u}_{i_n}\}\subset\{\boldsymbol{u}_1,\cdots,\boldsymbol{u}_N\}$. 若对所有的 $i_s\neq i_t$，$\boldsymbol{u}_{i_s}\wedge\boldsymbol{u}_{i_t}\neq\mathbf{0}$，则有 $\boldsymbol{u}_{i_1}\wedge\cdots\wedge\boldsymbol{u}_{i_n}\neq\mathbf{0}$.

显然，$\mathbf{R}^2$ 中任意多边形都是 $\mathscr{H}_2$ 多胞形，所有 $\mathbf{R}^n$ 中的 n 一维超平行体也都是 $\mathscr{H}_n$ 型多胞形.

对于 $\mathbf{R}^n$ 中关于原点对称的 $\mathscr{H}_n$ 多胞形 P，令 $\boldsymbol{u}_1,\cdots,\boldsymbol{u}_{2m}$ 为 P 各面对应的单位外法向量，$h_1,\cdots,h_{2m}$ 为原点到各面相应的距离，且 $a_1,\cdots,a_{2m}$ 为各面相应的面积. 简便起见，记 $V=V(P)$，$V_i=\frac{a_ih_i}{n}$，有

$$f_n(P)=\left(\frac{U(P)}{V(P)}\right)^n$$

且

$$x_i=\frac{V_i}{V},i=1,\cdots,2m$$

则

$$x_i=x_{m+i},\sum_{i=1}^{2m}x_i=1$$

此外，令

$$f_0(P)=f_1(P)=1,f_2(P)=1-2\sum_{i=1}^{2m}x_i^2$$

我们有：

假设 P 是 $\mathbf{R}^n$ 中关于原点对称的一个 $\mathscr{H}_n$ 多胞形，并且记

$$f_n(P)=\left(\frac{U(P)}{V(P)}\right)^n$$

则

$$\begin{aligned}f_n(P)=f_{n-1}(P)&+\\&(-2)^1(n-1)\sum_{i=1}^{2m}x_i^2f_{n-2}(P)+\\&(-2)^2(n-1)(n-2)\sum_{i=1}^{2m}x_i^3f_{n-3}(P)+\\&(-2)^3(n-1)(n-2)(n-3)\sum_{i=1}^{2m}x_i^4f_{n-4}(P)+\\&\vdots\\&(-2)^{n-3}(n-1)(n-2)\cdots3\sum_{i=1}^{2m}x_i^{n-2}f_2(P)+\\&(-2)^{n-2}(n-1)(n-2)\cdots2\sum_{i=1}^{2m}x_i^{n-1}f_1(P)+\\&(-2)^{n-1}(n-1)(n-2)\cdots1\sum_{i=1}^{2m}x_i^nf_0(P)\end{aligned}$$

这是 $f_n(P)$ 的一个 n 阶递推公式.

下面我们对 $\mathbf{R}^n$ 中关于原点对称的 $\mathscr{H}_n$ 多胞形的情形，给出猜想 1 的证明.

首先我们给出下面的引理：

引理 1 设 P 为 $\mathbf{R}^n$ 中一个超平行体，$F_i(i=1,\cdots,2n)$ 表示 P 的 $(n-1)$－维面，x_0 为 P 的对称中心. 若 $P_i(i=1,\cdots,2n)$ 是下面形式的棱锥，称为 P 的中心棱锥，

$$P_i=\mathrm{conv}(F_i\cup\{x_0\})$$

则所有 P_i 有相同的体积 $(1/2n)V(P)$，这里 $\mathrm{conv}(A)$

表示集合 $A \subset \mathbf{R}^n$ 的凸包.

引理 2　设 $P \subset \mathbf{R}^n$ 为一个关于原点对称的多胞形.

(i) 若 F 是 P 的面,则

$$V(\mathrm{conv}(F \cup \{\mathbf{0}\})) \leqslant \frac{1}{2n} V(P) \tag{2}$$

(ii) 对任意给定的 P 的面 F,在式(2)中等号成立当且仅当 P 是一个质心在原点的超平行体, 这里 $\mathrm{conv}(A)$ 表示集合 $A \subset \mathbf{R}^n$ 的凸包.

证明　(i) 对任意给定的 P 的面 F,存在 $\boldsymbol{v} \in S^{n-1}$ 及 $t > 0$,使得

$$F \subset H_{\boldsymbol{v},t}$$

这里 $H_{\boldsymbol{v},t} = \{\boldsymbol{x} \in \mathbf{R}^n \mid \boldsymbol{x} \circ \boldsymbol{v} = t\}$. 记 $\varphi(s) = \mathrm{vol}_{n-1}(P \cap H_{\boldsymbol{v},s})$. 由 Brunn-Minkowski 不等式 $\varphi^{\frac{1}{n-1}}$ 在它的支集上是凹的偶函数,因此 φ 沿着任何始自原点的射线都是递减的,且对任意的 $s \in [-t, t]$,有

$$\mathrm{vol}_{n-1}(P \cap H_{\boldsymbol{v},s}) \geqslant \mathrm{vol}_{n-1}(P \cap H_{\boldsymbol{v},t}) = \mathrm{vol}_{n-1}(F)$$

因此

$$\mathrm{vol}(P) = \int_{-t}^{t} \mathrm{vol}_{n-1}(P \cap H_{\boldsymbol{v},s}) \mathrm{d}s \geqslant 2t \mathrm{vol}_{n-1}(F)$$

而 $\mathrm{vol}(\mathrm{conv}(F \cup \{\mathbf{0}\})) = (t/n) \mathrm{vol}_{n-1}(F)$.

(ii) 当 P 是超平行体时,由引理 1,结论显然成立.

不等式(2) 中的等号成立意味着 P 恰好有 $2n$ 个面,并且 $\pm \boldsymbol{u}_1, \cdots, \pm \boldsymbol{u}_n$ 为这些面上的单位法向量,这说明 P 是一个原点对称的超平行体.

定理 1　设 $P \subset \mathbf{R}^n$ 为一个关于原点对称的 $\mathscr{H}_n$ 多胞形,则

$$U(P) \geqslant \frac{(n!)^{\frac{1}{n}}}{n} V(P) \tag{3}$$

等号成立当且仅当 P 是一个超平行体.

证明 不失一般性,可以把体积标准化使得 $\mathrm{vol}(P)=1$,令 $2m$ 为 P 的面的数量. 记 P 的面为 $F_1,\cdots,F_m,-F_1,\cdots,-F_m$,且令 $x_i=\mathrm{vol}(\mathrm{conv}(F_i\cup\{\mathbf{0}\}))$,则 $\sum_{i=1}^{m}x_i=\frac{1}{2}$,并且由引理 2,我们有 $0\leqslant x_i\leqslant\frac{1}{2n}$.

注意到和式

$$U(P)^n=\sum_{\boldsymbol{u}_{i_1}\wedge\cdots\wedge\boldsymbol{u}_{i_n}\neq\mathbf{0}}x_{i_1}\cdots x_{i_n}$$

是 $\pm\boldsymbol{u}_{i_1},\cdots,\pm\boldsymbol{u}_{i_n}$ 的排列,因此我们可写为

$$U(P)^n=2^n n!\sum_{1\leqslant i_1<\cdots<i_n\leqslant m}\prod_{j=1}^{n}x_{i_j}=2^n n!\ \sigma_n(x_1,\cdots,x_m)$$

这里 $\sigma_n(x_1,\cdots,x_m)$ 是 $x_1,\cdots,x_m$ 的 n 次初等对称函数. 由经典结果知 $\sigma_n^{\frac{1}{n}}$ 是 $x_1,\cdots,x_m$ 的一个凹函数(参见文献[2]). 我们需要通过对所有具有给定体积的原点对称多胞形来最小化 $U(P)$. 通过

$$\mathscr{F}=\left\{(x_1,\cdots,x_m)\mid\forall i,0\leqslant x_i\leqslant\frac{1}{2n},\sum_{i=1}^{m}x_i=\frac{1}{2}\right\}$$

我们足以最小化 σ_n. 集合 $\mathscr{F}\subset\mathbf{R}^m$ 是凸的,且它的极值点是向量 $(1/(2n),\cdots,1/(2n),0,\cdots,0)$ 的所有排列. 由于凹函数在它的极值点上达到最小值,我们得到

$$\min_{x\in\mathscr{F}}\sigma_n^{\frac{1}{n}}(x)=\frac{1}{2n}$$

因此

$$U(P)^n\geqslant 2^n n!\ \frac{1}{(2n)^n}=\frac{n!}{n^n}$$

等号情形仅当我们恰有 $2n$ 个面且 $\pm\boldsymbol{u}_1,\cdots,\pm\boldsymbol{u}_n$ 为它

们的单位法向量,因此它是超平行体.

§3 $U(P)$ 对 L_p-Minkowski 问题的一个应用

Minkowski 问题的各种形式由 Gluck[3] 和 Singer[4] 给出. Gluck[5] 的综述文章是对这个问题极好的介绍. 在文献[6,7]中, 作者研究了 L_p-Minkowski 问题,它是 Minkowski 问题的一个推广. 近期关于 L_p-Minkowski 问题的一些其他工作可参见 Lamberg 和 Kaasalainen 的文献[8],Stancu 的文献[9,10],以及 Umanskiy 的文献[11]. 对于带有偶离散数据的 L_p-Minkowski 问题,Lutwak,Yang 和 Zhang 在文献[12]中证明了下面的定理:

假设 $p\geqslant 1$. 若 $\boldsymbol{u}_1,\cdots,\boldsymbol{u}_N$ 是不位于 S^{n-1} 大子球的不同的单位向量,$V_1,\cdots,V_N>0$ 是给定的,则存在 $\mathbf{R}^n$ 中关于原点对称的凸多胞形 P,具有 $2N$ 个 $n-1$ 维面,使得当 f_i 和 h_i 为具有单位外法向量 $\pm\boldsymbol{u}_i$ 的两个面的面积和支撑数,则

$$h_i^{1-p}f_i/(V(P))=V_i,\text{对所有的 } i \tag{4}$$

此外,多胞形 P 是唯一的(若 $p=1$,唯一性是在平移不变意义下).

根据上面的定理, 一个自然的问题是: 假设 $\boldsymbol{u}_1,\cdots,\boldsymbol{u}_N$ 是不位于 S^{n-1} 的大子球面的不同的单位向量,并且 $V_1,\cdots,V_N>0$ 是给定的,是否存在 $\mathbf{R}^n$ 中关于原点对称的凸多胞形 P,具有 $2N$ 个 $n-1$ 维面,使得当 f_i 和 h_i 为具有单位外法向量 $\pm\boldsymbol{u}_i$ 的两个面的面积和支撑数,则

$$hf_i/(nV(P))=V_i\text{，对所有的 }i \tag{5}$$

下面的定理给出了一些必要条件.

引理 1[13] 设 P 为 $\mathbf{R}^n(n\geqslant 2)$ 中一个关于原点对称的凸多胞形，$\boldsymbol{u}_1,\cdots,\boldsymbol{u}_N$ 为对应于 P 各面 $F_1,\cdots,F_N$ 的单位外法向量，对给定的任意 $\{\boldsymbol{u}_{i_1},\cdots,\boldsymbol{u}_{i_j}\}\subset\{\boldsymbol{u}_1,\cdots,\boldsymbol{u}_N\}$，记 $V_i=V(\mathrm{conv}(F_i\cup\{\mathbf{0}\}))$.

(i) 若 $\boldsymbol{u}_{i_1}\wedge\cdots\wedge\boldsymbol{u}_{i_j}\neq\mathbf{0}(1\leqslant j\leqslant n)$，则

$$\sum_{\boldsymbol{u}_{i_1}\wedge\cdots\wedge\boldsymbol{u}_{i_j}\wedge\boldsymbol{u}_k=\mathbf{0}}V_k\leqslant\frac{j}{n}V(P) \tag{6}$$

(ii) 若 P 是一个质点在原点的超平行体，则对任意的 $1\leqslant j\leqslant n$，有

$$\sum_{\boldsymbol{u}_{i_1}\wedge\cdots\wedge\boldsymbol{u}_{i_j}\wedge\boldsymbol{u}_k=\mathbf{0}}V_k=\frac{j}{n}V(P)$$

(iii) 若对 $j=1$ 或 $j=n-1$，不等式中的等号成立，则 P 是一个质心在原点的超平行体.

由上面的引理我们有：

定理 2 设单位向量 $\boldsymbol{u}_1,\cdots,\boldsymbol{u}_N$ 不位于 S^{n-1} 的大子球面上，且对任意含 n 个单位向量的集合 $\{\boldsymbol{u}_{i_1},\cdots,\boldsymbol{u}_{i_n}\}\subset\{\pm\boldsymbol{u}_1,\cdots,\pm\boldsymbol{u}_N\}$，满足若 $\boldsymbol{u}_{i_k}\in\{\boldsymbol{u}_{i_1},\cdots,\boldsymbol{u}_{i_n}\}$，则 $-\boldsymbol{u}_{i_k}\notin\{\boldsymbol{u}_{i_1},\cdots,\boldsymbol{u}_{i_n}\}$，为 $\mathbf{R}^n$ 中线性无关的. 假设存在 $\mathbf{R}^n$ 中一个原点对称的凸多胞形，具有 $2N$ 个 $n-1$ 维面，使得

$$\frac{h_if_i}{nV(P)}=V_i\text{，对所有的 }i \tag{7}$$

则

$$\max\{V_1,\cdots,V_N\}\leqslant\frac{1}{2n} \tag{8}$$

且 $V_1,\cdots,V_N$ 满足不等式

$$\frac{(n!)^{\frac{1}{n}}}{n} \leqslant 2(n!)^{\frac{1}{n}}\sigma_n(x_1,\cdots,x_N)^{\frac{1}{n}} < 1 \tag{9}$$

这里 f_i 和 h_i 为具有单位外法向量 $\pm \boldsymbol{u}_i$ 的面的面积和支撑数，$\sigma_n(x_1,\cdots,x_N)$ 是 $x_1,\cdots,x_N$ 的 n 阶初等对称函数.

定理 2(式(8)(9)) 可以看作多胞形是由给定中心棱锥体积构造的必要条件.

由引理 1，我们有：

定理 3　假设单位向量 $\boldsymbol{u}_1,\cdots,\boldsymbol{u}_N$ 不位于 S^{n-1} 的大子球面上，且对给定的任意 $1 \leqslant j \leqslant n$ 单位向量集 $\{\boldsymbol{u}_{i_1},\cdots,\boldsymbol{u}_{i_j}\} \subset \{\pm \boldsymbol{u}_1,\cdots,\pm \boldsymbol{u}_N\}$，满足 $\boldsymbol{u}_{i_1} \wedge \cdots \wedge \boldsymbol{u}_{i_j} \neq \mathbf{0}$. 假设存在 $\mathbf{R}^n$ 中原点对称的凸多胞形，具有 $2N$ 个 $n-1$ 维面，使得

$$\frac{h_k f_k}{nV(P)} = V_k\text{，对所有的 } k \tag{10}$$

则

$$\sum_{\boldsymbol{u}_{i_1} \wedge \cdots \wedge \boldsymbol{u}_{i_j} \wedge \boldsymbol{u}_k = \mathbf{0}} V_k \leqslant \frac{j}{n} \tag{11}$$

并且

$$\sum_{\boldsymbol{u}_{i_1} \wedge \cdots \wedge \boldsymbol{u}_{i_j} \wedge \boldsymbol{u}_k \neq \mathbf{0}} V_k \geqslant \frac{n-j}{n} \tag{12}$$

这里 f_k 和 h_k 为具有单位外法向量 $\pm \boldsymbol{u}_k$ 的面的面积和支撑数.

定理 3(式(11)(12)) 可以看作多胞形是由给定中心棱锥体积构造的必要条件.

参考文献

[1] LUTWAK E, YANG D, ZHANG G. A new affine invariant for polytopes and Schneider's projection problem[J]. Trans Amer Math Soc, 2001, 353(5): 1767-1779.

[2] MARCUS M, LOPES L. Inequalities for symmetric function and Hermitian matrices[J]. Canad J Math, 1957, 9(2): 305-312.

[3] GLUCK H. The generalized Minkowski poblem in differential geometry in the large[J]. Ann Math, 1972, 96(2): 245-276.

[4] SINGER D. Preassigning curvature of polyhedra homeomorphic to the two sphere[J]. J Differential Geom, 1974, 9(4): 633-638.

[5] GLUCK H. Manifolds with preassigned curvature—a suvey[J]. Bull Amer Math Soc, 1975, 81(2): 313-329.

[6] LUTWAK E. The Brunn-Minkowski-Firey theory I: Mixed volumes and the Minkowski problem[J]. J Differential Geom, 1993, 38(1): 131-150.

[7] LUTWAK E, OLIKER V. On the regularity of solutions to a generalization of the Minkowski problem[J]. J Differential Geom, 1995, 41(1): 227-246.

[8] LAMBERG L, KAASALAINEN M. Numerical

solution of the Minkowski problem[J]. J Comput Appl Math, 2001, 137(2): 213-227.

[9]STANCU A. The discrete planar L_0-Minkowski problem[J]. Adv Math, 2002, 167(1): 160-174.

[10]STANCU A. On the number of solutions to the discrete two-dimensional L_0-Minkowski problem[J]. Adv Math, 2003, 180(1): 290-323.

[11]UMANSKIY V. On solvability of two dimensional L_p-Minkowski problem[J]. Adv Math, 2003, 180(1): 176-186.

[12]LUTWAK E, YANG D, ZHANG G. On the L_p-Minkowski problem[J]. Trans Amer Soc, 2004, 356(11): 4359-4370.

[13]HE B W, LENG G S, LI K H. Projection problems for symmetric polytopes[J]. Adv Math, 2006, 207(1): 73-90.

相关链接

第21章

§1 平面点格

由离散的部分组成的最简单的图形是平面正方形点格[①](图 1). 要得到这样的点格,我们在平面上画出面积为一单位的正方形的四个顶点,把正方形沿其一边的一个方向移出一边之长,画出所得的两个新顶点. 设想这样的步骤可以在一个方向上和它的相反方向上无止境地继续进行,这样我们在平面上就得到了由距离相等的两列点所组成的长条. 把长条在跟它垂直

① "点格"是指由点组成的"格子",下页中的"格子点"是指点格中的任意点——中译者注.

的方向上移出一边之长，画出得到的新顶点.假定这个步骤又可以在两个方向上无止境地进行.这样就作出了全部的正方形点格.正方形点格还可以定义为在平面笛卡儿坐标系中整数坐标点的集合.

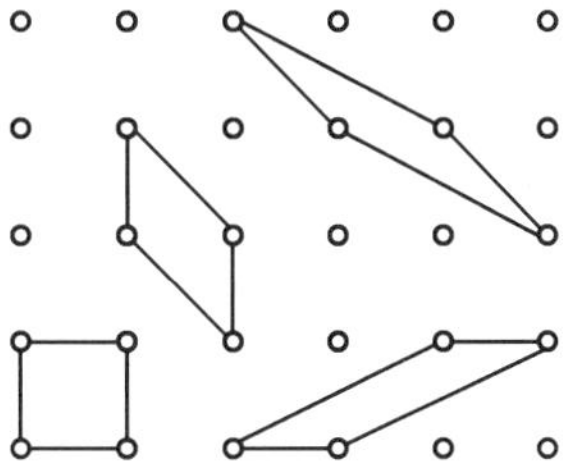

图 1

当然，由一个点格的四个顶点不仅可以组成正方形也可以组成其他图形，例如平行四边形.容易知道，由平行四边形出发得到的点格与由正方形出发得到的相同，只要这平行四边形不以格子点为顶点，而它的内部和边上不含任何其他格子点就行了（否则的话，用这种办法得出的点不能包括格子点的全体）.今试取任意的这样一个平行四边形来考察.可以看出，它的面积等于原来正方形的面积（图 1）.关于这句话的严格证明，将在下文给出.

尽管如此简单的点格，却可以引起重要的数学研究，其中最早的是高斯（Gauss）的研究，高斯试图在半径等于 r 的圆面中找出格子点的数目 $f(r)$，这里圆心是一格子点，而 r 是一整数.高斯凭实验找出对于许多 r 值的 $f(r)$ 值来，有如

$$r=10 \qquad f(r)=317$$

$$r=20 \qquad f(r)=1\ 257$$

$r=30 \qquad f(r)=2\,821$

$r=100 \qquad f(r)=31\,417$

$r=200 \qquad f(r)=125\,629$

$r=300 \qquad f(r)=282\,697$

高斯研究函数 $f(r)$ 的目的,原想借这个结果来计算 π 的近似值.每个基本正方形的面积,按假设都等于一个单位,因此 $f(r)$ 就等于被左下顶点在圆面之内或边上的所有正方形覆盖着的面积 F(图 2).这样说来,

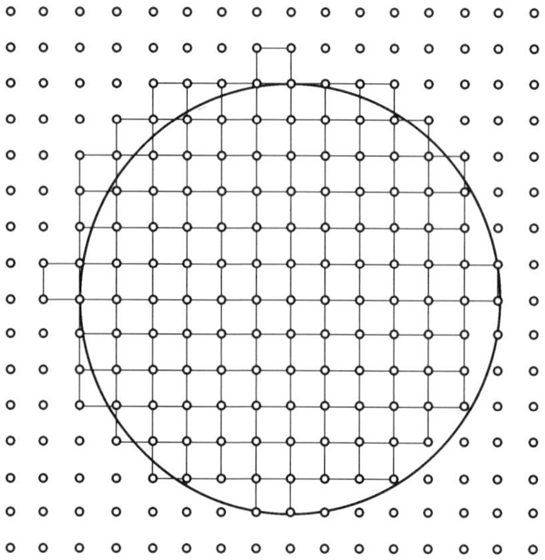

图 2

$f(r)$ 与圆面面积 $r^2\pi$ 之差不超过与圆面相交的(包括计算进去的或未计算的)正方形面积的总和 $A(r)$ 应满足

$$|f(r)-\pi r^2|\leqslant A(r)$$

$$\left|\frac{f(r)}{r^2}-\pi\right|\leqslant\frac{A(r)}{r^2}$$

要求 $A(r)$ 的估值是不难的. 单位正方形的两点间最大距离是$\sqrt{2}$，所以所有跟圆相交的正方形都落在一个圆环内，环的宽度为 $2\sqrt{2}$，而夹在半径为 $r+\sqrt{2}$ 和 $r-\sqrt{2}$ 的二圆之间. 圆环的面积是

$$B(r)=\left[(r+\sqrt{2})^2-(r-\sqrt{2})^2\right]\pi=4\sqrt{2}\pi r$$

但 $A(r)<B(r)$，所以

$$\left|\frac{f(r)}{r^2}-\pi\right|<\frac{4\sqrt{2}\pi}{r}$$

由此再运用极限过程，就得到我们所要找的公式

$$\lim_{r\to\infty}\frac{f(r)}{r^2}=\pi \tag{1}$$

现在把高斯求得的 $f(r)$ 之值代入上式，得出下列 π 的近似值($\pi=3.141\ 59\cdots$)

$$r=10 \qquad \frac{f(r)}{r^2}=3.17$$

$$r=20 \qquad \frac{f(r)}{r^2}=3.142\ 5$$

$$r=30 \qquad \frac{f(r)}{r^2}=3.134$$

$$r=100 \qquad \frac{f(r)}{r^2}=3.141\ 7$$

$$r=200 \qquad \frac{f(r)}{r^2}=3.140\ 725$$

$$r=300 \qquad \frac{f(r)}{r^2}=3.141\ 07$$

公式(1) 的另一个应用是证明在上文提到的那一句话：凡能产生正方形点格的任一平行四边形，它的面积都等于 1. 为了证明，我们设想圆域内的每一格子点都是一基本平行四边形的一顶点，并约定所有这些顶

点在平行四边形相同的位置上. 让我们把平行四边形覆盖着的面积 F 跟圆面的面积比较一下. 这里也发生由半径 $r+c$ 和 $r-c$ 所作成的圆环面积 $B(r)$ 产生的微小误差,其中 c 是一基本平行四边形的两点间的最大距离而与 r 无关. 假定基本平行四边形的面积为 a,则面积 F 等于 $a \cdot f(r)$. 从此得出公式

$$|af(r)-r^2\pi|<B(r)=4rc\pi$$

于是

$$\left|\frac{af(r)}{r^2}-\pi\right|<\frac{4c\pi}{r}$$

$$\lim_{r\to\infty}\frac{f(r)}{r^2}=\frac{\pi}{a}$$

我们已经证明过

$$\lim_{r\to\infty}\frac{f(r)}{r^2}=\pi$$

据此①,我们的断言 $a=1$ 得证.

现在我们转来研究一般的"单位点格",这是说,根据由单位正方形产生正方形点格的方法,由面积等于一单位的任意平行四边形产生的点格. 这里也是一样,不同的平行四边形可以产生相同的点格,但是这些平行四边形的面积必定等于一单位. 证法如同正方形点格的情形.

对任意这样一个单位点格来说,二格子点间最短的距离 c 是一个特征值. 单位点格的 c 可以随意小,这只要考虑由 c 和 $\frac{1}{c}$ 为边的矩形产生的点格就明白了.

---

① 在这个证明中,也可以不必是圆,而是任何的一块平面,只要这块平面边上被覆盖的那一部分对整个的这块平面来说,是任意地狭窄就行了.

但是另一方面，c 显然不能庞大无边，否则点格就不是单位点格了. 因此 c 必有一上界，今试决定这个上界.

从任一单位点格中任意选取距离为最短（比如说，

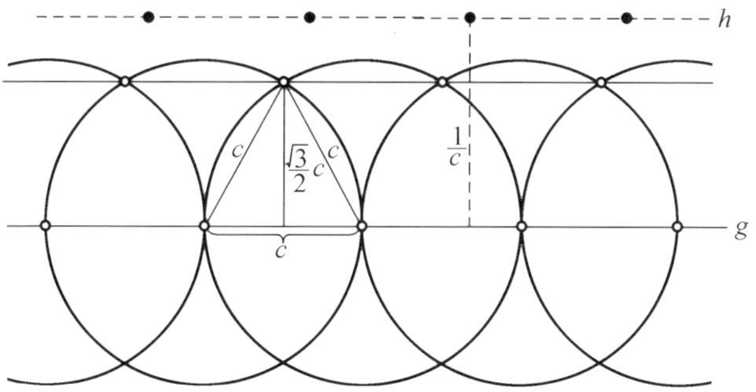

图 3

最短距离是 c）的两点（图 3）. 通过这两点作一直线 g. 按照点格的定义，在这条直线上应有无穷多的、间隔为 c 的其他点. 在平行于 g 且与 g 的距离为 $\frac{1}{c}$ 的直线 h 上也应有无穷多的格子点，但在二平行线 g 和 h 之间的区域内不应包含任何格子点. 以上两项事实都是从所讨论的点格是单位点格推出来的. 以 c 为半径、以 g 上的所有的格子点为圆心作圆，全部的圆将覆盖着一平面长条，这长条的边界是一些圆弧. 长条内部的任一点至少同一个格子点的距离小于 c，所以按照 c 的定义，这点不是格子点. 因此 $\frac{1}{c}$ 必大于或等于长条边界线到 g 的最短距离. 这个距离显然是以 c 为边的等边三角形的高. 于是就有

$$\frac{1}{c} \geqslant \frac{c}{2}\sqrt{3}$$

$$c \leqslant \sqrt{\frac{2}{\sqrt{3}}}$$

$\sqrt{\frac{2}{\sqrt{3}}}$ 就是所求的 c 的上界. 而且确实也有一个点格达到这个极值,因为,从图 4 上看出,这样的点格可以用由两个等边三角形拼成的平行四边形产生出来.

单位点格经过膨胀或收缩后可以得到随意大小的点格. 设 a^2 是某个点格的基本平行四边形的面积,C是两个格子点间的最短距离,那么应有

$$C \leqslant a\sqrt{\frac{2}{\sqrt{3}}}$$

等号当且仅当点格是由等边三角形组成的时候才成立. 所以,对一给定的最短距离,这样的点格含有最小的基本平行四边形. 但是,我们在前文看过,大的图形的面积近似地等于在那个区域里格子点数乘以基本平行四边形的面积,所以,在具有给定的最短距离的一切点格中,等边三角形点格(在给定的大区域里)含有最多的点.

若以每一格子点为圆心,以两个格子点间的最短距离之半为半径作圆,则得到一组彼此相切但没有覆盖现象的圆. 这样作出来的圆组称为(正则的)圆形格子式堆积. 我们说一种圆形格子式堆积较另一种为紧密,如果前一种堆积能在相当大的已知区域内放进较多的圆. 据此得知,等边三角形点格产生最紧密的圆形格子式堆积(图 4).

作为圆形格子式堆积的密度的度量,我们取包含在已知区域内各圆的总面积除以这个区域的面积. 对于充分大的区域来说这个值显然近似等于一个圆的面

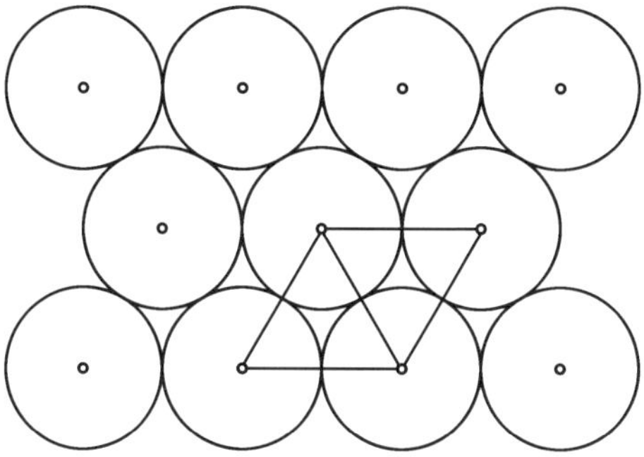

图 4

积除以基本平行四边形的面积. 等边三角形点格给出密度的最大值

$$D=\frac{1}{2\sqrt{3}}\pi=0.289\pi$$

§2　在数论中的平面点格

点格在许多数论问题中有用处.

1. 莱布尼兹级数

$\frac{\pi}{4}=1-\frac{1}{3}+\frac{1}{5}-\frac{1}{7}+\cdots$. 如同前一节中讲的,假定 $f(r)$ 代表在以 r 为半径、以一格子点为圆心的圆内,平面正方形单位点格的点的个数. 我们把圆心作为笛卡儿坐标的原点,并把格子点配以整数坐标. 这样 $f(r)$ 便是适合 $x^2+y^2\leqslant r^2$ 的所有整数偶 x,y 的个数. 因为 x^2+y^2 总表示整数 n,因此可以如此去求 $f(r)$:对每一整数 $n\leqslant r^2$,找出能以二整数平方之和表示它的方法的个数,把所有这些分解法的个数相加. 在数论中有这样一个定理:一整

数 n 表示为二整数平方之和的方法的个数,等于 n 的具有 $4k+1$ 和 $4k+3$ 形式的因子的个数之差的四位.但在这种表法中,如 $n=a^2+b^2$,$n=b^2+a^2$,$n=(-a)^2+b^2$ 等须认为是不同的分解式,因为它们对应不同的格子点.这样说来,每种分解式可以导出 8 种分解式来(但如 $a=\pm b$,$a=0$,$b=0$ 是例外).作为本定理的例子,我们来看 $n=65$ 这个数.这个数共有 4 个因子:1,5,13,65.所有这些因子都可以写成 $4k+1$ 的形式,但是 $4k+3$ 形式的却一个也没有.因此所求的差是 4,因此根据我们的定理,65 这个数可以写成 16 种二数平方之和.(换句话说,以原点为中心、以 $\sqrt{65}$ 为半径的圆周通过 16 个格子点.)实际上,$65=1^2+8^2$,$65=4^2+7^2$,每个式子又可以写成 8 种形式.

根据这个定理,对于每个正整数 $n\leqslant r^2$,从形为 $4k+1$ 的因子个数减去形为 $4k+3$ 的因子的个数,再将各差相加,则得出 $\frac{1}{4}(f(r)-1)$.不过,如果把加减的次序作适当的变更,尚可以简化许多.这是说,从所有的 $n\leqslant r^2$ 中形为 $4k+1$ 的因子数之和减去所有的形为 $4k+3$ 的因子数之和.要决定第一个和,把形为 $4k+1$ 的各数按大小次序写成 1,5,9,13…,所有大于 r^2 的数一概不计.每个这样的数累加几次不超过 r^2,在计算因子时,它就应该计算几次.因此,1 应有【r^2】次,5 有【$\frac{r^2}{5}$】次,这里的【a】一般表示不超过 a 的最大整数.所以我们所求的 $4k+1$ 形式的因子总数是

$$【r^2】+【\frac{r^2}{5}】+【\frac{r^2}{9}】+\cdots$$

由符号【a】的定义,这个级数只要方括弧中的分母一超过分子就中断了.对于 $4k+3$ 形式的因子也可

以同样地处理，从而得出这种因子总数为

$$【\frac{r^2}{3}】+【\frac{r^2}{7}】+【\frac{r^2}{11}】+\cdots$$

我们还要从第一个和中减去第二个和. 因为这两个和的项数都是有限的，所以级数的次序可以随意变更. 如用下法，则在过渡到极限 $r\to\infty$ 时较为方便. 我们把得出的结果写成下面的形式

$$\frac{1}{4}(f(r)-1)=【r^2】-【\frac{r^2}{3}】+【\frac{r^2}{5}】-【\frac{r^2}{7}】+【\frac{r^2}{9}】-【\frac{r^2}{11}】+\cdots$$

为了要弄清楚这个级数什么时候中断，我们姑且假定 r 是奇数. 这样级数一共有 $\frac{r^2+1}{2}$ 项. 这个和中的符号加减相间，同时绝对值不增加. 因此如果在 $【\frac{r^2}{r}】=【r】=r$ 这项处就中断了，由此所产生的误差最多等于最后的一项 r，所以我们可以把这个误差写作 ϑr，这里的 ϑ 是一真分数. 如果我们要把留下的 $\frac{1}{2}(r+1)$ 项的方括弧去掉，结果每项的误差都小于 1，所以总的误差又可以写作 $\vartheta' r$，而 ϑ' 是一真分数. 于是我们有

$$\frac{1}{4}(f(r)-1)=r^2-\frac{r^2}{3}+\frac{r^2}{5}-\frac{r^2}{7}+\cdots\pm r\pm\vartheta r\pm\vartheta' r$$

各项除以 r^2 后，得

$$\frac{1}{4}\left(\frac{f(r)}{r^2}-\frac{1}{r^2}\right)=1-\frac{1}{3}+\frac{1}{5}-\frac{1}{7}+\cdots\pm\frac{1}{r}\pm\frac{\vartheta+\vartheta'}{r}$$

让 r 无限增加(取所有的奇数值)，则 $\frac{f(r)}{r^2}$ 趋近于 π，这是容易证明的. 这样我们就导出了莱布尼兹级数

$$\frac{1}{4}\pi=1-\frac{1}{3}+\frac{1}{5}-\frac{1}{7}+\cdots$$

2. **二次形式的最小值**

命

$$f(m,n)=am^2+2bmn+cn^2$$

是以实数 a,b,c 为系数且行列式 $D=ac-b^2=1$ 的二次形式.在这种情形下 a 不能等于零.今不妨假定 $a>0$.众所周知,满足这些条件的 $f(m,n)$ 是正定的,也就是说,对于所有的实数偶 m,n,除去 $m=n=0$ 之外,$f(m,n)$ 是正的.以下我们要证明:不管如何选择系数 a,b,c,只要它们适合条件 $ac-b^2=1$ 且 $a>0$,总有两个不全为零的整数 m,n,使 $f(m,n)\leqslant\frac{2}{\sqrt{3}}$ 成立.

这句断语可以从我们以前讨论过的在单位点格中两点间的最小距离得知.利用条件 $D=1$,再用通常的配方法,$f(m,n)$ 可写成

$$f(m,n)=(\sqrt{a}m+\frac{b}{\sqrt{a}}n)^2+\left(\sqrt{\frac{1}{a}}n\right)^2$$

现在考虑平面笛卡儿坐标系中坐标为

$$x=\sqrt{a}m+\frac{b}{\sqrt{a}}n$$

$$y=\sqrt{\frac{1}{a}}n$$

的点,这里的 m 和 n 取所有的整数值.根据解析几何的初等定理知道这些点应该作成单位点格.因为它们可以从正方形单位点格 $x=m,y=n$ 经过行列式等于1的平面仿射变换

$$x=\sqrt{a}\xi+\frac{b}{\sqrt{a}}\eta$$

$$y=\sqrt{\frac{1}{a}}\eta$$

而得.但是现在 $f(m,n)=x^2+y^2$;所以当 m 和 n 取所有的整数值时,$\sqrt{f(m,n)}$ 表示从原点到相当的格子点的距离.按照前面讲过的定理,点格有一点 P,可使这个距离不超过 $\sqrt{\frac{2}{\sqrt{3}}}$.由此对 P 的二整数坐标 m,n 来说,我们就有

$$f(m,n)\leqslant\frac{2}{\sqrt{3}}$$

这就是要证明的.

这个结果可以用来解决通过有理数来逼近实数的问题.设 a 是任一实数,我们考虑形式

$$\begin{aligned}f(m,n)&=\left(\frac{an-m}{\varepsilon}\right)^2+\varepsilon^2n^2\\&=\frac{1}{\varepsilon^2}m^2-2\frac{a}{\varepsilon^2}mn+\left(\frac{a^2}{\varepsilon^2}+\varepsilon^2\right)n^2\end{aligned}$$

这个形式的行列式是

$$D=\frac{1}{\varepsilon^2}\left(\frac{a^2}{\varepsilon^2}+\varepsilon^2\right)-\frac{a^2}{\varepsilon^4}=1$$

这里的 ε 是任意正数.根据我们之前证明的结果,可以找到二数 m,n,使其适合不等式

$$\left(\frac{an-m}{\varepsilon}\right)^2+\varepsilon^2n^2\leqslant\frac{2}{\sqrt{3}}$$

从这里显然可得二不等式

$$\left|\frac{an-m}{\varepsilon}\right|\leqslant\sqrt{\frac{2}{\sqrt{3}}}\qquad|\varepsilon n|\leqslant\sqrt{\frac{2}{\sqrt{3}}}$$

从这里又得①

$$\left|a-\frac{m}{n}\right|\leqslant\frac{\varepsilon}{|n|}\sqrt{\frac{2}{\sqrt{3}}}\qquad |n|\leqslant\frac{1}{\varepsilon}\sqrt{\frac{2}{\sqrt{3}}}$$

如果 a 不是有理数，第一个不等式的左边必不等于零. 所以假如给定的 ε 的值越来越小，则必得无穷多的这样的数偶 m,n；因为此时 $\left|a-\frac{m}{n}\right|$ 必无限减少. 用这种方法我们得到与无理数 a 随意逼近的有理数 $\frac{m}{n}$. 另一方面，借用第二不等式可以消去 ε，从而得到

$$\left|a-\frac{m}{n}\right|\leqslant\frac{2}{\sqrt{3}}\cdot\frac{1}{n^2}$$

这样一来，我们有了一个近似分数的序列，其近似的程度与分母的平方成正比例. 这种近似值的分母不需要很大而近似程度就相当高.

3. Minkowski **定理**

Minkowski 建立了一个关于点格的定理，这个定理虽然很简单，可是能够解决数论上许多用别的方法难以解决的问题. 为了容易明白起见，这里我们不讲定理的一般形式，而只讨论一个特殊的情形，这种情形不但非常容易表述，而且从方法上说，已包含了主要的一切. 这个定理说：

如果以边为 2 的正方形覆盖着平面上任一已知单位点格，且使正方形的中心与一格子点重合，那么在这个正方形的内部或边上还有一个格子点.

---

① 对于充分小的 ε，是许可用 n 除的，因为如果 n 等于零，不等式 $|an-m|\leqslant\varepsilon\sqrt{\frac{2}{\sqrt{3}}}$ 就不成立了.

要证明这一定理,设想在点格平面上划定了任意一个大的区域,譬如说是以大的 r 为半径以一个格子点为圆心的圆的内部和圆周. 对于在这个区域中的每一格子点都以这点为中心作一个以 s 为边的正方形(图 5). 现在要求不管选择 r 多么大,也没有两个正方形是覆盖着的,在这个要求之下,来估计一下边 s 的长. 依照我们从前讲过的记号,在所说的区域内有 $f(r)$ 个格子点,因为正方形不得互相覆盖,所以它们的总面积为 $s^2 f(r)$. 另一方面,这些正方形都落在较大的半径为 $r+2s$ 的同心圆内,因此我们得到下面的不等式

$$s^2 f(r) \leqslant \pi(r+2s)^2$$

或

$$s^2 \leqslant \frac{\pi r^2}{f(r)}\left(1+\frac{2s}{r}\right)^2$$

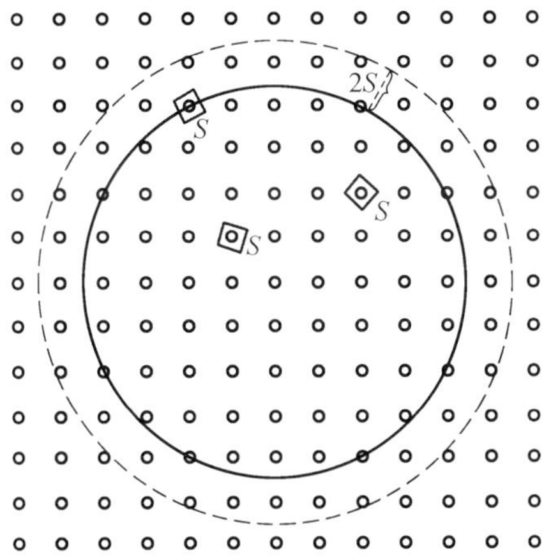

图 5

如果将 s 固定,让 r 无限增加,由前面的 $f(r)$ 的讨论,知道不等式的右方趋近于 1. 所以我们得出 s 的条件是

$$s \leqslant 1$$

因为二正方形只可能有覆盖或不覆盖两种情形，由此可知，对于任意正数 ε，不管它多么小，如果从边长为 $1+\varepsilon$ 的正方形出发，必然得到覆盖的正方形. 直到现在，我们并没有假定正方形的相互位置，因此我们可以把正方形绕其中心作任何角度的转动. 让我们假定所有的正方形都平行地放着. 今取出以 A 和 B 为中心的两个互相覆盖的正方形 a，b 来看（按照题设，a，b 即是格子点），则线段 AB 的中点 M 必落在这两个正方形的内部（图 6）.

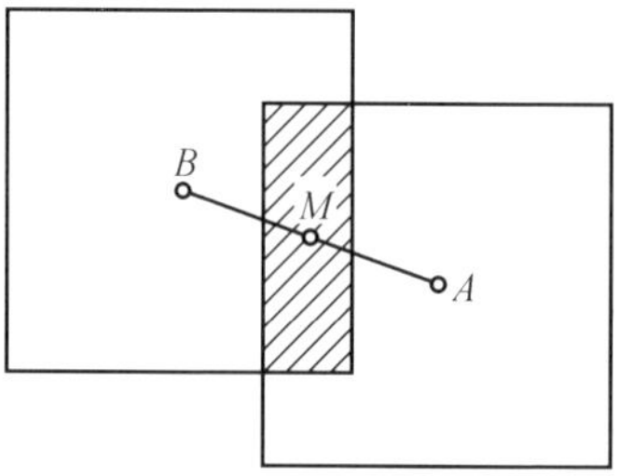

图 6

为了简明起见，今后凡是遇到二格子点连线的中点，例如 M，我们一概用点格的“平分点”一词代表. 现在我们可以推出这样的结论：以一格子点为中心且以 $1+\varepsilon$ 为边长的任一正方形 a，一定包含一平分点. 因为如以所有别的格子点为中心作一些正方形与 a 全等且同方向，则必有某些地方覆盖起来，又因为所有的正方形在这个图形上都有相同资格，所以 a 自己也必部分地被另一正方形 b 覆盖着，因此 a 必包含一平分点，如同图 6 中的点 M. 现在我们可以用反证法来完成定理的证明. 假如以一格子点 A 为中心以 2 为边的正方形的内部或边上再没有另外的格子点，那么我们可以把这个正方形在保持边的方向和中心位置不变的条件下稍微地扩大一下，使得扩大后的正方形 a' 的一边为 $2(1+\varepsilon)$，也不包含其他的格子点. 另外一方面，我们把这个正方形也在保持边的方向和中心的条件下收缩到原边的一半，就得到以 A 为中心以 $1+\varepsilon$ 为边的正方形 a，这个正方形，刚才证明过必包含一平分点 M. 这就是个矛盾，因为延长 AM 一倍到 B，则 B 必是一格子点，而且从 a 和 a' 的相互位置来看，可知这个格子点必在 a' 之内(图 7).

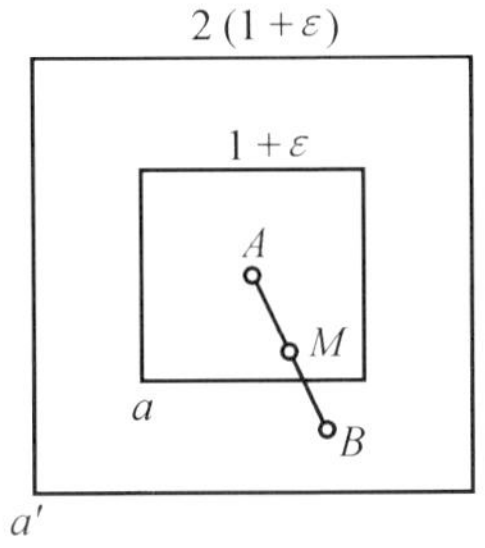

图 7

Minkowski 定理的一个有效应用是处理上一节我们曾经讲过的用有理数逼近实数的问题. 我们的方法和上节十分相似，可是得到更好的结果. 借用已知的无理数 a，我们作点格，格子点的笛卡儿坐标为

$$x=\frac{an-m}{\varepsilon},\ y=\varepsilon n$$

式中，m 和 n 取所有的整数值，ε 是任意的正数. 像以前一样，可以知道这个点格是单位点格. 图 8 表示点格中的一个基本平行四边形，假定 $0<a<1$. 我们作一正方形，以 2 为边，中心在原点，且使其边平行于坐标轴.

应用 Minkowski 定理，这个正方形必包含另一格子点.这个格子点由不全等于零的某二整数 m 和 n 决定.另一方面，在正方形的内部和边上的点的坐标都满足不等式 $|x| \leqslant 1$，$|y| \leqslant 1$. 因此，m、n 应满足下面的两个不等式

$$\left|\frac{an-m}{\varepsilon}\right| \leqslant 1,\ |\varepsilon n| \leqslant 1$$

或

$$\left|a-\frac{m}{n}\right| \leqslant \frac{\varepsilon}{|n|},\ |n| \leqslant \frac{1}{\varepsilon}$$

这就得出逼近 a 到随意准确程度的另一分数$\frac{m}{n}$的序列. 消去 ε，得

$$\left|a-\frac{m}{n}\right| \leqslant \frac{1}{n^2}$$

由此可见，Minkowski 定理证明了有逼近 a 的分数序列存在，它比在上一节作出的分数序数更好，那里我们不过得到了近似式

$$\left|a-\frac{m}{n}\right| \leqslant \frac{2}{\sqrt{3}} \cdot \frac{1}{n^2}$$

这个结果比较弱，因为$\frac{2}{\sqrt{3}} > 1$.

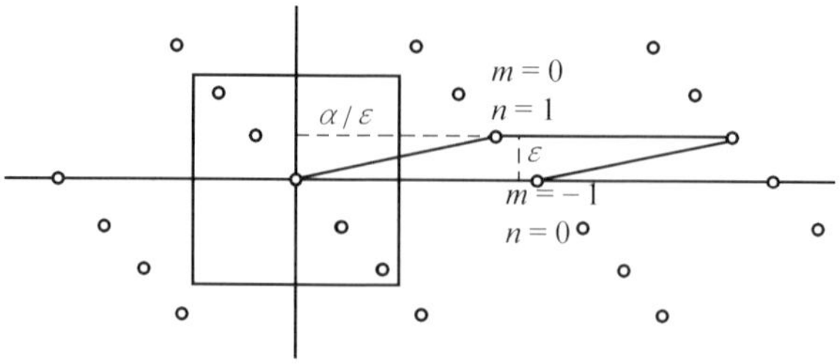

图 8

第22章 空间群[①]

由于固体中存在不能忽略的晶体结构,使得固体物理的理论很难离开空间群这个数学工具.在与完整晶体有关的问题中,哈密顿量在空间群算符的作用下是不变的,因此空间群的不可约表示指标可用来标志一个粒子或准粒子在晶体中的能级,标志结晶体中的电子能带和声子色散曲线.此外,掌握了空间群的IR及其基矢的性质,就能了解哈密顿量本征解的一些性质,并大大简化哈密顿量本征态的求解过程.

空间群表示论要比点群表示论复杂得多,这方面的工作是1936年由

① 本章是陈金全与马光群和高美娟合作写成的.

Seitz 开始的. 经过很多科学家的极其细致的工作, 230 个空间群的不可约表示都已求得, 并给出了系统的表格(Kovalev 1965, Bradley 和 Cracknell 1972).

本章将采用一种既简单而又严格的方法来介绍空间群表示论, 使读者不仅能很快掌握空间群表示的一般理论, 并且能在不使用表格的情况下, 用本征函数法求空间群的不可约表示. 我们将看到, 求空间群 IR 矩阵的 IR 基的问题, 最后归结为将一个有限群(它是点群的覆盖群) 的至多为 48 维的表示约化, 因此和求点群 IR 问题一样简单. 而求空间群的特征标归结为将至多为 11 阶的矩阵对角化, 虽然 230 个空间群的 IR 矩阵已有系统的表格, 但将这些表格输入到计算机, 再作物理上所需要的计算也还是较麻烦的, 最好能有一个简单而普适的程序, 让机器自动算出这些表格. 此外, 如果这些表格有错, 一般人也很难检查. 至于空间群的 CG 系数, 则至今还只有一些零星的数值表. 因此给出一个既便于手算也便于程序化的方法来求空间群的 IR 和 CG 系数仍然是很必要. 下面可以看到, 本征函数法是处理空间群表示的一种十分有效的方法.

§1 欧几里得群

1. 欧几里得群的定义

设 $\mathbf{R}_3$ 为实三维欧氏空间, 我们寻找 $\mathbf{R}_3$ 上保持任意两点之间距离不变的变换 E, 即

$$|E\boldsymbol{x}-E\boldsymbol{y}|=|\boldsymbol{x}-\boldsymbol{y}| \tag{1}$$

E 称为等距变换. 所有这些变换形成一个集合 $E(3)$.

若定义 $E(3)$ 集合中的乘法为相继进行等距变换，则容易证明 $E(3)$ 是一个群，称为三维空间中的欧几里得群.

在 $E(3)$ 的元素中最简单的群元是平移 T_a

$$T_a \boldsymbol{x} = \boldsymbol{x} + \boldsymbol{a} \tag{2}$$

即在 T_a 作用下，$\mathbf{R}_3$ 中每一点移动 $\boldsymbol{a}$，所有的平移算符 T_a 构成 $E(3)$ 的一个子群 $T(3)$，称为平移群. 因为

$$T_a T_b = T_b T_a = T_{a+b} \tag{3}$$

因此平移群是阿贝尔群. 显然 $T_a^{-1} = T_{-a}$.

容易求出群元 T_a 所对应的平移算符. 先考虑在 $\boldsymbol{x}$ 方向作一无穷小平移 $\delta\boldsymbol{x}$. 在 $T_{\delta x}$ 作用下，波函数 $\psi(\boldsymbol{x})$ 变成

$$\psi'(\boldsymbol{x}) = T_{\delta x}\psi(\boldsymbol{x}) = \psi(T_{\delta x}^{-1}\boldsymbol{x}) = \psi(\boldsymbol{x} - \delta\boldsymbol{x})$$

$$\cong \psi(\boldsymbol{x}) - \frac{\partial\psi}{\partial\boldsymbol{x}}\delta\boldsymbol{x} \cong \mathrm{e}^{-\delta x \frac{\partial}{\partial x}}\psi \tag{4}$$

由此可推得有限平移 $\boldsymbol{a}$ 所对应的算符为

$$T_a = \mathrm{e}^{-\boldsymbol{a}\cdot\nabla} = \mathrm{e}^{-\mathrm{i}\hat{k}\cdot\boldsymbol{a}} \tag{5}$$

这里 $\hat{\boldsymbol{k}} = \frac{1}{\mathrm{i}}\Delta$ 为动量算符（取普朗克常数 $\hbar = 1$）.（比较转动算符的表达式 $R_n(\boldsymbol{\varphi}) = \mathrm{e}^{-\mathrm{i}\boldsymbol{\varphi} J\cdot n}$）.

2. 欧几里得群算符的一些性质

现在研究 $E(3)$ 中的任一元素 E. 假定 $E\boldsymbol{\varphi} = \boldsymbol{a}$，这里 $\boldsymbol{\varphi} = (0,0,0)$ 为坐标原点. 于是 $T_{-a}E\boldsymbol{\varphi} = \boldsymbol{\varphi}$，即 $T_{-a}E$ 是 $E(3)$ 中保持原点不变的操作，记为 $\alpha = T_{-a}E$. 所有使原点不变的等距变换构成我们所熟悉的三维正交群 $O(3)$. 由于 $\alpha = T_{-a}E$，所以 $E(3)$ 中任一群元可唯一地写成

$$E = T_a\alpha \tag{6a}$$

习惯上常用所谓Seitz记号$\{\alpha \mid \boldsymbol{a}\}$代表$E(3)$的一个群元$E$,用$\{\epsilon \mid 0\}$代表幺元素,$\{\epsilon \mid \boldsymbol{a}\}$代表平移算符$T_{\boldsymbol{a}}$. 于是式(6a)可写成

$$\{\alpha \mid \boldsymbol{a}\} = \{\epsilon \mid \boldsymbol{a}\}\{\alpha \mid 0\}, \{\epsilon \mid \boldsymbol{a}\} \in T(3), \{\alpha \mid 0\} \in O(3) \tag{6b}$$

$\{\alpha \mid \boldsymbol{a}\}$对任一矢量$\boldsymbol{x}$的作用为

$$\{\alpha \mid \boldsymbol{a}\}\boldsymbol{x} = \alpha\boldsymbol{x} + \boldsymbol{a} \tag{7}$$

即将$\boldsymbol{x}$点绕原点转动α后,再作平移$\boldsymbol{a}$. 利用

$$\{\alpha \mid \boldsymbol{a}\}\{\beta \mid \boldsymbol{b}\}\boldsymbol{x} = \{\alpha \mid \boldsymbol{a}\}(\beta\boldsymbol{x} + \boldsymbol{b}) = \alpha\beta\boldsymbol{x} + \alpha\boldsymbol{b} + \boldsymbol{a} \tag{8}$$

得到群元乘法规则

$$\{\alpha \mid \boldsymbol{a}\}\{\beta \mid \boldsymbol{b}\} = \{\alpha\beta \mid \alpha\boldsymbol{b} + \boldsymbol{a}\} \tag{9}$$

令上式中的$\{\alpha\beta \mid \alpha\boldsymbol{b} + \boldsymbol{a}\} = \{\epsilon \mid 0\}$,得到$\{\alpha \mid \boldsymbol{a}\}$的逆元素

$$\{\alpha \mid \boldsymbol{a}\}^{-1} = \{\alpha^{-1} \mid -\alpha^{-1}\boldsymbol{a}\} \tag{10}$$

由式(9)得到

$$\{\alpha \mid \boldsymbol{a}\} = \{\epsilon \mid \boldsymbol{a}\}\{\alpha \mid 0\} = \{\alpha \mid 0\}\{\epsilon \mid \alpha^{-1}\boldsymbol{a}\} \tag{11}$$

因此,平移和转动(包括反射)一般不对,除非平移矢量$\boldsymbol{a}$平行于转轴,或平行于反射面. 即

$$[\{\epsilon \mid \boldsymbol{a}\}, \{\alpha \mid 0\}] = 0, \text{当 } \boldsymbol{a} \text{ 平行于 } \alpha \text{ 的转轴} \tag{12a}$$

$$[\{\epsilon \mid \boldsymbol{a}\}, \{\sigma \mid 0\}] = 0, \text{当 } \boldsymbol{a} \text{ 平行于反射面 } \sigma \tag{12b}$$

由式(9)还可得到

$$\{\alpha \mid \boldsymbol{a} + \boldsymbol{b}\} = \{\epsilon \mid \boldsymbol{a}\}\{\alpha \mid \boldsymbol{b}\} = \{\alpha \mid \boldsymbol{b}\}\{\epsilon \mid \alpha^{-1}\boldsymbol{a}\} \tag{13}$$

用新的记号,(5)可重写成

$$\{\epsilon \mid \boldsymbol{a}\} = \mathrm{e}^{-\boldsymbol{a}\cdot\nabla} = \mathrm{e}^{\mathrm{i}\hat{k}\cdot\boldsymbol{a}} \tag{14}$$

下面我们考虑群操作$\{C_k(\theta)\mid \boldsymbol{a}\}$,$C_k(\theta)$代表绕通过原点的$\boldsymbol{k}$轴转$\theta$角.先假定$\boldsymbol{k}$和$\boldsymbol{a}$垂直.让我们来找出$\{C_k(\theta)\mid \boldsymbol{a}\}$的等价操作.设$\{\boldsymbol{\epsilon}\mid \boldsymbol{b}\}$为一平移操作,按乘法规则有

$$\{\boldsymbol{\epsilon}\mid -\boldsymbol{b}\}\{C_k(\theta)\mid \boldsymbol{a}\}\{\boldsymbol{\epsilon}\mid \boldsymbol{b}\}=\{C_k(\theta)\mid \boldsymbol{a}-\boldsymbol{b}+C_k(\theta)\boldsymbol{b}\} \tag{15}$$

若矢量$\boldsymbol{b}$满足

$$\boldsymbol{b}-C_k(\theta)\boldsymbol{b}=\boldsymbol{a} \tag{16}$$

则由式(15)得

$$\{C_k(\theta)\mid \boldsymbol{a}\}=\{\boldsymbol{\epsilon}\mid \boldsymbol{b}\}\{C_k\mid 0\}\{\boldsymbol{\epsilon}\mid -\boldsymbol{b}\} \tag{17a}$$

由上式容易证明

$$\{C_k(\theta)\mid \boldsymbol{a}\}\boldsymbol{b}=\boldsymbol{b} \tag{17b}$$

即操作$\{C_k(\theta)\mid \boldsymbol{a}\}$保持向量$\boldsymbol{b}$(也即保持图 1 中的$\varphi'$点)不变.因此(17b)告诉我们,绕通过原点的$\boldsymbol{k}$轴转$\theta$角再平移$\boldsymbol{a}$等价于绕$\boldsymbol{k}'$轴转$\theta$角,$\boldsymbol{k}'$通过$\varphi'$点并和$\boldsymbol{k}$平行.矢量$\boldsymbol{b}$由式(16)决定.如图 1 中,$P$点绕$\varphi$点转$\theta$到达$P'$,再平移$\boldsymbol{a}$到达$P''$,等价于$P$点绕$\varphi'$点转$\theta$到达$P''$.若$\boldsymbol{a}$是任意矢量,则可将$\boldsymbol{a}$分解为平行于$\boldsymbol{k}$轴的$\boldsymbol{a}_{\parallel}$和垂直于$\boldsymbol{k}$轴的$\boldsymbol{a}_{\perp}$,即$\boldsymbol{a}=\boldsymbol{a}_{\parallel}+\boldsymbol{a}_{\perp}$.因而

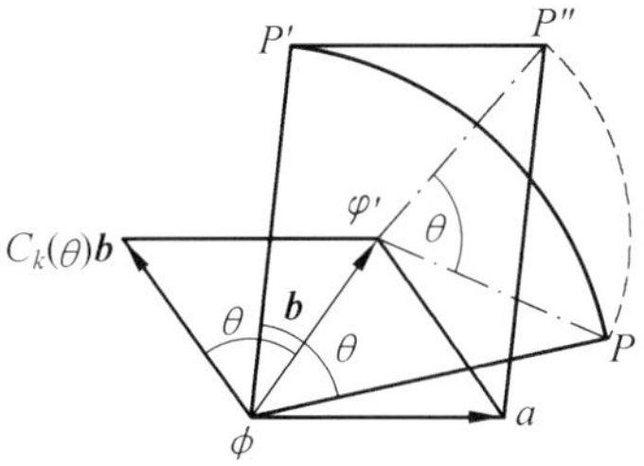

图 1　绕原点φ转θ角再平移$\boldsymbol{a}$,等价绕φ'点转θ角,转轴垂直于纸面

$$\{C_k(\theta) \mid \boldsymbol{a}\} = \{C_k(\theta) \mid \boldsymbol{a}_\perp + \boldsymbol{a}_\parallel\}$$
$$= \{\epsilon \mid \boldsymbol{a}_\parallel\}\{C_k(\theta) \mid \boldsymbol{a}_\perp\} \quad (18)$$

因此通过移动转动轴,任一操作$\{C_k(\theta) \mid \boldsymbol{a}\}$可以简化为一个单纯转动和沿转动轴方向的平移.

若平移矢量$\boldsymbol{a}$和反射面σ相垂直,由乘法规则可得到

$$\{\sigma \mid \boldsymbol{a}\} = \left\{\epsilon \mid \frac{\boldsymbol{a}}{2}\right\}\{\sigma \mid 0\}\left\{\epsilon \mid -\frac{\boldsymbol{a}}{2}\right\} \quad (19)$$

因此相对于平面σ作反射再沿σ的法线方向平移$\boldsymbol{a}$,等价于相对于平面σ'作反射,σ'是将σ平移$\frac{\boldsymbol{a}}{2}$而得到的一个反射面. 对于任一位移矢量$\boldsymbol{a} = \boldsymbol{a}_\parallel + \boldsymbol{a}_\perp$($\boldsymbol{a}_\parallel$和$\boldsymbol{a}_\perp$分别代表跟$\sigma$面相平行和相垂直的矢量)有

$$\{\sigma \mid \boldsymbol{a}\} = \{\epsilon \mid \boldsymbol{a}_\parallel\}\{\sigma \mid \boldsymbol{a}_\perp\} \quad (20)$$

因此,任一操作$\{\sigma \mid \boldsymbol{a}\}$可以简化为相对于另一平面$\sigma'$作反射,然后沿平面方向平移$\boldsymbol{a}_\parallel$.

§2 格 群

原子或离子在一空间点阵上有规则的排列就构成一个晶体. 空间点阵由满足下式的所有点$\boldsymbol{R}_n$(称为格点(lattice point))所组成

$$\boldsymbol{R}_n = n_1\boldsymbol{t}_1 + n_2\boldsymbol{t}_2 + n_3\boldsymbol{t}_3 \quad (21a)$$

或

$$\boldsymbol{R}_n = (n_1, n_2, n_3) \quad (21b)$$

这里n_i为整数,$\boldsymbol{t}_i$称为初始平移矢量(primitive translation vector),它们必须是不共面的. $\boldsymbol{R}_n$称为格矢(lattice vector). 由$\boldsymbol{t}_1$,$\boldsymbol{t}_2$和$\boldsymbol{t}_3$构成的平行六面体称

为元胞(primitive cell). 空间点阵$\{\boldsymbol{R}_n\}$又称为空点阵('empty' latticc). 注意,原子或离子不一定都位于格点上,一个元胞可包含不止一个原子或离子.

$\boldsymbol{t}_1, \boldsymbol{t}_2$ 和 $\boldsymbol{t}_3$ 一般不互相垂直,它们的标量积即度规张量记为

$$g_{ij} = \boldsymbol{t}_i \cdot \boldsymbol{t}_j \tag{22}$$

保持 $\alpha\boldsymbol{R}_n$ 仍然属于点阵$\{\boldsymbol{R}_n\}$的所有转动 α 构成一个点群,记为 F,称为空点阵$\{\boldsymbol{R}_n\}$的点群. 点群 F 必包含空间反演算符 I,这是因为若 $\boldsymbol{R}_n$ 为格矢,则 $-\boldsymbol{R}_n$ 也必为格矢.

以格矢 $\boldsymbol{R}_n$ 为平移矢量的平移群称为格群,记为 T,即

$$T = \{\epsilon \mid \boldsymbol{R}_n\} \tag{23}$$

显然 T 为无限晶体的一个对称子群,因为晶体中的任一点 $\boldsymbol{x}$ 都等价于点 $\boldsymbol{x} + \boldsymbol{R}_n$. 实际晶体当然是有限的,不过它包含为数极多(每立方厘米约 10^{20} 个)的原子. 因此当我们讨论晶体的整体性质(bulk property)时,可把它当作一个无限晶体来处理.

§3　空　间　群

晶体除了上述平移对称外,还有某种转动和反射对称. 晶体的完全对称群就叫作空间群,记为 G,它显然是欧几里得群的子群. 而格群又是 G 的子群,即 $E(3) \supset G \supset T$. 空间群元可表为

$$\{\alpha \mid \boldsymbol{a}\} = \{\alpha \mid \boldsymbol{v}(\alpha) + \boldsymbol{R}_n\} \tag{24}$$

这里矢量 $\boldsymbol{v}(\alpha)$ 是与点群操作 α 相联系的,称为非初始

平移. $\boldsymbol{v}(\alpha)$ 或者是零,或者是一个不是格矢的矢量. 它总是小于格矢,因为等于格矢的部分可归入格矢中去. 当然点群幺元素 $\boldsymbol{\epsilon}$ 所对应的非初始平移一定为零, $\boldsymbol{v}(\boldsymbol{\epsilon}) \equiv 0$.

所有的操作 α 构成一个点群 G_0,称为空间群的点群. 实际晶体是空点阵上放置了各种原子、离子、分子而成的. 由于这些离子、分子的排列以及它们本身都有其自己的对称性. 因此晶体点群 G_0 的对称性将低于空点阵的点群 F,即一般说 G_0 是 F 的子群 $F \supset G_0$. 只有当这些离子、分子的排列及它们本身的对称性都大于或等于 F 时,G_0 才等于 F.

G_0 同构于商群 G/T.

根据是否有非初始平移,可将空间群分成两类. 第一类是没有非初始平移的,即对所有的 α 都有 $\boldsymbol{v}(\alpha) = 0$,称为简单空间群(simple or symmorphic space group). 这种简单空间群共有 73 个. 显然,点群 $G_0 = \{\alpha\}$ 是简单空间群的子群. 第二类是至少对于一个 α 有 $\boldsymbol{v}(\alpha) \neq 0$,称为非简单(nonsymmorphic) 空间群. 对此 α,$\{\alpha \mid 0\}$ 以及纯平移$\{\boldsymbol{\epsilon} \mid \boldsymbol{v}(\alpha)\}$ 都不是空间群的元素,因此在非简单空间群中,点群 $G_0 = \{\alpha\}$ 不是它的子群. 共有 157 个非简单空间群. 当 $\boldsymbol{v}(\alpha) \neq 0$ 时,若 α 代表一个转动,则$\{\alpha \mid \boldsymbol{v}(\alpha)\}$ 称为一个螺旋轴(screw axis),若 α 代表一个反射面 σ,则$\{\sigma \mid \boldsymbol{v}(\sigma)\}$ 称为滑移面(glide plane).

下面讨论对非初始平移的一些限制.

设 α 为一 n 度轴 C_n,若其非初始平移 $\boldsymbol{v}$ 与 C_n 轴平行时,由(12a) 可知,$\{C_n \mid 0\}$ 和$\{\boldsymbol{\epsilon} \mid \boldsymbol{v}\}$ 对易,于是有

$$\{C_n \mid \boldsymbol{v}\}^n = \{C_n^n \mid n\boldsymbol{v}\} = \{\boldsymbol{\epsilon} \mid n\boldsymbol{v}\} \tag{25a}$$

因此 $n\boldsymbol{v}=l\boldsymbol{R}_m$，这里 $\boldsymbol{R}_m$ 为沿 C_n 轴方向的最短格矢，而非初始平移 $\boldsymbol{v}$ 必取以下形式

$$\boldsymbol{v}=\frac{l}{n}\boldsymbol{R}_m,l=0,1,2,\cdots,n-1 \tag{25b}$$

类似地利用(12b)可证明，若 σ 为一反射面，其非初始平移 $\boldsymbol{v}$ 和 σ 面相平行，则 $\boldsymbol{v}$ 必取以下形式

$$\boldsymbol{v}=\frac{1}{2}\boldsymbol{R}_m \tag{25c}$$

这里 $\boldsymbol{R}_m$ 为 $\boldsymbol{v}$ 方向上的最短格矢.

在 157 个非简单空间群中，非初始平移都取以下形式

$$\boldsymbol{v}=\frac{1}{m}(m_1\boldsymbol{t}_1+m_2\boldsymbol{t}_2+m_3\boldsymbol{t}_3) \tag{25d}$$

$m=2,3,4,6;m_i=0,1,\cdots,m-1.$

空间群是一种不连续的无限群，不过我们只要给出有限个群元 $\{\alpha\mid\boldsymbol{v}(\alpha)\}$ 和格矢 $\boldsymbol{R}_n$ 的形式，也就给出了一个空间群 G.

由乘法规则

$$\begin{aligned}&\{\alpha\mid\boldsymbol{v}(\alpha)+\boldsymbol{R}_n\}\{\beta\mid\boldsymbol{v}(\beta)+\boldsymbol{R}_m\}\\&=\{\alpha\beta\mid\alpha\boldsymbol{v}(\beta)+\boldsymbol{v}(\alpha)+\alpha\boldsymbol{R}_m+\boldsymbol{R}_n\}\end{aligned} \tag{26}$$

可知初始平移和非初始平移必须满足以下条件

$$\alpha\boldsymbol{R}_m=\boldsymbol{R}_l\quad(\text{即 }\alpha\boldsymbol{R}_m\text{ 仍为一格矢}) \tag{27a}$$

$$\boldsymbol{v}(\alpha)+\alpha\boldsymbol{v}(\beta)=\boldsymbol{v}(\alpha\beta)+\boldsymbol{R}_l \tag{27b}$$

根据

$$\{\alpha\mid\boldsymbol{a}\}\{\epsilon\mid\boldsymbol{R}_n\}\{\alpha^{-1}\mid-\alpha^{-1}\boldsymbol{a}\}=\{\epsilon\mid\alpha\boldsymbol{R}_n\} \tag{28}$$

以及式(27a)可知，格群 T 是空间群 G 的不变子群.

§4 空点阵点群 F 及晶系

根据格群 T 为空间群 G 的不变子群，可以推出对空点阵点群 F 的限制. 式(27a)表明，初始平移基矢 $\boldsymbol{t}_1$，$\boldsymbol{t}_2$ 和 $\boldsymbol{t}_3$ 张开点群 F 的一个三维表示

$$\alpha \boldsymbol{t}_i = \sum_{j=1}^{3} D_{ji}(\alpha) \boldsymbol{t}_j \tag{29}$$

由于 $\alpha \boldsymbol{t}_i$ 属于空点阵$\{\boldsymbol{R}_n\}$，所以

$$\alpha \boldsymbol{t}_i = n_1 \boldsymbol{t}_1 + n_2 \boldsymbol{t}_2 + n_3 \boldsymbol{t}_3$$

因此上式中矩阵元 $D_{ji}(\alpha)$ 全为整数①，因而该表示的特征标 $\chi(\alpha)$ 也全为整数. 另一方面我们知道，以笛卡儿基 $\boldsymbol{i}, \boldsymbol{j}, \boldsymbol{k}$ 为基时，O_3 群的特征标为 $\chi(\varphi) = \pm 1 + 2\cos\varphi$，$\varphi$ 为绕某一轴的转动角度，$+1(-1)$ 对应于纯转动(转动反射). 由于笛卡儿基和($\boldsymbol{t}_1, \boldsymbol{t}_2, \boldsymbol{t}_3$)基之间只差一个线性变换，而特征标在相似变换下是不变的，由此我们得到一个条件

$$\pm 1 + 2\cos\varphi = \text{整数} \tag{30}$$

这就给转动角度 φ 一个限制. 使得 φ 只能等于 $2\pi, \pi, \pm 2\pi/3, \pm \pi/2, \pm \pi/3$. 这就证明了空点阵点群 G_0 的转动轴的阶只能是 1,2,3,4,6，而不存在 5 度轴和 7 度轴等. 所以在所有点群中，只有 32 种是满足上述条件的，它们称为晶体点群. 它们是循环群 $\mathscr{C}_n$，$n = 1,2,3,4,6$；二面体群 D_n，$n = 2,3,4,6$；四面体群 T 和八面体

① 虽然 α 为幺正算符，但由于 $\boldsymbol{t}_i$ 不是正交归一基，$D(\alpha)$ 不是幺正矩阵.

群 O. 加上反演或反射面则还有 $\mathscr{C}_i, S_4, S_6, \mathscr{C}_{nh}, n=1,2,3,4,6$; $\mathscr{C}_{nv}$ 和 $D_{nh}, n=2,3,4,6$; D_{2d}, D_{3d}, T_h 和 O_h.

除了式(30)的限制外,以下定理对群 F 还附加了另一种限制.

定理　若空点阵点群 F 包含一 n 度轴, $n>2$, 则它必包含子群 $\mathscr{C}_{nv}$.

32 个晶体点群中,只有以下 7 个能满足这一条件: $\mathscr{C}_i, \mathscr{C}_{2h}=\mathscr{C}_2\times\mathscr{C}_i, D_{2h}=D_2\times\mathscr{C}_i, D_{3d}=D_3\times\mathscr{C}_i, D_{4h}=D_4\times\mathscr{C}_i, D_{6h}=D_6\times\mathscr{C}_i$ 和 $O_h=O\times\mathscr{C}_i$. 它们就是所允许的空点阵点群 F. 如所预期的那样,它们全都包含空间反演 I. 它们的从属关系为

$$\begin{array}{ccccccccc} O_h & \supset & D_{4h} & \supset & D_{2h} & \supset & \mathscr{C}_{2h} & \supset & \mathscr{C}_i \\ & & \cap & & \cap & & & & \\ & & D_{6h} & \supset & D_{3d} & & & & \end{array} \tag{31}$$

如果两个空点阵具有相同的对称点群 F, 则称这两个点阵是属于同一晶系的. 于是共有 7 个晶系: 三斜系($\mathscr{C}_i$)(triclinic), 单斜系($\mathscr{C}_2$)(monoclinic), 正交系(D_{2h})(orthorhombic), 三角系(D_{3d})(trigonal), 四角系(D_{4h})(tetragonal), 六角系(D_{6h})(hexagonal)和立方系(O_h)(cubic).

这 7 个晶系的基矢 $\boldsymbol{t}_i$ 所对应的度规张量可取以下形式

$$\underset{\text{三斜}}{\begin{pmatrix} g_{11} & g_{12} & g_{13} \\ g_{21} & g_{22} & g_{23} \\ g_{31} & g_{32} & g_{33} \end{pmatrix}} \quad \underset{\text{单斜}}{\begin{pmatrix} g_{11} & g_{12} & 0 \\ g_{21} & g_{22} & 0 \\ 0 & 0 & g_{33} \end{pmatrix}} \quad \underset{\text{正交}}{\begin{pmatrix} g_{11} & 0 & 0 \\ 0 & g_{22} & 0 \\ 0 & 0 & g_{33} \end{pmatrix}} \quad \underset{\text{三角}}{\begin{pmatrix} a & b & b \\ b & a & b \\ b & b & a \end{pmatrix}}$$

$$\begin{pmatrix} a & 0 & 0 \\ 0 & a & 0 \\ 0 & 0 & c \end{pmatrix} \begin{pmatrix} a & -a/2 & 0 \\ -a/2 & a & 0 \\ 0 & 0 & c \end{pmatrix} \begin{pmatrix} a & 0 & 0 \\ 0 & a & 0 \\ 0 & 0 & a \end{pmatrix} \tag{32}$$

四角　　　　六角　　　立方

§5　布拉菲格子

前面说过，点阵的对称性使得其对称点群 F 只能有 $n=1,2,3,4,6$ 度轴. 反过来，点阵的对称群 F 也对点阵的类型有所限制.

定义　对属于同一个晶系的两个点阵，如果其中的一个可通过连续变形变到另一个，且在变形过程中它的对称群应不低于该晶系的对称群 F，则称这两个点阵是同型的，否则称为不同型的.

可以证明，7 个晶系共包含十四种类型的点阵，称为十四种 Bravais 格子或 Bravais 点阵，其几何形状及初始平移见图 2. 由图 2 给出的初始平移 $\boldsymbol{t}_i$，可求出 Bravais 格子的度规张量 g_{ij}. 例如，对立方晶系有

$$g_P = \begin{pmatrix} a & 0 & 0 \\ 0 & a & 0 \\ 0 & 0 & a \end{pmatrix}, g_I = \frac{3}{4}\begin{pmatrix} a & -a/3 & -a/3 \\ -a/3 & a & -a/3 \\ -a/3 & -a/3 & a \end{pmatrix},$$

$$g_F = \begin{pmatrix} a & a/2 & a/2 \\ a/2 & a & a/2 \\ a/2 & a/2 & a \end{pmatrix} \tag{33}$$

可以证明，14 种类型的 Bravais 点阵 $\{\boldsymbol{R}_n\}$，32 种点群 $G_0=\{\alpha\}$，加上各种可能的非初始平移 $\boldsymbol{v}(\alpha)$，一共可构成 230 个空间群 $G=\{\alpha \mid \boldsymbol{v}(\alpha)+\boldsymbol{R}_n\}$. 32 个点群将空

间群分成 32 个晶类. 点群记号加一个上标如 $\mathscr{C}_{2v}^3$, O_h^7 就用来标志空间群.

7 个晶系所包含的点群如下:

1. 三斜晶系: $F=\mathscr{C}_i$; $G_0=\mathscr{C}_i,\mathscr{C}_1$.

2. 单斜晶系: $F=\mathscr{C}_{2h}$; $G_0=\mathscr{C}_{2h},\mathscr{C}_2,\mathscr{C}_s$.

3. 正交晶系: $F=D_{2h}$; $G_0=D_{2h},D_2,\mathscr{C}_{2v}$.

4. 三角晶系: $F=D_{3d}$; $G_0=D_{3d},D_3,\mathscr{C}_{3v},\mathscr{C}_3,S_6$.

5. 四角晶系: $F=D_{4h}$; $G_0=D_{4h},D_{4d},D_4,\mathscr{C}_{4v},S_4,\mathscr{C}_4,D_{2d}$.

6. 六角晶系: $F=D_{6h}$; $G_0=D_{6h},D_6,\mathscr{C}_{6h},\mathscr{C}_{6v},\mathscr{C}_6,D_{3h},\mathscr{C}_{3h}$.

7. 立方晶系: $F=O_h$; $G_0=O_h,O,T_d,T,T_h$.

(1) 三斜晶系

Triclinic-P(Γ_t)

$a\neq b\neq c$

$\alpha\neq\beta\neq\gamma$

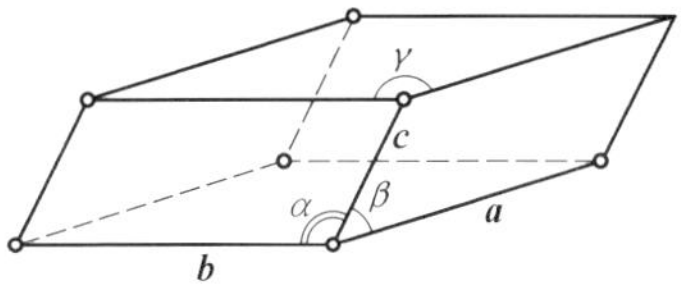

以下统一用 a,b,c 代表三边边长, α 为边 $\boldsymbol{b},\boldsymbol{c}$ 之间的夹角, β 为边 $\boldsymbol{c},\boldsymbol{a}$ 之间的夹角, γ 为边 $\boldsymbol{a},\boldsymbol{b}$ 之间的夹角.

(2) 单斜晶系 $a\neq b\neq c,\alpha=\beta=\pi/2\neq\gamma$

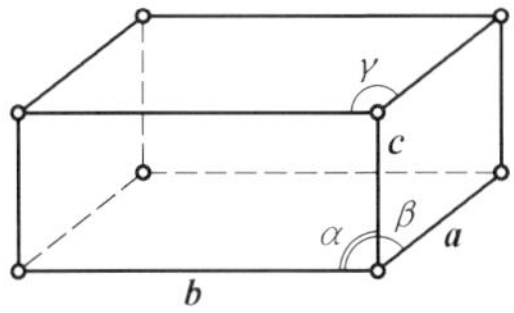

简单型 Γ_m

Monoclinic-P

$\boldsymbol{t}_i$: $(0,-b,0)$; $(a\sin\gamma,-a\cos\gamma,0)$;

$(0,0,c)$

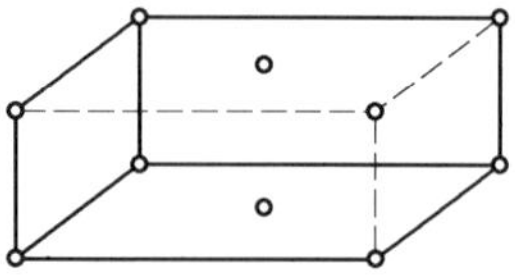

底心型Γ_m^b

Monoclinic–B

$\boldsymbol{t}_i$: $(0,\ -b,\ 0)$; $\frac{1}{2}(a\sin\gamma,\ -a\cos\gamma,\ -c)$;

$\frac{1}{2}(a\sin\gamma,\ -a\cos\gamma,\ c)$

（3）正交晶系 $a\neq b\neq c, \alpha=\beta=\gamma=\pi/2$

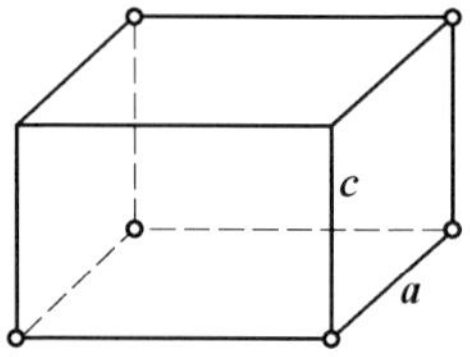

简单型 Γ_0

Orthorhombic-P

$\boldsymbol{t}_i$: $(0,-b,0)$;

$(a,0,0)$;

$(0,0,c)$

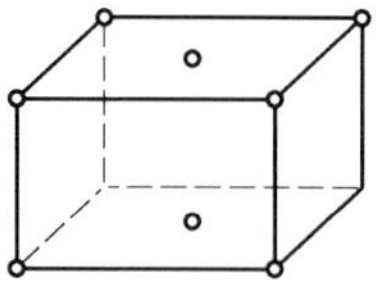

底心型 Γ_0^b

Orthorhombic-C

$\boldsymbol{t}_i$: $\frac{1}{2}(a,-b,0)$;

$\frac{1}{2}(a,b,0)$;

$(0,0,c)$

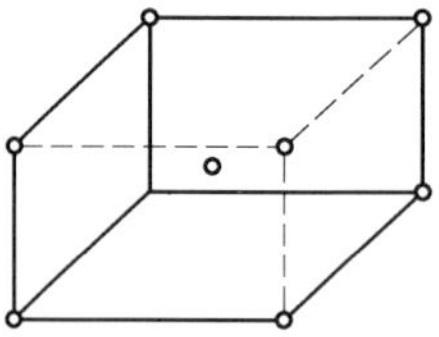

体心型 Γ_0^v

Orthorhombic-I

$\boldsymbol{t}_i$: $\frac{1}{2}(a,b,c)$;

$\frac{1}{2}(-a,-b,c)$;

$\frac{1}{2}(a,-b,-c)$

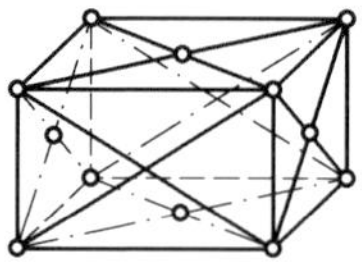

面心型 Γ_0^f

Orthorhombic-F

$\boldsymbol{t}_i$: $\frac{1}{2}(a,0,c)$;

$\frac{1}{2}(0,-b,c)$;

$\frac{1}{2}(a,-b,0)$

(4) 三角晶系

Trigonal-R(Γ_{rh})

$a=b\neq c$,

$\alpha=\beta=\gamma<2\pi/3$,

$\alpha\neq\pi/2$

$\boldsymbol{t}_i$:$(0,-a,c)$;$\frac{1}{2}(\sqrt{3}a,a,2c)$;

$\frac{1}{2}(-\sqrt{3}a,a,2c)$

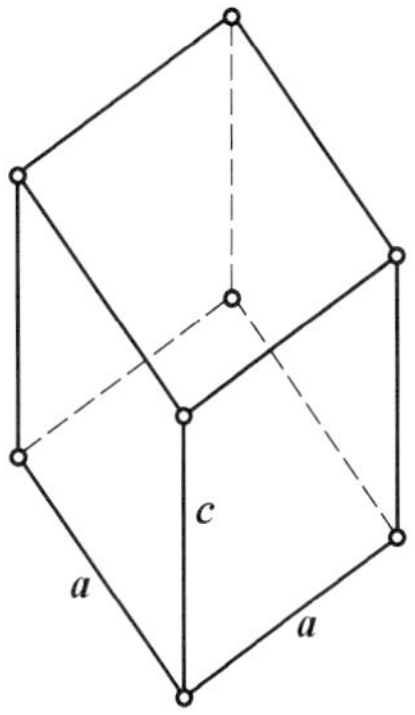

(5) 四角晶系 $a=b\neq c,\alpha=\beta=\gamma=\pi/2$

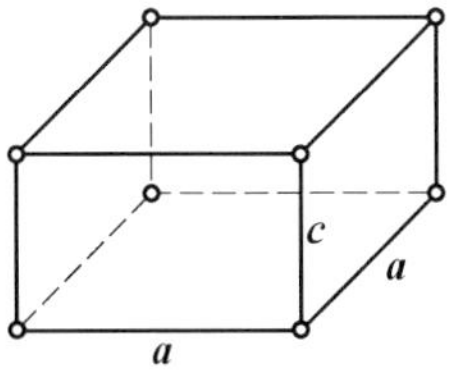

简单型 Γ_q

Tetragonal-P

$\boldsymbol{t}_i$: $(a,0,0)$; $(0,a,0)$; $(0,0,a)$

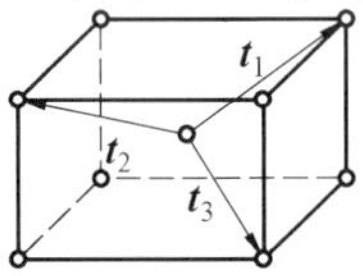

体心型 Γ_q^v

Tetragonal-I

$\boldsymbol{t}_i$:$\frac{1}{2}(-a,a,c)$;$\frac{1}{2}(a,-a,c)$;$\frac{1}{2}(a,a,-c)$

(6) 六角晶系 $a=b\neq c,\alpha=\beta=\pi/2,\gamma=2\pi/3$

Hexagonal-P,Γ_h

t_i:$(0,-a,0)$;

$\frac{1}{2}(\sqrt{3}a,a,0)$;

$(0,0,c)$

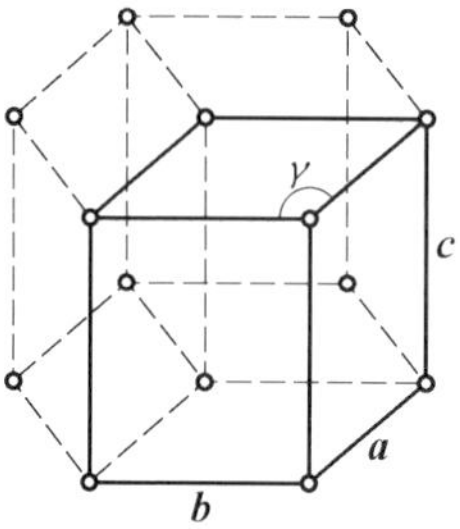

(7) 立方晶系 $a=b=c, \alpha=\beta=\gamma=\pi/2$

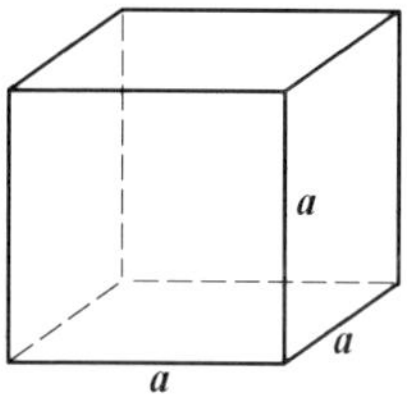

简单型 Γ_c

Cubic-P

$t_i:(a,0,0);(0,a,0);(0,0,a)$

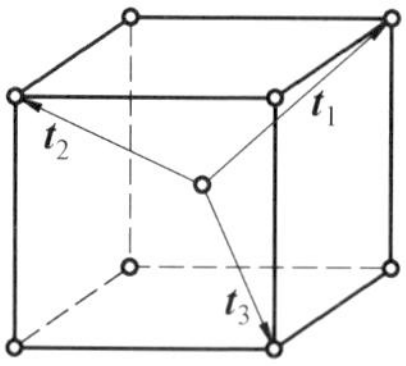

体心型 Γ_c^v

Cubic-I

$t_i:\frac{1}{2}(-a,a,a);\frac{1}{2}(a,-a,a);\frac{1}{2}(a,a,-a)$

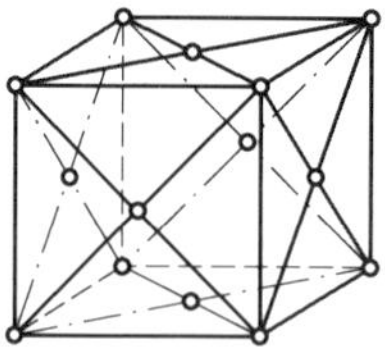

面心型 Γ_c^f

Cubic-F

$t_i:\frac{1}{2}(0,a,a);\frac{1}{2}(a,0,a);\frac{1}{2}(a,a,0)$

§6　空间群的算符

1. 空间群算符的性质

首先指出，如果把欧几里得群或空间群群操作看作是坐标变换算符，则它不是线性算符. 为说明这一点，只需考虑平移算符 T_a. 设

$$T_a \boldsymbol{x} = \boldsymbol{x} + \boldsymbol{a} \tag{34a}$$

设 $\boldsymbol{z} = C_1 \boldsymbol{x} + C_2 \boldsymbol{y}$，$C_1$，$C_2$ 为任意常数. 由式(34a)得

$$T_a \boldsymbol{z} = C_1 \boldsymbol{x} + C_2 \boldsymbol{y} + \boldsymbol{a} \tag{34b}$$

如果 T_a 是线性算符，则应当有

$$T_a \boldsymbol{z} = C_1 T_a \boldsymbol{x} + C_2 T_a \boldsymbol{y} = C_1 \boldsymbol{x} + C_2 \boldsymbol{y} + (C_1 + C_2) \boldsymbol{a} \tag{34c}$$

由于$(C_1 + C_2)\boldsymbol{a} \neq \boldsymbol{a}$，所以看作为坐标变换的空间群算符不是线性算符.

但如果将空间群算符定义为函数空间的取代算符，即定义

$$\begin{aligned} \{\alpha \mid \boldsymbol{a}\}\psi(\boldsymbol{x}) &= \psi(\{\alpha \mid \boldsymbol{a}\}^{-1}\boldsymbol{x}) \\ &= \psi(\alpha^{-1}(\boldsymbol{x} - \boldsymbol{a})) \end{aligned} \tag{35}$$

则它是线性算符. 说明如下，仍只考虑平移算符. 若

$$T_a \psi(\boldsymbol{x}) = \psi(\boldsymbol{x} - \boldsymbol{a})$$

则有

$$\begin{aligned} & T_a [C_1 \psi(\boldsymbol{x}) + C_2 \varphi(\boldsymbol{x})] \\ &= C_1 \psi(\boldsymbol{x} - \boldsymbol{a}) + C_2 \varphi(\boldsymbol{x} - \boldsymbol{a}) \\ &= C_1 T_a \psi(\boldsymbol{x}) + C_2 T_a \varphi(\boldsymbol{x}) \end{aligned}$$

由此可见 $T_a = \{\epsilon \mid \boldsymbol{a}\}$ 为线性算符. 类似地可以证明，在

式(35) 定义下,空间群算符$\{\alpha \mid \boldsymbol{a}\}$为线性算符.

容易证明在上述定义下,群元算符的乘法规则和前面所述的在坐标空间的乘法规则式(9) 是一致的. 证明如下.

$$\begin{aligned}\{\alpha \mid \boldsymbol{a}\}\{\beta \mid \boldsymbol{b}\}\psi(\boldsymbol{x}) &= \{\alpha \mid \boldsymbol{a}\}\psi(\beta^{-1}\boldsymbol{x} - \beta^{-1}\boldsymbol{b}) \\ &= \psi(\beta^{-1}\{\alpha \mid \boldsymbol{a}\}^{-1}\boldsymbol{x} - \beta^{-1}\boldsymbol{b}) \\ &= \psi(\{\alpha\beta \mid \alpha\boldsymbol{b} + \boldsymbol{a}\}^{-1}\boldsymbol{x}) \\ &= \{\alpha\beta \mid \alpha\boldsymbol{b} + \boldsymbol{a}\}\psi(\boldsymbol{x}) \qquad (36\text{a})\end{aligned}$$

因此式(9) 成立. 式(10) ~ 式(20) 当然对空间群也成立.

在做上述运算时,必须十分注意以下几点

$$\begin{aligned}\{\epsilon \mid \boldsymbol{a}\}\psi(\alpha^{-1}\boldsymbol{x}) &= \psi(\alpha^{-1}(\boldsymbol{x} - \boldsymbol{a})) \\ &\neq \psi(\alpha^{-1}\boldsymbol{x} - \boldsymbol{a}) \qquad (36\text{b})\end{aligned}$$

$$\begin{aligned}\{\alpha \mid 0\}\psi(\boldsymbol{x} - \boldsymbol{b}) &= \psi(\alpha^{-1}\boldsymbol{x} - \boldsymbol{b}) \\ &\neq \psi(\alpha^{-1}(\boldsymbol{x} - \boldsymbol{b})) \qquad (36\text{c})\end{aligned}$$

$$\begin{aligned}\{\alpha \mid 0\}\psi(\beta^{-1}\boldsymbol{x}) &= \psi(\beta^{-1}\alpha^{-1}\boldsymbol{x}) \\ &\neq \psi(\alpha^{-1}\beta^{-1}x) \qquad (36\text{d})\end{aligned}$$

式(35) 可写成

$$\{\alpha \mid \boldsymbol{a}\}\psi(\boldsymbol{x}) = \psi(\boldsymbol{x}' - \boldsymbol{a}') \qquad (37\text{a})$$

$$\boldsymbol{x}' - \boldsymbol{a}' = \alpha^{-1}(\boldsymbol{x} - \boldsymbol{a}) \qquad (38\text{b})$$

我们以后一律采用式(37) 作为空间群算符的定义,即和 Bradley 和 Cracknell 的定义一致. 式(37b) 写成分量形式为

$$x'_i - a'_i = \sum_{j=1}^{3} D_{ji}(\alpha^{-1})(x_j - a_j) = \sum_{j=1}^{3} D_{ij}(\alpha)(x_j - a_j) \qquad (37\text{c})$$

这里 $D_{ij}(\alpha)$ 为点群操作 α 在以 x, y, z 为基的表示中的矩阵元.

2. 群元算符的具体形式

以空间群 D_{4h}^{14} 为例. 金红石(TiO_2)的对称群就是 D_{4h}^{14}. 为具体起见就讨论金红石,金红石属四角晶系,每个格点上有一个 TiO_2 分子,它的排列如图 2 所示,每个晶胞(元胞)中平均包括两个 Ti 原子和四个 O 原子.

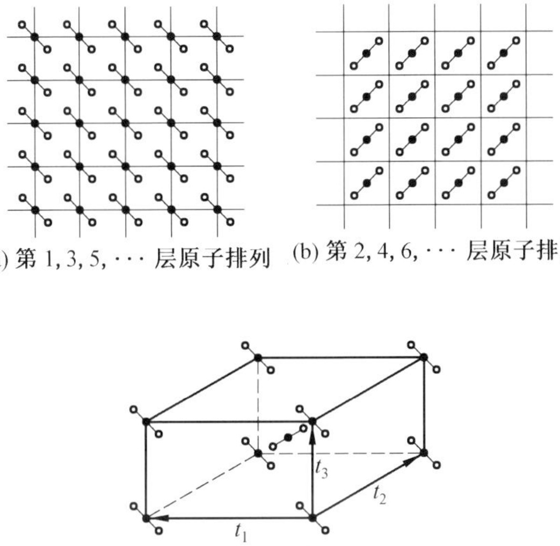

(a) 第 1, 3, 5, ··· 层原子排列　(b) 第 2, 4, 6, ··· 层原子排列

(c) 空间群 $D_{4\mathrm{h}}^{14}$ 的元胞

图 2　金红石 TiO_2 的原子排列和元胞.
"◦"代表氧原子,"•"代表钛原子

虽然在晶胞中心有一个 TiO_2 分子,但金红石结构不是体心四角格子,因为中心那个 TiO_2 分子的排列方向与角上的不同,所以金红石属简单四角格子.

金红石结构的对称操作如下:

(1) 纯平移操作 $\{\boldsymbol{\epsilon} \mid \boldsymbol{R}_n\}$

$$\boldsymbol{R} = n_1 \boldsymbol{t}_1 + n_2 \boldsymbol{t}_2 + n_3 \boldsymbol{t}_3$$

$\boldsymbol{t}_1, \boldsymbol{t}_2, \boldsymbol{t}_3$ 互相垂直,且 $t_1 = t_2 = a, t_3 = c$.

(2) 属于点群 D_{2h} 的操作(见图 3)

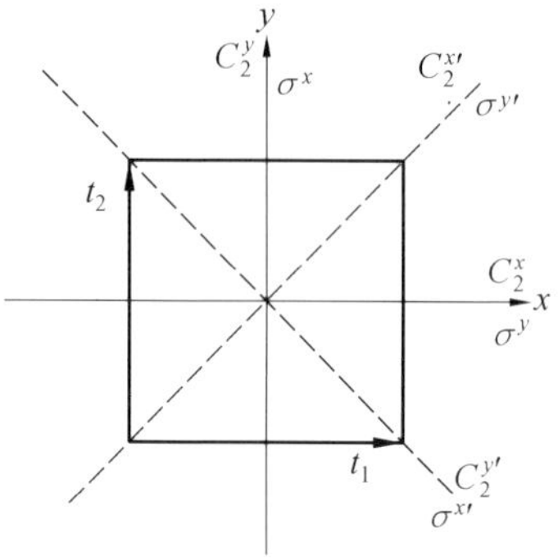

图 3　D_{2h} 群

$$D_{2h}: \{\epsilon \mid 0\}, \{C_2^z \mid 0\}, \{C_2^{x'} \mid 0\}, \{C_2^{y'} \mid 0\},$$
$$\{I \mid 0\}, \{\sigma_h \mid 0\}, \{\sigma^{x'} \mid 0\}, \{\sigma^{y'} \mid 0\}$$

I 为空间反演. σ_h 为水平反射面, $\sigma^{x'}$ 和 $\sigma^{y'}$ 为垂直反射面等.

(3) 包含非初始平移的操作

$$\{C_4^z \mid \boldsymbol{v}\}, \{\overline{C}_4^z \mid \boldsymbol{v}\}, \{C_2^x \mid \boldsymbol{v}\}, \{C_2^y \mid \boldsymbol{v}\}, \{\overline{S}_4^3 \mid \boldsymbol{v}\}, \{S_4^z \mid \boldsymbol{v}\},$$
$$\{\sigma^x \mid \boldsymbol{v}\}, \{\sigma^y \mid \boldsymbol{v}\}, \boldsymbol{v} = \frac{1}{2}(\boldsymbol{t}_1 + \boldsymbol{t}_2 + \boldsymbol{t}_3)$$

这里 $\overline{C}_4^z = (C_4^z)^{-1}, \overline{S}_4^z = (S_4^z)^{-1}$. 根据

$$\{C_4^z \mid \boldsymbol{v}\} = \{\boldsymbol{\epsilon} \mid \frac{1}{2} c\boldsymbol{k}\}\{C_4^z \mid \frac{a}{2}(\boldsymbol{i}+\boldsymbol{j})\} = \{\boldsymbol{\epsilon} \mid \frac{1}{2} c\boldsymbol{k}\}\{C_4^{z'} \mid 0\}$$

这里 $C_4^{z'}$ 为绕通过图 4 中 ϕ' 点的 z 轴(记为 z' 轴)转 $90°$, 可知 $\{C_4^z \mid \boldsymbol{v}\}$ 等价于绕 z' 轴转 $90°$ 然后再在 z 方向上平移 $c/2$. 在此操作下, 图 2 中, 第 0,2,4,… 层就移动到原来的 1,3,5,… 层.

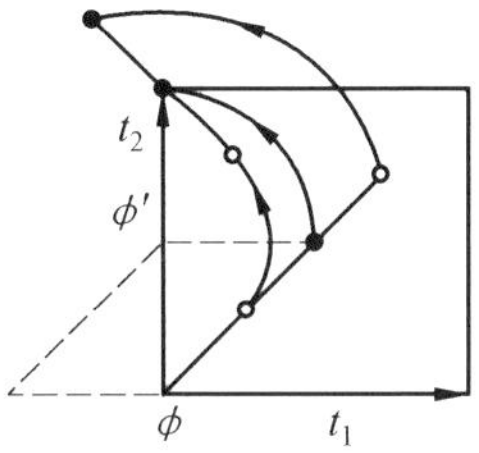

图4　绕 ϕ 点转 90° 再平移 $(\boldsymbol{t}_1+\boldsymbol{t}_2)/2$ 等价于绕 ϕ' 点转 90°

§7　倒　格　矢

$\boldsymbol{t}_1,\boldsymbol{t}_2,\boldsymbol{t}_3$ 是一组非正交归一基矢.我们可引入一组 dual basis $\boldsymbol{b}_1,\boldsymbol{b}_2,\boldsymbol{b}_3$,使得

$$\boldsymbol{b}_i\cdot\boldsymbol{t}_j=2\pi\delta_{ij} \tag{38}$$

这里引进 2π 因子是为了将来方便.容易看出,$\boldsymbol{b}_i$ 和 $\boldsymbol{t}_i$ 的关系为

$$\boldsymbol{b}_i=2\pi(\boldsymbol{t}_j\times\boldsymbol{t}_k)/(\boldsymbol{t}_i\cdot(\boldsymbol{t}_j\times\boldsymbol{t}_k)),i,j,k\text{ 轮换} \tag{39}$$

我们可知,$\boldsymbol{t}_i$ 为共变基矢,$\boldsymbol{b}_i$ 为逆变基矢,$\boldsymbol{b}_i\cdot\boldsymbol{t}_j=2\pi\delta_{ij}$ 为不变量.逆变基矢的度规张量记为

$$g^{ij}=\boldsymbol{b}_i\cdot\boldsymbol{b}_j \tag{40}$$

它和共变基矢的度规张量 g_{ij} 的关系为

$$\| g^{ji}\| =4\pi^2\| g_{ij}\|^{-1} \tag{41}$$

定义

$$\boldsymbol{K}_m=m_1\boldsymbol{b}_1+m_2\boldsymbol{b}_2+m_3\boldsymbol{b}_3,m_1,m_2,m_3\text{ 为整数} \tag{42}$$

$\boldsymbol{K}_m$ 称为倒格矢(reciprocal lattice vector),由 $\boldsymbol{K}_m$ 构成的点阵称为逆点阵(reciprocal lattice).

首先证明,逆点阵和其空点阵具有相同的对称点

群 F. 由式(21) 和式(42) 得到

$$\boldsymbol{K}_m \cdot \boldsymbol{R}_n = 2\pi \sum_{i=1}^{3} n_i m_i = 2\pi \times 整数 \tag{43a}$$

由于 $\alpha^{-1}\boldsymbol{R}_n$ 也为格矢,所以 $\boldsymbol{K}_m \cdot \alpha^{-1}\boldsymbol{R}_n = 2\pi \times$ 整数. 利用算符 α 的幺正性又得到以下式子

$$\boldsymbol{K}_m \cdot \alpha^{-1}\boldsymbol{R}_n = \alpha\boldsymbol{K}_m \cdot \boldsymbol{R}_n = 2\pi \times 整数$$

上式对任意 R_n 均成立,所以 $\alpha\boldsymbol{K}_m$ 亦为一倒格矢

$$\alpha\boldsymbol{K}_m = \boldsymbol{K}_l \tag{43b}$$

由此可知,空点阵和其逆点阵必属于同一晶系. 但是它们可以属于不同的类型. 例如,体心立方型点阵的逆点阵属于面心立方型. 这一点可从式(33) 看出. 由式(33) 可以验证

$$g_I = \frac{1}{2}a^2 \cdot g_F^{-1} \tag{44}$$

除无关紧要的常数因子外,和条件式(41) 一致.

14 种 Bravais 点阵中,除表 1 列出的四种以外,空点阵和其逆点阵均属于同一型.

表 1　点阵和其逆点阵的对应关系

晶　系	空间点阵	逆点阵
正交晶系	体心正交型	面心正交型
	面心正交型	体心正交型
立方晶系	体心立方型	面心立方型
	面心立方型	体心立方型

§8　格群的不可约表示

在以 $\boldsymbol{t}_1, \boldsymbol{t}_2, \boldsymbol{t}_3$ 为基时,从标 $\boldsymbol{r}$ 可表为

$$\boldsymbol{r} = \xi_1\boldsymbol{t}_1 + \xi_2\boldsymbol{t}_2 + \xi_3\boldsymbol{t}_3 \tag{45}$$

类似于式(4)有

$$\{\epsilon \mid \delta\xi_1 \boldsymbol{t}_1\}\psi(\xi_1) = \psi(\xi_1 - \delta\xi_1) \cong \exp\left[-\delta\xi_1 \frac{\partial}{\partial\xi_1}\right]\psi(\xi_1)$$
$$= \exp\left[-(\delta\xi_1 \boldsymbol{t}_1)\cdot\frac{1}{2\pi}\left(\frac{\partial}{\partial\xi_1}\boldsymbol{b}_1\right)\right]\psi(\xi_1) \tag{46}$$

由此可知平移算符

$$\{\epsilon \mid \boldsymbol{R}_n\} = \mathrm{e}^{-\mathrm{i}\hat{\boldsymbol{k}}\cdot\boldsymbol{R}_n} = \exp\left[-\left(n_1\frac{\partial}{\partial\xi_1} + n_2\frac{\partial}{\partial\xi_2} + n_3\frac{\partial}{\partial\xi_3}\right)\right] \tag{47a}$$

$$\hat{k} = -\mathrm{i}\,\nabla = -\mathrm{i}\left(\frac{\partial}{\partial\xi_1}\boldsymbol{b}_1 + \frac{\partial}{\partial\xi_2}\boldsymbol{b}_2 + \frac{\partial}{\partial\xi_3}\boldsymbol{b}_3\right)/2\pi \tag{47b}$$

格群是一个阿贝尔群,其完备算符集就是一个算符,即群元$\{\epsilon \mid \boldsymbol{R}_n\} = \exp(-\mathrm{i}\hat{k}\cdot\boldsymbol{R}_n)$. 它的本征函数 $\psi_{\boldsymbol{k}}$ 就是格群的不可约基

$$\{\epsilon \mid \boldsymbol{R}_n\}\psi_{\boldsymbol{k}} = \exp(-\mathrm{i}\hat{k}\cdot\boldsymbol{R}_n)\psi_{\boldsymbol{k}} = \exp(-\mathrm{i}\boldsymbol{k}\cdot\boldsymbol{R}_n)\psi_{\boldsymbol{k}} \tag{48}$$

这里 $\boldsymbol{k}$ 为算符 $\hat{k} = -\mathrm{i}\,\nabla$的本征值,称为波矢. 它可表示成

$$\boldsymbol{k} = p_1\boldsymbol{b}_1 + p_2\boldsymbol{b}_2 + p_3\boldsymbol{b}_3 \tag{49}$$

我们就用波矢 $\boldsymbol{k}$ 标志格群的 IR.

容易找出本征方程(48)的一个解为

$$\psi_{\boldsymbol{k}}(\boldsymbol{r}) = \mathrm{e}^{\mathrm{i}\boldsymbol{k}\cdot\boldsymbol{r}} = \mathrm{e}^{2\pi\mathrm{i}(p_1\xi_1 + p_2\xi_2 + p_3\xi_3)} \tag{50a}$$

由(43)式可知 $\exp(\mathrm{i}\boldsymbol{k}_m\cdot\boldsymbol{R}_n) \equiv 1$,因此 $\psi_{\boldsymbol{k}+\boldsymbol{K}_m} = \exp[\mathrm{i}(\boldsymbol{k}+\boldsymbol{K}_m)\cdot\boldsymbol{r}]$ 仍然满足式(48),也就是说格群 IR($\boldsymbol{k}$) 和 IR($\boldsymbol{k}+\boldsymbol{K}_m$) 是等价的,以后我们就称波矢 $\boldsymbol{k}$ 和 $\boldsymbol{k}+\boldsymbol{K}_m$ 为等价波矢. 格群 IR($\boldsymbol{k}$) 的基矢的最普遍形

式为

$$\varphi^{(k)}(\boldsymbol{r})=\sum_{\boldsymbol{K}_m}v(\boldsymbol{k}+\boldsymbol{K}_m)\exp[\mathrm{i}(\boldsymbol{k}+\boldsymbol{K}_m)\cdot\boldsymbol{r}] \tag{50b}$$

这里 $v(\boldsymbol{k}+\boldsymbol{K}_m)$ 为系数.

因此,容易写出格群的投影算符

$$P^{(k)}=\mathrm{const}\sum_{\boldsymbol{R}_n}\exp[\mathrm{i}(\boldsymbol{k}-\hat{\boldsymbol{k}})\cdot\boldsymbol{R}_n] \tag{51}$$

§9 布里渊区

由前面讨论可知,为了得到格群的所有不等价的不可约表示,只要让 $\boldsymbol{k}$ 的三个分量 p_1,p_2,p_3 在间隔为1的范围内变化就行了.

为了直观起见,让我们引入逆点阵的元胞. 和空间点阵的元胞相类似,逆点阵的元胞定义为由基矢 $\boldsymbol{b}_1$,$\boldsymbol{b}_2$,$\boldsymbol{b}_3$ 构成的平行六面体. 于是只要让 $\boldsymbol{k}$ 在此元胞内变化,就能得到格群所有的不等价 IR. 这种元胞虽然构造简单,但其外型显示不出逆点阵的点群对称性. 为了显示这种对称性,我们可按以下方式构造对称元胞:在一逆点阵中,以一个格点作为原点,作此原点同所有近邻格点的连线,再作这些连线的垂直平分面(即垂直并平分这些直线的平面),这些平面所包围的体积就是我们所要的元胞,称为 Wigner-Seitz 胞. 这种对称元胞就称为布里渊区(或第一布里渊区). 因此只要让 $\boldsymbol{k}$ 在布里渊区中(包括其界面)变化,就可得到格群的所有不等价的不可约表示. 布里渊区的 $\boldsymbol{k}$ 又称为约化波矢(reduced wave vector). 于是格群的不可约表示就用布里渊区的一个点,或一个约化波矢来标志.

图 5 以二维点阵为例,给出相应的逆点阵和布里渊区.

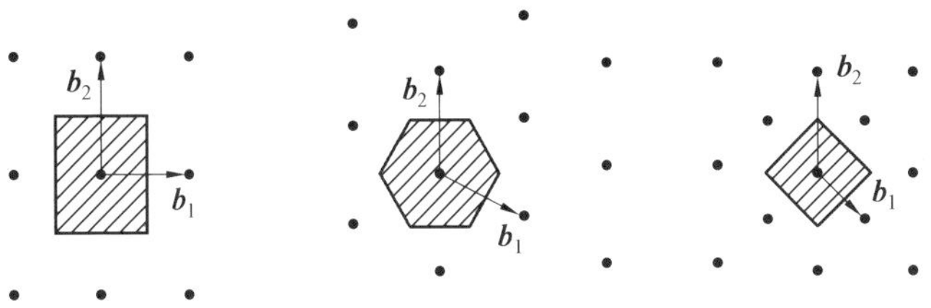

图 5　二维点阵的对称元胞

§10　周期场中的电子态

考虑电子在晶体内的运动,作为初步近似,可用独立电子模型,即假定电子在固定的平均场 $V(\boldsymbol{r})$ 中运动,$V(\boldsymbol{r})$ 具有平移对称性 $V(\boldsymbol{r})=V(\boldsymbol{r}+\boldsymbol{R}_n)$. 假定晶体除平移对称外没有其他对称性,因此格群就是电子哈密顿量的对称群. 于是电子的本征态必定属于格群的某一不可约表示 $\boldsymbol{k}$. 前面讲过一维 IR($\boldsymbol{k}$) 的基矢可选为 $\exp(\mathrm{i}\boldsymbol{k}\cdot\boldsymbol{r})$. 假定 $w_k(\boldsymbol{r})$ 是格群的恒等表示的基

$$\{\boldsymbol{\epsilon} \mid R_n\}w_{\boldsymbol{k}}(\boldsymbol{r})=w_{\boldsymbol{k}}(\boldsymbol{r}-\boldsymbol{R}_n)=w_{\boldsymbol{k}}(\boldsymbol{r}) \qquad (52)$$

于是一维 IR($\boldsymbol{k}$) 的基矢更普遍的形式为

$$\varphi^{(k)}(\boldsymbol{r})=w_{\boldsymbol{k}}(\boldsymbol{r})\exp(\mathrm{i}\boldsymbol{k}\cdot\boldsymbol{r}) \qquad (53)$$

电子在晶体内的波函数 $\varphi^{(k)}(\boldsymbol{r})$ 称为布洛赫函数(Bloch function).

$\varphi^{(k)}(\boldsymbol{r})$ 满足薛定谔方程

$$\left[-\frac{\hbar^2}{2M}\nabla^2+V(\boldsymbol{r})\right]\varphi^{(k)}(\boldsymbol{r})=\varepsilon(\boldsymbol{k})\varphi^{(k)}(\boldsymbol{r}) \tag{54a}$$

于是 $w(\boldsymbol{r})$ 满足

$$\left[\frac{\hbar^2}{2M}(\nabla+\mathrm{i}\boldsymbol{k})^2+\varepsilon(\boldsymbol{k})-V(\boldsymbol{r})\right]w_{\boldsymbol{k}}(\boldsymbol{r})=0 \tag{54b}$$

由于 $w_{\boldsymbol{k}}(\boldsymbol{r})$ 是 $\boldsymbol{r}$ 的周期性函数，我们只需在一个元胞内解上面的微分方程，解时要顾及在元胞界面上的周期性边界条件. 于是由于群论，我们把解决整个晶体的问题简化到只要解决一个元胞的问题.

将周期函数 $w_{\boldsymbol{k}}(\boldsymbol{r})$ 作傅里叶展开

$$w_{\boldsymbol{k}}(\boldsymbol{r})=\sum_{K_m}v(\boldsymbol{k}+\boldsymbol{K}_m)\exp[\mathrm{i}\boldsymbol{K}_m\cdot\boldsymbol{r}] \tag{55}$$

将式(55) 代入式(53)，即可看到式(50b) 为布洛赫函数的另一种表达式.

§11 空间群的表示空间

由于格群 T 是空间群 G 的子群，我们自然会想到取 $G\supset T$ 分类基. 由前节知道，格群 T 的 IR($\boldsymbol{k}$) 一维表示的基矢一般可写成

$$u_k=\exp[\mathrm{i}(\boldsymbol{k}+\boldsymbol{K}_m)\cdot\boldsymbol{r}] \tag{56}$$

$\boldsymbol{k}$ 被限制为布里渊区内. 相同的 $\boldsymbol{k}$，不同 $\boldsymbol{K}_m$ 的 u_k 的全体构成平移算符 $\{\boldsymbol{\epsilon}\mid\boldsymbol{R}_n\}$ 的一个本征空间 L_k，本征值为 $\exp(-\mathrm{i}\boldsymbol{k}\cdot\boldsymbol{R}_n)$. 布洛赫函数式(50b) 当然属于 L_k. 我们的任务是将式(56) 的 u_k 线性组合成空间群 G 的 IR 基(把不同 $\boldsymbol{k}$ 和不同 $\boldsymbol{K}_m$ 的 u_k 进行线性组合).

按照惯例，我们将空间群 G 的元素作用在 u_k 上，挑出线性独立的函数，它们就构成群 G 的一个表示，然

后再将此表示进行约化. 群元$[\alpha \mid \boldsymbol{a}]$对 $u_{\boldsymbol{k}}$ 的作用结果为

$$\begin{aligned}\{\alpha \mid \boldsymbol{a}\}u_{\boldsymbol{k}} &= \{\alpha \mid \boldsymbol{a}\}\exp[\mathrm{i}(\boldsymbol{k}+\boldsymbol{K}_m)\cdot \boldsymbol{r}]\\ &= \{\epsilon \mid \boldsymbol{a}\}\exp[\mathrm{i}(\boldsymbol{k}+\boldsymbol{K}_m)\cdot \alpha^{-1}\boldsymbol{r}]\\ &= \{\epsilon \mid \boldsymbol{a}\}\exp[\mathrm{i}\alpha(\boldsymbol{k}+\boldsymbol{K}_m)\cdot \boldsymbol{r}]\\ &= \exp[-\mathrm{i}\alpha(\boldsymbol{k}+\boldsymbol{K}_m)\cdot \boldsymbol{a}]\exp[\mathrm{i}\alpha(\boldsymbol{k}+\boldsymbol{K}_m)\cdot \boldsymbol{r}]\end{aligned} \tag{57a}$$

由此可知群元$\{\alpha \mid \boldsymbol{a}\}$的平移部分$\{\epsilon \mid \boldsymbol{a}\}$只影响相因子,而转动算符 α 使得$(\boldsymbol{k}+\boldsymbol{K}_m)$变到 $\alpha(\boldsymbol{k}+\boldsymbol{K}_m)$. 因此$\{\alpha \mid \boldsymbol{a}\}u_k$ 属于本征空间 $L_{\alpha k}$. 上式表明相同的 α,不同 $\boldsymbol{R}_n$ 的元素$\{\alpha \mid \boldsymbol{v}(\alpha)+\boldsymbol{R}_n\}$所产生的基矢$\{\alpha \mid \boldsymbol{v}(\alpha)+\boldsymbol{R}_n\}u_k$ 是线性相关的. 因此虽然空间群 G 有无穷多个元素,从 u_k 上它只能产生出 g 个线性独立的函数,g 为空间群的点群 $G_0=\{\alpha\}$的阶数. 这 g 个线性独立函数可选为

$$\begin{aligned}u_{\alpha k} &\equiv \{\alpha \mid \boldsymbol{v}(\alpha)\}u_{\boldsymbol{k}}\\ &= \exp[\mathrm{i}(\boldsymbol{k}+\boldsymbol{K}_m)\cdot \alpha^{-1}(\boldsymbol{r}-\boldsymbol{v}(\alpha))] \qquad (57\mathrm{b})\\ &\qquad \alpha = 1,2,\cdots,g\end{aligned}$$

这里利用了式(57a). 显然 $u_{\alpha k}$ 属于 $L_{\alpha k}$. g 个基矢荷载空间群 G 的一个 g 维表示. 一般说这是 G 的一个可约表示.

§12　波　矢　群

如何将空间群 G 的这个 g 维表示约化呢? 按前面几章的做法是先求出 G 的 CSCO,再求它的本征矢量. 但由于空间群的类算符比较复杂,我们换一种方法来

求 G 的不可约基. 首先在空间群 G 和格群 T 之间插入一个群 $G(s)$，它是 G 的子群，而 T 又是它的子群. 然后求出 $G(s) \supset T$ 不可约基，最后再求 $G \supset G(s) \supset T$ 不可约基.

G_0 群中，所有使得 $\boldsymbol{k}$ 不变或变到其等价波矢的操作 $\{\gamma\}$ 构成 G_0 的一个子群，记为 $G_0(\boldsymbol{k})$，称为波矢 $\boldsymbol{k}$ 的对称群或小旁群(little co-group). 根据定义有

$$\gamma \boldsymbol{k} = \boldsymbol{k} + \boldsymbol{K}_m \tag{58a}$$

或写成

$$\gamma \boldsymbol{k} \doteq \boldsymbol{k} \tag{58b}$$

这里记号 $\doteq$ 代表 $\gamma \boldsymbol{k}$ 和 $\boldsymbol{k}$ 等价.

所有操作 $\{\gamma \mid \boldsymbol{v}(\gamma) + \boldsymbol{R}_n\}$ $(\gamma \in G_0(\boldsymbol{k}))$ 构成另一个空间群，记为

$$G(\boldsymbol{k}) = \{\{\gamma \mid \boldsymbol{v}(\gamma) + \boldsymbol{R}_n\}\} \tag{59}$$

称为波矢群(the wave vector group)，或小群(the little group)，因为它是空间群 G 的子群. $G(\boldsymbol{k})$ 又包含格群作为它的子群. 因此 $G(\boldsymbol{k})$ 可作为我们要在 G 和 T 之间插入的那个群 $G(s)$. 换一种说法是，对任一空间群子群 $G(s)$，它的点群操作必然是某个波矢 $\boldsymbol{k}$ 的对称群. 因此可用波矢 $\boldsymbol{k}$ 来标志这个子群，即用 $G(\boldsymbol{k})$ 代表 $G(s)$.

总之，我们下面的目标是求出 $G \supset G(\boldsymbol{k}) \supset T$ 分类基.

定义　若 $\boldsymbol{k}$ 点的对称性高于其邻近的任意一点的对称性，则称 $\boldsymbol{k}$ 为一对称点(a point of symmetry). 对称点的 $\boldsymbol{k}$ 具有以下形式：$\boldsymbol{k} = \frac{1}{m}(n_1 \boldsymbol{b}_1 + n_2 \boldsymbol{b}_2 + n_3 \boldsymbol{b}_3)$，$m$ 和 n_i 为整数.

定义　若 $\boldsymbol{k}$ 不是一对称点，但其对称群高于恒等群(the identity group，仅由幺元素组成的群)，则称 $\boldsymbol{k}$ 为一对称线或对称面(a line or plane of symmetry). 例如 $\boldsymbol{k}=\frac{1}{m}(n_1\boldsymbol{b}_1+n_2\boldsymbol{b}_2)+p_3\boldsymbol{b}_3$，$p_3$ 为任意值.

若 $\boldsymbol{k}$ 没有任何对称性，则称之为一般点.

$G_0(\boldsymbol{k})$ 是波矢群或小群的点群，故又称为 the little co-group. 设 $G_0(\boldsymbol{k})$ 的阶数为 g_l，则空间群 G 的点群 G_0 的阶数 g 为 g_l 的整数倍，$g=qg_l$，即

$$q=g/g_l \tag{60}$$

为一整数

L_k 空间的 g_l 个线性独立的函数 $u_{\gamma k}=\{\gamma\mid \boldsymbol{v}(\gamma)\}u_k$ 荷载波矢群 $G(\boldsymbol{k})$ 的一个 g_l 维表示，将其约化就可得到 $G(\boldsymbol{k})\supset T$ 不可约基. 可是波矢群仍然是一个空间群，其类算符仍然很复杂，因此还不能直接用本征函数法来求 $G(\boldsymbol{k})$ 的不可约基. 不过波矢群算符 $\{\gamma\mid \boldsymbol{v}(\gamma)+R_n\}$ 在空间 L_k 上有一个重要性质，即平移 $\{\boldsymbol{\epsilon}\mid \boldsymbol{R}_n\}$ 和转动 + 非初始平移 $\{\gamma\mid \boldsymbol{v}(\gamma)\}$ 对易

$$[\{\boldsymbol{\epsilon}\mid \boldsymbol{R}_n\},\{\gamma\mid \boldsymbol{v}(\gamma)\}]=0 \tag{61}$$

利用它可将求波矢群 IR 问题转化为求有限群的 IR 问题.

式(61) 证明如下. 由式(57) 得

$$\{\boldsymbol{\epsilon}\mid \boldsymbol{R}_n\}\{\gamma\mid \boldsymbol{v}(\gamma)\}u_k=\exp[-\mathrm{i}\gamma(\boldsymbol{k}+\boldsymbol{K}_m)\cdot \boldsymbol{R}_n]u_{\gamma k} \tag{62a}$$

另一方面显然又有

$$\{\gamma\mid \boldsymbol{v}(\gamma)\}\{\boldsymbol{\epsilon}\mid \boldsymbol{R}_n\}u_k=\exp[-\mathrm{i}(\boldsymbol{k}+\boldsymbol{K}_m)\cdot \boldsymbol{R}_n]u_{\gamma k} \tag{62b}$$

由于式(58)(43b) 和式(43a)，以上两式右边相等，于

是式(61)成立.

下面我们来作 g_l 个群元 $\{\gamma \mid \boldsymbol{v}(\gamma)\}$ 的乘积,设 $\gamma_1\gamma_2=\gamma_3$,由式(26)、式(27)得

$$\{\gamma_1 \mid \boldsymbol{v}(\gamma_1)\}\{\gamma_2 \mid \boldsymbol{v}(\gamma_2)\}=\{\gamma_3 \mid \boldsymbol{v}(\gamma_3)+R_l\} \tag{63}$$

即 g_l 个群元 $\{\gamma \mid \boldsymbol{v}(\gamma)\}$ 在乘法下不封闭,因此并不构成一个群,除非所有的非初始平移都为零(即简单空间群). 不过式(57a)告诉我们,在空间 L_k 上,算符 $\{\gamma_3 \mid \boldsymbol{v}(\gamma_3)+R_l\}$ 和 $\{\gamma_3 \mid \boldsymbol{v}(\gamma_3)\}$ 的作用效果只相差一个相因子

$$\{\gamma_1 \mid \boldsymbol{v}(\gamma_1)\}\{\gamma_2 \mid \boldsymbol{v}(\gamma_2)\}u_k=\eta_{12}\{\gamma_3 \mid \boldsymbol{v}(\gamma_3)\}u_k \tag{64}$$

相因子

$$\eta_{12}=\exp[-\mathrm{i}\gamma_3(\boldsymbol{k}+\boldsymbol{K}_m)\cdot\boldsymbol{R}_{12}] \tag{65a}$$

$$\boldsymbol{R}_{12}=\gamma_1\boldsymbol{v}(\gamma_2)+\boldsymbol{v}(\gamma_1)-\boldsymbol{v}(\gamma_3) \tag{65b}$$

根据式(27b)$\boldsymbol{R}_{12}$ 为一格矢. 利用 $\gamma_3\boldsymbol{k}=\boldsymbol{k}+\boldsymbol{K}_m$ 以及 $\gamma_3\boldsymbol{K}_m$ 亦为倒格矢,η 可表为

$$\eta_{12}=\exp(-\mathrm{i}\boldsymbol{k}\cdot\boldsymbol{R}_{12}) \tag{65c}$$

于是在 L_k 空间有

$$\{\gamma_1 \mid \boldsymbol{v}(\gamma_1)\}\{\gamma_2 \mid \boldsymbol{v}(\gamma_2)\}=\eta_{12}\{\gamma_3 \mid \boldsymbol{v}(\gamma_3)\} \tag{66}$$

g_l 个算符(或矩阵)$\{\gamma_i \mid \boldsymbol{v}(\gamma_i)\}$,$i=1,2,\cdots,g_l$,及其所有可能的幂次的积,如 $\eta_{ij}\{\gamma_i\gamma_j \mid \boldsymbol{v}(\gamma_i\gamma_j)\}$,$\eta_{ijk}\{\gamma_i\gamma_j\gamma_k \mid \boldsymbol{v}(\gamma_i\gamma_j\gamma_k)\}\cdots$($\eta_{ij},\eta_{ijk},\cdots$ 为相因子),在乘法式(66)之下一定封闭,故构成一个群. 我们把这个算符群(或矩阵群)记为

$$G_k=\{\{\gamma \mid \boldsymbol{v}(\gamma)\}\} \tag{67}$$

矩阵群 G_k 可以看作为一个抽象群 $\hat{G}_k$ 在 L_k 空间上的表示. 因此我们称它为表象群或表示群(representation *group*).

由式(61)可知,波矢群 $G(\boldsymbol{k})$ 的表示和表象群 G_k 的表示只相差一个相因子.

$$D(\{\gamma \mid \boldsymbol{v}(\gamma)+\boldsymbol{R}_n\})=\mathrm{e}^{-\mathrm{i}\boldsymbol{k}\cdot\boldsymbol{R}_n}D(\{\gamma \mid \boldsymbol{v}(\gamma)\}) \quad (68)$$

因此若 D 为 G_k 群的 IR,则将它乘上相因子 $\mathrm{e}^{-\mathrm{i}\boldsymbol{k}\cdot\boldsymbol{R}_n}$ 后,就给出 $G(\boldsymbol{k})$ 群的 IR. 这样就把求波矢群 $G(\boldsymbol{k})$ 的 IR 问题化到了求表象群 G_k 的 IR 问题.

§13　表象群 G'_k 和 G_k 及规范变换

如果波矢 $\boldsymbol{k}$ 是一对称点,即 $\boldsymbol{k}=\frac{1}{m'}(n_1\boldsymbol{b}_1+n_2\boldsymbol{b}_2+n_3\boldsymbol{b}_3)$,则式(65c)的相因子

$$\eta_{12}=\mathrm{e}^{-\mathrm{i}\boldsymbol{k}\cdot\boldsymbol{R}_{12}}=\mathrm{e}^{\frac{2\pi n\mathrm{i}}{m'}} \quad (69\mathrm{a})$$

于是 G_k 是一个有限群,阶数为 $m'g_l$,其元素为

$$\mathrm{e}^{\frac{2\pi n\mathrm{i}}{m'}}\{\gamma \mid \boldsymbol{v}(\gamma)\},n=0,1,2,\cdots,m'-1 \quad (69\mathrm{b})$$

也就是说,G_k 是点群 $G_0(\boldsymbol{k})$ 的 m' 重覆盖群(covering group),G_k 又称为表象群. 由于 G_k 是个有限群,因此可用通常的方法处理.

可是若 $\boldsymbol{k}$ 是一对称线或对称面时(如 $\boldsymbol{k}=\frac{1}{m'}(n_1\boldsymbol{b}_1+n_2\boldsymbol{b}_2)+p_3\boldsymbol{b}_3$,$p_3$ 为任意值),相因子 η 就不能写成式(69a)那样简单的形式,G_k 不再是 $G_0(\boldsymbol{k})$ 的 m 重覆盖群,而有可能是个无限群(例如当 $\boldsymbol{k}$ 的某一分量 p_i 为无理数时),为了避免上述困难,我们对群 G_k 作一个规范变换,即令

$$\{\gamma \mid \boldsymbol{v}(\gamma)\}'=\mathrm{e}^{\mathrm{i}\boldsymbol{k}\cdot\boldsymbol{v}(\gamma)}\{\gamma \mid \boldsymbol{v}(\gamma)\} \quad (69\mathrm{c})$$

$e^{i\boldsymbol{k}\cdot\boldsymbol{v}(\gamma)}$ 为一相因子. 由式(65) 和式(66) 可知在 L_k 空间有

$$\{\gamma_1 \mid \boldsymbol{v}(\gamma_1)\}'\{\gamma_2 \mid \boldsymbol{v}(\gamma_2)\}' = \eta'_{12}\{\gamma_3 \mid \boldsymbol{v}(\gamma_3)\}' \tag{70a}$$

$$\eta'_{12} = \exp[-\mathrm{i}\boldsymbol{k}\cdot(\gamma_1\boldsymbol{v}(\gamma_2) - \boldsymbol{v}(\gamma_2))] \tag{70b}$$

由式(58a) 可知

$$\gamma_1^{-1}\boldsymbol{k} = \boldsymbol{k} + \boldsymbol{K}_{\gamma_1} \tag{71}$$

这里 $\boldsymbol{K}_{\gamma_1}$ 为一倒格矢,于是

$$\eta'_{12} = \exp(-\mathrm{i}\boldsymbol{K}_{\gamma_1}\cdot\boldsymbol{v}(\gamma_2)) \tag{70c}$$

根据式(25a),非初始平移 $\boldsymbol{v}(\gamma_2)$ 为格矢 $\boldsymbol{R}_n$ 的(n/m)倍,n,m 为整数,$m > l$. 因而式(70a) 中的相因子 η'_{12} 可表为

$$\eta'_{12} = \exp(-\mathrm{i}\boldsymbol{K}_{\gamma_1}\cdot\boldsymbol{v}(\gamma_2)) = e^{\frac{2\pi n\mathrm{i}}{m}} \tag{70d}$$

因此若把 g_l 个算符

$$R_i \equiv \{\gamma_i \mid \boldsymbol{v}(\gamma_i)\}' = e^{\mathrm{i}\boldsymbol{k}\cdot\boldsymbol{v}(\gamma_i)}\{\gamma_i \mid \boldsymbol{v}(\gamma_i)\} \tag{72a}$$

扩大到 mg_l 个算符

$$R_i^{(n)} = e^{\frac{2\pi n\mathrm{i}}{m}}R_i \tag{72b}$$

$$n = 0,1,2,\cdots,m-1;\ i = 1,2,\cdots,g_l$$

则这 mg_l 个算符在 L_k 空间构成一个阶数为 mg_l 的群,记为

$$G'_k = \{\{\gamma \mid \boldsymbol{v}(\gamma)\}'\} \tag{73}$$

G'_k 为点群 $G_0(\boldsymbol{k})$ 的 m 重覆盖群,也称为表象群.

由于群 G'_k 和 G_k 只差一个规范变换式(69c),G'_k 的 IR 基也就是 G_K 的 IR 基. 若 $D^{(v,k)}(\{\gamma \mid \boldsymbol{v}(\gamma)\}')$① 为

① 一般书上将 $D^{(v,\boldsymbol{k})}(\{\gamma \mid \boldsymbol{v}(\gamma)\}')$ 称为点群 $G_0(\boldsymbol{k})$ 的投射表示(projective representation) 或 ray representation, 并记为 $D^{(v)}(\gamma)$. 见 Birman 或 Bradly 和 Cracknell.

G'_k 的 IR，则 G_k 群的 IR 为

$$D^{(v,\boldsymbol{k})}(\{\gamma \mid \boldsymbol{v}(\gamma)\}) = e^{-i\boldsymbol{k}\cdot\boldsymbol{v}(\gamma)} D^{(v,\boldsymbol{k})}(\{\gamma \mid \boldsymbol{v}(\gamma)\}') \tag{74}$$

由式(61)(68) 和(69c) 可知 $G(\boldsymbol{k})$，G_k 和 G'_k 有相同的 IR 基，而波矢群 $G(\boldsymbol{k})$ 的 IR 为

$$D^{(v,\boldsymbol{k})}(\{\gamma \mid \boldsymbol{c}\}) = e^{-i\boldsymbol{k}\cdot\boldsymbol{c}} D^{(v,\boldsymbol{k})}(\{\gamma \mid \boldsymbol{v}(\gamma)\}') \tag{75}$$

这样就将求无限群 $G(\boldsymbol{k})$ 的 IR 问题转化到求有限群 G_k 或 G'_k 的 IR 问题. 如果 $\boldsymbol{k}$ 为对称点，我们既可用 G_k 群也可用 G'_k 群来处理问题. 由于 G_k 群的乘法关系式(64) 比 G'_k 群的乘法关系式(70) 来得复杂一些，我们下面只处理 G'_k 群. 但以下的讨论原则上也适用于 G_k 群.

§14　表象群 G'_k 的不可约表示

g_l 个函数

$$u_i = R_i \exp[i(\boldsymbol{k} + \boldsymbol{K}_m) \cdot \boldsymbol{r}] \tag{76a}$$

$$R_i = e^{i\boldsymbol{k}\cdot\boldsymbol{v}(\gamma_i)} \{\gamma_i \mid \boldsymbol{v}(\gamma_i)\}, i = 1, 2, \cdots, g_l \tag{76b}$$

构成表象群 G'_k 的一个表示空间 $L(\boldsymbol{k})$，它是 L_k 的一个子空间. 用第 3 章标准方法将它约化，就可求得 G'_k 群的 IR.

由于 G'_k 群群元 R_i 和基矢 u_i 是一一对应的，我们也可把 R_i 看成空间 $L(\boldsymbol{k})$ 的基矢. 在实际求群表示时，从群元 R_i 出发比从 u_i 出发更方便.

当 $m = 1$ 时，G'_k 群同构于点群 $G_0(\boldsymbol{k})$，而 $L(\boldsymbol{k})$ 就是 G'_k 的正则表示空间. 当 $m > 1$ 时，$L(\boldsymbol{k})$ 不是 G'_k 的正则表示空间. 下面讨论这种情形下表象群 G'_k 的一

些特殊性.

G'_k 群的乘法关系：由式(70)很容易求出 G'_k 群的乘法关系，这种乘法关系比空间群的乘法关系简单得多；它和点群 $G_0(\boldsymbol{k})$ 的乘法关系十分类似. 例如若 G'_k 为 $G_0(\boldsymbol{k})$ 的二重覆盖群，由式(72b)知 $R'_i \equiv R_i^{(1)} = -R_i$. 由 $G_0(\boldsymbol{k})$ 群的乘法关系

$$\gamma_i\gamma_j = \gamma_k \tag{77a}$$

可推知 G'_k 群的乘法关系为 $R_iR_j = R_k$ 或 $R_iR_j = R'_k$. 由前者可推知

$$R_iR_j = R'_iR'_j = R_k, R_iR'_j = R'_iR_j = R'_k \tag{77b}$$

由后者可推知

$$R_iR_j = R'_iR'_j = R'_k, \quad R_4R'_j = R'_iR_j = R_k \tag{77c}$$

因此只要给出 g_l 个群元 $R_1 \cdots R_{g_l}$ 的乘法关系就足以知道 G'_k 群所有 $2g_l$ 个元素的乘法关系了.

G'_k 群的类：若点群 $G_0(\boldsymbol{k})$ 中有

$$\gamma_j\gamma_i\gamma_j^{-1} = \gamma_k \tag{78a}$$

则对 G'_k 群有

$$R_jR_iR_j^{-1} = \mathrm{e}^{\frac{2\pi li}{m}}R_k \tag{78b}$$

上式告诉我们，若在点群 $G_0(\boldsymbol{k})$ 中，γ_i 和 γ_k 属于同一类，则在 G'_k 群中，R_i 可能和 $R_k^{(l)}$ 属同一类. 反之如果 γ_i 和 γ_k 不属于同一类，则 R_i 和所有 $R_k^{(l)}(l=0,1,\cdots,m-1)$ 都不属于同一类. 因此根据点群 $G_0(\boldsymbol{k})$ 的类，很容易求得 G'_k 群的类.

G'_k 群的类算符：

首先要指出，G'_k 群的线性独立的类算符个数 N' 小于 G'_k 群的类的个数 N. 例如对 $m=2$ 时，可能 R_i 和 $R'_i = -R_i$ 属于同一类，因此类算符 $C_i = R_i + R'_i = 0$，

也有可能第 i 类和第 j 类算符只差一个符号，$C_i = -C_j$，等. 原因何在呢？原因在于 G'_k 是个表象群，换言之，G'_k 可看作一个抽象群 $\hat{G}_{k'}$ 在 $L(\boldsymbol{k})$ 空间的表示. 抽象群 $\hat{G}_{k'}$ 和表象群 G_k 相同的乘法关系，只不过对抽象群应把 R'_i 看成独立的元素，$C_i = R_i + R'_i$ 为一个独立的算符. 只有在表示空间 $L(\boldsymbol{k})$ 上，才有 $R'_i = -R_i$，$C_i = 0$（即 C_i 为零矩阵）.

G'_k 群的 CSCO -I.

现在我们回到表象群 G'_k. G'_k 只有 $N' < N$ 个线性独立的类算符 $C_1, C_2, \cdots, C_{N'}$. 仿照式(34) 后面的一段证明，可证明在空间 $L(\boldsymbol{k})$ 上算符集$(C_1, C_2, \cdots, C_{N'})$ 有 N' 套不同的本征值，因此表象群 $\boldsymbol{G}'_k$ 的 CSCO -I 也只有 N' 套不同的本征值 v. 又根据第 3 章，每一个 v 标志一个不等价的 IR，因此表示空间 $L(\boldsymbol{k})$ 可约化成 N' 个不等价的 IR.

类似地可证明，虽然 $L(\boldsymbol{k})$ 不是 G'_k 群的正则表示空间，但是当它约化时，某一 IR(v) 出现的次数仍然等于该 IR 的维数，即

$$D^{(k)} = \sum_{v=1}^{N'} \oplus h_v D^{(v,k)} \tag{79a}$$

这里 $D^{(k)}$ 为 G'_k 群在空间 $L(\boldsymbol{k})$ 中的表示，$D^{(v,\boldsymbol{k})}$ 为 G'_k 群的 IR. 因此有

$$g_l = \sum_{v=1}^{N'} h_v^2 \tag{79b}$$

为了将表示空间 $L(\boldsymbol{k})$ 分解，首先要找 G'_k 群的 CSCO -I. 我们当然可以在抽象群 $\hat{G}'_k$ 的类空间去找. 不过更方便的办法是直接在 $L(\boldsymbol{k})$ 空间上找. 即找一个

算符集 $C=(C_i,C_j,\cdots)$，它们有 N' 套不同的本征值，N' 为 G'_k 群中线性独立的类算符个数.

如果利用现成的 G'_k 群的特征标表（如 Kovalev，或 Bradley 和 Cracknell），很容易地找到 G'_k 群的 CSCO -I.

当 $h_v>1$ 时，我们要引入合适的群链 $G'_k\supset G'(s)$，及其对应的内禀群链 $\overline{G}'_k\supset\overline{G}'(s)$，使得 $(C,C(s),\overline{C}(s))$ 为 g_l 维空间 $L(\boldsymbol{k})$ 中的 CSCO，它们的共同本征函数 $u_{\boldsymbol{k},a}^{(v)b}$ 就是 $G'_k\supset G'(s)$ 分类基 $(v,\boldsymbol{k})a$ 和 $\overline{G}'_k\supset\overline{G}'(s)$ 分类基 $(v,\boldsymbol{k})b$，即

$$\begin{pmatrix}C\\C(s)\\\overline{C}(s)\end{pmatrix}u_{k,a}^{(v)b}=\begin{pmatrix}v\\a\\b\end{pmatrix}u_{k,a}^{(v)b}\tag{79c}$$

$u_{k,a}^{(v)b}$ 为 u_i 或 R_i 的线性组合

$$u_{k,a}^{(v)b}=\sum_{i=1}^{g_l}\mathscr{A}_{ab,i}^{(v,k)}u_i\tag{79d}$$

或

$$u_{k,a}^{(v)b}=\sum_{i=1}^{g_l}\mathscr{A}_{ab,i}^{(v,k)}R_i\tag{79e}$$

展开系数 $\mathscr{A}_{ab,i}^{(v,k)}$ 满足矩阵方程

$$\sum_{i=1}^{g_l}\left[\left(R_j\left|\begin{matrix}C\\C(s)\\\overline{C}(s)\end{matrix}\right|R_i\right)-\begin{pmatrix}v\\a\\b\end{pmatrix}\delta_{ij}\right]\mathscr{A}_{ab,i}^{v,k}=0,j=1,2,\cdots,g_l\tag{79f}$$

解此本征方程，并利用归一条件，便可找到 $\mathscr{A}_{ab,i}^{(v,k)}$.

下面我们来找展开系数 $\mathscr{A}_{ab,i}^{(v,k)}$ 和表象群不可约矩阵元 $D_{ab}^{(v,k)}\mid P_{vi}\mid$ 之间的关系.

设 $\mathring{P}_a^{(v,k)b}$ 为抽象群 G'_k 的广义投影算符

$$\mathring{P}_a^{(v,k)b} = \sqrt{\frac{h_v}{m g_l}} \sum_{n=0}^{m-1} \sum_{i=1}^{g_l} D_{ab}^{(v,\boldsymbol{k})}(R_i^{(n)}) * R_i^{(n)} \tag{80a}$$

利用

$$R_i^{(n)} = \mathrm{e}^{\frac{2\pi n \mathrm{i}}{m}} R_i, R_i = \{\gamma_i \mid \boldsymbol{v}_i\}'$$

$$D_{a,b}^{(v,\boldsymbol{k})}(R_i^{(n)}) = \mathrm{e}^{\frac{2\pi n \mathrm{i}}{m}} D^{(v,\boldsymbol{k})}(R_i)$$

投影算符式(80a)可简化为(经重新归一化后)

$$\mathring{P}_a^{(v,\boldsymbol{k})b} = \sqrt{\frac{h_v}{g_l}} \sum_{i=1}^{gl} D_{ab}^{(v,\boldsymbol{k})}(R_i)^* R_i \tag{80b}$$

波矢群 $G(\boldsymbol{k})$ 的 IR 基可表为

$$u_{k,a}^{(v)b} = \mathring{P}_a^{(v,\boldsymbol{k})b} u_k \tag{81a}$$

$u_{\boldsymbol{k},a}^{(v)b}$ 为 $u_i = R_i u_k$ 的线性组合

$$u_{\boldsymbol{k},a}^{(v)b} = \sum_{i=1}^{g_l} \mathscr{A}_{ab,i}^{(v,k)} u_i \tag{81b}$$

比较式(81a)和(81b)得到展开系数 $\mathscr{A}_{ab,i}^{(v,\boldsymbol{k})}$ 和 IR 矩阵元的关系

$$D_{ab}^{(v,k)}(R_i) = \sqrt{\frac{g_l}{h_v}} (\mathscr{A}_{ab,i}^{(v,k)})^* \tag{82}$$

这里 $R_{\{}\gamma_i \mid \boldsymbol{v}(\gamma_i)\}'$. 式(82)和式(200)形式上完全一致. 注意上式只有对本征矢量 $u_{\boldsymbol{k},a}^{(v)b}$ 的位相作适当的选取后才成立. 否则上式右端要乘上一个和指标 a 有关的相因子(见 §3.9). 利用式(82)可由展开系数 $\mathscr{A}_{ab,i}^{(v,\boldsymbol{k})}$ 方便地给出表象群 G'_k 的不可约矩阵.

230 个空间群中, g_l 至多等于 48. 由此可知, 只要求解本征方程式(79f)(它的阶数至多为 48), 便可求得任一空间群任一 $\boldsymbol{k}$ 点的表象群 G'_k 的所有不可约矩阵元.

投影算符方法：空间群的传统表示理论中（如 Slater，1962）常用投影算符方法来求 IR 基. 文献中（如 Bradley 和 Cracknell1972）常列出一个空间群在各个特殊 $\boldsymbol{k}$ 点的波矢群 $G(\boldsymbol{k})$ 的 IR 特征标 $\chi^{(v,\boldsymbol{k})}(\gamma_i \mid \boldsymbol{v}_i)$，和其生成元的 IR 矩阵 $D^{(v,\boldsymbol{k})}(\{\gamma_i \mid \boldsymbol{v}_i\})$，由后者通过矩阵相乘可以产生出波矢群的不可约表示. Kovalev 列出的则是表象群 $G'_{\boldsymbol{k}}$ 的 IR 矩阵 $D^{v,k}(\{\gamma_i \mid \boldsymbol{v}_i\}')$. 由式（76b），投影算符（80b）又可表示成

$$\mathring{P}_a^{(v,\boldsymbol{k})b} = \sqrt{\frac{h_v}{g_l}} \sum_{i=1}^{g_l} D_{ab}^{(v,\boldsymbol{k})}(\{\gamma_i \mid \boldsymbol{v}_i\})^* \{\gamma_i \mid \boldsymbol{v}_i\} \tag{80c}$$

因此我们可用式（81a）或下式求波矢群的 IR 基

$$u^{(v,\boldsymbol{k})} = \text{const} P^{(v,\boldsymbol{k})} u_{\boldsymbol{k}} \tag{83a}$$

$$P^{(v,\boldsymbol{k})} = \frac{h_v}{g_l} \sum_{i=1}^{g_l} \chi^{(v,\boldsymbol{k})}(R_i) * R_i = \frac{h_v}{g_l} \sum_{i=1}^{g_l} \chi^{v,\boldsymbol{k}}(\gamma_i \mid \boldsymbol{v}_i)^* \{\gamma_i \mid \boldsymbol{v}_i\} \tag{83b}$$

§15　空间群的不可约表示和不可约基

首先将空间群 G 按波矢群 $G(\boldsymbol{k})$ 作左陪集分解，

$$G = G(\boldsymbol{k}) + \{\beta_2 \mid \boldsymbol{v}(\beta_2)\} G(\boldsymbol{k}) + \cdots + \{\beta_q \mid \boldsymbol{v}(\beta_q)\} G(\boldsymbol{k}) \tag{84}$$

$\{\beta_\sigma \mid \boldsymbol{v}(\beta_\sigma)\}$ 称为空间群相对于 $G(\boldsymbol{k})$ 的（左）陪集代表（coset representative）. 假定 $u_{\boldsymbol{k},a}^{(v)}$ 为波矢群 $G(\boldsymbol{k})$ 的 IR 基，定义

$$u_{\boldsymbol{k}\sigma,a}^{(v)} = \{\beta_\sigma \mid \boldsymbol{v}(\beta_\sigma)\} u_{\boldsymbol{k},a}^{(v)}, \sigma = 1,2,\cdots,q, a = 1,2,\cdots,h_v \tag{85}$$

这里约定$\{\beta_1 \mid \boldsymbol{v}(\beta_1)\} = \{\epsilon \mid 0\}$. q 个波矢

$$\boldsymbol{k}_\sigma = \beta_\sigma \boldsymbol{k}, \sigma = 1, 2, \cdots, q \tag{86a}$$

构成一个所谓 $\boldsymbol{k}$ 星(或波矢星)

$$* \boldsymbol{k} = (\boldsymbol{k}_1, \boldsymbol{k}_2, \cdots, \boldsymbol{k}_q) \tag{86b}$$

$\boldsymbol{k}_1 = \boldsymbol{k}$ 称为正则波矢(canonical wave vector)(显然也可选 $\boldsymbol{k}$ 星中的任一波矢为正则波矢). $u_{\boldsymbol{k}\sigma,a}^{(v)}$ 属于$\{\epsilon \mid \boldsymbol{R}_n\}$的本征空间 $L_{\boldsymbol{k}\sigma}$. 可以证明,(见 Chen,Gao and Ma(1983),或 Johnston)(1961) 式(85) 的 $u_{\boldsymbol{k}\sigma,a}^{(v)}$ 荷载空间群的一个 qh_v 维 IR$\mathscr{D}^{(v,*\boldsymbol{k})}$,或简记为 $\mathscr{D}^{(v,\boldsymbol{k})}$.

$$\mathscr{D}_{\tau b,\sigma a}^{(v,\boldsymbol{k})}(\{\alpha \mid \boldsymbol{a}\}) = \langle u_{\boldsymbol{k}\tau b}^{(v)} \mid \{\alpha \mid \boldsymbol{a}\} \mid u_{\boldsymbol{k}\sigma a}^{(v)} \rangle \tag{87}$$

为了计算上式,我们把$\{\alpha \mid \boldsymbol{a}\}\{\beta_\sigma \mid \boldsymbol{v}(\beta_\sigma)\}$ 表成$\{\beta_\tau \mid \boldsymbol{v}(\beta_\tau)\}$ 和空间群某一元素 $\boldsymbol{R}_{\tau\sigma}$ 的积.

$$\{\alpha \mid \boldsymbol{a}\}\{\beta_\sigma \mid \boldsymbol{v}(\beta_\sigma)\} = \{\beta_\tau \mid \boldsymbol{v}(\beta_\tau)\} R_{\tau\sigma} \tag{88a}$$

$$R_{\tau\sigma} = \{\beta_\tau \mid \boldsymbol{v}(\beta_\tau)\}^{-1}\{\alpha \mid \boldsymbol{a}\}\{\beta_\sigma \mid \boldsymbol{v}(\beta_\sigma)\} \tag{88b}$$

将式(88) 代入式(87) 并利用式(85)

$$\mathscr{D}_{\tau b,\sigma a}^{(v,\boldsymbol{k})}(\{\alpha \mid \boldsymbol{a}\}) = \langle u_{\boldsymbol{k},b}^{(v)} \mid R_{\tau\sigma} \mid u_{\boldsymbol{k},a}^{(v)} \rangle \tag{89a}$$

由陪集分解式(84) 可知,$R_{\tau\sigma}$ 要么属于波矢群$G(\boldsymbol{k})$,要么属于$\{\beta \mid \boldsymbol{v}(\beta) + \boldsymbol{R}_n\}$. 当 $R_{\tau\sigma}$ 属于$G(\boldsymbol{k})$ 时,式(89a) 右边就是波矢群的不可约矩阵元 $D_{ba}^{(v,\boldsymbol{k})}(R_{\tau\sigma})$. 当 $R_{\tau\sigma}$ 不属于 $G(\boldsymbol{k})$ 时,式(89a) 右边就是波矢群的不可约矩阵元 $D_{ba}^{(v,\boldsymbol{k})}(R_{\tau\sigma})$. 当 $R_{\tau\sigma}$ 不属于 $G(\boldsymbol{k})$ 时,式(89a) 右边就是波矢群的不可约矩阵元 $D_{ba}^{(v,k)}(R_{\tau\sigma})$. 当 $R_{\tau\sigma}$ 不属于 $G(\boldsymbol{k})$ 时,$R_{\tau\sigma}$ 作用在 $u_{\boldsymbol{k},a}^{(v)}$ 上,必将改变其波矢 $\boldsymbol{k}$. 由于 $\boldsymbol{k}$ 标志平移群的 IR,而属于不同 IR 的基是正交的,因此式(89a) 为零. 我们可将式(89a) 改写成

$$\mathscr{D}_{\tau b,\sigma a}^{(v,\boldsymbol{k})}(\{\alpha \mid \boldsymbol{a}\}) = D_{ba}^{(v,k)}(R_{\tau\sigma}) \tag{89b}$$

$R_{\tau\sigma}$ 由式(88b) 给出,并约定当 $R_{\tau\sigma}$ 不属于 $G(\boldsymbol{k})$ 时,$D^{(v,\boldsymbol{k})}(R_{\tau\sigma}) \equiv 0$. 写成子矩阵的形式,空间群的表示可

写成

$$\mathscr{D}^{v,\boldsymbol{k}}(\{\alpha \mid \boldsymbol{a}\}) = \begin{pmatrix} \boldsymbol{D}(11) & \boldsymbol{D}(12) & \cdots & \boldsymbol{D}(1q) \\ \boldsymbol{D}(21) & \boldsymbol{D}(22) & \cdots & \boldsymbol{D}(2q) \\ \vdots & \vdots & & \vdots \\ \boldsymbol{D}(q1) & \boldsymbol{D}(q2) & \cdots & \boldsymbol{D}(qq) \end{pmatrix} \tag{90a}$$

$\boldsymbol{D}(\tau\sigma)$ 为 $h_v \times h_v$ 矩阵

$$\boldsymbol{D}(\tau\sigma) \equiv D^{(v,\boldsymbol{k})}(R_{\tau\sigma}) \tag{90b}$$

空间群表示 $\mathscr{D}^{(v,\boldsymbol{k})}$ 的维数为

$$qh_v = \frac{gh_v}{g_l} \tag{90c}$$

当 $R_{\tau\sigma} \in G(\boldsymbol{k})$ 时，式(88a) 其实就是空间群元 $\{\alpha \mid \boldsymbol{a}\}\{\beta_\sigma \mid \boldsymbol{v}(\beta_\sigma)\}$ 相对于 $G(\boldsymbol{k}$ 的左陪，所以只有一个 τ 能够使(88b)) 式的 $R_{\tau\sigma}$ 属于 $G(\boldsymbol{k})$. 由此可见，式(90a) 中，每一行或每一列中，都只有一个方块不是非零矩阵. 对于非零矩阵，可用以下方法计算.

由式(88b) 得

$$\begin{aligned} R_{\tau\sigma} &= \{\beta_\tau^{-1} \mid -\beta_\tau^{-1}\boldsymbol{v}_\tau\}\{\alpha \mid a\}\{\beta_\sigma \mid \boldsymbol{v}_\sigma\} \\ &= \{\beta_\tau^{-1}\alpha\beta_\sigma \mid \beta_\tau^{-1}(\alpha\boldsymbol{v}_\sigma - \boldsymbol{v}_\tau + \boldsymbol{a})\} \end{aligned} \tag{89c}$$

由式(89b)、式(89c) 和式(75) 得到

$$\begin{aligned} \mathscr{D}^{(v,\boldsymbol{k})}_{\tau b,\sigma a}(\{\alpha \mid \boldsymbol{a}\}) &= D^{(v,\boldsymbol{k})}_{ba}(R_{\tau\sigma}) \\ &= \mathrm{e}^{-\mathrm{i}\boldsymbol{k}\tau\cdot(\alpha v_\sigma - v_\tau + a)} D^{(v,\boldsymbol{k})}_{ba}(\{\beta_\tau^{-1}\alpha\beta_\sigma \mid \boldsymbol{v}_{\tau\alpha\sigma}\}') \end{aligned} \tag{89d}$$

这里 $\boldsymbol{v}_{\tau\alpha\sigma}$ 为和 $\beta_\tau^{-1}\alpha\beta_\sigma$ 相联系的非初始平移. 于是子矩阵

$$\boldsymbol{D}(\tau\sigma) = \mathrm{e}^{-\mathrm{i}\boldsymbol{k}\tau\cdot(\alpha v_\sigma - v_\tau + \boldsymbol{a})} \boldsymbol{D}^{(v,k)}(\{\beta_\tau^{-1}\alpha\beta_\sigma \mid \boldsymbol{v}_{\tau\alpha\sigma}\}') \tag{89e}$$

式(90a) 和式(89e) 告诉我们，知道了表象群的 IR 后，求空间群的表示是十分简单的. 只要利用点群乘法

关系，求出积 $\beta_\tau^{-1}\alpha\beta_\sigma$. 若 $\beta_\tau^{-1}\alpha\beta_\sigma \in \{\gamma\}$，则由式(89e)即可得到子矩阵 $\boldsymbol{D}(\tau\sigma)$. 若 $\beta_\tau^{-1}\alpha\beta_\sigma \notin \{\gamma\}$，则 $\boldsymbol{D}(\tau\sigma)=0$. 例子见式(145).

令式(89d)中 $\alpha=\epsilon$，立即得到纯平移算符的矩阵表示

$$\mathscr{D}^{(v,\boldsymbol{k})}_{\tau b,\sigma a}(\{\epsilon \mid \boldsymbol{R}_n\})=\delta_{\tau\sigma}\delta_{ba}\mathrm{e}^{-\mathrm{i}\boldsymbol{k}_\tau\cdot\boldsymbol{R}_n} \tag{89f}$$

即

$$\mathscr{D}^{(v,\boldsymbol{k})}(\{\epsilon \mid \boldsymbol{R}_n\})=\begin{pmatrix} (\mathrm{e}^{-\mathrm{i}\boldsymbol{k}\cdot\boldsymbol{R}_n})I & & & 0 \\ & (\mathrm{e}^{-\mathrm{i}k_2\cdot\boldsymbol{R}_n})I & & \\ & & \ddots & \\ 0 & & & (\mathrm{e}^{-\mathrm{i}\boldsymbol{k}_q\cdot\boldsymbol{R}_n})I \end{pmatrix} \tag{90d}$$

这里 $\boldsymbol{I}$ 为 $h_v\times h_v$ 单位矩阵.

现在我们来看一下空间群 G 的 IR 基矢 $u^{(v)}_{k\sigma,a}$ 的意义. 首先类似于式(58)可定义波矢 $\boldsymbol{k}_\sigma=\beta_\sigma\boldsymbol{k}$ 的波矢群 $G(\boldsymbol{k}_\sigma)$：在它的转动操作下波矢 $\boldsymbol{k}_\sigma$ 不变或变到它的等价波矢. 显然 $G(\boldsymbol{k}_\sigma)$ 为 $G(\boldsymbol{k})$ 的相似群(见式(146))，

$$G(\boldsymbol{k}_\sigma)=\{\beta_\sigma \mid \boldsymbol{v}(\beta_\sigma)\}G(\boldsymbol{k})\{\beta_\sigma \mid \boldsymbol{v}(\beta_\sigma)\}^{-1} \tag{91}$$

若 $\{\alpha \mid \boldsymbol{a}\}\in G(k_\sigma)$，即

$$\{\alpha \mid \boldsymbol{a}\}=\{\beta_\sigma \mid \boldsymbol{v}(\beta_\sigma)\}\{\gamma \mid \boldsymbol{v}(\gamma)+\boldsymbol{R}_n\}\{\beta_\sigma \mid \boldsymbol{v}(\beta_\sigma)\}^{-1} \tag{92}$$

则立即可有

$$\{\alpha \mid \boldsymbol{a}\}u^{(v)}_{\boldsymbol{k}\sigma a}=\sum_b D^{(\boldsymbol{v},\boldsymbol{k})}_{ba}(\{\gamma \mid \boldsymbol{v}(\gamma)+\boldsymbol{R}_n\})u^{(v)}_{\boldsymbol{k}\sigma,b} \tag{93}$$

这就告诉我们，$u^{(v)}_{\boldsymbol{k}\sigma a}$ 是波矢群 $G(\boldsymbol{k}_\sigma)$ 的 IR 基. 因此空间群 G 的 IR$(v,\boldsymbol{k})$ 的某一分量 $u^{(v)}_{\boldsymbol{k}\sigma a}$ 是 $G\supset G(\boldsymbol{k}_\sigma)\supset T$ 分类基，由此看到空间群同一表示不同分量 σ 的基属于

不同的分类. 这一点同我们以往讨论过的群表示是有很大差别的,以往我们对同一 IR 的各个分量总是采用同一种 $G \supset G(s)$ 分类基的.

我们用波矢群的 IR 标志 v 和 $\boldsymbol{k}$ 来标志空间群 G 的 IR,显然也可用 v 和 $\boldsymbol{k}$ 星中的任一 $\boldsymbol{k}_\sigma$ 来标志空间群 G 的 IR.

总之,求空间群不可约表示的方法可归纳为:首先在布里渊区内或其界面上选择一个波矢 $\boldsymbol{k}$. 根据 $\gamma\boldsymbol{k} = \boldsymbol{k} + \boldsymbol{K}_m$ 求出波矢群 $G(\boldsymbol{k}) = \{\gamma \mid \boldsymbol{v}(\gamma) + \boldsymbol{R}_n\}$,求出 $G(\boldsymbol{k})$ 的不可约基 $u_{k,a}^{(v)}$,和不可约表示 $D^{(v,\boldsymbol{k})}$. 再由式(85) 和式(89) 就可求得空间群的不可约基和不可约表示基. 为了得到空间群的所有不等价的 IR,只要让波矢 $\boldsymbol{k}$ 遍及这样一组点就行了,这组点中的任意两个点 $\boldsymbol{k}$ 和 $\boldsymbol{k}'$ 都不满足 $\alpha\boldsymbol{k} = \boldsymbol{k}' + \boldsymbol{K}_m$,$\boldsymbol{K}_m$ 为任一倒格矢,α 为 G_0 群的任一元素.

§ 16　求波矢群 IR 基的步骤

由前面讨论看到,求空间群的不可约表示归结为找波矢群的不可约表示. 对后一问题可采取以下步骤.

(a) 确定波矢群的点群 $\boldsymbol{G}_0(\boldsymbol{k})$

根据空间群所属的点阵类型,写下初始平移 $\boldsymbol{t}_{1,2,3}$(见图 5),求出逆点阵的基矢 $\boldsymbol{b}_{1,2,3}$. 画出逆点阵的对称元胞即布里渊区. 对某些点阵,画出对称元胞是相当困难的. 幸好文献上可以查到(例如可参看 Bradley 和 Cracknell(1972),p. 96 ～ 112).

布里渊区中的某些点落在转动轴或反射面上,这些点在转动或反射下不变，某些在布里渊区界面上的 $\boldsymbol{k}$ 点，虽然在转动或反射下可能要变，但变化后的波矢 $\boldsymbol{k}'=\boldsymbol{k}+\boldsymbol{K}_m$，即和原来的波矢 $\boldsymbol{k}$ 等价. 布里渊区中这些具有一定对称性的点，就是前面定义的对称点(poin of symmetry)，　对称线或面(line or plane of symmetry)，在固体物理中都用标准的记号，如 Γ，Λ，Σ，X 等标出. 它们统称为特殊的 $\boldsymbol{k}$ 星. Bradley 和 Cracknell(p. 96 ～ 118) 给出了所有可能的布里渊区中的各种对称点及其对称群 $G_0(\boldsymbol{k})$.

例如简单立方格子的初始平移为 $\boldsymbol{t}_1=a\boldsymbol{i}$，$\boldsymbol{t}_2=a\boldsymbol{j}$，$\boldsymbol{t}_3=a\boldsymbol{k}$. 相应的 $\boldsymbol{b}_1=\dfrac{2\pi}{a}\boldsymbol{i}$，$\boldsymbol{b}_2=\dfrac{2\pi}{a}\boldsymbol{j}$，$\boldsymbol{b}_3=\dfrac{2\pi}{a}\boldsymbol{k}$：对称元胞表示于图 6(a). 元胞是用垂直平分 $\pm\boldsymbol{b}_{1,2,3}$ 的六个面构成的立方体. 图中标出了具有一定对称性点，其中 X，M，R 为对称点，Δ，Σ，Λ，S，Z 和 T 为对称线和面. 让我们逐点来确定它们的波矢群的点群 $G_0(\boldsymbol{k})$.

(1)Γ 点：原点 $\Gamma(\boldsymbol{k}=0)$ 是一个格点. 由于原点在 O_h 群所有操作下不变，Γ 点具有 O_h 对称性. 于是 $G_0(\boldsymbol{k})=G_0=O_h$. $G_0(\boldsymbol{k})$ 群的阶数 $g_l=g=48$，$q=\dfrac{g}{g_l}=1$. 而波矢群就是空间群本身. $G(\boldsymbol{k})=G$.

(2)Z 点：这是立方体侧面和 $k_z=0$ 平面交线上的一般点. 它在群 $\mathscr{C}_{2v}=(\epsilon,\sigma^x,\sigma^y,C_2^z)$ 的操作下不变或变到其等价点，所以 $G_0(\boldsymbol{k})=\mathscr{C}_{2v}$，阶数 $g_l=4$，$q=\dfrac{g}{g_l}=12$. 因此 $\boldsymbol{k}$ 星包含 12 个点，如图 6(b) 所示. 图中四条点线代表 $\boldsymbol{k}$ 星在 xy 平面上的四个点，再加上 xz 和 yz 平面上各四个点，共有 12 个点. 图中虚线代表的波矢 $\boldsymbol{k}$ 等价于实线所代表的波矢.

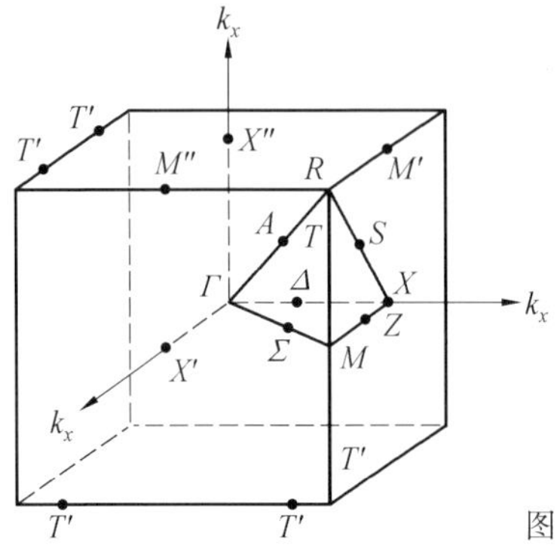

图 6(a) 简单立方的布里渊区

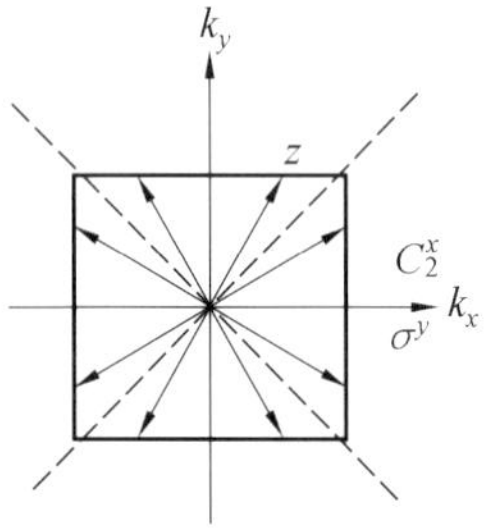

图 6(b) z 点，$G_0(\boldsymbol{k})=\mathscr{C}_{2v}k_x$ 轴……为 2 度轴.

$\mathscr{C}_{2v}=(e,\sigma^y,\sigma^z,C_2^x)$

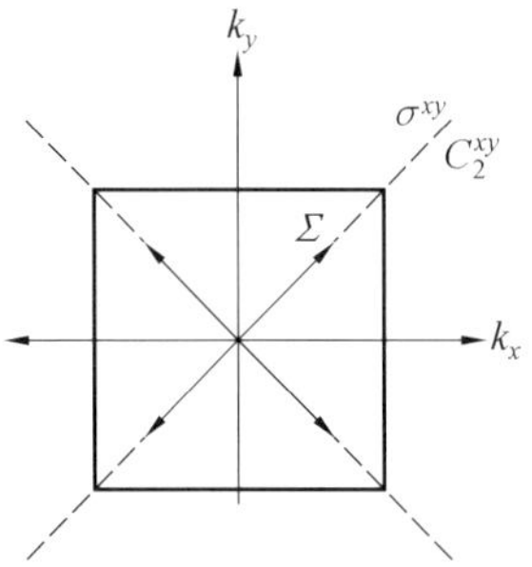

图 6(c) Σ 点，

$G_0(\boldsymbol{k})=\mathscr{C}_{2v}$

$\mathscr{C}_{2v}=(e,\sigma^{x\bar{y}},\sigma^z,C_2^{xy})$

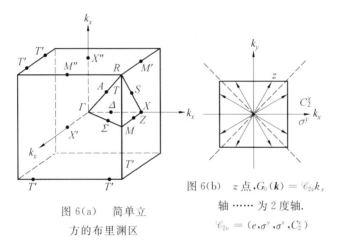

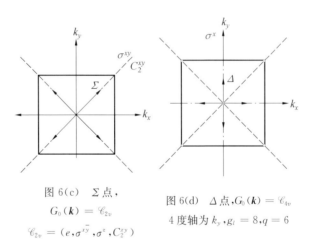

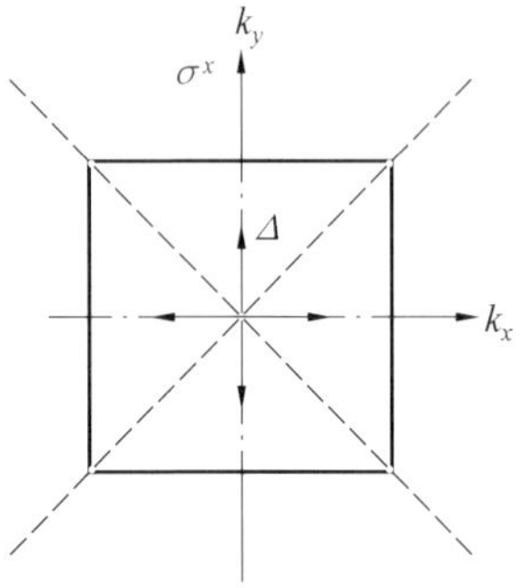

图 6(d) Δ 点，$G_0(\boldsymbol{k})=\mathscr{C}_{4v}$

4 度轴为 k_y，$g_l=8$，$q=6$

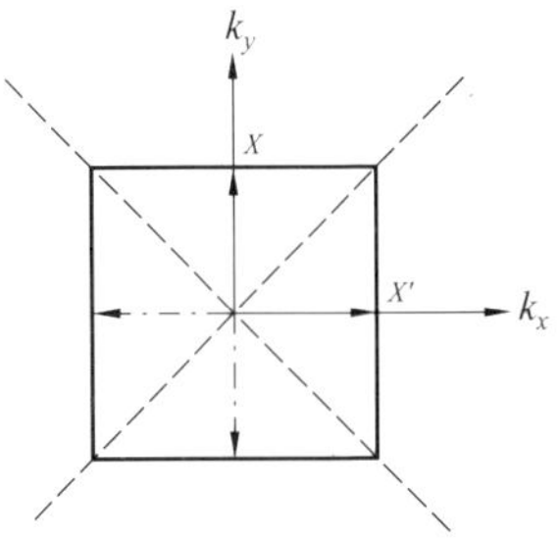

图 6(e)　X 点，$G_0(\boldsymbol{k}) = D_{4h}$，$k_y$ 为 4 度轴，$g_l = 16, q = 3$

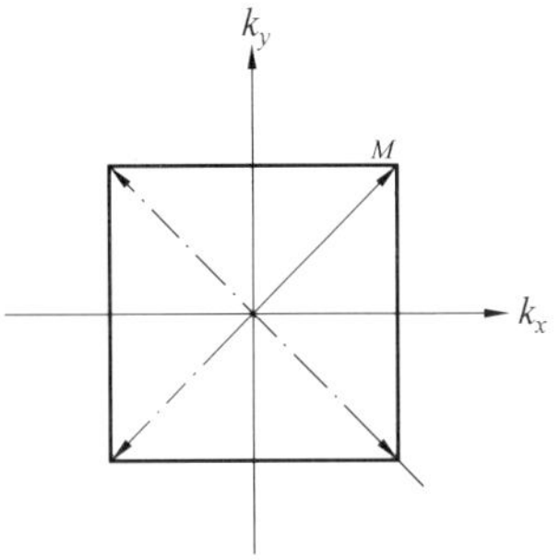

图 6(f)　M 点，$G_0(\boldsymbol{k}) = D_{4h}$，$k_z$ 为 4 度轴，$g_l = 16, q = 3$

(3)Σ 点：波矢在 k_x 和 k_y 轴之间的夹角的平分线上(见图 6(c))．$G_0(\boldsymbol{k}) = \mathscr{C}_{2v}$，$\mathscr{C}_{2v} = (\epsilon, C_2^{xy}, \sigma^{xy}, \sigma^z)$，$g_l = 4, q = 12$．$\boldsymbol{k}$ 星包含 12 个点．

(4)Δ 点：波矢 k_y 轴，$G_0(\boldsymbol{k}) = \mathscr{C}_{4v}$，$\mathscr{C}_{4v}$ 群的 4 度轴为 $\boldsymbol{k}_y$．$g_l = 8, q = 6$．$\boldsymbol{k}$ 星包含 6 个点．图 6(d) 给出 xy 平面上的四个点，另外两个点分别在 $\boldsymbol{k}_2$ 和 $-\boldsymbol{k}_z$ 方向上．

(5)X 点：X 点为 k_y 轴和侧面的交点．$G_0(\boldsymbol{k}) = D_{4h}$，其 4 度轴为 $\boldsymbol{k}_y$．$g_l = 16, q = 3$．星包含 X, X' 和 X'' 三个点(见图 6(a) 和图 6(e))．

(6)M 点：$G_0(\boldsymbol{k}) = D_{4h}$，$k_z$ 为其 4 度轴(见图 6(f))．$g_l = 16, q = 3$，k 星包含 M, M' 和 M'' 三个点(见图 6(a))．

(7)T 点：$G_0(\boldsymbol{k}) = \mathscr{C}_{4v}$，4 度轴为 $\boldsymbol{k}_z$．$g_l = 8, q = 6$，$\boldsymbol{k}$ 星包含 6 个点(见图 6(a))．

(8)Λ 点：$G_0(\boldsymbol{k}) = \mathscr{C}_{3v}$，从原点 Γ 到 Λ 点的连线为其 3 度轴．$g_l = 6, q = 8$．

(9)R 点：$G_0(\boldsymbol{k}) = G_0 = O_h$，$k$ 星只包含一个点．

下面根据不同的 $\boldsymbol{k}$ 值来讨论波矢群 IR 的求法.

(b) 一般的 $\boldsymbol{k}$ 星(general star)

如果波矢 $\boldsymbol{k}$ 没有任何对称性，即如果对所有的 $\alpha\in G_0$，$\alpha\boldsymbol{k}$ 都和 $\boldsymbol{k}$ 不等价，则称它为一般的 $\boldsymbol{k}$ 星，这时 $G_0(\boldsymbol{k})=e$(幺元素)，而波矢群 $G(\boldsymbol{k})$ 就等于格群 T；u_k 就是波矢群 $G(\boldsymbol{k})$ 的 IR 基，而 $u_{\alpha k}$ 式(57b) 就是空间群 G 的 IR 基，G 的 IR 只需用波矢 $\boldsymbol{k}$ 或 $*\boldsymbol{k}$ 来标志，记为 $\mathscr{D}^{(k)}$，其维数为 g.

(c) 布里渊区内部的 $\boldsymbol{k}$ 点

当 $\boldsymbol{k}$ 不在布里渊区界面上时，满足 $\gamma\boldsymbol{k}=\boldsymbol{k}+\boldsymbol{K}_m$ 的唯一可能是 $\boldsymbol{K}_m=0$，即

$$\gamma\boldsymbol{k}=\boldsymbol{k} \tag{94}$$

和式(71) 比较可知，现在 $K_\gamma\equiv 0$，(70c) 的相因子 $\eta'\equiv 1$，式(70a) 变为

$$\{\gamma_1\mid \boldsymbol{v}(\gamma_1)\}'\{\gamma_2\mid \boldsymbol{v}(\gamma_2)\}'=\{\gamma_3\mid \boldsymbol{v}(\gamma_3)\}' \tag{95}$$

因此现在表象群 $G'_k=\{\{\gamma\mid \boldsymbol{v}(\gamma)\}'\}$ 和点群 $G_0(\boldsymbol{k})$ 同构，因此它们有相同的不可约表示. 若 $D^{(v)}$ 为点群 $G_0(\boldsymbol{k})$ 的 IR，则表象群 G'_k 的 IR 为

$$D^{(v,k)}(\{\gamma\mid \boldsymbol{v}(\gamma)\}')=D^{(v)}(\gamma) \tag{96}$$

而波矢群的 IR 式(75) 变为

$$D^{(v,\boldsymbol{k})}(\{\gamma\mid \boldsymbol{c}\})=\mathrm{e}^{-\mathrm{i}\boldsymbol{k}\cdot c}D^{(v)}(\gamma) \tag{97}$$

由此得到结论：对布里渊区内部的 $\boldsymbol{k}$ 点，表象群 G'_k 和点群 $G_0(\boldsymbol{k}$ 同构). $\{u_i\}$ 或$\{R_i\}$(见式(76)) 构成 G'_k 群的正则表示基底. 只要将点群 $G_0(\boldsymbol{k})$ 的正则表示约化，就可得到表象群 G'_k 的 IR 矩阵和 IR 基(当然也可利用点群表示的现成结果而免去计算). 至于波矢群的 IR，则可由式(97) 立刻得到. 注意，虽然 G'_k 和点群 $G_0(\boldsymbol{k})$ 同构，但它们的 IR 基并不重合，除非 $G(\boldsymbol{k})$ 为简

单空间群.

(d) 布里渊区界面上的 $\boldsymbol{k}$ 点

(1) 简单空间群

对简单空间群,非初始平移 $\boldsymbol{v}(\gamma)\equiv 0$,式(67) 的群 $G_k=\{\{\gamma\mid \boldsymbol{v}(\gamma)\}\}$ 就是点群 $G_0(\boldsymbol{k})=\{\gamma\}$. 而

$$G(\boldsymbol{k})=G_0(\boldsymbol{k}\times T) \tag{98}$$

即波矢群为点群 $G_0(\boldsymbol{k})$ 和格群 T 的直接乘积. 于是求波矢群的 IR 基和 IR 问题就归结为点群 $G_0(\boldsymbol{k})$ 的正则表示约化问题. 正则表示的基矢为 γ_i 或

$$u_i=\gamma_i u_k, i=1,2,\cdots,g_l \tag{99}$$

点群 $G_0(\boldsymbol{k})$ 的 IR 基也就是波矢群的 IR 基,而波矢群的 IR 仍由式(97) 给出.

(2) 非简单空间群

对某些 $\boldsymbol{k}$ 点,如果其波矢群 $G(\boldsymbol{k})$ 为简单空间群 $G(\boldsymbol{k})=\{\gamma\mid R_n\}$,则仍归结为上述情形(1).

如果波矢群为非简单空间群,则必须引入表象群 G'_k,并按 §14 的方法处理.

总之,只有对波矢群为非简单空间群,对布里渊区界面上的点,才要用覆盖群 G'_k 求空间群的 IR 基和 IR,其余情形都可归结为求点群或和点群同构的群的 IR 基和 IR 问题.

§17　构造波矢群 IR 的特征标方法

前面介绍的方法是通过在空间 $L(\boldsymbol{k})$ 中求解本征方程而同时求得波矢群的 IR 基、IR 矩阵元和特征标的. 而 Bradley 和 Cracknell 方法是先求出抽象群 G_k 或

G'_k 的全部特征标，然后从中挑选出能在空间 $L(\boldsymbol{k})$ 中出现的那些表示的特征标，再令表象群 G_k 的每一生成元的矩阵表示等于某一合适的矩阵，通过这些矩阵相乘产生出整个 G_k 群的不可约表示，最后用式(81a) 构造波矢群的 IR 基.

由于我们只对 $L(\boldsymbol{k})$ 中可能出现的 IR 感兴趣，因此我们不必在 N 维而只要在 N' 维类空间，用本征函数法求出 G'_k 群的特征标.

类似于对式(80b) 和式(82) 的证明，可以证明 §3.11 中的式子对 N' 维类空间也成立，即

$$CQ^{(v)} = vQ^{(v)}, \quad Q^{(v)} = \sum_{i=1}^{N'} q_i^{(v)} C_i \tag{100a}$$

$$\chi_i^{(v)} = \sqrt{gl}\, q_i^{(v)*}, \quad \sum_{i=1}^{N'} g_i \mid q_i^{(v)} \mid^2 = 1 \tag{100b}$$

$$\lambda_i^{(v)} = \frac{g_i}{h_v} \chi_i^{(v)} \tag{100c}$$

方程(100a)，(100b) 足以决定 G'_k 群的特征标. 对 230 个空间，N' 最高数目为 11. 因此只要解一个阶数至多为 11 的本征方程，便可得到任一空间群的特征标.

数学奥林匹克中有关整点的试题

附录

在平面直角坐标系中,若点 $A(x,y)$ 的横、纵坐标均为整数,则称 A 为整点,也称格点.

关于整点也有很多内容.

题 1 在平面上的每个整点 (x,y)(x,y 都是整数)处放一盏灯.当时刻 $t=0$ 时,仅有一盏灯亮着.当 $t=1,2,\cdots$ 时,满足下列条件的灯被打开:至少与一盏亮着的灯的距离为 2 005.证明:所有的灯都能被打开.

证明 设最初亮灯为 0.对某点 A,$\overrightarrow{OA}=(x,y)$.

$$2\ 005^2=1\ 357^2+1\ 476^2$$

$$(1\ 357,1\ 476)=(1\ 357,119)=(1\ 357,7\times 17)=1$$

令 $\boldsymbol{a}=(1\ 357,1\ 476),\boldsymbol{b}=(1\ 476,1\ 357)$

$$\boldsymbol{c}=(1\ 357,-1\ 476),\boldsymbol{d}=(1\ 476,-1\ 357)$$

若在 t 时刻 A 被点亮，则在下一时刻 $A+\boldsymbol{a},A+\boldsymbol{b},A+\boldsymbol{c},A+\boldsymbol{d}$ 分别被点亮.

只需证对任意的 A，存在 $p,q,r,s\in\mathbf{Z}$，使

$$\overrightarrow{OA}=p\boldsymbol{a}+q\boldsymbol{b}+r\boldsymbol{c}+s\boldsymbol{d} \tag{1}$$

因为 $(1\ 357,1\ 476)=1$，由裴蜀定理知，存在 $m_0,n_0,u_0,v_0\in\mathbf{Z}$，满足

$$x=1\ 357m_0+1\ 476n_0$$

$$y=1\ 357u_0+1\ 476v_0$$

令 $m=m_0+1\ 476k,n=n_0-1\ 357k$

$$u=u_0+1\ 476l,v=v_0-1\ 357l,k,l\in\mathbf{Z}$$

$$2\mid(m-v)\Leftrightarrow 2\mid(m_0-v_0+1\ 476k+1\ 357l)$$

$$\Leftrightarrow 2\mid(m_0-v_0+l) \tag{2}$$

$$2\mid(u-n)\Leftrightarrow 2\mid(u_0-n_0+1\ 476l+1\ 357k)$$

$$\Leftrightarrow 2\mid(u_0-n_0+k) \tag{3}$$

显然存在 $k,l\in\mathbf{Z}$ 满足式(2)(3)，令

$$\begin{cases}p+r=m\\p-r=v\end{cases},\begin{cases}q+s=n\\q-s=u\end{cases}$$

则

$$\begin{cases}p=\dfrac{m+v}{2}\\r=\dfrac{m-v}{2}\end{cases},\begin{cases}q=\dfrac{n+u}{2}\\s=\dfrac{n-u}{2}\end{cases}$$

显然 $p,q,r,s\in\mathbf{Z}$ 满足式(1).

所以，总可经过有限次操作使 A 被点亮.

题 2 在坐标平面上给定一个凸五边形 $ABCDE$，其所有顶点的坐标都是整数. 证明：在五边形内总是可以找到具有整数坐标的点，即使是只有一个这样的点，类似的结论对非凸五边形正确吗？

（第9届全俄数学奥林匹克，1983年）

证明 首先证明，五边形有两个相邻顶点，在该两顶点上的内角之和大于180°，否则

$$\angle A+\angle B\leqslant 180^\circ, \angle B+\angle C\leqslant 180^\circ$$
$$\angle C+\angle D\leqslant 180^\circ, \angle D+\angle E\leqslant 180^\circ$$
$$\angle E+\angle A\leqslant 180^\circ$$

于是 $\angle A+\angle B+\angle C+\angle D+\angle E\leqslant 450^\circ$

与 $\angle A+\angle B+\angle C+\angle D+\angle E=540^\circ$ 矛盾.

假设 $\angle A+\angle B>180^\circ$.

用 d_E 和 d_C 分别表示从点 E 和点 C 到直线 AB 的距离.

不妨设 $d_E\geqslant d_C$. 作平行四边形 $AMCB$，如图1所示.

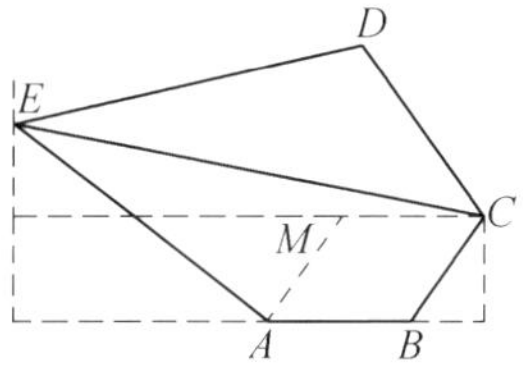

图1

因为 $\angle CBA+\angle BAE>180^\circ$，而 $\angle CBA+\angle BAM=180^\circ$，所以射线 AM 在 $\angle BAE$ 的内部.

又因为 $d_E\geqslant d_C$，故或是点 E 位于直线 CM 上（如果 $d_E=d_C$），或是点 A 和 E 分别在直线 CM 的两侧（如果 $d_E>d_C$）.

因此，M 或在四边形 $ABCE$ 内，或在边 CE 上，且 $M\neq C, M\neq E$. 由于五边形 $ABCDE$ 是凸的（图2），所以点 M 在凸五边形的内部.

设 $A(x_A,y_A), B(x_B,y_B), C(x_C,y_C), D(x_D,y_D)$

都是整点，则

$$x_M = x_A + x_C - x_B, y_M = y_A + y_C - y_B$$

是整数，因而 M 是整点.

对于非凸五边形是不正确的，如图 A, B, C, D 都是整点，然而在其内部没有整点.

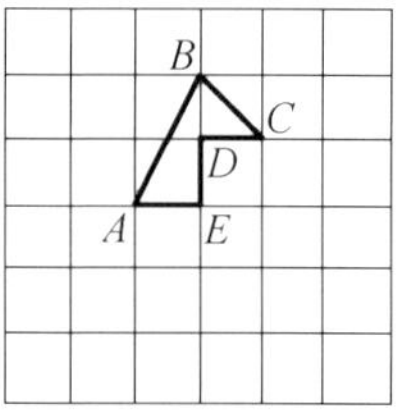

图 2

题 3 对于什么样的整数 $n \geqslant 3$，平面上有一正 n 边形，它的顶点全是整点？

（第 26 届国际数学奥林匹克候选题，1985 年）

解 我们证明，当且仅当 $n=4$ 时，有一正 n 边形的顶点全是整点.

当 $n=4$ 时，正方形的顶点全部是整点是显然的.

当 $n=3$ 时，即正 $\triangle ABC$ 的顶点都是整点，设 $A(x_1, y_1), B(x_2, y_2), C(x_3, y_3)$，其中 x_i 和 $y_i (i=1, 2, 3)$ 都是整数. $\triangle ABC$ 的面积为 S，则

$$S = \frac{1}{2}\begin{vmatrix} x_1 & y_1 & 1 \\ x_2 & y_2 & 1 \\ x_3 & y_3 & 1 \end{vmatrix}$$

显然，S 是有理数.

另一方面

$$S = \frac{\sqrt{3}}{4} AB^2 = \frac{\sqrt{3}}{4}((x_1 - x_2)^2 + (y_1 - y_2)^2)$$

则 S 是无理数.

出现矛盾.

所以 $n=3$ 时,正三角形的三个顶点不能都是整点.

由此推出 $n=6$ 时,正六边形的六个顶点不能都是整点.

设 $n\neq 3,4,6$,且正 n 边形 $A_1A_2\cdots A_n$ 是所有以整点为顶点的正 n 边形中边长最短的一个.

设 B_i 是 A_i 按着向量$\overrightarrow{A_{i+1}A_{i+2}}$ 的方向和大小作平行移动得到的点,即$\overrightarrow{A_iB_i}=\overrightarrow{A_{i+1}A_{i+2}}$,这时 $B_1B_2\cdots B_n$ 是正 n 边形,它的顶点都是整点,然而它的边长小于正 n 边形 $A_1A_2\cdots A_n$ 的边长,与正 n 边形 $A_1A_2\cdots A_n$ 的选取相矛盾.

所以,仅当 $n=4$ 时,正 n 边形的顶点都是整点.

题 4　设 $P_1,P_2,\cdots,P_{1\,993}=P_0$ 是平面 xOy 上具有下列性质的不同的点:

(1) P_i 的坐标是两个整数,其中 $i=1,2,\cdots,1\,993$.

(2) 除 P_i 和 P_{i+1} 外,在线段 P_iP_{i+1} 上没有坐标是两个整数的点,其中 $i=0,1,2,\cdots,1\,992$.

证明:对于某个 $i,0\leqslant i\leqslant 1\,992$,在线段 P_iP_{i+1} 上存在一个点 $Q(q_x,q_y)$ 使得 $2q_x$ 和 $2q_y$ 是奇整数.

(亚太地区数学奥林匹克,1993 年)

证明　设向量$\overrightarrow{P_iP_{i+1}}$ 有分量 u_i,v_i,其中 $i=0,1,2,\cdots,1\,992$.

则每对 u_i,v_i 满足$(u_i,v_i)=1$.

否则,在 P_i 和 P_{i+1} 间还应有另外一个整点.

假设在任一线段 P_iP_{i+1} 上均不包含所需的点 Q,则

$$u_i + v_i \equiv 1 \pmod 2$$

其中，$i=0,1,2,\cdots,1\ 992$. 因此

$$\sum_{i=0}^{1\ 992}(u_i + v_i) \equiv 1\ 993 \equiv 1 \pmod 2$$

然而，向量 $\overrightarrow{P_iP_{i+1}}$ 的总和为零向量，这意味着

$$\sum_{i=0}^{1\ 992} u_i = 0$$

和

$$\sum_{i=0}^{1\ 992} v_i = 0$$

这时就有

$$\sum_{i=0}^{1\ 992}(u_i + v_i) = 0$$

出现了矛盾.

所以对某个 i，$0 \leqslant i \leqslant 1\ 992$，在线段 P_iP_{i+1} 上存在一个点 $Q(q_x, q_y)$，使得 $2q_x$ 和 $2q_y$ 是奇整数.

题 5 在平面直角坐标系中给定一个 100 边形 P，满足：

(1) P 的顶点坐标都是整数.

(2) P 的边都与坐标轴平行.

(3) P 的边长都是奇数.

求证：P 的面积是奇数.

（中国国家集训队选拔赛试题，1986 年）

证明 先给出一个引理：

引理：给定复平面上一个 n 边形 P（图 3），其顶点对应的复数分别为 $z_1, z_2, \cdots, z_n$，则 P 的有向面积为

$$S = \frac{1}{2}\mathrm{Im}(z_1\overline{z_2} + z_2\overline{z_3} + \cdots + z_{n-1}\overline{z_n} + z_n\overline{z_1})$$

其中，$\mathrm{Im}(z)$ 表示复数 z 的虚部.

此引理可以利用 $n=3$ 时的结论，用数学归纳法加以证明.

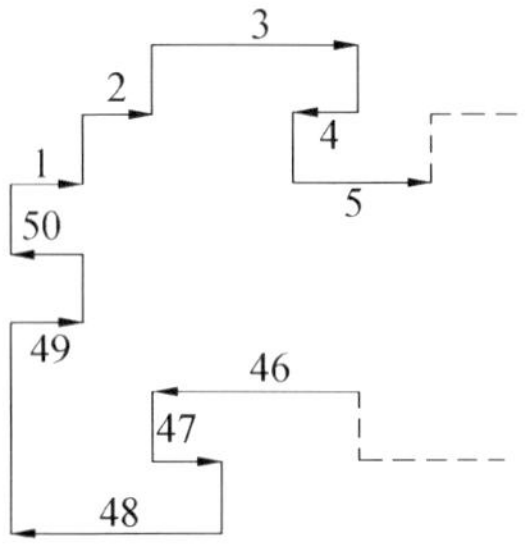

图 3

下面证明命题本身.

设 P 的顶点对应的复数为

$$z_j = x_j + \mathrm{i}y_j, j = 1, 2, \cdots, 100$$

由题设可知，x_j 和 y_j 都是整数.

再由题设(2) 和(3)，又可设

$$\begin{cases} x_{2j} = x_{2j-1} \\ y_{2j} = y_{2j-1} + 奇数 \end{cases}$$

$$\begin{cases} x_{2j+1} = x_{2j} + 奇数 \\ y_{2j+1} = y_{2j} \end{cases}$$

这里 $1 \leqslant j \leqslant 50$，$x_{101} = x_1$，$y_{101} = y_1$，并约定 $y_0 = y_{100}$.

由引理，P 的有向面积为

$$\begin{aligned} S &= \frac{1}{2}\mathrm{Im}\sum_{j=1}^{100} z_j\, z_{j+1} \\ &= \frac{1}{2}\mathrm{Im}\sum_{j=1}^{100}(x_j + \mathrm{i}y_j)(x_{j+1} - \mathrm{i}y_{j+1}) \\ &= \frac{1}{2}\mathrm{Im}\sum_{j=1}^{100}((x_jx_{j+1} + y_jy_{j+1}) + \mathrm{i}(x_{j+1}y_j - x_jy_{j+1})) \\ &= \frac{1}{2}\sum_{j=1}^{100}(x_{j+1}y_j - x_jy_{j+1}) \\ &= \frac{1}{2}\sum_{j=1}^{50}(x_{2j+1}y_{2j} - x_{2j}y_{2j+1}) + \frac{1}{2}\sum_{j=1}^{50}(x_{2j}y_{2j-1} - \end{aligned}$$

$$x_{2j-1}y_{2j})$$

$$=\frac{1}{2}\sum_{j=1}^{50}(x_{2j+1}y_{2j}-x_{2j-1}y_{2j})+\frac{1}{2}\sum_{j=1}^{50}(x_{2j-1}y_{2j-2}-x_{2j-1}y_{2j})$$

$$=\frac{1}{2}\sum_{j=1}^{50}(x_{2j+1}y_{2j}-x_{2j-1}y_{2j})+\frac{1}{2}\sum_{j=1}^{50}x_{2j+1}y_{2j}-\frac{1}{2}\sum_{j=1}^{50}x_{2j-1}y_{2j}$$

$$=\sum_{j=1}^{50}(x_{2j+1}y_{2j}-x_{2j-1}y_{2j})=\sum_{j=1}^{50}(x_{2j+1}-x_{2j-1})y_{2j}$$

$$=\sum_{j=1}^{50}m_j y_{2j}(m_j\text{ 为奇数})\equiv\sum_{j=1}^{50}y_{2j}\pmod 2$$

$$\equiv\sum_{j=1}^{25}(y_{4j}-y_{4j-2})\pmod 2\equiv\sum_{j=1}^{25}1\pmod 2\equiv 1\pmod 2$$

即 P 是面积是奇数.

题 6　设 M 为平面上坐标为($p\times 1\ 994,7p\times 1\ 994$)的点,其中 p 是素数.求满足下述条件的直角三角形的个数:

(1) 三角形的三个顶点都是整点,而且 M 是直角顶点.

(2) 三角形的内心是坐标原点.

(第 9 届中国中学生数学冬令营,1994 年)

解　如图 4,联结坐标原点 O 及点 M,取线段 OM 的中点 $I(p\times 997,7p\times 997)$,把满足条件的一个直角三角形关于点 I 作一个中心对称,即把点(x,y)变换为点$(p\times 1\ 994-x,7p\times 1\ 994-y)$.于是,满足题目条件的一个整点直角三角形变为一个与之全等的整点直角三角形,三角形的内心变为点 M,直角顶点变为坐标原点.因此,所求整点直角三角形的个数,只需考虑直角顶点在坐标原点，内心在点 M 的情况即可.

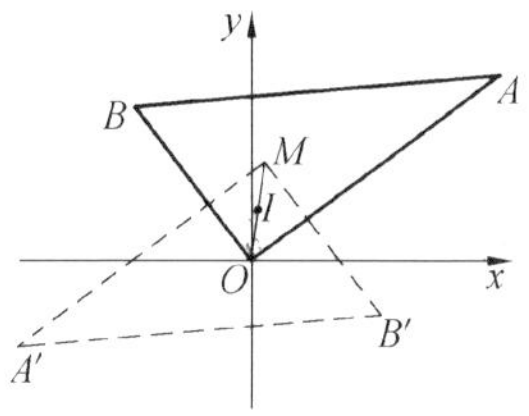

图 4

考虑满足上述条件的整点 Rt△OAB.

设 $\angle xOA=\alpha$，$\angle xOM=\beta$，则 $\alpha+\frac{\pi}{4}=\beta$.

由题设条件可知

$$\tan\beta=7$$

$$\tan\alpha=\tan\left(\beta-\frac{\pi}{4}\right)=\frac{\tan\beta-\tan\frac{\pi}{4}}{1+\tan\beta\tan\frac{\pi}{4}}=\frac{3}{4}$$

于是直角边 OA 上的任一点的坐标可写成$(4t, 3t)$.

由于 A 是整点，若 $A(4t,3t)$，$t\in\mathbf{N}$，则 $OA=5t$.

由 $\angle yOB=\alpha$ 可知，点 B 的坐标为$(-3t_0, 4t_0)$，$t_0\in\mathbf{N}$，$OB=5t_0$.

直角三角形内切圆半径 $r=\frac{\sqrt{2}}{2}OM=5p\times 1\ 994$.

设 $OA=2r+p_0$，$OB=2r+q_0$，由于 OA，OB，r 都是 5 的倍数，则 p_0，q_0 也是 5 的倍数.

$$AB=OA+OB-2r=2r+p_0+q_0$$

由勾股定理　　$AB^2=OA^2+OB^2$

即　$(2r+p_0+q_0)^2=(2r+p_0)^2+(2r+q_0)^2$

则 $$p_0q_0=2r^2$$

即 $$p_0q_0=2\cdot 5^2\cdot 1\ 994^2\cdot p^2$$

由 $\frac{p_0}{5},\frac{q_0}{5}$ 都是自然数,可得

$$\frac{p_0}{5}\cdot\frac{q_0}{5}=2^3\times 977^2\times p^2$$

当 $p\neq 2$ 和 $p\neq 997$ 时

$$\begin{cases}\frac{p_0}{5}=2^i\times 997^j\times p^k\\ \frac{q_0}{5}=2^{3-i}\times 997^{2-j}\times p^{2-k}\end{cases}$$

其中,$i=0,1,2,3$;$j=0,1,2$;$k=0,1,2$.

于是 $\left(\frac{p_0}{5},\frac{q_0}{5}\right)$ 有 $4\times 3\times 3=36$ 组不同的有序解.

当 $p=2$ 时,有

$$\begin{cases}\frac{p_0}{5}=2^i\times 997^j\\ \frac{q_0}{5}=2^{5-i}\times 997^{2-j}\end{cases}$$

其中,$i=0,1,2,3,4,5$;$j=0,1,2$.

于是 $\left(\frac{p_0}{5},\frac{q_0}{5}\right)$ 有 $6\times 3=18$ 组不同的有序解.

当 $p=997$ 时,有

$$\begin{cases}\frac{p_0}{5}=2^i\times 997^j\\ \frac{q_0}{5}=2^{3-i}\times 997^{4-j}\end{cases}$$

其中,$i=0,1,2,3$;$j=0,1,2,3,4$.

于是 $\left(\frac{p_0}{5},\frac{q_0}{5}\right)$ 有 $4\times 5=20$ 组不同的有序解.

由以上,所求直角三角形的个数为

$$S=\begin{cases}36, \text{当 } p\neq 2 \text{ 和 } p\neq 997 \text{ 时}\\18, \text{当 } p=2 \text{ 时}\\20, \text{当 } p=997 \text{ 时}\end{cases}$$

题 7　以平面直角坐标系中的每一个整点为圆心，各作一个半径为$\frac{1}{14}$的圆. 证明：任何半径为 100 的圆周都至少与这些圆中的一个相交.

（第 49 届莫斯科数学奥林匹克，1986 年）

证明　设 O 为任意一个点.

又设 $y=k(k\in \mathbf{Z})$ 是与以 O 为圆心，以 100 为半径的圆相交的直线中最上面的一条直线，而直线 $y=k+1$ 与该圆不相交.

如果该直线上所有的整点都在该圆之外，那么不难证明，其中离圆周最近的整点与圆周的距离不超过$\frac{1}{14}$，因此圆周必与以该整点为圆心，以$\frac{1}{14}$为半径的圆相交.

如果该直线 $y=k$ 上有某些整点在该圆 O 之内. 设 B 是其中离该圆周最近的整点.

设 A 是直线 $y=k$ 上离 B 最近的位于圆外的整点，则有 $AB=1$.

假设圆周不与以 A 和 B 为圆心，以$\frac{1}{14}$为半径的圆相交，则此时就有

$$OA>100+\frac{1}{14}, 99<OB<100-\frac{1}{14}$$

因此就有
$$OA-OB>\frac{1}{7}$$

$$OA^2-OB^2=(OA-OB)(OA+OB)>\frac{199}{7}$$

设 O' 是自 O 向直线 $y=k$ 所引垂线之垂足，$O'B=x$，则

$$O'A=x+1$$

$$(x+1)^2-x^2=OA^2-OB^2>\frac{199}{7}$$

解得
$$O'B=x>\frac{96}{7}$$

于是就有

$$OO'=OB^2-O'B^2<(100-\frac{1}{14})^2-(\frac{96}{7})^2<99^2$$

从而
$$OO'<99$$

由于圆心 O 到直线 $y=k+1$ 的距离为

$$OO'+1<99+1=100$$

这样该圆就与直线 $y=k+1$ 相交，与我们一开始的选取相矛盾.

因此该圆必与圆 A 或圆 B 之一相交.

题 8 在坐标平面上，纵横坐标都是整数的点称为整点. 试证：存在一个同心圆的集合，使得：

(1) 每个整点都在此集合的某一圆周上.

(2) 此集合的每个圆周上，有且只有一个整点.

（中国高中数学联赛，1987 年）

证法 1 假设同心圆圆心为 $P(x,y)$. 任意两整点 $A(a,b)$ 和 $B(c,d)$，其中 $a=c$ 和 $b=d$ 不同时成立.

$$|PA|^2=(x-a)^2+(y-b)^2$$
$$=x^2+y^2-2ax-2by+a^2+b^2$$
$$|PB|^2=(x-c)^2+(y-d)^2$$
$$=x^2+y^2-2cx-2dy+c^2+d^2$$
$$|PA|^2-|PB|^2$$
$$=a^2-c^2+b^2-d^2+2(c-a)x+2(d-b)y$$

因为 $a,b,c,d\in\mathbf{Z}$，且 $a=c,b=d$ 不同时成立.

所以要使 $|PA|\neq|PB|$，只需取 x 为任意无理数，y 取任意分母不为 2 的非整数有理数即可（或 x,y 各取形如 $\sqrt{m}$，$\sqrt{n}$ 的最简非同类根式的无理数，其中 $m,n\in\mathbf{N}$）.

如取 $P(\sqrt{2},\frac{1}{3})$，则任意两个不同整点到 $P(\sqrt{2},\frac{1}{3})$ 的距离都不相等.

把所有整点到 P 的距离从小到大排成一列

$$r_1,r_2,r_3,\cdots$$

以 $P(\sqrt{2},\frac{1}{3})$ 为圆心，$r_1,r_2,\cdots,r_n,\cdots$ 为半径的同心圆集合即为所求.

证法 2　设任意两个不同整点 $A(a,b)$ 和 $B(c,d)$.

下面分三类情况进行讨论：

(1) $a\neq c,b\neq d$，中点 $M\left(\frac{a+c}{2},\frac{b+d}{2}\right)$.

AB 垂直平分线方程为

$$y-\frac{b+d}{2}=\frac{c-a}{b-d}\left(x-\frac{a+c}{2}\right)$$

(2) $a=c,b\neq d$，中点 $M\left(a,\frac{b+d}{2}\right)$，$AB$ 垂直平分线方程为

$$y=\frac{b+d}{2}$$

(3) $a\neq c,b=d$，中点 $M\left(\frac{a+c}{2},b\right)$，$AB$ 垂直平分线方程为

$$x=\frac{a+c}{2}$$

显然,只有在上述三类直线上的点才有可能到平面上某两整点的距离相等.若取 $P(\sqrt{2},\sqrt{3})$,则 P 必然不在上述三类直线上,即 $P(\sqrt{2},\sqrt{3})$ 到任意两个不同整点的距离都不相等.

把所有整点与点 P 的距离从小到大排成一列

$$r_1,r_2,r_3,\cdots$$

以 $P(\sqrt{2},\sqrt{3})$ 为圆心,$r_1,r_2,\cdots,r_n,\cdots$ 为半径作的同心圆即为所求.

题 9 某圆的圆心坐标为无理数.证明:在这个圆心,不可能有一个圆内接三角形,它的各个顶点的横纵坐标都是有理数.

(基辅数学奥林匹克,1977 年)

证明 设圆心的坐标为 $O(\alpha,\beta)$,α 和 β 都是无理数.

又设圆内接三角形的顶点坐标为

$$A_1(p_1,q_1),A_2(p_2,q_2),A_3(p_3,q_3)$$

假设 $p_i,q_i(i=1,2,3)$ 都是有理数.

由 $OA_1^2=OA_2^2=OA_3^2$ 得

$$\begin{aligned}(p_1-\alpha)^2+(q_1-\beta)^2&=(p_2-\alpha)^2+(q_2-\beta)^2\\&=(p_3-\alpha)^2+(q_3-\beta)^2\end{aligned}$$

从而可得到关于 α,β 的线性方程组

$$\begin{cases}(p_2-p_1)\alpha+(q_2-q_1)\beta=\gamma_1\\(p_3-p_2)\alpha+(q_3-q_2)\beta=\gamma_2\end{cases}$$

其中
$$\gamma_1=\frac{1}{2}((p_2^2+q_2^2)-(p_1^2+q_1^2))$$

$$\gamma_2=\frac{1}{2}((p_3^2+q_3^2)-(p_2^2+q_2^2))$$

则 γ_1 与 γ_2 都是有理数.

线性方程组的系数行列式

$$D=\begin{vmatrix} p_2-p_1 & q_2-q_1 \\ p_3-p_2 & q_3-q_2 \end{vmatrix}$$

则 D 是有理数.

解这个线性方程组得

$$\alpha D=\gamma_1(q_3-q_2)-\gamma_2(q_2-q_1)$$

$$\beta D=\gamma_2(p_2-p_1)-\gamma_1(p_3-p_1)$$

若 $D\neq 0$,则上面两式的右边都是有理数,而左边都是无理数,因而等式不成立.

若 $D=0$,则有

$$\frac{p_2-p_1}{q_2-q_1}=\frac{p_3-p_2}{q_3-q_2}=\frac{p_3-p_1}{q_3-q_1}$$

这表明 A_1,A_2,A_3 在同一条直线下,即在

$$y=q_1+(x-p_1)\frac{q_2-q_1}{p_2-p_1}$$

这也是不可能的,因为 A_1,A_2,A_3 是圆内接三角形的顶点.

因此,$\triangle A_1A_2A_3$ 的顶点坐标不可能都是有理数.

题 10　设 $\triangle ABC$ 的顶点坐标都是整数,且在 $\triangle ABC$ 的内部只有一个整点(但在边上允许有整点).求证:$\triangle ABC$ 的面积小于等于 $\frac{9}{2}$.

(第 31 届国际数学奥林匹克候选题,1990 年)

证明　设 O 为 $\triangle ABC$ 内的整点,BC,CA,AB 边的中点分别为 A_1,B_1,C_1.

显然,O 或在 $\triangle A_1B_1C_1$ 内部或在 $\triangle A_1B_1C_1$ 的边界上.

否则,由于 A,B,C 关于点 O 的对称点均为整点,

在 $\triangle ABC$ 内就不止一个整点.

设 A_2 是点 A 关于 O 的对称点,如图 5 所示,D 是平行四边形 $ABDC$ 的第四个顶点,则 A_2 为 $\triangle BCD$ 的内点或在它的边界上.

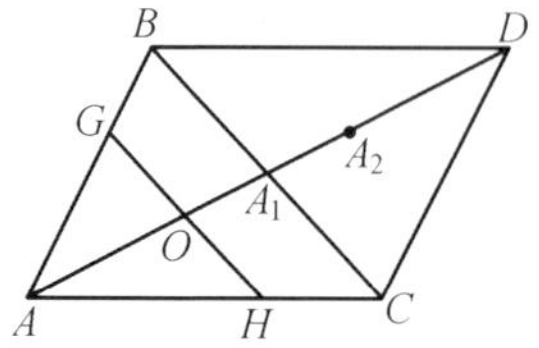

图 5

(1) 若 A_2 为 $\triangle BCD$ 的内点.

因为 A_2 是整点,所以 A_2 就是 O 关于平行四边形 $ABDC$ 中心 A_1 的对称点 ——$\triangle BCD$ 内唯一的整点 A,O,A_2 和 D 是线段 AD 上相继的整点,所以

$$AD = 3AO$$

由于 A,B,C 地位相同,所以 O 是 $\triangle ABC$ 的重心,过 O 作线段 $GH \mathbin{/\mkern-6mu/} BC$,若 BC 内部的整点多于两个,则 GH 内部必含有一个不同于 O 的整点(这是因为 BC 上每两个整点的距离小于等于 $\frac{1}{4}BC$,而 $OG = OH = \frac{1}{3}BC$),出现矛盾. 因此,BC 的内部至多只有两个整点,AB 与 AC 有同样的结论.

总之,在 $\triangle ABC$ 的周界上的整点数小于等于 9,则由有关整点与面积的定理有

$$S_{\triangle ABC} \leqslant 1 + \frac{9}{2} - 1 = \frac{9}{2}$$

(2) 若 A_2 在 $\triangle BCD$ 的边界上.

与(1) 类似,可以推出 BC 边内部的整点数不超过

3(仅当O在B_1C_1上时,出现3个整点).AB与AC内部的整点数均不能多于1.

总之,$\triangle ABC$周界上的整点数小于等于8,因此

$$S_{\triangle ABC}\leqslant 1+\frac{8}{2}-1=4$$

由(1)(2)命题得证.

题11　正整数$n\geqslant 5$,$P_1,P_2,\cdots,P_n$是以O为原点的直角坐标系中的整点,$\triangle OP_1P_2$,$\triangle OP_2P_3$,$\cdots$,$\triangle OP_nP_1$的面积都等于$\frac{1}{2}$.求证:存在一对整数i,j有$2\leqslant|i-j|\leqslant n-2$,并且$\triangle OP_iP_j$的面积为$\frac{1}{2}$.

(第31届国际数学奥林匹克候选题,1990年)

证明　考虑n个不同的点

$$P_i=P_i(a_i,b_i),i=1,2,\cdots,n$$

设$OP_i=r_i(i=1,2,\cdots,n)$,其中r_k最大,不妨设$1<k<n-2$.

设平行于OP_k且与OP_k距离为$\frac{1}{r_k}$的两条直线AB,CD与以O为圆心,以r_k为半径的圆相交于A,B,C,D,如图6所示.

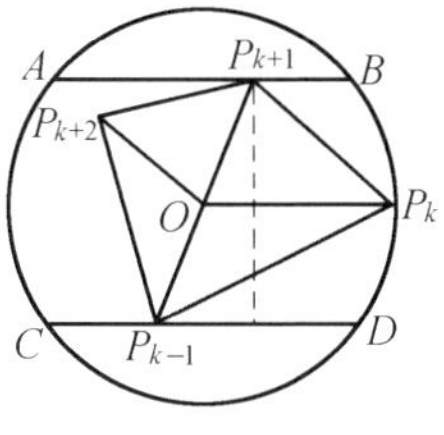

图6

由于 $\triangle OP_{k-1}P_k$，$\triangle OP_{k+1}P_k$ 的面积均为 $\frac{1}{2}$，$OP_k=r_k$，OP_k 与 $AB(CD)$ 的距离为 $\frac{1}{r_k}$，所以 P_{k-1}，P_{k+1} 在直线 AB 或 CD 上.

由于 P_{k-1}，P_k 为整点，所以 $\triangle OP_{k+1}P_{k-1}$ 的面积为 $\frac{1}{2}$ 的整数倍.

又由于 $\triangle OP_{k-1}P_k$ 与 $\triangle OP_{k+1}P_k$ 的面积之和为 1，所以 $\triangle OP_{k+1}P_{k-1}$ 的面积小于 1.

因此，$\triangle OP_{k+1}P_{k-1}$ 的面积为 $\frac{1}{2}$ 或为 0.

若 $\triangle OP_{k+1}P_{k-1}$ 的面积为 0，即 O，P_{k-1}，P_{k+1} 共线，则 $\triangle OP_{k-1}P_{k+2}$ 与 $\triangle OP_{k+1}P_{k+2}$ 的面积相等，于是 $\triangle OP_{k-1}P_{k+2}$ 的面积也为 $\frac{1}{2}$.

于是 $\triangle OP_{k+1}P_{k-1}$ 的面积为 $\frac{1}{2}$，或者 $\triangle OP_{k-1}P_{k+2}$ 的面积为 $\frac{1}{2}$，而

$$2=|(k+1)-(k-1)|\leqslant n-2$$

$$3=|(k+2)-(k-1)|\leqslant n-2$$

于是 $\triangle OP_{k+1}P_{k-1}$ 或 $\triangle OP_{k-1}P_{k+2}$ 符合要求.

题 12 在空间直角坐标系中，E 是顶点为整点，内部及边上没有其他整点的三角形的集合. 求三角形的面积所成的集合 $f(E)$.

（第 30 届国际数学奥林匹克候选题，1989 年）

解 设 $\triangle OAB$ 为 E 中一个三角形，其中 O 为原点.

易知平面 OAB 的方程为

$$\begin{vmatrix} x & x_A & x_B \\ y & y_A & y_B \\ z & z_A & z_B \end{vmatrix}=0$$

其中(x_A,y_A,z_A)，(x_B,y_B,z_B)分别为A，B的坐标.

将行列式展开并约去公约数，可设平面AOB的方程为

$$ax+by+cz=0$$

其中a，b，c为整数，并且a，b，c的最大公约数为1.

由于整点(x,y,z)使$ax+by+cz$的值为整数，在平行平面$ax+by+cz=0$与$ax+by+cz=1$之间（不包括这两个平面）显然没有整点.

由于a，b，c的最大公约数是1，所以存在一组整数(x_C,y_C,z_C)，使

$$ax_C+by_C+cz_C=1$$

成立.

即整点$C(x_C,y_C,z_C)$在平面$ax+by+cz=1$上.

以OA，OB，OC为棱可以作一个平行六面体，由于$\triangle OAB$内部及边上无整点（顶点除外），所以以OA，OB为边的平行四边形也是如此. 从而所作的平行六面体除去顶点外，内部及各面无其他整点.

由这个基本的平行六面体出发可以构成空间的六面体网，每一个整点都是某些六面体的顶点，但不会在六面体的内部（或六面体的面、棱的内部）出现.

即对于任意一组整数(x,y,z)，方程组

$$\begin{cases} lx_A+mx_B+nx_C=x \\ ly_A+my_B+ny_C=y \\ lz_A+mz_B+nz_C=z \end{cases}$$

有整数解(l,m,n)，所以必有

$$\begin{vmatrix} x_A & x_B & x_C \\ y_A & y_B & y_C \\ z_A & z_B & z_C \end{vmatrix} = \pm 1$$

即基本平行六面体的体积为1.

由于 $ax+by+cz=0$ 与 $ax+by+cz=1$ 这两个平面的距离为

$$\frac{1}{\sqrt{a^2+b^2+c^2}}$$

所以 $\triangle OAB$ 的面积为

$$\frac{1}{2}\sqrt{a^2+b^2+c^2}$$

于是

$$f(E)=\left\{\frac{1}{2}\sqrt{a^2+b^2+c^2} \mid a,b,c \in \mathbf{Z},(a,b,c)=1\right\}$$

题 13 证明:如果三角形的顶点和整点重合,且三角形的三边不再含有其他的整点,但是在三角形内有唯一的整点,那么这个三角形的重心和这个"内部的"整点重合.

(匈牙利数学奥林匹克,1955年)

证法1 不难看出,整点关于其他的整点或者关于两个整点所连成的线段的中点的对称点还是整点.

设整点三角形 ABC 是满足题设条件的整点三角形,即 $\triangle ABC$ 的边上没有整点,而在 $\triangle ABC$ 内有唯一的整点,且设 S 是 $\triangle ABC$ 内的唯一整点.

作整点 S 关于 $\triangle ABC$ 的三边的中点的对称点,所有这些点仍然是整点,记这些整点为 S_a,S_b,S_c(图7),这些点在和原来的 $\triangle ABC$ 对称的 $\triangle A_1BC$,$\triangle AB_1C$,$\triangle ABC_1$ 内.

可以证明,在 $\triangle A_1BC$,$\triangle AB_1C$,$\triangle ABC_1$ 内没有

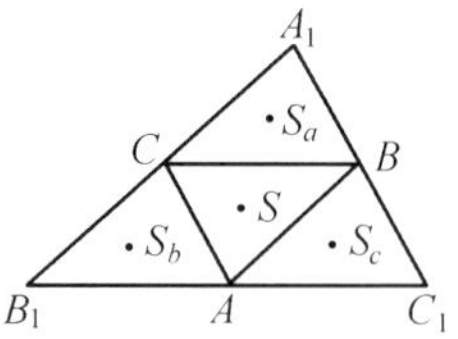

图 7

其他整点.

事实上,若在 $\triangle A_1BC$ 内,除了整点 S_a 之外,还有一个整点,那么这个整点关于边 BC 的中点的对称点将在 $\triangle ABC$ 内,这样,在 $\triangle ABC$ 内就出现了两个整点,这是不可能的.

作顶点 A_1 关于整点 S_a 的对称点 A_0,这个点应在 $\triangle A_1B_1C_1$ 内,并且是整点,因为 $\triangle A_1B_1C_1$ 与 $\triangle A_1BC$ 是以 A_1 为位似中心,位似系数等于 2 的位似三角形.由于 S_a 是整点,则所作的 A_1 关于 S_a 的对称点 A_0 应该与 S,S_a,S_b,S_c 中的某一个重合,这是因为在 $\triangle A_1B_1C_1$ 的内部只有这四个整点.显然所作的点 A_0 不可能是 S_a,我们下面证明 A_0 也不可能与 S_b,S_c 重合.

假设 A_0 与 S_c 重合,由 A 和 A_1,S 和 S_a 关于线段 BC 的中点对称,S 和 S_c 关于线段 AB 的中点对称,则 $A_1S_a \parallel BS_c$,且 $A_1S_a = BC_c = AS$.这时四边形 $A_1S_aS_cB$ 是平行四边形,此时 A_1 和 S_c 不可能关于 S_a 对称,因此 A_0 与 S_c 不可能重合.

同样可证 A_0 不可能与 S_b 重合.

于是 A_0 只能与 S 重合,即 A_1 关于 S_a 的对称点只可能是整点 S.

由此推出,点 A_1,S_a,S 在一条直线上,这条直线

通过 SS_a 和 BC 的中点，而 A 和 A_1 也是关于 BC 中点对称，所以 S 在 $\triangle ABC$ 内，BC 边的中线上.

同理 S 也在 AC 边和 AB 边的中线上，因此 S 与 $\triangle ABC$ 的重心重合.

证法 2 设整点三角形 ABC 是符合题设条件的三角形.

$\triangle ABC$ 的三条中线 AA_1，BB_1，CC_1 把这个三角形分成六个三角形(图 8).

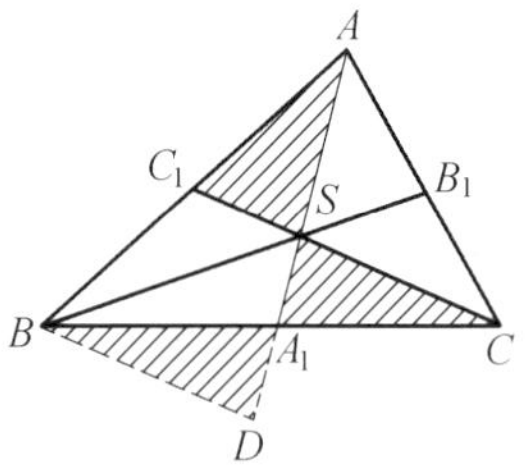

图 8

位于 $\triangle ABC$ 内的唯一整点 T 至少属于这六个三角形中的某一个，不妨设 T 在 $\triangle AC_1S$ 的内部或边界上，但不在边 AC_1 上.

以顶点 A 为位似中心，位似系数等于 2，对 $\triangle AC_1S$ 作位似变换得到 $\triangle ABD$，则整点 T 变换成新的整点 T'，T' 在 $\triangle ABD$ 的内部或边界上，但不在边 AB 上.

因为在 $\triangle ABC$ 内只有一个整点 T，则 T' 只能在 $\triangle A_1BD$ 的内部或者它的边界上，但不和点 B 重合.

注意到 $BA_1 = A_1C$，$SA_1 = A_1D$，所以 $\triangle A_1BD$ 与 $\triangle A_1CS$ 关于 A_1 对称. 于是 T' 关于 A_1 的对称点也是整点，并且在 $\triangle A_1CS$ 的内部或边界上，但不与 C 重

合. 由于在 $\triangle ABC$ 内只有一个整点 T，于是在 $\triangle AC_1S$ 与 $\triangle A_1CS$ 内部或边界上的这两个整点应为同一个整点. 这个整点只能在 $\triangle AC_1S$ 与 $\triangle A_1CS$ 的公共顶点 S 处，即 T 与 $\triangle ABC$ 的重心 S 重合.

题 14　设 L 是直角坐标平面的一个子集，定义如下

$$L=\{(41x+2y,59x+15y)\mid x,y\in \mathbf{Z}\}$$

证明：一切以坐标原点为中心的面积等于 1 990 的平行四边形至少包含 L 中的两个点.

（第 31 届国际数学奥林匹克候选题，1990 年）

证明　取 $(x,y)=(0,0),(0,1),(1,0),(1,1)$ 得到 L 中的四个点 $(0,0),(2,15),(41,59),(43,74)$.

设这四个整点为顶点构成基本区域 F，F 为平行四边形，其中没有其他整点.

这是，F 的面积为

$$\begin{vmatrix}1 & 0 & 0\\ 1 & 41 & 59\\ 1 & 2 & 15\end{vmatrix}=497$$

将 F 平移形成平面的网格，其格点均为 L 中的点.

设平行四边形 P 以原点为对称中心，面积为 1 990.

以原点为位似中心，作位似比为 $2:1$ 的位似变换，将 P 变成 $\frac{1}{2}P$，这时面积变为

$$\frac{1}{4}\cdot 1\ 990=497\frac{1}{2}>497$$

所以将 $\frac{1}{2}P$ 的各块经过平行移动到 F 中后，必有两个点重合.

设这两个点为 $D_1(x_1,y_1)$，$D_2(x_2,y_2)$，分别沿 $\overrightarrow{OA_1}$，$\overrightarrow{OA_2}$ 平移，其中 $A_1(a_1,b_1)$，$A_2(a_2,b_2)$ 都是 L 中的点，则

$$(x_1,y_1)+(a_1,b_1)=(x_2,y_2)+(a_2,b_2)$$

从而
$$\begin{aligned}(a_1-a_2,b_1-b_2)&=(a_1,b_1)-(a_2,b_2)\\&=(x_2,y_2)-(x_1,y_1)\end{aligned}$$

易知点 $D(x_2-x_1,y_2-y_1)\in P$，点 $D(a_1-a_2,b_1-b_2)\in L$，并且 D 不同于 $(0,0)$.

所以 P 中至少有 L 中的两个点.

题 15 其坐标(关于某个直角坐标系)为整数的点叫作整点. 证明：如果某一平行四边形的顶点和整点相重合，在平行四边形的内部或它的边上还有另外的整点，那么，这个平行四边形的面积大于 1.

(匈牙利数学奥林匹克，1941 年)

证明 我们把顶点为整点的多边形叫作整点多边形.

设整点三角形 $P_1P_2P_3$ 的顶点为

$$P_i(x_i,y_i),i=1,2,3$$

如果这样的三角形不是蜕化的，那么它的面积满足不等式

$$\begin{aligned}S&=\left|\frac{1}{2}\begin{vmatrix}x_1&y_1&1\\x_2&y_2&1\\x_3&y_3&1\end{vmatrix}\right|\\&=\frac{1}{2}\left|x_1(y_2-y_3)+x_2(y_3-y_1)+x_3(y_1-y_2)\right|\\&\geqslant\frac{1}{2}\end{aligned}$$

假设在整点平行四边形内部或它的边上，除了顶

点之外，至少还有一个整点，将这个整点和平行四边形的四个顶点连接起来，于是我们将整点平行四边形至少分成三个非锐化的整点三角形，因为它们之中每一个的面积都不小于$\frac{1}{2}$，所以平行四边形的面积不小于$\frac{3}{2}$，于是这个平行四边形的面积大于1.

题16　给定整数$n>1$及实数$t\geqslant 1$. P为一个平行四边形，它的四个顶点分别为$(0,0)$，$(0,t)$，(tF_{2n+1},tF_{2n})，$(tF_{2n+1},tF_{2n}+t)$，设L是P的内部的整点的个数，又设M是P的面积t^2F_{2n+1}.

(1) 证明：对任意整点(a,b)，存在一对唯一的整数j,k，使得

$$j(F_{n+1},F_n)+k(F_n,F_{n-1})=(a,b)$$

(2) 利用(1)，或其他方法证明$|\sqrt{L}-\sqrt{M}|\leqslant\sqrt{2}$.

（按照惯例，$F_0=0$，$F_1=1$，$F_{m+1}=F_m+F_{m-1}$，所有关于斐波那契数列的恒等式均可利用，无需证明）

（第31届国际数学奥林匹克候选题，1990年）

证明　(1) 本题等价于线性方程组

$$\begin{cases}jF_{n+1}+kF_n=a\\ jF_n+kF_{n-1}=b\end{cases}$$

有唯一整数解.

注意到关于斐波那契数的恒等式

$$F_{n+1}F_{n-1}-F_n^2=(-1)^n$$

则方程组的唯一解为

$$j=\frac{aF_{n-1}-bF_n}{F_{n+1}F_{n-1}-F_n^2}=\frac{aF_{n-1}-bF_n}{(-1)^n}$$

$$k=\frac{bF_{n+1}-aF_n}{F_{n+1}F_{n-1}-F_n^2}=\frac{bF_{n+1}-aF_n}{(-1)^n}$$

对任意整点(a,b)，j，k 均为整数.

(2) 当且仅当

$$(a,b)=u(0,1)+v(F_{2n+1},F_{2n})=(vF_{2n+1},u+vF_{2n})$$

(这里 $0<u<t$，$0<v<t$) 时，点(a,b)在平行四边形的内部.

L 就是整数对(j,k)的数目，这里

$$\begin{aligned}j&=(-1)^n(aF_{n-1}-bF_n)\\&=(-1)^n(vF_{2n+1}F_{n-1}-(u+vF_{2n})F_n)\\&=(-1)^n(v(F_{2n+1}F_{n-1}-F_{2n}F_n)-uF_n)\\&=vF_{n+1}-(-1)^nuF_n\\k&=(-1)^n((u+vF_{2n})F_{n+1}-vF_{2n+1}F_n)\\&=(-1)^n(v(F_{2n}F_{n+1}-F_{2n+1}F_n)+uF_{n+1})\\&=vF_n+(-1)^nuF_{n+1}\end{aligned}$$

$$0<u<t,0<v<t$$

这里，我们用到恒等式

$$F_pF_{q+1}-F_{p+1}F_q=(-1)^qF_{p-q}$$

设四边形 $ABCD$ 为

$$A(0,0),B=t(F_{n+1},F_n),C=(-1)^nt(-F_n,F_{n+1})$$

$$D=B+C$$

显然，L 是四边形 $ABCD$ 内部整点的个数.

显然，C 是 B 绕 A 旋转 $90°$ 而得到的点. 所以，$ABCD$ 是正方形. 它的边长

$$t\sqrt{F_{n+1}^2+F_n^2}=t\sqrt{F_{2n+1}}=\sqrt{M}$$

正方形内部的整点个数 L，即以这些整点为中心，边平行于坐标轴的单位正方形的个数，这些单位正方形被一个边长为 $\sqrt{M}+\sqrt{2}$ 的正方形包含(图 9)，它们

又完全盖住一个边长为$\sqrt{M}-\sqrt{2}$的边与$ABCD$平行的正方形,因此

$$(\sqrt{M}-\sqrt{2})^2\leqslant L\leqslant(\sqrt{M}+\sqrt{2})^2$$

即
$$|\sqrt{L}-\sqrt{M}|\leqslant\sqrt{2}$$

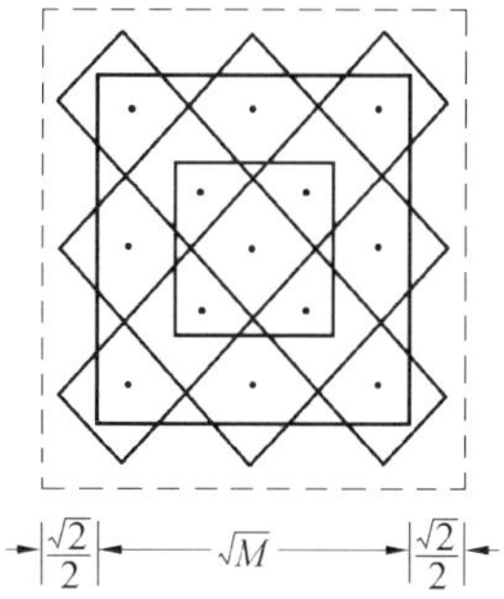

图 9

题 17　给定素数$p>3$.在坐标平面上考察由坐标为整数的点(x,y)构成的集合M,其中$0\leqslant x<p$,$0\leqslant y<p$,证明:可以标出集合M中p个不同的点,使其中的任何三点都不共线,任何四点都不是同一个平行四边形的顶点.

(第12届全苏数学奥林匹克,1978年)

证明　设$r(k)\equiv k^2 \pmod p$,且$0\leqslant r(k)\leqslant p-1$.

我们取点$A_k=(k,r(k))$构成的集合,即为所求的集合,其中$k=0,1,2,\cdots,p-1$.

例如$p=7$,即为图10中的7个点.

首先证明这p个点中任意三点不在一条直线上.

如果某三点$A_t,A_m,A_n(t<m<n<p)$在同一条直线上,则它们三点中每两点间连线的斜率都相等,即

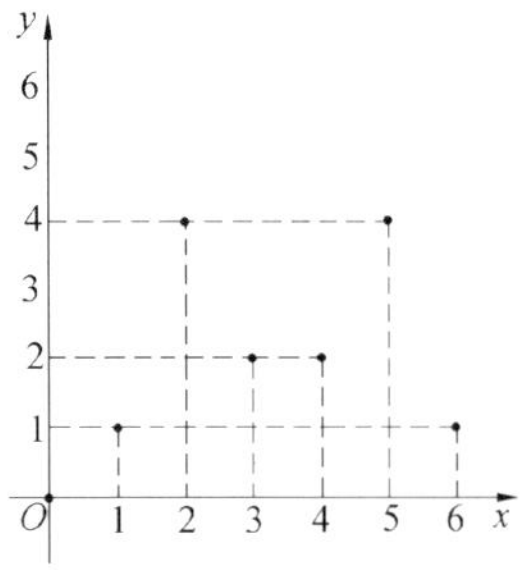

图 10

下面的关系式成立,即

$$\frac{r(m)-r(t)}{m-t}=\frac{r(n)-r(m)}{n-m}$$

即对于某些整数 a,b,有

$$(n-m)(m^2-t^2+ap)=(m-t)(n^2-m^2+bp)$$

整理得

$$(n-m)(m-t)(t-n)=((m-t)b-(n-m)a)p$$

则

$$p\mid(n-m)(m-t)(t-n) \tag{4}$$

而 $|n-m|<p$, $|m-t|<p$, $|t-n|<p$,p 是素数,则式(4) 不可能成立.

于是 A_t,A_m,A_n 三点不在同一条直线上.

下面再证这 p 个点中任意 4 点都不是同一个平行四边形的顶点.

设这四点为 A_k,A_t,A_m,A_n.

若四边形 $A_kA_tA_mA_n$ 是平行四边形,则有

$$A_kA_l \underline{\parallel} A_nA_m$$

于是有

$$\begin{cases} t-k=m-n & (5)\\ r(t)-r(k)=r(m)-r(n) & (6)\end{cases}$$

由(6)可得　$p \mid (t^2-k^2)-(m^2-n^2)$

再由(5)　　$p \mid (m-n)(t+k-m-n)$

即

$$p \mid 2(m-n)(t-m) \tag{7}$$

由 p 是大于3的素数,及 $|m-n|<p$, $|t-m|<p$ 可知式(7)不可能成立.

因而 A_k, A_l, A_m, A_n 不是平行四边形的四个顶点.

于是 $M=\{(k,r(k)) \mid r(k)\equiv k^2 \pmod{p}, 0\leqslant k\leqslant p-1, 0\leqslant r(k)\leqslant p-1, k\in \mathbf{Z}\}$ 为所求.

题 18　设((.,.))是平面上两个点之间的一种运算:$C=((A,B))$ 是点 A 关于点 B 的对称点,给定正方形的三个顶点,能否只利用运算((.,.))作出正方形的第四个顶点?

(基辅数学奥林匹克,1978年)

解　在平面上建立一个直角坐标系,使得给定的正方形的三个顶点的坐标为(0,0),(0,1),(1,0).

我们证明:若 A,B,C 是三个整点,且任意一点的两个坐标中至少有一个是偶数,则 A,B,C 三点经过任意有限多次这样的((.,.))运算之后,所得的点是整点,且其中至少有一个坐标为偶数.

假设经过若干次运算之后,我们得到点 $R(x,y)$,它与点 $P(x_1,y_1)$ 关于 $Q(x_2,y_2)$ 对称,其中 x_2 和 y_2,x_1 和 y_1 都是整数,且其中各至少有一个是偶数.

因为 Q 是 PR 的中点,故

$$\frac{x+x_1}{2}=x_2, \frac{y+y_1}{2}=y_2$$

即　　$$x=2x_2-x_1, y=2y_2-y_1$$

由于 x_1,y_1,x_2,y_2 都是整数,故 x,y 也都是整数.

除此之外，根据假设 x_1，y_1 中至少有一个是偶数，故若 $x_1(y_1)$ 是偶数，则相应的 $x(y)$ 也是偶数. 因而点 R 的坐标 x 和 y 中至少有一个偶数.

于是，由点 A，B，C 经过有限次((.,.))得到的点，它是整点，且两个坐标中至少有一个是偶数.

由于给定的正方形的三个顶点的坐标为(0,0)，(0,1) 和(1,0)，每一个顶点的两个坐标中至少有一个是偶数. 并且正方形的第四个顶点为 $D(1,1)$，两个坐标都是奇数，因而点 D 不能得到.

题 19 请设计一种方法，将所有的格点染色，每一点染成白色、红色或黑色中的一种颜色，使得：(1) 每一种颜色的点出现在无穷多条平行于横轴的直线上；(2) 使得任意的白点 A、红点 B、黑点 C 总可以找到一个红点 D 使 $ABCD$ 为一个平行四边形.

(1985 年全国竞赛题)

解法 1 由格点的分类以及红色点在三种颜色中的特殊要求，设计染色方法如下：把(奇，奇) 型的格点染成白色，(偶，偶) 型的格点染成黑色，其余的格点染成红色.

首先，易知这种染色方法满足条件(1)，下证这种染色方法满足条件(2).

设任取的白点 A、红点 B、黑点 C(不妨设点 B 为(奇，偶) 型的格点) 的坐标分别为：$A(2m+1,2n+1)$，$B(2p+1,2q)$，$C(2s,2t)$，其中 m,n,p,q,s,t 均为整数.

再设平行四边形 $ABCD$ 的另一顶点为 $D(x,y)$，由平行四边形对角线互相平分的性质和中点坐标公式，得

$$x+(2p+1)=(2m+1)+2s$$

$$y+2q=(2n+1)+2t$$

即

$$x=2(m+s-p)$$
$$y=2(n+t-q)+1$$

则 $D(x,y)$ 是(偶,奇)型的点,所染的颜色为红色.

同理,若点 B 是(偶,奇)型的红点,可证平行四边形 $ABCD$ 的另一个顶点 D 是(奇,偶)型的红点.由此可见,设计的染色方法也满足条件(2).

解法 2　命题组提出的两种设计方法,也是按格点坐标 x,y 的奇偶性分类染色,可以简明地表示如下

x	y	设计一	设计二
奇	奇	红	黑
偶	偶	红	白
奇	偶	白	红
偶	奇	黑	红

这两种设计符合题中要求(1)是显然的.对于要求(2),就任意白点 $A(x_1,y_1)$,红点 $B(x_2,y_2)$,黑点 $C(x_3,y_3)$ 而言,要找红点 $D(x,y)$ 使 $ABCD$ 为平行四边形,首先必须要 A,B,C 三点不共线,即 $(x_2-x_1)(y_3-y_1)\neq(y_2-y_1)(x_3-x_1)$,还要 AC,BD 互相平分,即中点一致,亦即

$$x_1+x_3=x_2+x,y_1+y_3=y_2+y$$

这两点就是证明的要点.(详证略)

解法 3　考虑更强的要求,把条件(1)改为:"每一种颜色的点出现在无穷多条平行于横轴的直线 $y=m(m\in\mathbf{Z})$ 上,并且直线 $y=m$ 一旦出现某种颜色就无穷次出现这种颜色."

事实上,正如前面所述,平面上的格点可因其坐标

数的奇偶性分为四类：S_1（奇，奇），S_2（偶，偶），S_3（奇，偶），S_4（偶，奇）. 故可任取两类分别染白、黑色，剩下的两类染红色，得出 $A_4^2=12$ 种大同小异的染色方法.（可理解为一种染法的平移、旋转、伸缩）比如，对 $k=0,\pm1,\pm2,\cdots$，我们把直线系 $x+y=2k$ 上的格点染红色；对直线系 $x+y=2k+1$ 上的格点，属 S_3 的染白色，属 S_4 的染黑色.

对每一条平行于 x 轴的直线 $y=m(m=\pm1,\pm2,\cdots)$. 当 m 为奇数时，有且只有红、黑两色；当 m 为偶数时，有且只有红、白两色. 由 x,m 可取任意整数知，染色满足(1) 的加强.

任取白点 $A(x_1,y_1)$，红点 $B(x_2,y_2)$，黑点 $C(x_3,y_3)$. 由于 x_2-x_1 与 y_2-y_1 总有不同奇偶性，x_3-x_1 与 y_3-y_1 都是奇数，故有

$$\begin{vmatrix} x_1 & y_1 & 1 \\ x_2 & y_2 & 1 \\ x_3 & y_3 & 1 \end{vmatrix}=\begin{vmatrix} x_2-x_1 & y_2-y_1 \\ x_3-x_1 & y_3-y_1 \end{vmatrix}$$

$$=(x_2-x_1)(y_3-y_1)-(x_3-x_1)(y_2-y_1)$$

$$=\text{偶数}-\text{奇数}\neq0$$

所以 A,B,C 三点不共线. 再以 A,C 的中点为对称中心，作 B 的对称点 $D(x_1+x_3-x_2,y_1+y_3-y_2)$，则 $ABCD$ 为平行四边形. 又因为 D 的坐标满足 $x_D+y_D=(x_1+y_1+x_3+y_3)-(x_2+y_2)=$偶数$-$偶数$=$偶数，故 D 为红点，即是说这样的染色也满足(2).

注　本题是 1986 年全国高中数学联赛的最后一道，它选自加拿大 KimKin 的《数学一千零一夜》，命题组做了些技术上的变更. 通常，最后一题是难度大的“把关题”，但这道题却有一种出人意料的简单的解法：

解法 4　由于(2)要求能组成平行四边形，所以白、红、黑三色不能共线. 又由于组成的平行四边形有两个红点，因此，染色应尽量多出现红点. 注意到(1)只对 y 轴的正、负方向有要求，所以我们可以方便地取 y 轴上的格点相间染成白、黑两色. 例如$(0,2k)$染白色，$(0,2k+1)$染黑色. 其余的格点全染红色. 由于没有任何一个红点在 y 轴上，故白、黑、红三色点不共线是显然的. 又任取白点 $A(0,2k)$，红点 $B(m,n)(m\neq 0)$，黑点 $C(0,2k'+1)$，以 A,C 的中点$\left(0,\dfrac{2k+2k'+1}{2}\right)$为对称中心，作 B 的对称点 $D(-m,2k+2k'+1-n)(m\neq 0)$，则 $ABCD$ 为平行四边形，且由 D 是不在 y 轴上的格点知，D 是红点，染色也满足条件(2).

说明 1：上述取 y 轴染白、黑色不是唯一的方法，任何一条不平行于 x 轴而又过无穷个格点的直线都可以代替 y 轴. 特别地，取 $y=\pm x$ 代替 y 轴可满足更强的条件：每一种颜色的点既出现在无穷多条平行于横轴的直线上，又出现在无穷多条平行于纵轴的直线上.

说明 2：若不限制 B 与 D 必须为相对顶点，那么还可以在 B 的上、下方各找到点 D_1,D_2 分别组成平行四边形. 这时 $\triangle ABC$ 恰好是 $\triangle DD_1D_2$ 的中位线三角形.

题 20　已知抛物线的方程为 $y=ax^2+bx+c$. 如果抛物线经过$(-1,-11)$，$(1,1)$及$(2,4)$三个格点，求证此抛物线的顶点也是一个格点.

（1976 年美国竞赛题稍加改编）

证明　由题意得

$$\begin{cases}-11=a-b+c\\1=a+b+c\\4=4a+2b+c\end{cases}\text{，解得}\begin{cases}a=-1\\b=6\\c=-4\end{cases}$$

因为抛物线的顶点坐标是$\left(-\frac{b}{2a},\frac{4ac-b^2}{4a}\right)$，所以将 a,b,c 各值代入之，即得抛物线的顶点坐标为(3，5)，从而证得本题结论成立.

题 21 试求满足下列方程组的格点数

$$\begin{cases}x^{x+y}=y^{60}\\y^{x+y}=x^{15}\end{cases}$$

（1957 年北京市竞赛题改编）

解法 1 当 $x<0$ 时，由 $x^{x+y}=y^{60}>0$ 知 $x+y$ 必为偶数，于是 $y^{x+y}>0$，这与 $y^{x+y}=x^{15}<0$ 矛盾，因而这时方程无解；

当 $x=0$ 时，$y^y=0$ 无解，则原方程无解；

当 $x>0$ 时，$y^2>0$，可取对数

$$\begin{cases}(x+y)\log x=30\log y^2\\(x+y)\log y^2=30\log x\end{cases}$$

由此得

$$(\log x)^2=(\log y^2)^2$$

从而

$$\log x=\log y^2=0 \tag{8}$$

或者

$$\begin{cases}\log x=\log y^2\neq 0\\x+y=30\end{cases} \tag{9}$$

或者

$$\begin{cases}\log x=-\log y^2\neq 0\\x+y=-30\end{cases} \tag{10}$$

由(8)得

$$\begin{cases}x=1\\y=\pm 1\end{cases}$$

由(9)得

$$\begin{cases}x=y^2\\x+y=30\end{cases}$$

解得

$$\begin{cases}x=25\\y=5\end{cases},\begin{cases}x=36\\y=-6\end{cases}$$

由(10)得$\begin{cases}x=y^2\\x+y=-30\end{cases}$,无整数解.

综上可知原方程组共有四组整数解

$$\begin{cases}x=1\\y=1\end{cases},\begin{cases}x=1\\y=-1\end{cases},\begin{cases}x=25\\y=5\end{cases},\begin{cases}x=36\\y=-6\end{cases}$$

从而,满足方程组的格点有 4 个.

解法 2　由 $y^{(x+y)^2}=x^{15(x+y)}=(y^{60})^{15}=y^{900}$ 可知 $y=\pm 1$,或者 $(x+y)^2=900$,即 $x+y=\pm 30$.

以 $y=\pm 1$ 代入第二式有 $(\pm 1)^{x\pm 1}=x^{15}$,则 $|x|=1$. 但 $x=-1$ 不是解,而 $x=1,y=\pm 1$ 是方程的两组整数解.

当 $x+y=-30$ 时,由第一式得 $x=y^{-2}$,再代回 $x+y=-30$ 有 $y^3+30y^2+1=0$,此时无整数解.

当 $x+y=30$ 时,用 $x=y^2$ 代回原式,有 $y^2+y-30=0$,即有 $y=5$ 及 $y=-6$,相应地 $x=25$ 及 $x=36$ 又为两组整数解,故原方程组有四组整数解

$$\begin{cases}x=1\\y=1\end{cases},\begin{cases}x=1\\y=-1\end{cases},\begin{cases}x=25\\y=5\end{cases},\begin{cases}x=36\\y=-6\end{cases}$$

从而满足方程组的格点有 4 个.

题 22 求满足方程

$$\frac{x+y}{x^2-xy+y^2}=\frac{3}{7}$$

的所有格点.

（第 12 届全俄中学生数学竞赛题稍改）

解 设 x,y 是满足原方程的整数,则

$$7(x+y)=3(x^2-xy+y^2) \tag{11}$$

令 $p=x+y,q=x-y$,则

$$x=\frac{1}{2}(p+q),y=\frac{1}{2}(p-q)$$

代入(11),得整数 p,q 满足方程

$$28p=3(p^2+3q^2) \tag{12}$$

可见 p 是非负整数,且被 3 整除,记 $p=3k$,k 为非负整数.将 $p=3k$ 代入(12),得

$$28k=3(3k^2+q^2) \tag{13}$$

由此知 k 非负且被 3 整除,记 $k=3m$,m 是非负整数.将 $k=3m$ 代入(13),得

$$28m=27m^2+q^2$$

即

$$m(28-27m)=q^2$$

因为 $q^2\geqslant 0$,所以 $m(28-27m)\geqslant 0$,故 $m=0$ 或 $m=1$.

当 $m=0$ 时,$p=q=0$,即 $x=y=0$,但它们不满足原方程;

当 $m=1$ 时,$p=9$,$q=\pm 1$,即 $x=5,y=4$ 或 $x=4,y=5$.经检验它们均满足原方程.

综上可知,所求格点有两个:(5,4),(4,5).

题 23 求证:双曲线 $2x^2-5y^2=7$ 上不存在格点.

（1985 年长沙市竞赛题）

证明 假设所给双曲线上有格点(x_0,y_0),则

$$5y_0^2=2x_0^2-7 \tag{14}$$

由于 x_0 与 y_0 均为整数，则式(14)右边 $2x_0^2-7$ 为奇数，于是 y_0^2 为奇数，从而 y_0 亦须为奇数. 不妨设 $y_0=2m+1(m\in\mathbf{Z})$，代入式(14)得

$$5(2m+1)^2=2x_0^2-7$$

则

$$x_0^2=2(m^2+5m+3) \tag{15}$$

由(15)知 x_0^2 为偶数，从而 x_0 亦为偶数.

令 $x_0=2n(n\in\mathbf{Z})$，代入(15)得

$$4n^2=2(5m^2+5m+3)$$

即

$$2n^2-3=5m(m+1) \tag{16}$$

由于 $m(m+1)$ 的二因子中，必有一个为偶数，所以式(16)右边为偶数，而左边却为奇数，故式(16)不成立. 这表明假设错误，从而原命题得证.

题 24　试证：存在一个同心圆的集合，使得：

(1) 每个整点都在此集合的某一圆周上；

(2) 此集合的每个圆周上，有且只有一个整点.

(1987 年全国竞赛题)

证法 1　问题在于找到同心圆的圆心. 要使每个整点都在某一圆周上，这好办，只要以每个整点到圆心的距离为半径作圆就可以了. 这样，每个圆周上都有一个整点. 困难在于“只有”一个整点. 因此，我们要找这样的圆心，使得注意两个整点到圆心的距离都不相等. 换言之，要选择圆心 (a,b)，使得不同的任二整数对 (x_1,y_1)，(x_2,y_2) 都不能满足等式

$$(x_1-a)^2+(y_1-b)^2=(x_2-a)^2+(y_2-b)^2$$

即

$$2(x_2-x_1)a+2(y_2-y_1)b=x_2^2-x_1^2+y_2^2-y_1^2 \qquad (*)$$

式($*$)的右边是整数,要使等式不成立,只需选择 a,b 的值使左边不是整数.为此,先取 a 为某无理数.而 b 为任意有理数.当 $x_2\neq x_1$ 时,式($*$)左边为无理数,显然不能等于右边;当 $x_2=x_1$ 时,$y_2\neq y_1$(因两点不同),这时式($*$)可约简为 $2b=y_2+y_1$,右边仍然是整数,可取 b 为分母异于 2 的既约分数,等式就不能成立.由此可见,满足题设条件的同心圆的集合确实存在.

证法 2 假设同心圆圆心为 $p(x,y)$,任意两整点 $A(a,b)$ 和 $B(c,b)$,其中 $a=c,b=d$ 不同时成立.

因为

$$|PA|^2=(x-a)^2+(y-b)^2$$
$$=x^2+y^2+a^2+b^2-2ax-2by$$
$$|PB|^2=(x-c)^2+(y-d)^2$$
$$=x^2+y^2+c^2+d^2-2cx-2dy$$

所以

$$|PA|^2-|PB|^2$$
$$=a^2-c^2+b^2-d^2+2(c-a)x+2(d-b)y$$

又因 $a,b,c,d\in\mathbf{Z}$,$a=c,b=d$ 不同时成立,因此,$|PA|\neq|PB|$,只需取 x 为任意无理数,y 取任意分母不为 2 的非整有理数即可(或 x,y 各取形如$\sqrt{m}$,$\sqrt{n}$ 的最简非同类根式的无理数,其中 $m,n\in\mathbf{N}$).如取 $P\left(\sqrt{2},\frac{1}{3}\right)$(或 $P(\sqrt{2},\sqrt{3})$),则任意两个不同整点到 $P\left(\sqrt{2},\frac{1}{3}\right)$ 的距离都不相等.

把所有整点到点 P 的距离从小到大排成一列 r_1，r_2，r_3，…，以 $P\left(\sqrt{2},\dfrac{1}{3}\right)$ 为圆心，以 r_1，r_2，r_3，… 为半径作的同心圆所成的集合即为所求.

注：点 P 坐标还可取其他超越数，如 $(\pi,0)$，(π,e)，等等.

证法 3　设坐标平面上任意两个不同整点 $A(a,b)$ 和 $B(c,d)$，分三种情况讨论.

(1) $a\neq c$，$b\neq d$，中点 $M\left(\dfrac{a+c}{2},\dfrac{b+d}{2}\right)$，$AB$ 的垂直平分线方程为 $y-\dfrac{b+d}{2}=\dfrac{c-a}{b-d}\left(x-\dfrac{a+c}{2}\right)$；

(2) $a=c$，$b\neq d$，中点 $M\left(a,\dfrac{b+d}{2}\right)$，$AB$ 的垂直平分线方程为 $y=\dfrac{b+d}{2}$；

(3) $a\neq c$，$b=d$，中点 $M\left(\dfrac{a+c}{2},b\right)$，$AB$ 的垂直平分线方程为 $x=\dfrac{a+c}{2}$.

显然，只有在上述三类直线上的点才有可能到平面上某两整点的距离相等. 若取 $P(\sqrt{2},\sqrt{3})$，则必然不在上述三类直线上，即 $P(\sqrt{2},\sqrt{3})$ 到任意两个不同整点的距离都不相等.

以下同证法 2(略).

证法 4　取点 $P\left(\sqrt{2},\dfrac{1}{3}\right)$，设整点 (a,b) 和 (c,d) 到点 P 的距离相等，则

$$(a-\sqrt{2})^2+\left(b-\frac{1}{3}\right)^2=(c-\sqrt{2})^2+\left(d-\frac{1}{3}\right)^2$$

即

$$2(c-a)\sqrt{2}=c^2-a^2+d^2-b^2+\frac{2}{3}(b-d)$$

上式仅当两端都为零时成立.

所以

$$c=a \tag{17}$$

$$c^2-a^2+d^2-b^2+\frac{2}{3}(b-d)=0 \tag{18}$$

(17) 代入(18) 并化简,得

$$d^2-b^2+\frac{2}{3}(b-d)=0$$

即

$$(d-b)\left(d+b-\frac{2}{3}\right)=0$$

由于 b,d 都是整数,第二个因子不能为零,因此 $b=d$,从而点(a,b) 与(c,d) 重合. 故任意两个整点到 $P\left(\sqrt{2},\frac{1}{3}\right)$ 的距离都不相等.

现将所有整点到点 P 的距离从小到大排成一列:$d_1,d_2,d_3,\cdots$.

显然,以 p 为圆心,以 $d_1,d_2,d_3,\cdots$ 为半径作的同心圆所成的集合即为所求.

注 1:圆心 p 可以选为任何一个这样的非有理点(α,β),其中 α,β 之一为纯无理数(即是不含有理项的无理数),如 $2\pi,\frac{1}{3}\sqrt{2}$ 等,另一个为不等于$\frac{k}{2}(k\in\mathbf{Z})$ 的有理数. 因为,当注意到非零的有理数和纯无理数之积仍为纯无理数时,我们便可类似上述作法得到证明. 因此,合于题设要求的同心圆的集合可作无穷多个.

注 2:本题还可作如下扩充:

问题 1:在平面上作出一个同心圆的集合,使得:

(1) 平面上任一整点必位于该同心圆集合中的某一个圆周上;

(2) 每一个圆周上有且只有两个整点.

请证明你的作法的正确性.

解:取点 $O'\left(\sqrt{2},\frac{1}{2}\right)$.

先证:对任一整点 $A(a,b)$,必存在唯一的另一整点 $B(c,d)$,使得 $|O'A|=|O'B|$.

事实上,若 $|O'A|=|O'B|$,即

$$(a-\sqrt{2})^2+\left(b-\frac{1}{2}\right)^2=(c-\sqrt{2})^2+\left(d-\frac{1}{2}\right)^2$$

则有

$$2(c-a)\sqrt{2}=c^2-a^2+d^2-b^2+(b-d)$$

于是应有

$$\begin{cases}c-a=0\\c^2-a^2+d^2-b^2+(b-d)=0\end{cases}$$

即

$$\begin{cases}c=a\\(d-b)(d+b-1)=0\end{cases}$$

从而得到两组解

$$\begin{cases}c=a\\d=b\end{cases};\begin{cases}c=a\\d=1-b\end{cases}$$

第 1 组解表示 (c,d) 与 (a,b) 重合,第 2 组解表示 (c,d) 是异于 (a,b) 且满足条件的点. 因此,对任一整点 A,在平面上必存在(唯一的)另一整点 B 到 $O'\left(\sqrt{2},\frac{1}{2}\right)$ 的距离相等.

将平面上所有整点按它们与$O'\left(\sqrt{2},\frac{1}{2}\right)$的距离从小到大排成一个序列：

$A_1,B_1,A_2,B_2,A_3,B_3,\cdots,A_i,B_i,\cdots$，其中$A_i$与$B_i$到$O'$的距离均为$d_i(i=1,2,3,\cdots)$.

于是，以O'为圆心，分别以$d_1,d_2,d_3,\cdots,d_i,\cdots$为半径的同心圆集合就为所求集合.

注 3：如同注 1 所述，这里，我们还可取这样的$O'(\alpha,\beta)$为圆心来作满足要求的同心圆的集合，其中α,β之一为纯无理数，另一个为$\frac{k}{2}$(k为奇数). 不妨设α为纯无理数，$\beta=\frac{k}{2}$(k为奇数). 因为对任一整点$A(a,b)$，若整点$B(c,d)$使得$|O'A|=|O'B|$. 根据α,β的取值，则有

$$\begin{cases}c-a=0\\(d-b)(d+b-2\beta)=0\end{cases}$$

于是

$$\begin{cases}c=a\\d=b\end{cases}\text{或}\begin{cases}c=a\\d=-b+2\beta\end{cases}$$

当$\beta=\frac{k}{2}$(k为奇数)时，有$d=-b+2\beta\neq b$(因$\beta\notin\mathbf{Z}$).

因此，满足题设要求的同心圆的集合有无穷多种作法.

问题 2：在平面上不存在一个同心圆的集合，使得：(1) 平面上任一整点必位于该同心圆的集合中的某一个圆周上；

(2) 每一个圆周上有且只有n个整点. 这里$n\geqslant 3$，

$n \in \mathbf{N}$.

证明:当 $n=3$ 时,显然(至少)在过三个整点的同心圆的集合中最小的一个圆的圆周上,整点只能是相邻的四个整点 (a,b),$(a+1,b)$,$(a+1,b+1)$,$(a,b+1)$.这时圆心必为$\left(a+\frac{1}{2},b+\frac{1}{2}\right)$,其中 $a,b\in \mathbf{Z}$.否则,圆内必有其他(不在任何圆周上的)整点,这与题意不合,说明 $n=3$ 时,不存在合于题意的同心圆的集合.

当 $n=4$ 时,虽然以$\left(a+\frac{1}{2},b+\frac{1}{2}\right)$$(a,b\in \mathbf{Z})$为圆心.以 $r_1=\frac{\sqrt{2}}{2}$ 为半径的(最小的)圆上有 4 个整点,但以 $r_2=\frac{\sqrt{10}}{2}$ 为半径的(次小)圆上就有 8 个整点,仍不合题意,所以 $n=4$ 时不存在合于题意的同心圆的集合.

当 $n\geqslant 5$,$n\in \mathbf{N}$ 时,因为合于题意的两个条件的最小圆都不存在,所以,当 $n\geqslant 5$,$n\in \mathbf{N}$ 时也不存在合于题意的同心圆的集合.

注 4:命题 2 表明命题 1 不能再扩充了.

题 25 已知正方形的一个顶点为 $A(-4,0)$,它的中心为 $p(0,3)$.求证此正方形是一个格点正方形.

(1978 年江苏省竞赛题稍加改编)

证明 如图 11,设点 C 的坐标为(x_C,y_C).

因为中心是正方形对角线 AC 的中点,所以有

$$\begin{cases}\dfrac{x_C+(-4)}{2}=0\\[2mm]\dfrac{y_C+0}{2}=3\end{cases}$$

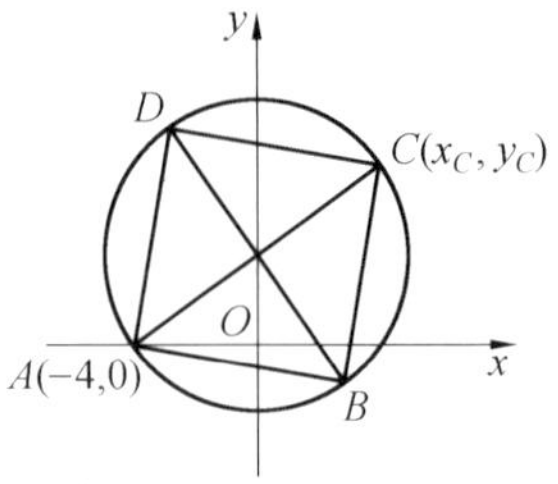

图 11

解得

$$\begin{cases}x_C=4\\y_C=6\end{cases}$$

因而正方形顶点 C 的坐标是(4,6).

又由于正方形的顶点在以 P 为圆心，以 PA 为半径的圆周上，而且正方形的顶点 B 和 D 必在过点 P 且垂直于 PA 的直线上.

显然 $K_{PA}=\frac{3}{4}$，$|PA|=\sqrt{4^2+3^2}=5$. 因此

$$\begin{cases}x^2+(y-3)^2=25\\y-3=-\frac{4}{3}\end{cases}$$

解得 $\begin{cases}x=3\\y=-1\end{cases}$；$\begin{cases}x=-3\\y=7\end{cases}$

则正方形另两个顶点是 $B(3,-1)$ 和 $D(-3,7)$.

综上得知正方形 $ABCD$ 是格点正方形.

题 26 $\triangle ABC$ 是一个格点三角形，顶点 A 的坐标是(0,0)，顶点 B 的坐标是(36,15)，则 $\triangle ABC$ 面积的最小值可能是(　　).

(A) $\frac{1}{2}$　(B)1　(C) $\frac{3}{2}$　(D) $\frac{13}{2}$　(E) 无最小值

（第 38 届美国中学数学竞赛（AHSME）试题）

解　设顶点 C 的坐标为 (x, y)，那么 C 到 AB 的距离 $\frac{1}{13}|5x-12y|$ 就是三角形的高，要最小. 因为要求 x, y 都是整数，所以 $|5x-12y|$ 应该是正整数，最小是 1，这是可能的. 如 $x=5, y=2$；或 $x=7, y=3$. 那么三角形的最小面积是

$$\frac{1}{2}\times 39\times\frac{1}{13}=\frac{3}{2}$$

因此，应选答案（C）.

题 27　证明：在坐标平面上不能绘出一个凸四边形，使得其一条对角线的长是另一条的两倍，且对角线间夹角为 45°，而四边形各顶点坐标均为整数（即为格点四边形）.

（第 20 届全苏中学生数学奥林匹克试题）

证明　假设在坐标平面上可绘出满足题设条件的凸四边形形 $ABCD$，其各顶点的坐标均为整数（即为格点四边形）.

已知 $|AC|=2|BD|$，AC 与 BD 间的夹角为 45°.

如图 12，作 $AE \mathrel{\underline{\parallel}} BD$，则点 E 也是格点，且 $\angle CAE=45°$. 由余弦定理有

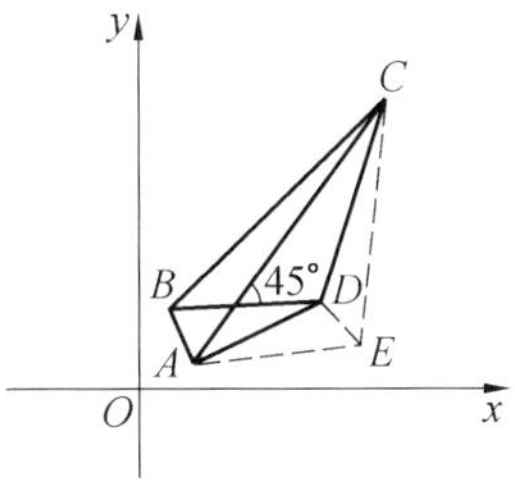

图 12

$$|CE|^2=|AC|^2+|AE|^2-2|AC||AE|\cos 45^\circ$$

即

$$|CE|^2=|AC|^2+|BD|^2-2\sqrt{2}|BD|^2$$

易知,整点间的距离的平方是整数,于是上面等式的左端为整数,而右端为无理数,这一矛盾表明假设不成立,因而原命题得证.

题 28 一质点从坐标原点 $O(0,0)$ 开始,要移动到 $A(3,7)$. 假如其移动方式类似于象棋中"过河卒"的走法,即只能沿坐标线走,而不能走坐标格的对角线,又规定其移动方向只能向右或向上,试问:质点从 O 移动到 A 共有多少种不同途径?

(1978 年兰州市竞赛题)

解 因为规定其移动方向只能向右或向上,所以由点 O 至某一格点,只能经由左、下相邻两格点. 故由点 O 至某一线点的不同途径数就必然是由点 O 至其左、下相邻两格点的不同途径数之和. 例如,由点 O 至 $(1,1)$ 点,那么只能经由 $(1,1)$ 点的左邻格点 $(0,1)$ 及下邻格点 $(1,0)$. 而由点 O 至 $(0,1)$ 点及 $(1,0)$ 点都各仅有一种途径,故由点 O 至 $(1,1)$ 点的途径数就为二者之和,即等于 2. 如此类推,可得由原点 O 至每一格点的不同途径数. 现注明在图 13 中的各格点处(此即为二项式系数图). 故由点 O 移动到点 A 共有 120 种不同途径.

注:此题解法不难推广,由点 $(0,0)$ 到点 (m,n) 共有 $C_{m+n}^{m}=C_{m+n}^{n}=\dfrac{(m+n)!}{m!\ n!}$ 种不同途径.

题 29 将全部正整数对,按如下所示箭头方向依次编号,每一数对的编号数写在该数对的前面. 例如

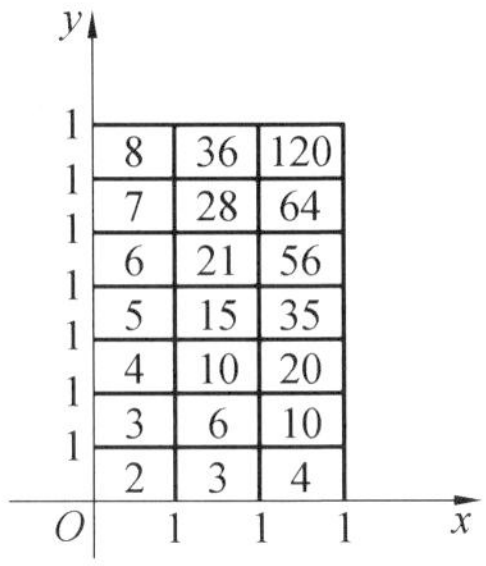

图 13

6(1,3) 表示数对(1,3) 的编号数为 6. 问数对(p,q)(p,q为正整数)的编号数是多少？数对(100,99)的编号数是多少？

1 (1, 1) →	2 (1, 2)	6 (1, 3) →	7 (1, 4)	15 (1, 5) →	…
3 (2, 1)	5 (2, 2)	8 (2, 3)	14 (2, 4)	(2, 5)	…
4 (3, 1)	9 (3, 2)	13 (3, 3)	(3, 4)	(3, 5)	…
10 (4, 1)	12 (4, 2)	(4, 3)	(4, 4)	(4, 5)	…
11 (5, 1)	(5, 2)	(5, 3)	(5, 4)	(5, 5)	…
⋮	⋮	⋮	⋮	⋮	

(1979 年黑龙江省竞赛题)

解　设(p,q)的编号数为n,显然n等于编号数不大于n的数对的个数.

如图表,数对(p,q)在第p行第q列的位置上.(p,q)的右上方及左下方的相邻数对分别为$(p-1,q+1)$及$(p+1,q-1)$.这三个数对的位置特征是:在同一斜边l上,其数量特征是每一数对中两数之和均为定值$p+q$.不难看出:一个数对是否在l上,以决于它的两数之和是否为$p+q$.于是,在l上位于第1行的数对为$(1,p+q-1)$;位于第1列的数对为$(p+q-1,1)$.

从图表易见,编号数不大于n的数对由两部分组成：

第一部分是 l 左上方(不包含 l)“三角块”内的全部数对，其个数共有

$$\begin{aligned}&1+2+3+\cdots+(p+q-2)\\&=\frac{(p+q-1)(p+q-2)}{2}\text{(个)}\end{aligned}$$

第二部分是 l 上编号数不大于 n 的全部数对. 其个数分两种情况讨论：

(1) 当 $p+q$ 为奇数时，由于编号方向是 $(1,p+q-1)$ 向 (p,q) 的，所以 (p,q) 是 l 上按箭头方向的第 p 个数对；

(2) 当 $p+q$ 为偶数时，由于编号方向是自 $(p+q-1,1)$ 向 (p,q) 的，故 (p,q) 是 l 上按箭头方向的第 q 个数对.

综上可得

$$n=\frac{(p+q-1)(p+q-2)}{2}+r$$

其中 $r=\begin{cases}p(p+q\text{ 为奇数})\\q(p+q\text{ 为偶数})\end{cases}$.

当 $p=100, q=99$ 时，代入上式得

$$n=\frac{198\times197}{2}+100=19\ 603$$

即数对 $(100,99)$ 的编号数为 19 603.

编辑手记

杜威的学生，美国教育家克伯屈(W. H. Kilpatrick)原是一位数学教师，后来投入杜威门下.他在20世纪20年代曾说过这样的两段话：有许多科目，例如代数、几何、伦理学学科.若不是为了升学起见，完全无用，宜选用适合中国国情的课程(见《克伯屈在沪讲演录》《克伯屈在京演讲录》，胡叔异，张鸣新等整理.《教育杂志》第19卷5,6期，1927).

本书内容与升学有点关系，但不像克伯屈说的那样完全无用，而是大有用途.

Minkowski是一个神童，他的姐姐凡妮(Funny)说在小学时他的数学才能就非常出众，每当老师因难题挂到黑板上时，同学们就齐声叫喊："Minkowski，帮忙啊！"

Minkowski18 岁时，和 57 岁的爱尔兰数学家史密斯(Henry John Stephen Smith)一道因为将数表示为平方和的成果获得了令人羡慕的巴黎科学院的数学大奖. 按竞赛规则，文章应该翻译成法文的，而他没来得及翻译就获奖了. 而史密斯则不幸在获奖前两天去世了.

Minkowski 在数学界享有崇高的地位，这可由希尔伯特对其的重视程度就可看出.

希尔伯特在哥廷根建立起强大的哥廷根数学学派，其他大学很羡慕，便想将希尔伯特挖走. 1902 年，福克斯(Lazarus Fuchs，1833—1902)去世，柏林大学便邀请希尔伯特去接替他的职位，而哥廷根大学极力挽留他. 最后希尔伯特提出一个条件，作为他留下的条件，那就是他可以在哥廷根.

本书仅是从 Minkowski 在数的几何中的一个基本定理谈起，涉及不到其他更广阔的领域.

比如格的 Minkowski 第一定理. 格上的最短向量问题是指求格中一个最短的非零向量的问题(shortest vector problem，SVP). 这一问题已被证明在随机约化下是 NP- 困难问题. 关于最短向量的存在性定理即 Minkowski 第一定理，给出格中最短向量长度的一个上界.

在一个给定的特殊区域里是否存在某个事先给定的格的非零向量问题，即 Minkowski 定理.

定理 设 L 是 $\mathbf{R}^m$ 中的格，S 是 $\mathbf{R}^m$ 中一个可测的关于原点对称(即 $a\in S\Rightarrow -a\in S$)的凸集(即 $\alpha,\beta\in S\Rightarrow \frac{1}{2}(\alpha+\beta)\in S$)，若 S 的体积 $\mu(S)\geqslant 2^n\det(L)$，则

$S \cap L$ 中有非零向量.

利用这一定理可证明下面的 Minkowski 第一定理.

定理 设 L 是 $\mathbf{R}^m$ 中秩为 n 的格,格 L 中最短向量的长度为 λ_1,那么 $\lambda_1 < \sqrt{n}\det(L)^{\frac{1}{n}}$.

证明 设格 L 的一组基为 $\boldsymbol{b}_1,\boldsymbol{b}_2,\cdots,\boldsymbol{b}_n,\boldsymbol{B}=[\boldsymbol{b}_1,\boldsymbol{b}_2,\cdots,\boldsymbol{b}_n]\in\mathbf{R}^{m\times n}$,记向量 $\boldsymbol{b}_1,\boldsymbol{b}_2,\cdots,\boldsymbol{b}_n$ 生成的线性空间为 $\mathrm{span}(\boldsymbol{b}_1,\boldsymbol{b}_2,\cdots,\boldsymbol{b}_n)$, 即 $\mathrm{span}(\boldsymbol{b}_1,\boldsymbol{b}_2,\cdots,\boldsymbol{b}_n)=\{\boldsymbol{Bx},\boldsymbol{x}\in\mathbf{R}^n\}$.

设 $S=B(O,\sqrt{n}\det(L)^{\frac{1}{n}})\cap\mathrm{span}(\boldsymbol{b}_1,\boldsymbol{b}_2,\cdots,\boldsymbol{b}_n)$ 是 $\mathrm{span}(\boldsymbol{b}_1,\boldsymbol{b}_2,\cdots,\boldsymbol{b}_n)$ 中以原点为中心,以$\sqrt{n}\det(L)^{\frac{1}{n}}$ 为半径的开球,注意到 S 的体积严格大于 $2^n\det(L)$. 因为 S 中包含一个 n 维的边长为 $2\det(L)^{\frac{1}{n}}$ 的超立方体,故存在一个非零向量 $\boldsymbol{v}\in S\cap L$, 使得 $\|\boldsymbol{v}\|<\sqrt{n}\det(L)^{\frac{1}{n}}$.

因此,格 L 中最短向量的长度 λ_1 满足

$$\lambda_1\leqslant\|\boldsymbol{v}\|<\sqrt{n}\det(L)^{\frac{1}{n}}$$

定理得证.

上述定理给出了格中最短向量长度的一个上界,尽管这只是一个存在性定理,但这个上界在实际应用中有着重要的意义.

Minkowski 的工作有几个特点,一个是最基础工作的拓广,如欧氏平面曲线的一个基本不等式是等周不等式,即:在具有定长的一切平面单纯闭曲线 C 中,圆是具有最大面积的曲线. 换句话说,设 A 是一条长为 L 的单纯闭曲线围成的面积,那么 $L^2-4\pi A\geqslant 0$,式中等号当且仅当 C 是圆时成立.

1902 年胡尔维兹用傅利叶级数方法给出了一个证明. 1939 年斯密特(E. Schmidt) 又给出了一个证明,而 Minkowski 将其推广成了关于混合面积的 Minkowski 不等式,这是和斯坦纳(Steiner)、波内(Brunn) 和 Minkowski 的名字联系着的.

设 $p_0(\varphi)$ 和 $p_1(\varphi)$ 是两卵形线的支持函数. 那么,对于定 $c_0 \geqslant 0, c_1 \geqslant 0$,作

$$p(\varphi)=c_0 p_0(\varphi)+c_1 p_1(\varphi) \tag{1}$$

它如前所指出的那样,是一条卵形线$\mathfrak{K}$的支持函数,而且我们写出

$$\mathfrak{K}=c_0 \mathfrak{K}_0+c_1 \mathfrak{K}_1 \tag{2}$$

这最好是这样分析:设$\mathfrak{x}_0$ 是$\mathfrak{K}_0$ 的任一点,$\mathfrak{x}_1$ 是$\mathfrak{K}_1$ 的任一点,那么当$\mathfrak{x}_0$ 和$\mathfrak{x}_1$ 独立地画出$\mathfrak{K}_0$ 和$\mathfrak{K}_1$ 时,点 $c_0 \mathfrak{x}+c_1 \mathfrak{x}_1$ 必画成领域$\mathfrak{K}$. 可是这领域是凸的,因为取其任何两点$\mathfrak{x}, \mathfrak{x}'$ 而作连线段时它也属于这领域

$$\begin{aligned}(1-t) \mathfrak{x}+t \mathfrak{x}'=c_0\{(1-t) \mathfrak{x}_0+t \mathfrak{x}'_0\}+ \\ c_1\{(1-t) \mathfrak{x}_1+t \mathfrak{x}'_1\}, 0 \leqslant t \leqslant 1\end{aligned}$$

这个凸域的正线性组合曾是由思想丰富的瑞士几何学家 Jakob Steiner(大概 1840 年) 和生活在慕尼黑的多方面专家:图书馆学者、几何学家和罗马法学家 Hermann Brunn(大概 1887 年) 导进和研究的. Minkowski 这位杰出的数论和几何学家(1864—1909) 接着大概在 1900 年导入了"混合面积"的重要概念,这就是这里所要介绍的.

对此人们可从公式

$$F=\frac{1}{2} \int_{-\pi}^{+\pi}(p^2-p'^2) \dot{\varphi}$$

算出$\mathfrak{K}$的面积 F. 这样,从式(1) 得出

$$F = c_0^2 F_{00} + 2c_0 c_1 F_{01} + c_1^2 F_{11} \tag{3}$$

式中

$$F_{ik} = \frac{1}{2}\int_{-\pi}^{+\pi} (p_i p_k - p_i' p_k')\dot{\varphi} \tag{4}$$

按式(4)特别是 $F_{00} = F_0, F_{11} = F_1$. 我们在这 Minkowski 的混合面积 F_{ik} 中接触到了普通面积 F 的一种极映象.

如果令 $c_0 = 1, c_1 = r$,并取原点周围的单位圆为 $\mathfrak{K}_1$,那么 $\mathfrak{K}_0 + r\mathfrak{K}_1$ 是 $\mathfrak{K}_0$ 的外距 r 的等距领域. 把式(3)与 Steiner 公式比较一下,此时便有

$$2F_{01} = U_0 \tag{5}$$

这也可从 $p_i = p_0, p_k = 1$ 时的式(4)和 Cauchy 公式推出.

经过分部积分,式(4)便给出

$$F_{ik} = \frac{1}{2}\int p_i (p_k + p''_k)\dot{\varphi} = \frac{1}{2}\int p_k (p_i + p''_i)\dot{\varphi}$$

或考察到 $(p_i + p''_i)\dot{\varphi} = \dot{s}_i$ 是弧素,便有

$$F_{ik} = \frac{1}{2}\int p_i \dot{s}_k = \frac{1}{2}\int p_k \dot{s}_i \tag{6}$$

现在,下列的 Minkowski 不等式成立

$$F_{01}^2 - F_{00}F_{11} \geqslant 0 \tag{7}$$

如果取单位圆作为 $\mathfrak{K}_1$,那么式(7)按式(5)变为古典的等周不等式 $U_0^2 - 4\pi F_0 \geqslant 0$.

第二个特点是跟随者众多. 大家都以研究 Minkowski 研究过的问题为荣.

Minkowski 问题唯一性定理

定理 设 S 和 S^* 是分别具有边界 C 和 C^* 和正 Gauss 曲率的级 C^2 的 E^3 中两个定向的凸曲面. 假定有一个将 S 映到 S^* 上的可微映象 f,使在 S 和 S^* 的每

对对应点都有相同的单位内法向量和相等的Gauss曲率. 如果那个被限制在边界 C 的可微映象 f 是把边界 C 带到边界 C^* 上去的平移，那么这个可微映象 f 是把整个曲面 S 带到整个曲面 S^* 的.

当曲面 S 和 S^* 为闭曲面时，这个定理最初是由 Minkowski 获得的；关于解析曲面 S 和 S^* 的定理则是由 H. Lewy 重新证明的；J. J. Stoker 和 S. S. Chern(陈省身)分别对于级 C^5 和级 C^2 的曲面 S，S^* 进行了新的证明. 这些数学家采用的方法都不相同. Minkowski 主要利用了那个比较深奥的凸体混合体积有关的 Brunn-Minkowski 理论，Lewy 应用了他自己的 Monge-Ampère 型的椭圆和解析微分方程研究成果，Stoker 则是把定理归纳到希尔伯特关于球面上解的唯一性定理，而且最后陈省身用了某些积分公式来证明，这些公式的推导则是通过 G. Herglotz 为了证明关于等距凸曲面的 Cohn-Vossen 定理时所用的同一方法进行的.

这个定理以现在的形式出现，要归功于熊全治(C. C. Hsiung) 的工作.

（以上关于微分几何方面的介绍源自苏步青先生的《微分几何五讲》. 原书 1979 年由上海科学技术出版社出版. 但排版印刷有许多错误. 感谢田廷彦先生将上海科技社的校正底本寄来.）

第三个特点是其开创性. 如欧几里得几何中的毕达哥拉斯定理把由 $s^2=x^2+y^2$ 算得的 s 看作矢量(x，y)的长度. 在曲面理论和广义相对论中长度有更复杂的公式，那里 ds^2 是用二次微分表示式给定的. 很引人注意的是，似乎总是与平方打交道，不是 s^2 就是 ds^2. 学生可能会怀疑,受制于平方是不是束缚了我们的思想?几何为什么一定要以平方为基础?我们能不能有一种几何,在那种几何里 $s^p = x^p + y^p$,或对多维情况来说

$$s^p = \sum_1^n x_r^p$$

其中 p 为某个不等于 2 的数.

Minkowski 在 1896 年出版的一本书《数的几何学》(*Geometrie der Zahlen*) 中就提出了这种想法. 在那本书里以及更早的论文中,他用简单的几何论证得到了数论上很有意思的结果. 他用下式定义矢量 $(x_1, x_2, \cdots, x_n)$ 的长度 s

$$s^p = \sum_{r=1}^n |x_r|^p$$

必须用绝对值,以免矢量有零长度或负长度. 例如,$p=3$,$s^3 = x^3 + y^3$ 会使 $(1, -1)$ 的长度为 0,使 $(0, -1)$ 的长度为 -1,这是与距离概念相矛盾的.

系统研究度量空间是从 1906 年费希特(Fréchet)的论文开始的. 在一般度量空间概念被认识以前,Minkowski 的距离定义提供了一个赋范矢量空间的例子. 范数定义为

$$\|(x_1, \cdots, x_n)\| = \left[\sum_1^n |x_r|^p\right]^{\frac{1}{p}}$$

的空间现在称为 l_p 空间. 有类似范数的无穷维空间用同样的符号 l_p—— 其实 l_p 一般是指这种无穷维空间.

德国数学从辉煌走向衰微是以二次大战为转折点的.

1943 年苏联斯大林格勒战役重创德军,戈培尔下令禁止播放玛琳·黛德丽演唱的歌《莉莉·玛莲》,因

为它扰乱军心,黛德丽喜欢唱的歌还有一首叫《花儿都到哪里去了》:“花儿都到哪里去了?年轻的女孩摘走了.年轻的女孩哪里去了?她们给男人娶去了.男人们都到哪儿去了?他们当兵打仗去了.士兵们都到哪儿去了?他们埋在坟墓里了.坟墓都到哪里去了?都被花儿覆盖了.花儿都到哪里去了?……”除了纳粹上台后被迫害致死和流放到西方的犹太数学家,年青的雅利安数学家则大多参军战死.所以二战之后,世界数学中心转到了美国.

英国大作家毛姆曾经在《月亮与六便士》里借主人公之口说过:“如果评论者没有对(绘画)技术的实际了解,他将很难就论题说出任何有价值的东西.”本来笔者作为一个数学编辑的职责应该是评介、挖掘、引进优秀数学读物才对,系自操刀上阵似乎有违社会分工原则,但真正的评论者如果自己不懂怕是难以鉴赏到真正的精品.之前闵嗣鹤先生的《格点与面积》其实就已经涉及这一定理.

当代最著名的小提琴家 Joshua Bell,曾做过一个试验,用价值 350 万美元的一把琴,早八点在华盛顿地铁站里演奏了巴赫等人难度最高的 4 首曲目,长达 45 分钟,只有 7 个人停下来听,结束时没人鼓掌.而两天前他在波士顿歌剧院的专场演奏,门票 100 美元,且一票难求.这说明许多人(大众)并不怎么在意内容是什么而在意的是谁写的,哪家出版社出版的,所以我们只能给小众提供读物了,幸好社会上和学校里这样的读者还有一些.尽管有很多人毕业后并不以数学为职业,但数学对其仍有用.

被《罗博报告》连续数年列为世界最佳衬衫品牌

之一的"诗阁"衬衫定制第二代掌门人的张宗琪曾于1973～1977年在加拿大读大学，所学专业即是数学和计算机专业．而当年苏步青老先生的得意弟子刘鼎元在掌握了微分几何精髓之后也到新加坡从事服装行业．数学无处不在，许多数学定理看上去什么用也没有，但在人们最意想不到的时刻它却会以出人意料的方式给人以帮助．所以现在科学界对那些研究稀奇古怪小问题的人也开始重视了．

中国科技大学工程科学学院梁海戈教授2011年3月在《美国科学院院刊》上发表了一篇揭示百合花开放之谜的学术论文，引起了广泛关注．最近他又开始研究公鸡走路的特殊之处，这绝不是无聊之举．因为公鸡走路会在自动定位、机器人视觉等领域给我们带来惊喜，所以中科大将其列为学校重点方向性项目．本套丛书就是秉承这一理念以示为美、以稀为贵、以专为本，我们要集中微薄力量于一点以寻求突破，就像哈工大擅长的激光技术一样．曾经有一个女孩，一位年轻画师专做一种画，只画恐龙，后成我国唯一一位以古生物画为职业的专职画家．21岁时作品就登上了英国《自然》杂志封面．

我们坚信——假以时日，数学工作室也会登上更大的舞台！

刘培杰

2017年9月26日

于哈工大